新世纪工程地质学丛书

大型滑坡监测预警与应急处置
（第二版）

许　强　汤明高　黄润秋等　著

科学出版社
北　京

内 容 简 介

地质灾害对人类生命财产构成严重威胁，其中造成重大人员伤亡和社会影响的 70% 为大型滑坡。随着科技进步和社会发展，地质灾害专业监测与预警已成为科学主动防范地质灾害的重要手段。当出现地质灾害险情时，采取工程措施对灾害体进行应急处置，是有效化解灾害风险的重要措施。作者在亲自参与我国近年来发生的数十起重大滑坡监测预警与应急处置工程实践的基础上，通过二十余年的研究积累和实践总结，形成了一套科学实用的大型滑坡监测预警与应急处置理论和技术方法。本书主要包括四部分，第一部分系统介绍了滑坡监测方法、滑坡动态演化规律、滑坡时间-空间综合预警预报理论和方法；第二部分主要介绍了所研发的地质灾害实时监测预警系统；第三部分介绍了大型滑坡应急预防体系、应急处置原则思路和主要工程措施；第四部分介绍了近年来成功监测预警和应急处置的一些典型滑坡案例。

本书可供自然资源、应急管理、防灾减灾、水利水电、交通、矿山、国防工程等部门的地质、岩土、监测工程技术人员及高等院校的师生参考。

本书第一版于 2015 年出版，为满足广泛的市场需求，结合近五年的最新研究与实践成果对第一版内容进行了补充完善，出版第二版，以飨读者。

图书在版编目（CIP）数据

大型滑坡监测预警与应急处置／许强等著. —2 版. —北京：科学出版社，2020.7

（新世纪工程地质学丛书）

ISBN 978-7-03-065750-3

Ⅰ.①大…　Ⅱ.①许…　Ⅲ.①大型–滑坡–监测预报②大型–滑坡–应急对策

Ⅳ.①P642.22

中国版本图书馆 CIP 数据核字（2020）第 135023 号

责任编辑：杨明春　韩　鹏　张井飞／责任校对：张小霞
责任印制：赵　博／封面设计：耕者设计工作室

科 学 出 版 社 出版
北京东黄城根北街 16 号
邮政编码：100717
http://www.sciencep.com

北京建宏印刷有限公司印刷
科学出版社发行　各地新华书店经销

*

2015 年 1 月第 一 版　开本：787×1092　1/16
2020 年 7 月第 二 版　印张：29 3/4
2024 年 8 月第三次印刷　字数：700 000
定价：398.00 元
（如有印装质量问题，我社负责调换）

《新世纪工程地质学丛书》
规划委员会

前　言

我国是一个地质灾害频发且灾害损失极为严重的国家，尤其是近年来受全球气候变化影响导致的局地强降雨、强烈地震，以及越来越剧烈的人类工程活动等的影响，我国重大地质灾害事件时有发生，不仅直接造成重大人员伤亡和财产损失，也引发了严重的社会和公共安全问题。

随着我国国民经济的快速发展和国家综合实力的增强，我国地质灾害防治工作也开始由被动灾后治理逐渐向主动防灾转化，科学的监测预警是最大限度减少因灾人员伤亡的有效手段。同时，对具有突发性或重大危害性的地质灾害隐患，及时采取科学有效的应急处置工程措施，人为阻止和避免灾害的发生，也已成为主动化解灾害风险的重要手段。因此，地质灾害监测预警与应急处置工作越来越受到重视与关注。应急管理部成立后，自然灾害的监测预警与应急处置更是得到进一步重视和强化。

21世纪初，地质灾害防治与地质环境保护国家重点实验室相关专家和团队就依托三峡工程库区滑坡，对滑坡的监测预警理论和方法开展深入系统的研究，初步形成了滑坡监测预警理论和方法体系，编写出版了《三峡库区滑坡灾害预警预报手册》，并实际应用于三峡库区滑坡监测预警实践，在保障三峡库区自蓄水以来因灾零伤亡方面发挥了重要作用。近年来，我们又参与了我国尤其是西南地区几乎所有重大地质灾害的现场应急处置工作，并将监测预警作为保障应急处置安全的重要手段加以利用。通过对大量滑坡成功应急处置案例的分析总结和理论提升，逐渐形成了一套科学实用的大型滑坡监测预警与应急处置理论和技术方法，并于2015年出版了《大型滑坡监测预警与应急处置》专著。该书出版后受到读者的青睐，很快脱销。近两年不断有同行来信反映买不到此书，希望我们能提供，但我们自己手中也仅存孤本，不能满足相关需求。为此，我向科学出版社提议，为了满足广大读者的需求，希望能重新印刷或再版此书。考虑到2015年以来我们又参加了多个大型滑坡的应急处置工作，同时在滑坡监测预警方面也有一些新的突破，尤其是基于相关理论和方法，研发的"地质灾害实时监测预警系统"已十余次成功预警滑坡。于是，我们决定补充新的典型滑坡案例和新的研究成果，修订完善原有理论和方法，出版第二版。

在第一版的基础上，本书第二版增加了四川茂县新磨村滑坡（2017）、金沙江白格滑坡−堰塞湖（2018）、甘肃黑方台系列滑坡（2017—2019）、贵州兴义龙井村滑坡（2019）等近年新发生滑坡成功监测预警或应急处置的典型案例介绍，以及第7章"滑坡实时监测预警系统"。同时，根据最新研究成果，对前几章中关于滑坡监测预警的内容做了补充完善。本书第二版具体包括四大部分：第 1 章至第 6 章重点阐述滑坡时间–空间综合预警预报理论和技术方法；第 7 章介绍滑坡实时监测预警系统；第 8 章至第 10 章主要阐述大型滑坡应急处置技术方法；第 11 章至第 20 章列举了近年来成功监测预警和应急处置的典型滑坡实例。本书第 1 章由许强、汤明高执笔撰写，朱星、李为乐、黄秋香和汪家林参与了部分内容的研究与撰写工作；第 2 章至第 6 章由许强、汤明高执笔撰写，曾裕平、黄学斌、徐开祥、程温鸣参与了部分内容的研究与撰写工作；第 7 章由何朝阳执笔，巨能攀、许强参与了部分内容的撰写；第 8 章至第 10 章由汤明高执笔撰写，许强、肖进、徐开祥参与了部分内容的研究与撰写工作；第 11 章、第 12 章由许强执笔撰写；第 13 章、第 14 章由汤明高执笔撰写；第 15 章由严明、汪家林执笔撰写；第 16 章由巨能攀、赵建军、邓辉、汪家林共同撰写；第 17 章至第 20 章由许强执笔撰写，李为乐、郑光、董秀军、范宣梅、彭大雷、刘杰参与了部分内容的研究与撰写工作。最后，由许强、汤明高、黄润秋统稿。

在本书撰写过程中，亓星、袁勇、刘鹏、肖锐铧、苟黎、彭双琪、赵宽耀、郭晨、修德皓、巨袁臻、周小棚、王卓、陈达、蒋金晶、刘建强、王李娜等大量的硕士和博士研究生参与了不少研究和现场调查工作，并得到了相关单位的大力支持与帮助，在此向他们表示衷心的感谢。本项研究也得到国家重点基础研究发展计划课题"大型滑坡灾害协同预警模型和方法研究"（2013CB733206）、国家杰出青年科学基金"地质灾害预测评价及防治处理"（41225011）和国家自然科学基金创新研究群体"西部地区重大地质灾害潜在隐患早期识别与监测预警"（41521002）等项目的资助，在此一并表示感谢。

许　强

2019 年 12 月

目　　录

第 1 章 滑坡监测方法

1.1 监测内容

滑坡监测内容包括变形监测、影响因素监测和前兆异常监测三类，如图 1.1 所示。变形监测包括位移（绝对位移和相对位移）监测、倾斜监测等；影响因素包括降雨量、库水位、地下水等；前兆异常又包括动物异常、地下水异常等等。针对不同类型的滑坡，应选择具有代表性的监测内容和监测指标。

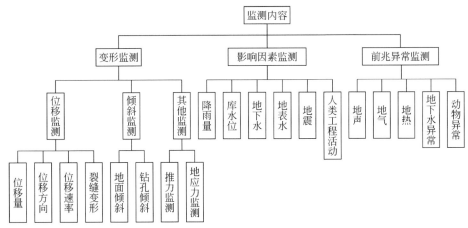

图 1.1 监测内容和指标分类图

（1）降雨型滑坡：降雨型土质滑坡，除了布置位移和倾斜监测外，还应重点监测降雨量、地下水和库水位动态变化。降雨型岩质滑坡，除了位移、倾斜、降雨量、地下水监测外，还应对地表水、裂隙充水情况和充水高度进行监测。

（2）库水型滑坡：除了布置必要的位移和倾斜监测外，还应重点监测库水位变化、降雨量、地下水动态变化。

（3）工程活动诱发型滑坡（包括开挖、洞掘、后缘堆载等）：除布置必要的位移、倾斜、降雨量和地下水等监测外，还应对工程活动情况进行监测。

1.2 监测技术和方法

1.2.1 监测方法及适用性

根据不同的监测内容可选择采用大地测量法、全球定位系统（GPS）测量、近景摄影测量、遥感测量、测斜法、测缝法、简易监测法等，见表 1.1 滑坡变形监测主要内容和常用方法（据《崩塌、滑坡、泥石流监测规范 DZ/T 0221—2006》），方法较多，应根据不同类型滑坡的特点，本着少而精的特点选用。

表 1.1 滑坡变形监测主要内容和常用方法

（据《崩塌、滑坡、泥石流监测规范 DZ/T 0221—2006》）

监测内容			监测方法	常用监测仪器	监测特点	监测方法适用性
地表变形监测	滑坡变形绝对位移监测		（常规）大地测量法（两方向或三方向前方交会法、双边距离交会法、视准线法、小角法、测距法、几何水准和精密三角高程测量法等）	高精度测角、测距光学仪器和光电测量仪器，包括经纬仪、水准仪、测距仪等	监测滑坡二维（X、Y）、三维（X、Y、Z）绝对位移量。量程不受限制，能大范围全面控制滑坡的变形，技术成熟，精度高，成果资料可靠。但受地形、视通条件的限制和气象条件（风、雨、雪、雾）影响，外业工作量大，周期长	适用于所有滑坡不同变形阶段的监测，是一切监测工作的基础
			全球定位系统（GPS）、北斗卫星导航系统等测量法	单频、双频 GNSS 接收机等	可实现与大地测量法相同的监测内容，能同时测出滑坡的三维位移量及其速率，且不受视通条件和气象条件影响，精度在不断提高。缺点是价格稍贵	同大地测量法
			近景摄影测量法	陆摄经纬仪等	将仪器安置在二个不同位置的测点上，同时对滑坡监测点摄影，构成立体图像，利用立体坐标仪量测图像上各测点的三维坐标。外业工作简便，获得的图像是滑坡变形的真实记录，可随时进行比较。缺点是精度不及常规测量法，设站受地形限制，内业工作量大	主要适用于变形速率较大的滑坡监测，特别适用于陡崖危岩体的变形监测
			遥感（RS）法	地球卫星、飞机和相应的摄影、测量装置	利用地球卫星、飞机等周期性的拍摄滑坡的变形	适用于大范围、区域性的滑坡的变形监测
	滑坡变形相对位移监测		地面倾斜法	地面倾斜仪等	监测滑坡地表倾斜变化及其方向，精度高，易操作	主要适用于倾倒和角变化的滑坡（特别是岩质滑坡）的变形监测。不适用于顺层滑坡的变形监测
		测缝法	简易监测法	钢尺、水泥砂浆片、玻璃片等	在滑坡裂缝、滑面、软弱面两侧设标记或埋桩（混凝土桩、石桩等）、插筋（钢筋、木筋等），或在裂缝、滑面、软弱带上贴水泥砂浆片、玻璃片等，用钢尺定时量测其变化（张开、闭合、位错、下沉等）。简便易行，投入快，成本低，便于普及，直观性强，但精度稍差	适用于各种滑坡、崩塌的不同变形阶段的监测，特别适用于群测群防监测
			机测法	双向或三向测缝计、收敛计、伸缩计等	监测对象和监测内容同简易监测法。成果资料直观可靠，精度高	同简易监测法。是滑坡变形监测的主要和重要方法
			电测法	电感调频式位移计、多功能频率测试仪和位移自动巡回检测系统等	监测对象和监测内容同简易监测法。该法以传感器的电性特征或频率变化来表征裂缝、滑面、软弱带的变形情况，精度高，自动化，数据采集快，可远距离有线传输，并将数据微机化。但对监测环境（气象等）有一定的选择性	同简易监测法。特别适用于加速变形、临近破坏的滑坡、崩塌的变形监测

监测内容		监测方法	常用监测仪器	监测特点	监测方法适用性
地下变形监测	滑坡变形相对位移监测	深部横向位移监测法（备注）	钻孔倾斜仪	监测滑坡内任一深度滑面、软弱面的倾斜变形，反求其横向（水平）位移，以及滑面、软弱带的位置、厚度、变形速率等。精度高，资料可靠，测读方便，易保护。因量程有限，故当变形加剧、变形量过大时，常无法监测	适用于所有滑坡、崩塌的变形监测，特别适用于变形缓慢、匀速变形阶段的监测。是滑坡、崩塌深部变形监测的主要和重要方法
		测斜法	地下倾斜仪、多点倒锤仪	在平硐内、竖井中监测不同深度崩滑面、软弱带的变形情况。精度高，效果好，但成本相对较高	适用于不同滑坡、崩塌，特别是岩质滑坡的变形监测，但在其临近失稳时慎用
		测缝法（人工测、自动测、遥测）	基本同地表测缝法，还常用多点位移计、井壁位移计等	基本同地表测缝法。人工测在平硐、竖井中进行；自动测和遥测将仪器埋设于地下。精度高，效果好，缺点是仪器易受地下水、气等的影响和危害	基本同地表测缝法
		重锤法	重锤、极坐标盘、坐标仪、水平位移错计等	在平硐、竖井中监测滑面、软弱带上部相对于下部岩体的水平位移。直观、可靠，精度高，但仪器受地下水、气等的影响和危害	适用于不同滑坡、崩塌的变形监测，但在其临近失稳时慎用
		沉降法	下沉仪、收敛仪、静力水准仪、水管倾斜仪等	在平硐内监测滑面（带）上部相对于下部的垂向变形情况，以及软弱面、软弱带垂向收敛变化等。直观，可靠，精度高，但仪器受地下水、气等的影响和危害	同重锤法
与滑坡变形有关的物理量监测		声发射监测法	声发射仪、地表仪等	监测岩音频度（单位时间内声发射事件次数）、大事件（单位时间内振幅较大的声发射事件次数）、岩音能率（单位时间内声发射释放能量的相对累计值），用以判断岩质滑坡变形情况和稳定情况。灵敏度高，操作简便，能实现有线自动巡回自动检测	适用于岩质滑坡加速变形、临近崩塌阶段的监测。不适用于土质滑坡的监测
		应力、应变监测法	地应力计、压缩应力计、管式应变计、锚索（杆）测力计等	埋设于钻孔、平硐、竖井内，监测滑坡内不同深度应力、应变情况，区分压力区、拉力区等。锚索（杆）测力计用于预应力锚固工程锚固力监测	适用于不同滑坡的变形监测。应力计也可埋设于地表，监测表部岩土体应力变化情况
		深部横向推力监测法	钢弦式传感器、分布式光纤压力传感器、频率仪等	利用钻孔在滑坡的不同深度埋设压力传感器，监测滑坡横向推力及其变化，了解滑坡的稳定性。调整传感器的埋设方向，还可用于垂向压力的监测。均可以自动测和遥测	适用于不同滑坡的变形监测，也可以为防治工程设计提供滑坡推力数据

续表

监测内容	监测方法	常用监测仪器	监测特点	监测方法适用性
与滑坡形成和活动相关因素监测	地下水动态监测法	测盅、水位自动记录仪、孔隙水压力计、钻孔渗压计、测流仪、水温计、测流堰	监测滑坡内及周边泉、井、钻孔、平硐、竖井等地下水水位、水量、水温和地下水孔隙水压力等动态，掌握地下水变化规律，分析地下水、地表水、库水、大气降水的关系，进行其与滑坡变形的相关分析	地下水监测不具普遍性。当滑坡形成和变形破坏与地下水具有相关性，且在雨季或地表水、库水位抬升时滑坡内具有地下水活动时，应予以监测
	地表水动态监测法	水位标尺、水位自动记录仪	监测与滑坡相关的江、河或水库等地表水体的水位、流速、流量等，分析其与地下水、大气降水的联系，分析地表水冲蚀与滑坡变形的关系等	主要在地表水、地下水有水力联系，且对滑坡的形成、变形有相关关系时
	水质动态监测	取水样设备和相关设备	监测滑坡内及周边地下水、地表水水化学成分的变化情况，分析其与滑坡变形的相关关系。分析内容一般为：总固形物，总硬度，暂时硬度，pH值，侵蚀性 CO_2，Ca^{2+}，Mg^{2+}，Na^+，K^+，HCO_3^-，SO_4^{2-}，Cl^-，耗氧量等，并根据地质环境条件增减监测内容	根据需要确定
	气象监测	温度计、雨量计、风速仪等气象监测常规仪器	监测降水量、气温等，必要时监测风速，分析其与滑坡形成、变形的关系	降雨是滑坡形成和变形的主要环境因素，故在一般情况下均应进行以降雨为主的气象监测（或收集资料），进行地下水监测的滑坡则必须进行气象监测（或收集资料）
	地震监测	地震仪等	监测滑坡内及外围地震强度、发震时间、震中位置、震源深度、地震烈度等，评价地震作用对滑坡形成、变形和稳定性的影响	地震对滑坡的形成、变形和稳定性起重要作用，但基于我国设有专门地震台网，故应以收集资料为主
	人类工程活动监测		监测开挖、削坡、加载、洞掘、水利设施运营等对滑坡形成、变形的影响	一般都应进行
滑坡宏观变形破坏迹象监（观）测		监（观）测手段与方法	定时、定线路、定点调查滑坡区及周围出现的宏观变形破坏迹象（裂缝的发生和发展，地面隆起、沉降、坍塌、膨胀，建筑物和公路及管线的变形、开裂等），以及与变形有关的异常现象（地声、地热、地气，地下水或地表水异常，动物异常等），并作详细记录。在滑坡进入加速变形阶段后，应加密监（观）测，每次监（观）测后，应将地表裂缝发育分布及扩展、延伸等情况及时反映到大比例尺的工程地质平面图上，并随时作裂缝的空间分期配套分析。有平硐等地下工程时，还应进行地下宏观变形调查	适用于一切滑坡、崩塌变形的监测，尤其是加速变形、临滑阶段的监测，是掌握滑坡变形破坏和裂缝空间发育分布规律的主要和重要手段

1.2.2　监测技术介绍

1.2.2.1　监测手段与仪器装备

我国的滑坡灾害监测技术手段正处于从单体到区域、从群测群防到专业自动化、从单一地面监测向天-空-地多源立体监测过渡发展阶段，可分为：天基监测技术、空基监测技术和地基监测技术。

1. 天基监测技术

天基监测技术主要指利用干涉测量技术的合成孔径雷达（简称为雷达干涉测量；英文为 Interferometric Synthetic Aperture Radar，简称 InSAR），是一种主动式空间对地观测技术，是传统的合成孔径雷达（Synthetic Aperture Radar，简称 SAR）与射电天文干涉技术相结合的产物。星载雷达干涉测量具有全天时、全天候、近实时成像的特点，可以进行大面积、高精度的地表形变观测，在滑坡形变观测方面具有一定优势。主要监测技术包括利用相位信息的雷达干涉测量（InSAR）和利用幅度信息的像素量偏移技术（Pixel offset tracking）。InSAR 形变测量技术主要有传统的差分干涉测量（Differential InSAR，简称 DInSAR）和时间序列 InSAR 分析。

时间序列 InSAR 分析技术，包括永久散射体干涉测量技术（PS-InSAR），小基线集干涉测量技术（SBAS）等，其基本思想是通过分析散射目标的相位、幅度信息以及干涉相位的时空相关性，集中研究在长时间序列 SAR 影像中保持较高相干性的地面目标。通过分析和利用目标点相位分量的时频分布特征，建模估计地形误差相位，分离大气相位的影响，提取形变信息。

在时间序列 InSAR 分析中，变形结果具有明显的时-空分布特征，可以客观真实地记录变形空间分布和历史演变特征，对了解变形的发展现状以及准确预测变形的发展趋势具有重要意义（图 1.2）。

2. 空基监测技术

空基地质灾害监测技术手段主要是指无人机低空摄影测量及机载激光雷达（Light Detection And Ranging，简称 LiDAR）技术，是卫星遥感的重要补充与完善，可以更为快捷、灵活、低成本地对局域地质灾害体进行观测。无人机低空摄影测量通过垂直、倾斜等不同角度采集地面灾害影像，获取灾害体更为完整、准确的信息，数据成果包括点云数据生成（Point cloud）、数字表面模型（Digital Surface Model，DSM）构建、真正射纠正（Digital Orthophoto Map，DOM）。数据成果可直接进行包括高度、长度、面积、角度、坡度等的量测（图 1.3）。无人机低空摄影测量技术以大范围、高精度、高清晰的方式全面感知复杂场景，通过高效的数据采集设备及专业的数据处理流程生成的数据成果直观反映地质灾害体的外观、位置、高度等属性。

机载 LiDAR 是一种安装在飞机上的机载激光主动探测系统（图 1.4），可以远距离、无接触、快速获取地面物体的三维坐标及影像信息，该技术在三维空间信息的实时获取

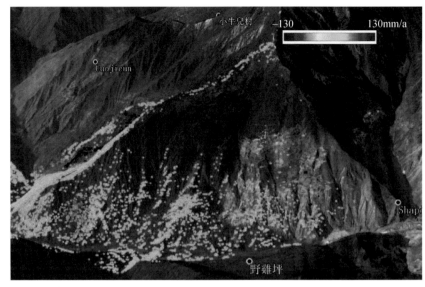

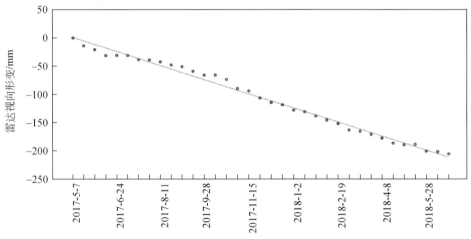

图1.2　InSAR地表变形监测技术

方面产生了重大突破，为获取高时空分辨率地球空间信息提供了一种全新的技术手段，它具有自动化程度高、受天气影响小、数据生产周期短、精度高等特点。机载 LiDAR 发射的多回波激光脉冲能"穿透"地面植被遮挡，直接获取高精度三维地表地形数据，经数据处理后可以生成高精度的数字地面模型（Digital Terrain Model，DTM）、等高线图，具有传统摄影测量和地面常规测量技术无法取代的优越性。

无人机低空摄影测量及机载 LiDAR 技术不仅真实地反应地物情况，而且可通过先进的定位技术，嵌入精确的地理信息、更丰富的影像信息，极大地丰富了地质灾害观测手段。这种以"全要素、全纹理"的方式来表达空间物体，提供了不需要解析的语义，一张图胜过千言万语，直观立体的三维模型使得地质灾害全息再现。

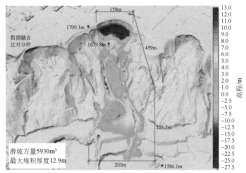

(a) 无人机低空摄影测量技术设备　　　　(b) 无人机低空摄影监测滑坡演化

图 1.3　无人机低空摄影测量监测技术

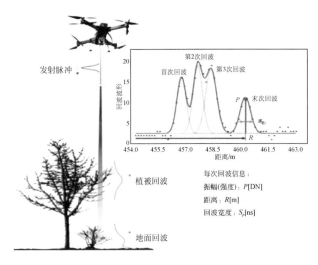
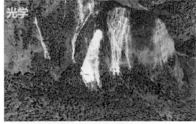

(a) 机载雷达多回波技术原理图　　　　(b) 机载雷达多回波穿透植被特性

图 1.4　机载 LiDAR 测量监测技术

3. 地基监测技术

（1）滑坡变形监测技术

滑坡变形监测是以位移形变信息为主的监测方法，按监测设备布设或施测过程与滑坡体相对空间关系，可大致分为接触式监测和非接触式监测。其中，常用的接触式监测技术手段包括 GNSS 位移监测技术、自适应变频拉线式裂缝监测技术、深部位移监测技术、分布式光纤监测技术等；非接触式监测作为滑坡灾害监测中的新型监测技术手段，主要包括地基合成孔径雷达（GB-SAR）监测技术，近景摄影测量监测技术以及三维激光扫描技术等。

　　• GNSS 位移监测技术

GNSS 是 Global Navigation Satellite System（全球卫星导航系统）的简称，是对北斗系统、GPS、GLONASS、Galileo 系统等这些单个卫星导航定位系统的统一称谓。GNSS 地表位移监测是利用接收空中卫星信号测距进行高精度伪距或载波相位差分定位，通过在滑坡体上布设多台 GNSS 监测站［图1.5（a）］，在滑坡体外布设监测 GNSS 基准站，形成变形测量控制网［图1.5（b）］，实现对滑坡体地表三维形变的高精度连续监测，监测站和基准站获取的卫星数据通过无线物联网技术发送至监控之中进行数据处理和静态基线差分解算，实现滑坡灾害变形的远程高精度自动化监测。GNSS 监测技术在滑坡灾害监测应用中具有易部署、自动化、易集成、全天候、全天时、无需通视等优点，但需要数十分钟以上的解算时间间隔才能获得较高的测量精度，平面定位精度可达 2.5mm±1ppm[①]，高程方向定位精度可达 5mm±1ppm，较适合对滑坡的长期变形行为进行持续监测。

(a) 一体化GNSS监测站　　　　(b) GNSS滑坡监测技术原理

图1.5　GNSS 滑坡地表位移监测技术

● 自适应变频拉线式裂缝监测技术

地表裂缝是滑坡变形特征的重要表现之一，裂缝位移监测是滑坡变形监测中简单、直观、有效的手段。目前，滑坡地表裂缝的监测主要有人工和自动两种方式。人工监测方式是用尺子或者标志物量测滑坡裂缝两侧两个固定点的相对位置变化，存在精度低、危险性高、连续性差等不足，尤其在夜间或恶劣天气条件下很难开展监测工作。在自动化监测方式中，拉线式裂缝计是常用技术手段，其工作原理是将传感器和拉线头分别固定在滑坡裂缝两侧［图1.6（b）］，将裂缝两侧的相对位置变化转换为成比例的电信号，从而实现地表裂缝位移的数字化采集、处理和传输。然而，传统拉线式裂缝计都是采用固定时间间隔采集和传输裂缝变形值，如果采集时间间隔设置太大，两次采集时间内的变形突然增大，现有的裂缝传感器将不能及时采集到裂缝的变化，无法及时触发预警模型，易造成"漏报"；如果采集时间间隔设置太小，裂缝没有变化或变化较小时，采集和传输大量冗余数据，致使设备供电和无线传输资源的浪费，易造成设备宕机，长期稳定性得不到保障。

① 1ppm = 10^{-6}

图 1.6（a）是作者团队研制的一种新型自适应变频拉线式裂缝监测仪，集传感元件、回旋装置、采集传输电路、内置锂电池和保护装置于一体，监测数据通过内置 4G/NB-IoT/北斗等无线传输方式发送至远程的监测预警系统平台，其线性精度≤0.2% F.S.，分辨率达 0.1mm，量程范围 0～2000mm。区别于传统自动化裂缝计，该裂缝计内置能实时跟踪并随滑坡变形特征自动调整采集触发频率的算法模型，亦即滑坡变形越快，采集触发频率越高，滑坡变形越慢，采集触发频率越低，采集触发频率可在数小时到 1 秒之间多级自适应调整。因此，既能极大降低设备功耗，也能及时捕获到滑坡加速变形阶段，降低设备的整体系统功耗，提高了设备的长期稳定性和可靠性。自适应变频裂缝计优点在于：小型化、易部署、低成本、低功耗、大量程，能智能感知滑坡变形特征，并实现高精度高密度加速变形阶段的持续监测，较适用于滑坡（尤其是突发性滑坡）的快速变形阶段监测预警。

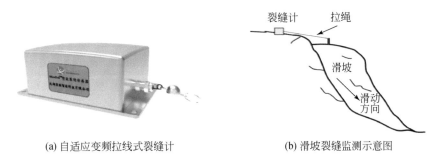

(a) 自适应变频拉线式裂缝计　　　　(b) 滑坡裂缝监测示意图

图 1.6　自适应变频拉线式滑坡裂缝监测技术

- 深部位移监测技术

深部位移监测技术多数情况下指的是岩土体内部倾斜监测。主要采用的设备包括活动式测斜仪和固定式测斜仪。

a. 活动式测斜仪

活动式测斜仪是用传感器探头每隔一定时间和相同的长度的孔内逐段人工测量钻孔的斜率，从而获得岩土体内部水平位移及其随时间变化的观测方法。活动式测斜仪监测系统主要包括传感器探头、有深度标记的承重电缆、读数仪和测斜导管，如图 1.7（a）所示。

首先，根据设计在滑坡体上施工适当直径的钻孔，终孔直径一般不小于 110mm，终孔深度一般为滑坡滑带以下 5m，然后将测斜管下入孔内至孔底，下测斜管时应在接头处和底盖做好密封，在环空灌注适当规格的砂浆，与岩土体连成一体。

如图 1.7 所示，导管内壁有互成 90° 的两对导槽，以便探头的滑轮能上下滑动并起定位作用。测斜导管安装时应调整其中一对导槽轴线方向与滑坡（斜坡）变形方向接近，并将其设定为 A0 方向。如果岩土体产生位移，导管将随岩土体一起变形。观测时，探头由导轮引导，用电缆垂向悬吊在测斜管内沿凹槽滑行。当探头以一定间距在导管内逐段滑动测量时，装在探头内的传感元件将每次测得的探头与垂线的夹角转换成电讯号通过电缆传输到读数仪测出，进而逐点计算出深部水平位移量。

b. 固定式测斜仪

在测斜导管中按一定距离安装固定式测斜仪传感器，可实现深部位移的自动化监测。在使用固定式测斜仪时，对于滑带深度尚未明确判定的滑坡，应先用活动式钻孔测斜仪进

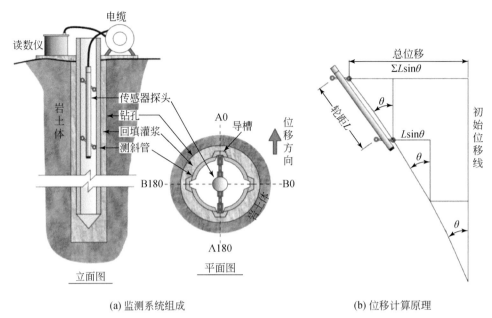

(a) 监测系统组成　　　　　　　　　　　　(b) 位移计算原理

图 1.7　活动式深部测斜监测仪

行一段时间的人工监测，在测量曲线出现较明显拐点时，再安装固定式测斜仪，否则测量结果不易判断。近年来，阵列式位移计（Shape Acceleration Array，SAA）作为一种基于微电子机械系统（Micro-Electronic Mechanism System，MEMS）工艺的新型可置入钻孔或嵌入结构内的变形监测传感器发展起来，由多段连续的传感器节（20cm、30cm 或 50cm）串联而成，每一节中内置一片 MEMS 加速度芯片，该芯片通过检测每个传感器轴的倾角，在已知每一节长度的前提下，计算出每一节在水平向的偏移量，通过各段累加计算出整个钻孔的水平向偏移量（图 1.8）。

测斜仪的主要特点是：精度高、性能可靠、稳定性好、测量方便。在岩土体钻孔内进行岩土体内部变形监测，测斜仪具有很大的应用优势，可以及时发现滑动面的位置，其监测成果对综合分析判断滑坡的稳定性有重要辅助作用。但是，测斜仪监测容易受其量程限制，当测斜管某段变形到一定程度后测斜仪探头无法达到更深的位置进行观测，使内部倾斜监测受到变形阶段性的限制，适合于滑坡缓慢、匀速变形阶段的监测。通常情况下若滑坡的滑动速度大于 20mm/d 时，不适宜采用测斜仪法。

● 分布式光纤监测技术

光纤传感技术是 20 世纪 70 年代迅速发展起来的一种新型感测技术，利用光时域反射（Optimal Time Domain Reflection，OTDR）基本原理感知光纤周围物理量的变化，即光波在光纤介质传播过程中，其特征向量（振幅、相位、偏振态、波长等）会因外界因素（如温度、压力、变形等）的变化而变化，从而制造出各类新型光纤感测技术和传感器。光纤传感器和传统传感器相比，有许多优点，如质量轻、体积小、耐腐蚀、抗电磁干扰、灵敏度高等。分布式光纤是除了传统光纤传感器的优点以外，更可以实现长距离、多覆盖的分布式监测，通过在滑坡体埋设传感光纤，形成分布式光纤传感网络，从而实现滑坡表面与内部变形，以及相关物理场、化学场、渗流场等的时空动态变化监测。

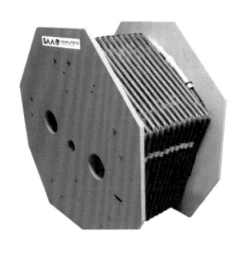

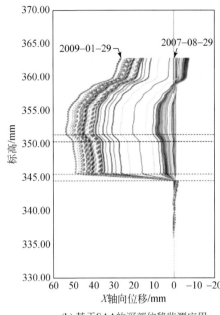

(a) SAA深部位移监测传感器　　　　　　　　(b) 基于SAA的深部位移监测应用

图 1.8　SAA 固定测斜监测技术

分布式光纤作为一种新型滑坡监测技术，已经在许多工程实践和试验研究中取得了一定的研究成果，但在专用传感器的研制、现场施工工艺、科学诊断理论等方面仍有待进一步深入完善。

- 数字近景摄影测量监测技术

数字近景摄影测量技术是利用 CCD 或 CMOS 感光传感器的数码相机获取三维物体的二维图像，利用实际空间坐标系和数字影像平面坐标之间的透视变换，通过不同方向拍摄的多幅二维数字图像（图 1.9）。采用计算机立体视觉技术，匹配计算得到被摄影像的大量同名点，以此进行空三解算得出数码相机的内、外方位元素参数，从而最终通过多光线前方交会及区域网自由网平差等算法，计算生成被摄物体的三维点云坐标数据 [图 1.9 (b)]，并可生成三维网格模型。利用摄影测量技术进行边坡变形监测的研究由来已久，根据目前的研究成果可知其监测精度最高能达到毫米级。

(a) 近景摄影测量原理图　　　　　　　　　(b) 近景摄影测量边坡监测应用

图 1.9　近景摄影测量监测技术

● 地面合成孔径干涉雷达监测技术

地面合成孔径干涉雷达（Ground-based Interferometric Synthetic Aperture Radar, GB-InSAR）是一种非接触式微波遥感监测技术，具有较高的空间分辨率、高灵敏度、大监测范围、可自动化连续监测等优点，最大监测距离可达 5km，且能实现亚毫米级精度的地面形变监测（图1.10）。GB-InSAR 监测设备主要由步进连续雷达波微波系统、运动自动化控制单元、供电系统和信号数据处理分析平台组成。

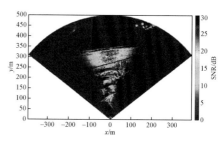

(a) GB-InSAR实物图　　　　　　(b) GB-InSAR反射能量图

图 1.10　近景摄影测量监测技术

GB-InSAR 克服了星载干涉雷达的一些缺点，可以根据滑坡形态和运动特征动态调整监测系统的参数，获得最优化的监测结果。同时，该技术也会受到天气、能见度和滑坡地表植被覆盖条件的影响和限制，需要安装在监测目标对面的稳定基础上。该技术由于实时性好、监测精度高、面状扫描监测、自动化程度高、监测频次高，较适用于滑坡快速变形阶段的应急监测。

● 三维激光扫描监测技术

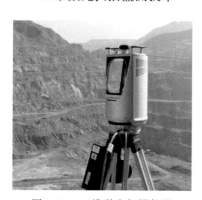

图 1.11　三维激光扫描仪器

三维激光扫描技术又被称为"实景复制技术"，是继 GPS/GNSS 技术之后的又一项测绘技术革命（图1.11）。三维激光扫描技术为地质灾害监测突破了传统的点式到面式数据采集模式，具有获取数据速度快、非接触、高密度等特点，已然成为三维空间信息数据获取的主要技术手段之一。应用该技术开展形变监测工作实现单点到面（体）整体全局监测，可大范围、全天候、高密度获取变形体表面三维数据，判断出形变区、形变趋势及量值（图1.12）。尤其在高陡山区、临江威胁严重的灾害变形体，可对布点困难区进行有效监测，及时获取变形值，在确保作业人员安全的同时能大幅提高监测效率。因此，三维激光扫描技术适用于滑坡的短期监测和临滑预测预报。

（2）滑坡外界诱发因素监测技术

滑坡影响因素监测是以影响或诱发滑坡灾变的因素为目标的监测方法，主要包括气象监测、地下水位动态监测、地震监测及人类工程活动等。针对不同诱发因素、不同类型的

图 1.12　三维激光扫描在边坡监测的应用效果

滑坡，应选择具有代表性的监测对象和监测技术手段。如降雨诱发型滑坡除监测变形外，还应重点监测降雨量和地下水位动态变化；工程活动诱发型滑坡除监测变形外，还应对工程活动（爆破、开挖等）情况进行监测。

● 气象监测技术

气象条件尤其是极端降雨条件是诱发滑坡地质灾害的重要因素之一。目前，常用的气象监测技术装备有小型气象监测站（图 1.13），包括降雨量、温度、湿度、气压、风速风向等气象参数的实时监测传输和太阳能供电系统。在滑坡常规自动化监测中，雨量监测是必选的监测内容，同时还根据实际情况同步监测温度、湿度、气压等参数。

图 1.13　小型化气象监测站

● 地下水监测技术

地下水活动对岩土体的强度和变形具有非常重要的影响，因此开展滑坡地下水位、孔隙水压力监测对滑坡成因机理、起动机制和监测预警都具有非常重要的意义。

地下水位监测技术主要采用水位计，包括人工方式和自动方式监测。通过地下水位的监测可查明地下水位及变化幅度范围、地下水位与地表水、大气降水的关系。

人工方式监测地下水位采用如图 1.14（a）所示的传统水位计，该设备主要包括标记有深度标签的电缆线测量绳、触水探头、装有电池的触水指示表、缠线盘及配件等，常用于滑坡地下水位的人工监测测量。具有成本低、不卡线、测量深度大、测量速度快等特点。

如图 1.14（b）所示的投入式静压水位计是基于所测液体静压与该液体的高度成正比的原理，采用先进的陶瓷电容压力等敏感器件制作而成，将静压转换成电信号，再经过温度补偿和线性修正，转化成为标准电信号的一种测量液位的压力传感器。投入式静压水位计与智能数据采集终端构成地下水位自动化监测技术，实现地下水位的长期实时无人值守监测。该设备具有精度高、稳定性好、使用寿命长、易实现自动化测量等优点。

目前，孔隙水压力监测技术主要采用孔隙水压力计进行观测，包括液压式、气压式、电感式三种传感器（如图 1.15 所示）。其中，电感式又可以分为振弦式、电阻应变片式、差动电阻式。

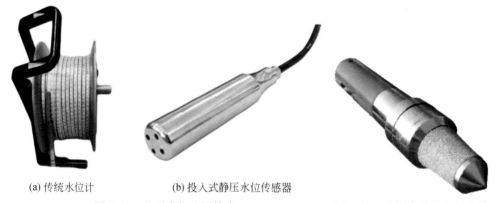

(a) 传统水位计　　　　　　　(b) 投入式静压水位传感器

图 1.14　地下水位监测技术　　　　　　　图 1.15　地下水孔隙水压力计

1.2.2.2　监测技术发展趋势与展望

近年来，滑坡灾害监测技术逐步从传统人工监测向自动化监测过渡，发展迅速，但同时也存在如下问题：①监测技术、仪器设备多样化，应用重复性高，使用成本高；②侧重某一工程或某一应用角度，在滑坡成灾机理、诱发因素研究的基础之上，对各种监测技术方法优化集成的研究程度较低；③监测仪器设备的研发、数据处理分析方法同相关地质灾害目标参数定性、定量关系的研究程度不足，造成监测数据的解释、分析出现较大的误差。因此，要提高监测预警技术水平，必须在将滑坡灾害机理研究同监测技术方法相结合的基础之上，进行滑坡灾害监测优化集成方案的研究。

由于我国地质灾害隐患数量接近 30 万处，全面实施自动化专业监测的成本太高、维护代价太大，因此，依托现在正在迅速发展的大数据、物联网、人工智能等新技术新方法，可大力推进研究小型化、普适性、智能化的滑坡灾害监测预警设备，在保障设备可靠性和精度需求前提下，重点推进"提高可靠性、提高设备集成度和新技术应用，降低功耗，降低成本"的研发目标，将自适应变频采集、低功耗窄带物联网、多源信息融合、边缘计算、人工智能等先进技术方法应用在滑坡监测技术装备中，形成智能感知、联动触发、稳定传输、实时预警的智能监测预警体系。从科学的角度精准掌握滑坡灾变特征及指标，超前预警预报，将自然灾害有可能带来的损失降至最低，达到防灾减灾救灾的最终目的。

1.3　常规监测点网布设

滑坡变形监测网点，应根据滑坡成因机理、变形破坏模式以及其范围大小、形状、地形地貌特征、通视条件和施测要求布设。监测网是由监测线（监测剖面）、监测点组成的三维立体监测体系，监测网的布设应能达到系统监测滑坡的变形量、变形方向（位移矢量），掌握其时空动态和发展趋势，满足预测预报精度等要求。

1. 测点

测点应根据测线建立的变形地段及其特征进行布设，在测线上或测线两侧 5m 范围内布设为宜。以绝对位移监测点为主，在沿测线的裂缝、滑带、软弱带上布设相对位移监测点，并利用钻孔、平硐、竖井等勘探工程布设深部位移监测点。每个测点，均应有自己独立的监测、预报功能。

测点不要求平均布设。但对如下部位应增加测点和监测项目：

（1）变形速率较大或不稳定滑块与起始变形滑块（滑坡源等）；

（2）初始变形滑块（滑坡主滑段、推移滑动段、牵引滑动段等）；

（3）对滑坡稳定性起关键作用的滑块（滑坡阻滑段等）；

（4）易产生变形的部位（剪出口、裂缝、临空面等）；

（5）控制变形部位（滑带、软弱带、裂缝等）。

2. 测线

滑坡监测线，应穿过滑坡的不同变形地段，并尽可能照顾滑坡的群体性和次生复活特征，还应兼顾外围小型滑坡和次生复活的滑坡。测线两端应进入滑坡外围稳定的岩土体中。纵向测线与滑坡的主要变形方向相一致；有两个或两个以上变形方向时，应布设相应的测线；当滑坡呈旋转变形时，纵向测线可呈扇形或放射状布置。横向测线一般与纵向测线相垂直。在以上原则下，同时测线应充分利用勘探剖面和稳定性计算剖面，充分利用钻孔、平硐、竖井等勘探工程。

测线确定后，应根据滑坡的地质结构、形成机制、变形特征等，分析、建立沿测线在平面、垂向上所表征的变形地段及其特征。

3. 测网

滑坡变形监测网的布设类型可分为如下几种：

（1）十字型。纵向和横向测线构成十字型。根据实际情况可以布设成"丰"、"廿"或"卅"字型。这种网型适用于范围不大、平面狭窄、主要活动方向明显的滑坡。

（2）方格型。两条或两条以上纵向和横向测线近直交布设，组成方格网。这种网型测点分布的规律性强，监测精度高，适用于滑坡地质结构复杂，或群发性滑坡。

（3）三角（或放射）型。各测点的连线和延长线交会后呈三角型或放射状。这种网型测点的分布规律性差，不均匀，距测站近的测点的监测精度较高。

（4）任意型。在滑坡范围内根据需要设置若干测点，在滑坡外围设置测站点，用三角交会法、GPS 法等监测测点的位移情况。适用于自然条件、地形条件复杂的滑坡的变形监测。

（5）对标型。在裂缝、滑带等两侧，布设对标或安设专门仪器，监测对标的位移情况，标与标之间可不相互联系，后缘缝的对标中的一个尽可能布设在稳定的岩土体上。在其他网型布设困难时，可用此网型监测滑坡重点部位的绝对位移和相对位移。

（6）多层型。除在地表布设测线、测点外，利用钻孔、平硐、竖井等地下工程布设测点，监测不同高程，不同层位滑坡的变形情况。

1.4　天–空–地–内多源立体监测网络布设

随着卫星遥感技术、航空摄影测量技术、物联网通讯技术的不断进步和发展，基于星载监测平台（高分辨率光学卫星遥感技术+卫星合成孔径雷达干涉测量技术），航空监测平台（机载光雷达测量技术+无人机摄影测量技术（Unmanned Aerial Vehicles，UAV），地表监测平台（如全球导航卫星系统、地基雷达干涉测量技术、裂缝计等）以及坡体内部监测平台（钻孔测斜仪、孔隙水压力计、地下水位计等）的"天–空–地–内"一体化的多源立体观测体系逐步建立起来并在大量滑坡监测中得到了实际应用。首先利用多时相高分辨率光学卫星影像和时序 InSAR 对正在变形的滑坡区域进行探测和监测，实现大范围滑坡形变历史追踪和形变发展趋势的非连续监测；随后，利用机载 LiDAR 和无人机航拍技术，获取滑坡高风险区、隐患集中分布区或重大滑坡隐患点的多时相高精度数字高程模型（Digital Elevation Model，DEM），通过 DEM 差分实现对滑坡隐患三维形变机动监测；最后，利用地表和斜坡内部传感器，通过物联网通讯实现对滑坡隐患的地表和内部形变以及相关形变影响参数的实时连续监测（图 1.16）。其中星载监测平台和航空监测平台主要应用于大范围或重点区域滑坡隐患中长期监测预警，而地表和坡体内部监测手段主要用于单点滑坡隐患临滑阶段的监测预警。

1.4.1　星载监测平台

1. 多时相卫星光学遥感监测

卫星光学遥感技术因其具有时效性好、宏观性强、信息丰富等特点，已成为重大自然灾害调查分析和灾情评估的一种重要技术手段。早在 20 世纪 70 年代，Landsat（分辨率 30~80m）、SPOT（10~20m）等中等分辨率光学卫星影像便被用于地质灾害探测分析。20 世纪 80 年代，黑白航空影像被用于单体地质灾害的探测。20 世纪 90 年代以后，Ikonos（1.0m）、Quickbird（0.61m）等高分辨率卫星影像被广泛用于地质灾害的探测与监测。目前，光学遥感正朝着高空间分辨率（商业卫星分辨率最高为 Worldview-3 0.31m）、高光谱分辨率（波段数可达数百个）、高时间分辨率（Planet 小卫星的重返周期约 1 天）方向发展（表 1.2）。光学遥感技术在地质灾害研究中的应用逐渐从单一的遥感资料向多时相、多数据源的复合分析，从静态地质灾害辨识、形态分析向地质灾害变形动态监测过渡。随着卫星光学遥感影像分辨率的不断提高以及卫星数目的不断增多，观测的精度将不断提高，获取影像的时间间隔也将大大缩短，目前已实现每天一次重复观测，不久的将来可实现一天多次重复观测，对地质灾害隐患形变趋势的中长期监测大有裨益。

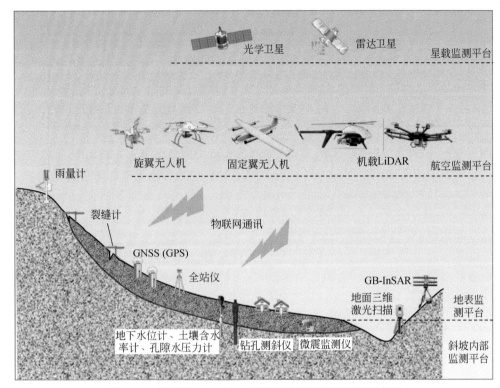

图 1.16 滑坡星–空–地–内多源立体监测网络布设示意图

表 1.2 常用高空间分辨率光学卫星影像基本参数

所属国家/机构	卫星	发射日期	全色分辨率/m	多光谱/m	多光谱波段	立体测量
美国 Digitalglobe	WorldView-1	2007.9.18	0.5	/	/	提供
	WorldView-2	2009.10.9	0.41	1.8	蓝/绿/红/近红外+红边/海岸/黄/近红外2	提供
	WorldView-3	2014.8	0.31	1.24	蓝/绿/红/近红外+红边/海岸/黄/近红外2	提供
	QiuckBird	2001.10.18	0.61	2.44	蓝/绿/红/近红外	无
美国 GeoEye	GeoEye-1	2008.9.6	0.41	1.65	蓝/绿/红/近红外	提供
美国洛克希德马丁	IKonos	1999.9.24	1.0	4.0	蓝/绿/红/近红外	提供
美国 Planet Labs	Doves 卫星群	2014.1	/	3.0	蓝/绿/红/近红外	无
	Skysat 卫星群	2016	/	0.8	蓝/绿/红/近红外	无
法国 Airbus	Pléiades	2011.12.17	0.5	0.5	蓝/绿/红/近红外	提供
	SPOT-6/7	2012.9.22 2014.6.30	1.5	6.0	蓝/绿/红/近红外	提供
日本陆地卫星	ALOS-1	2006.1.24	2.5	10	蓝/绿/红/近红外	无

续表

所属国家/机构	卫星	发射日期	全色分辨率/m	多光谱/m	多光谱波段	立体测量
中国	资源三号	2012.1.9	2.1	5.8	蓝/绿/红/近红外	提供
	高分一号	2013.4.26	2.0	8.0	蓝/绿/红/近红外	无
	高分二号	2014.8.19	1.0	4.0	蓝/绿/红/近红外	无
	高分六号	2018.6.2	2.0	8.0	蓝/绿/红/近红外	无

地表变形会导致滑坡形变区在卫星光学影像光谱特性变化和，由此可利用光学遥感的颜色变化来有效识别地表变形，并可利用多时相高空间分辨率卫星光学影像的对比解译，实现滑坡地表形变的动态监测。例如，2016 年 9 月 28 日浙江丽水苏村滑坡瞬间将苏村部分掩埋，导致 26 人死亡。滑坡源区地处高位且植被茂盛，但实际上滑前其变形在光学遥感影像已有清楚显示。从图 1.17 可以看出，从 2000 年的遥感影像上就能看到明显的变形迹象，随后变形逐渐发展，空间范围逐渐增大，到 2016 年滑坡发生前，控制滑坡范围的边界裂缝已清晰可见。

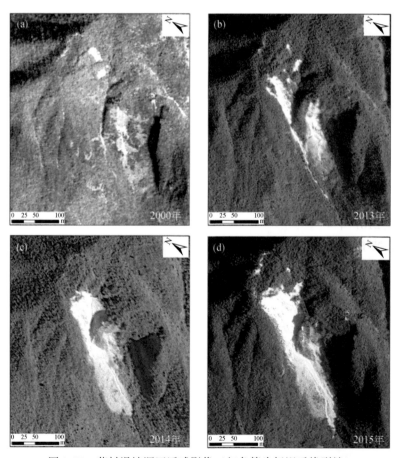

图 1.17　苏村滑坡源区遥感影像（红色箭头标识后缘裂缝）

2. 时序星载 InSAR 监测

InSAR 技术是近 20 年来兴起的一种新型对地观测技术，其主要利用雷达影像的相位信息来获取目标点在雷达视线向的形变信息，是一种主动遥感技术手段，具有全天候、全天时工作、覆盖范围广、空间分辨率高、非接触、综合成本低等优点，适宜于开展大范围地质灾害长期持续监测。特别是 InSAR 具有的大范围连续跟踪微小形变的特性，使其对正在变形区具有独特的识别和监测能力。1996 年法国学者 Fruneau 首先证明了合成孔径雷达差分干涉测量技术可有效用于小范围滑坡形变监测，随后世界各国学者陆续开展了 DInSAR 在滑坡监测中的应用研究，取得了一些成功案例。但在实际应用中，特别是在地形起伏较大的山区，星载 InSAR 的应用效果往往受到几何畸变、时空去相干和大气扰动等因素的制约，具有一定局限性。此外，应用 DInSAR 只能监测两时相间发生的相对形变，而无法获取研究区域地表形变在时间维上的演化情况，这是由该技术自身的局限性所决定的。针对这些问题，国内外学者在 DInSAR 的基础上发展提出了多种时间序列 InSAR 技术（时序 InSAR），包括永久散射体干涉测量（Permanent/Persistent Scatterer Interferometry，PSI）、小基线集干涉测量（Small Baseline Subsets，SBAS）、SqueeSAR 等。这些方法通过对重复轨道观测获取的多时相雷达数据，集中提取到具有稳定散射特性的高相干点目标上的时序相位信号进行分析，反演研究区域地表形变平均速率和时间序列形变信息，能够取得厘米级甚至毫米级的形变测量精度。

近年来，得益于雷达卫星的不断增多、空间分辨率和时间分辨率的不断提高、算法的不断优化以及雷达数据开放获取的推行（表 1.3），InSAR 技术在滑坡灾害的中长期监测方面取得了长足进步。图 1.18 为四川省丹巴县甲居藏寨滑坡 2016 年 12 月 23 日 ~2011 年 1 月 3 日卫星视线方向累计形变量（Dong et al.，2018），从图中不仅可见明显圈定滑坡的形变区范围，还可以准确计算出每个干涉点的在视线方向上的形变量大小和形变速率。2017 年 6 月 24 日四川茂县新磨村滑坡发生后，国内外学者迅速利用 InSAR 技术对该滑坡滑前形变进行了追踪，意大利学者 Intrieri 等（2018）利用 Sentinel-1 卫星数据的时序分析发现该滑坡在 2107 年 4 月开始出现了显著的加速变形，进一步证明了利用 InSAR 技术进行大型岩质滑坡中长期监测预警的有效性。

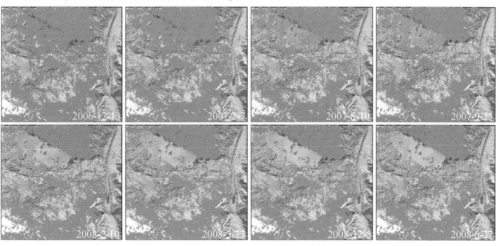

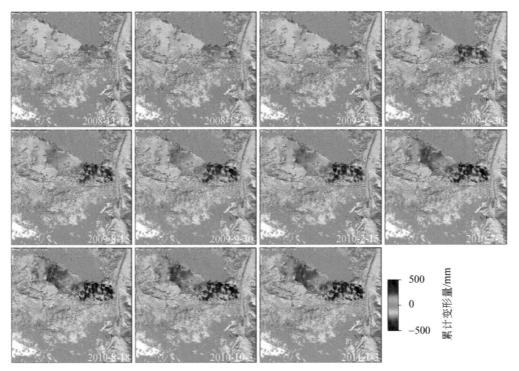

图1.18　四川省丹巴县甲居藏寨滑坡2016年12月23日～2011年1月3日卫星视线方向
累计形变量（Dong et al., 2018）

1.4.2　航空监测平台

1. 多时相机载 LiDAR 滑坡监测

LiDAR 是激光探测及测距系统的简称，其通过集成定姿定位系统和激光测距仪，能够直接获取观测区域的三维表面坐标。机载 LiDAR 集成了位置测量系统、姿态测量系统、三维激光扫描仪（点云获取）、数码相机（影像获取）等设备。机载 LiDAR 不仅能够提供高分辨率、高精度的地形地貌影像，同时通过多次回波技术可"穿透"地面植被，通过滤波算法有效去除地表植被，获取真实地面高程数据信息并生成数字高程模型（DEM），为高位、隐蔽性滑坡隐患的识别和监测提供了重要手段。通过对多时相机载 LiDAR 点云生成的 DEM 进行差分，并可获得滑坡形变区的垂直方向的形变量，通过对多时相机载 LiDAR 点云生成的山体阴影反映出来的地表裂缝等形变迹象进行对比，便可得到滑坡水平方向的形变量，从而可以实现滑坡隐患三维形变的动态监测。图 1.19 为四川省丹巴县城中路藏寨滑坡航空影像和机载 LiDAR 结果图，该滑坡后缘植被较茂密，从无人机航拍影像 [图 1.19（a）] 和未去除植被的机载 LiDAR 原始点云生成的山体阴影图 [图 1.19（b）] 上均不易发现滑坡形变迹象，但去除植被后，则滑坡后缘拉裂缝清晰可见，同时时序 InSAR 结果也显示该区域滑坡目前正处于缓慢蠕滑阶段。

表1.3 常用星载SAR传感器基本参数及应用特征表
（据《地质灾害InSAR监测技术指南（试行）T/CAGHP 013—2018》）

星载SAR系统	所属国家/机构	运行时间	轨道高度/km	波段	波长/cm	极化方式	侧视角/(°)	轨道倾角/(°)	最短观测时间间隔/d	地面分辨率/m	图像幅宽/km	测量变形精度	不同数据模式市场报价/万元每景或每单景	存档数据情况	主要优点	主要缺点
ERS-1/2	欧空局	1991~2000/1995~2012	790	C	5.6	VV	23	98.49	35	25	100	厘米级	0.5~1.0	全球覆盖20次以上	存档数据早	稳定性较差、处理技术难度大
JERS-1	日本	1992~1998	568	L	23.5	HH	35	98.16	44	25	80	厘米级	0.5~1.0	全球覆盖5次以上	具有较早的历史存档数据	分辨率低、轨道精度、质量较差
RADARSAT-1	加拿大	1995~2013	780	C	5.6	HH	23~65	98.6	24	8~30	50~500	毫米级	0.8~1.0	部分地区覆盖	为2007年前得的高分辨、中短波长数据	轨道精度较低
ENVISAR-ASAR	欧空局	2002~2012	800	C	5.6	HH/VV	15~45	98.55	35	25~100	100~400	毫米级	0.5~1.0	全球覆盖25次以上	存档数据多、价格低、覆盖历史时段长	在高山峡谷区域干涉效果差
ALOS-PALSAR	日本	2006~2011	691	L	23.6	全极化	8~50.8	98.16	46	7~100	30~350	毫米级	0.5~1.0	全球覆盖15次以上	覆盖范围广、存档数据丰富、历史时段长	空间基线较长、大气对其影响较大
RADARSAT-2	加拿大	2007~	798	C	5.6	单极化/双极化/全极化	23~65	98.6	24	聚焦模式1/超级条带模式3/其他模式>5	聚束模式18/超级条带模式20/条带模式50/其他模式50~500	毫米级	1.5~3.5	有中国东部2007-2013年间多期存档数据	数据质量较大、高分辨率、单景数据覆盖范围广	编程数据价格较高
TerraSAR-X/TanDEM-X	德国	2007~	514	X	3.1	全极化	20~55	97.44	11	凝视模式0.25/聚束模式20/条带模式30/宽扫描模式100	凝视模式10/聚束模式20/条带模式30/宽扫描模式270	毫米级	1.5~3.5	大部分地区需要编程观测	轨道精度高、数据质量好、重访周期短	存档数据较少
COSMO-SkyMed	意大利	2007~	619	X	3.1	HH, VV, HV, VH, HH/VV, HH/HV, VV/VH	16.36~52.06	97.86	16	聚束模式1, 15/条带模式30/扫描模式100	聚束模式7~10/条带模式30~40/扫描模式100~200	毫米级	1.6~3.75	大部分地区需要编程观测	存档数据丰富、数据质量好、重访周期短	空间基线较长
Sentinel-1A (1B)	欧空局	2014~	693	C	5.6	HH+HV, VV+VH	20.0~45.0	98.18	12（单星）/6（双星）	聚束模式5/条带模式5×20/宽扫描模式20/加宽扫描模式400	聚束模式20/条带模式80/扫描模式250/加宽扫描模式400	毫米级	免费	中国区域基本覆盖	覆盖范围广、重访周期短、数据丰富、免费	波长中等、对植被覆盖区域观测能力较差、低分辨率模式
ALOS-2（PALSAR-2）	日本	2014~	628	L	23.6~25.0	全极化	8.0~70.0	97.9	14	聚束模式3,6,10/条带模式3×3/扫描模式100	聚束模式25/条带模式50~250/扫描模式350~490	毫米级	2.4~4.0	有全球观测计划	覆盖范围图较大、波长长、适合高山峡谷区	价格相对品贵

(a) 滑坡后缘无人机航拍影像　　　　　　　(b) 机载LiDAR原始点云生成的山体阴影图

(c) 机载LiDAR原始点云滤除植被生成的山体阴影图　　　　(d) (c)图局部放大的

图1.19　四川省丹巴县城中路藏寨滑坡航空影像和机载 LiDAR 结果图

2. 多时相无人机航拍滑坡监测

随着无人机技术的飞速发展，利用无人机可进行高精度（厘米级）的垂直航空摄影测量和倾斜摄影测量，并快速生成测区数字地形图（Digital Line Graphic，DLG）、数字正射影像图（DOM）、数字地表模型（DSM）、数字地面模型（DTM）。利用三维 DSM 或 DTM，不仅可以清楚直观地查看斜坡的历史变形破坏痕迹和现今变形破坏迹象（如地表裂缝、拉陷槽、错台、滑坡壁等）以发现和识别地质灾害隐患，还可进行地表垂直位移、体积变化、变化前后剖面的计算，从而实现滑坡隐患的动态监测。图1.20 为甘肃省黑方台地区陈家6#、8#滑坡多时相无人机航拍 DSM 差分结果图，通过 DSM 差分结果图可以准确探测出滑坡形变区垂直方向的位移量，同时通过对多时相高精度无人机光学影像上的地表裂缝等形变迹象进行对比解译，便可得到滑坡水平方向的形变量，从而可以实现滑坡隐患三维形变的动态监测。

1.4.3　地表和斜坡内部监测平台

在利用星载和航空监测技术手段对滑坡目前的变形状况，以及历史形变特征规律进行监测分析基础上，判定其变形所处阶段，若变形速率较大或已进入加速变形阶段，则应及时布设地面传感器（如 GNSS、裂缝计、雨量计）和坡体内部传感器（如钻孔倾斜仪、地下水位计等）对地表和内部的变形及其外在影响因素进行精准密集监测，并根据监测结果在灾害实际发生前发出预警信息，以保障受威胁人员的生命财产安全。目前，滑坡灾害的

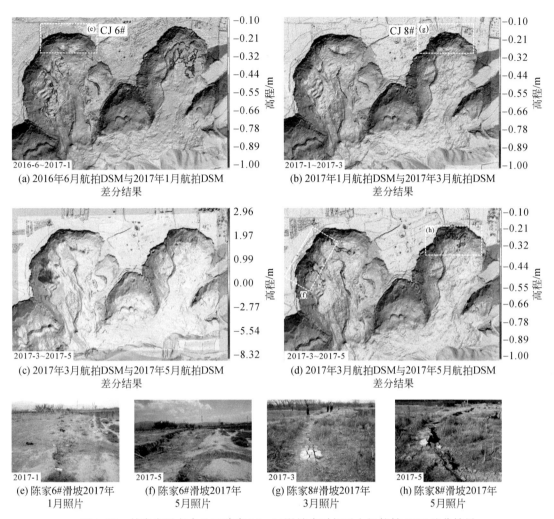

(a) 2016年6月航拍DSM与2017年1月航拍DSM
差分结果

(b) 2017年1月航拍DSM与2017年3月航拍DSM
差分结果

(c) 2017年3月航拍DSM与2017年5月航拍DSM
差分结果

(d) 2017年3月航拍DSM与2017年5月航拍DSM
差分结果

(e) 陈家6#滑坡2017年
1月照片

(f) 陈家6#滑坡2017年
5月照片

(g) 陈家8#滑坡2017年
3月照片

(h) 陈家8#滑坡2017年
5月照片

图 1.20　甘肃省黑方台地区陈家 6#、8#滑坡多时相无人机航拍 DSM 差分结果

地面和坡体内部的监测,从各种指标(位移、应力、含水量、水位、雨量等)的现场自动采集、监测数据的远程无线传输等技术都已成熟,其难点在于对现场监测数据的分析处理以及根据监测数据对灾害发生时间及时地作出准确的预警预报。那么,在地质灾害发生前,究竟能不能提前做出预警预报呢?客观地讲,地质灾害的预警预报目前还是一个国际难题,还不可能提前对灾害发生时间做出准确的预报,但近年来的研究和实践证明,对大多数进行了科学、专业监测的地质灾害体而言,在灾害发生前提前数小时、数分钟发出预警信息还是可能的。

滑坡预警难度相对较大,尤其是突发性滑坡预警难度很大。但大量的滑坡实例表明,滑坡尤其是重力型滑坡(主要受重力而形成的滑坡,而非地震、降雨、人类工程活动诱发的滑坡),基本都满足日本学者斋藤提出的三阶段变形规律。通过 InSAR、GBSAR、GNSS、裂缝计等变形监测手段的持续监测,获取滑坡的变形时间序列曲线,结合监测数据不难判断滑坡当前处于哪一阶段。理论和实践均表明,滑坡变形进入加速变形阶段是滑坡发生的前提，也是滑坡预警的重要依据。也就是说，若滑坡还处于等速变形阶段，即使有较大的变形速率（一般可达每天数厘米、数分米）也未必会发生滑坡，但一旦进入加速变形阶段，预示着在不长的时间内将会发生滑坡。因此，对于新发现的重大滑坡隐患，一般应尽快实施变形监测，掌握滑坡所处的变形阶段，并由此判断滑坡的稳定性和危险性。

1.5　监测数据采集和整理

1.5.1　监测数据现场采集

1. 现场观测工作的基本要求

现场观测的基本要求，概括地讲就是真实性、可靠性、系统性、连续性、及时性、完整性。

（1）根据技术规程规范及监测工程项目的特点，制定详细的观测工作计划与实施方案。

（2）根据规范和合同文件技术条款规定的项目、内容、测次和时间进行观测，做到无缺测、无漏测、无不符合精度、无违时，必要时应根据现场实际情况和岩土体变形发展过程调整测次、加密观测，以保证监测工作的连续性及异常情况的及时发现。

（3）观测前应检查读数仪是否正常，对仪表应经常性地进行检验，及时充电或更换电池，以保证观测资料的精度。

（4）各类仪器测读前准备好记录读数的专用表格，记录数据后及时分析比较，如发现读数有异常，立即重测。

（5）观测工作应有专人负责并保持稳定，人工观测时至少有两人操作：一人测读，一人记录，观测人员需在记录表格上签字。

（6）观测读数时应与上次观测记录进行比较以便及时发现异常信息，若两次观测读数差距较大，应复测并寻找分析原因。

（7）观测时应记录相应的施工情况，如开挖进尺、支护时机、爆破及其他施工情况，以便对观测成果进行综合分析。

（8）观测记录应在24小时内及时进行整理分析。

2. 现场观测工作的质量控制

（1）仪器观测应严格按照设计技术要求和有关规程规范的频次要求进行，以满足监测数据的系统性和连续性要求。

（2）仪器观测数据要满足各仪器观测精度要求，对于监测成果与人为因素（操作）影响较大的监测仪器（如测斜仪、滑动测微计、沉降仪等），操作人员必须按照观测要求及程序精心操作，分析和判断监测数据的偏差及可靠度，否则将会带来较大测量误差。

（3）对测量仪器仪表按规定定期进行检验和率定，以检查仪器工作状态正常与否，及时维修和校正。

（4）对获得的观测数据仔细进行校核、检查及粗差处理，对于不合理的异常数据要结合工程情况及现场条件进行分析、判断、确认或纠正。粗差的来源主要发生在二次仪表、观测记录、记录输入、数据整编等环节，粗差的判断主要采用人工经验分析等方法。在资料分析中，对于二次仪表等引起的不可修正的粗差一般采用插值或删除进行处理。

（5）为保证监测资料的可靠性，对于在观测中发现的异常或不稳定数据要进行以下检查工作：①仪器电缆是否完好，电缆接头是否折断、受潮或进水；②电缆电阻值及绝缘度是否符合要求，测值是否符合规律；③观测站及集线箱环境是否满足要求等。

（6）仪器监测与巡视检查相结合，巡视检查的程序、内容和巡视检查报告编写应符合相关要求。

（7）相关监测项目力求同时观测，针对不同监测阶段，突出监测重点。做到监测连续、数据可靠、记录真实、注记齐全、书写清楚。发现异常，立即复测，若确有问题，应及时上报。

（8）当发生地震、大洪水、暴雨和工程状态异常时，应加强巡视检查，并对重点部位加强观测，增加测次。

3. 观测读数的质量控制措施

对观测误差的控制要消除以下产生误差的原因。

（1）二次仪器仪表要定期标定和检修，修正其误差。

（2）修正由于温度、受潮、腐蚀、震动等因素造成的基准点移动和漂移。

（3）制定操作技术规程及工作程序文件，进行观测人员培训，掌握正确的观测方法。

（4）保持观测人员和设备的稳定，避免人为误差。

在现场进行观测时，常用的判断读数误差方法包括以下几点。

（1）本次读数与前次读数比较，在原因参量没有较大变化时，读数值不会变化很大，如有异常变化时应复测并分析原因。

（2）读数超出仪器量程。

（3）读数值不稳定。

（4）数据的校核，可采取和数校正、正反测校正等方法。

（5）弦式仪器可根据仪器量程频率范围来判断读数的可信度。

1.5.2　监测数据整理

1. 资料整编内容

资料整编分平时资料整理与定期资料编印。

（1）平时资料整理的重点是查证原始观测数据的正确性与准确性；进行观测物理量计算；填好观测数据记录表格；绘制物理量过程线图，考察、观测物理量的变化，初步判断是否存在变化异常值。

平时资料整理工作的内容：①检验观测数据的正确性和准确性。每次观测完成之后，应立即在现场检查作业方法是否符合要求，观测值是否符合精度要求，数据记录是否准确、清晰、齐全；②观测物理量的计算。经检验合格后的观测数据，换算成观测物理量；

③绘制观测物理量的过程线图；④在过程线上初步考察物理量的变化规律，发现异常应立即分析该异常量产生的原因，提出专项文字说明，对原因不详者，向上级主管部门报告。

（2）定期资料编印，应在平时资料整理的基础上进行观测物理量的统计，填制统计表格；绘制各种观测物理量的分布与相互间的相关图线。

定期资料编印的主要工作内容：①汇集工程的基本情况（含各种运控指标）、监测系统布置和各项考证资料，以及各次巡视资料和有关报告、文件等；②在平时资料整理的基础上，对整编时段内的各项观测物理量按时序进行列表统计和校对。此时如果发现可疑数据，一般不宜删改，应加注说明，提醒读者注意；③绘制能表示各观测物理量在时间和空间上的分布特征图，以及有关因素的相关关系图；④分析各观测物理量的变化规律及其对工程安全的影响，并对影响工程安全的问题提出运行和处理意见；⑤对上述资料进行全面复核、汇编，建档保存。

2. 资料整编分析质量控制

监测资料整编与分析反馈工作是监测预警工作的重要组成部分，也是对滑坡进行安全监控、评估施工和合理设计的一个关键性环节，应始终坚持以及时性、系统性、可靠性、实用性和全面分析与综合评估等原则进行。

（1）监测基准值选择。监测基准值选择是监测资料整理计算中的重要环节，基准值选择过早或过迟都会影响监测成果的正确性，不同类监测仪器所考虑的因素和选取的基准值时间通常不尽相同。因此，必须考虑仪器安装埋设的位置、所测介质的特性及周围温度、仪器的性能及环境等因素，正确建立基准值。例如，在岩体钻孔回填安装的仪器设备，如测斜管一般宜选择在回填埋设一周后的稳定测值作为基准值。在混凝土中埋设的仪器，其基准值的确定除一般选取混凝土或水泥砂浆终凝时的测值（24小时后的测值）外，还须掌握以下原则：混凝土浇筑凝固后，混凝土与仪器能够共同作用和正常工作、电阻比与温度过程线呈相反趋势变化、应变计测值服从点应变平衡原理、观测资料从无规律跳动到比较平滑有规律变化等。

渗压计和锚索测力计应选取安装埋设前的测值，即零压力或荷载为零时的测值为基准值。

（2）观测数据整理要及时。每次观测后，应对观测数据及时进行检验、计算和处理，检验原始记录的可靠性、正确性和完整性。如有漏测、误读（记）或异常，应及时补（复）测、确认或更正。

（3）在日常资料整理基础上，对资料定期整编，整编成果应项目齐全、考证清楚、数据可靠、图表完整、规格统一、说明完备。

（4）收集和积累资料，包括观测资料、地质资料、工程资料及其他相关资料，这些资料是监测资料分析的基础。资料分析的水平和可靠度与分析者对资料掌握的全面性及深入程度密切相关。

（5）定期对监测成果进行分析研究，分析各监测物理量的变化规律和发展趋势，各种原因量和效应量的相关关系和相关程度，及时反馈业主、监理和设计，并对工程的工作运行状态（正常状态、异常状态、险情状态）及安全性作出具体评价。同时，并预测变化趋势，提出处理意见和建议。

（6）保证监测资料实时整编分析的重要前提，是必须具备有监测数据库管理及信息分析系统的支持和具有一批拥有较好监测素质和技术水平的管理人员。

（7）现场监测人员和工程管理部门，一般仅需按照规程规范要求对监测资料和整编成果作出初步的分析和判断，而更深入的定量及数学模型分析则需委托科研及大专院校的专业人员进行。

3. 监测资料分析方法

根据工程需要，监测资料分析有简有繁，依据其分析内容可分为两类：一是初步分析；二是系统全面的综合分析。

在监测过程中有无异常观测值可通过初步分析进行验证，在工程出现异常和险情的时段，工程竣工验收和安全鉴定等时段，水库蓄水、汛前、汛期、隧洞通放水工程本身或附近工程维修和扩建等外界荷载环境条件发生显著变化的重点时段，通常需要对监测资料进行较深入系统的综合分析，用以查找存在的安全隐患和原因，分析监测资料的变化规律和趋势，预测未来时段的安全稳定状态，为可能采取的工程决策提供技术支持。

监测资料的分析方法可粗略分为以下几类。

（1）常规分析方法。例如，比较法、作图法、特征值法和测值因素分析法等。

（2）数值计算方法。例如，统计分析方法、有限元分析法、反分析法等。

（3）数学物理模型分析方法。例如，统计分析模型、确定性模型和混合型模型等。

（4）应用某一领域专业知识和理论的专门性理论法。如边坡安全预报的斋藤法，边坡和地下工程中常用的岩体结构分析法（块体理论分析法）等。

由于常规分析方法具有原理简单、结果直观、能快速反应出问题等优点，在工程中得到广泛的应用。常规分析方法主要有以下几个。

（1）比较法。通过对比分析检验监测物理量值的大小及其变化规律是否合理，或建筑物和构筑物所处的状态是否稳定的方法称比较法。比较法通常有：监测值与技术警戒值相比较；监测物理量的相互对比；监测成果与理论的或试验的成果（或曲线）相对照。工程实践中则常与作图法、特征统计法和回归分析法等配合使用，即通过对所得图形、主要特征值或回归方程的对比分析作出检验结论。

（2）作图法。根据分析的要求，画出相应的过程线图、相关图、分布图以及综合过程线等。由图可直观地了解和分析观测值的变化大小和其规律，影响观测值的荷载因素及其对观测值的影响程度，观测值有无异常。

（3）特征值统计法。可用于揭示监测物理量变化规律特点的数值称特征值，借助对特征值的统计与比较辨识监测物理量的变化规律是否合理，并得出分析结论的方法称为特征值统计法。岩土工程常用的特征值一般是监测物理量的最大值和最小值，变化趋势和变幅，地层变形趋于稳定所需的时间，以及出现最大值和最小值的工况、部位和方向等。

（4）测值影响因素分析法。在监测资料分析中，事先收集整理降雨、爆破松动、开挖施工、塌方失稳、空间效应、时间效应、各类不良地质条件、地下水作用、灌浆、预应力锚索加固等各种因素对测值的影响，掌握它们对测值影响的规律，综合分析，往往有助于对监测资料的规律性、相关因素和产生原因的认识和解释。

在实际的监测成果分析过程中为了更深刻地透析监测数据，往往是多种分析方法综合使用。

1.6　常见滑坡监测曲线的实际意义

根据各种不同的观测项目，使用不同的仪器在不同时间所测的结果反映不同物理量的大小、变化与规律，可绘制各类图形。主要有以下几个。

（1）物理量随时间变化的过程曲线图。

（2）物理量分布图：如物理量沿钻孔分布图、物理量的剖面分布图、平面分布图、沿建筑物轴线分布图等。

（3）物理量相关关系图：物理量与空间变化关系图、两个物理量之间的相关关系图、原因参量与效应参量相关关系图等。

（4）物理量比较图。

可用于对观测物理量的分析，分析观测物理量随时间空间的变化规律，分析物理量特征值的变化规律，分析物理量之间相关关系的变化规律，从分析中获得观测物理量的变化稳定性、趋向性及其与工程安全的关系等结论。将巡视检查成果、观测物理量的分析成果、设计计算复核成果进行比较，以判识工作状态、存在异常的部位及其对安全的影响程度与变化趋势等。

1.6.1　常见滑坡监测仪器的成果曲线

1. 钻孔测斜仪的成果分析及评价

（1）位移增量与孔深关系图、累加位移与孔深关系图是分析中所必需的，此两图可以查明潜在的滑动面（图1.21）。一般来说，在某一测段内连续几组数据保持相同方向的变化，就可以判定此部位岩层产生移动，综合分析岩心柱状图，并与地质判断相结合，可以给出具体的滑动深度及滑动地层。

（2）位移与时间的关系。根据已判断出的滑移面，结合每次观测的位移或孔口的位移，可绘出位移与时间的关系图（图1.22）。由滑移面的位移–时间关系图，可以从整体上判断边坡的稳定性。

（3）位移速率是判断边坡稳定性的一个很重要的指标。将两次观测间隔内岩体产生的位移量除以时间间隔（月或日），可得到观测时段内的平均位移速率，并可绘出位移速率与时间的关系图，从图中可以了解到边坡内岩体在什么时间内位移发展较快，什么时候较稳定，从而为安排观测频次及岩体稳定性分析提供依据。

（4）分析位移、位移速率等与其他相关因素的关系。滑坡的位移、位移速度可能与降雨量、地下水位、渗压等有关。因此，在倾斜仪观测的同时，需要收集降雨量资料，需要开展地下水位及渗压的监测，以便综合判断滑坡的变形与稳定性。

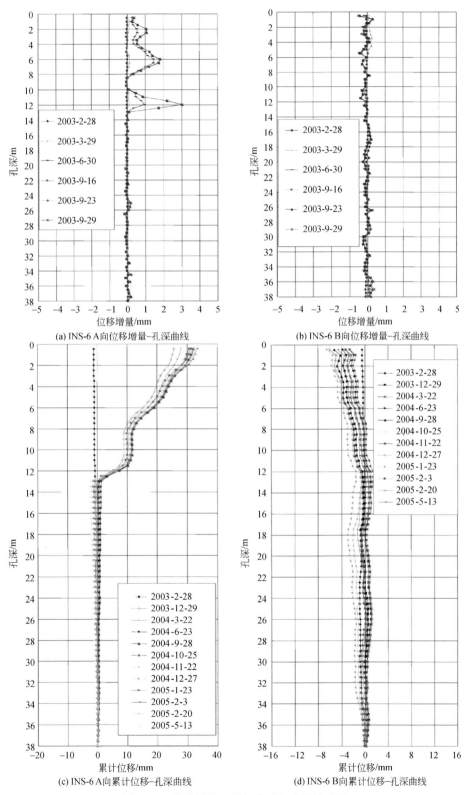

(a) INS-6 A向位移增量-孔深曲线

(b) INS-6 B向位移增量-孔深曲线

(c) INS-6 A向累计位移-孔深曲线

(d) INS-6 B向累计位移-孔深曲线

图 1.21　位移增量、累加位移与孔深关系图

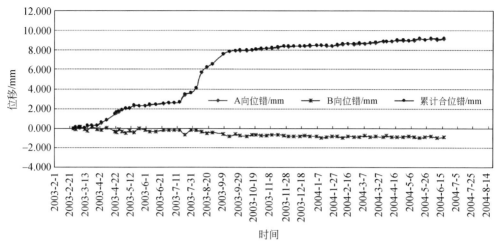

图 1.22　位移与时间关系图

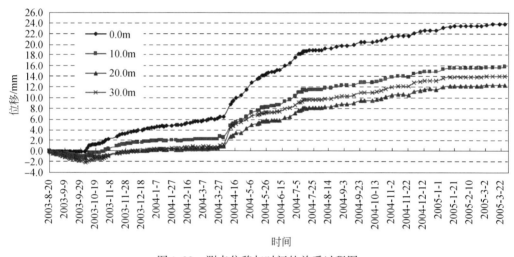

图 1.23　测点位移与时间的关系过程图

2. GNSS 多点位移计观测成果与评价

（1）测点位移与时间的关系过程线（图 1.23），用来评价岩土体位移的过程及趋势，判断岩土体是否稳定。

从位移时间过程线，可以看出观测物理量随时间的发展情况，结合降雨、现场施工情况，可以看出该影响因素对观测物理量发展趋势的影响。

（2）位移速率与时间的关系、位移及位移速率与施工过程的对应关系等（图 1.24）。

位移速率反应的是某一时间段内位移的变化情况，受一些因素的影响有时候位移速率会出现负值，如锚索张拉。工程中多点位移计监测成果锚索张拉前后对照图如图 1.25 所示。

（3）测点位移与孔深的关系，用来了解岩土体内部位移的分布及松弛区范围（图 1.26）。

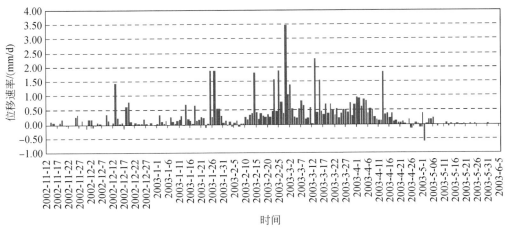

图 1.24　表面测点位移速率与时间关系图

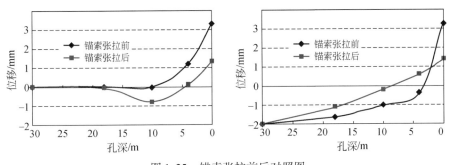

图 1.25　锚索张拉前后对照图

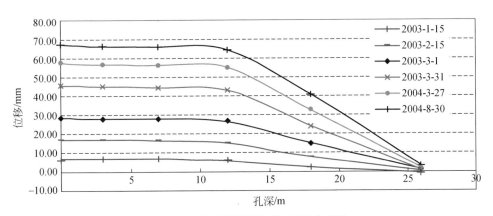

图 1.26　多点位移计位移–孔深曲线图

（4）边坡变形分布示意图，了解各部位的变形情况（图 1.27）。

（5）综合图表：将岩土体的变形与其他观测物理量进行对比研究，找出其相互关系并作综合分析（图 1.28）。

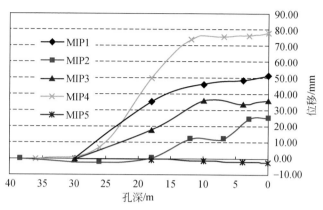

图 1.27　边坡变形曲线图

"MIP"的含义为"监测点"

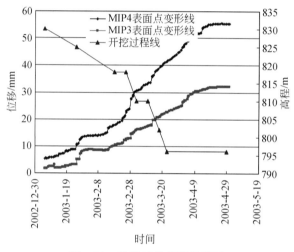

图 1.28　边坡开挖变形曲线图

3. 锚索测力计的观测成果

（1）锚索应力随时间变化的过程线，用来评价锚索上的荷载变化情况及预应力损失情况。判断施工质量是否满足设计要求，检测和评价预应力锚索的支护效果、了解锚索的工作状态和预应力变化过程，并综合分析边坡的稳定性动态。

（2）锚索应力在边坡一定范围内的分布图，了解相应锚索上荷载的分布。

（3）可能的情况下，可绘制锚索应力与施工过程的相关关系图。

（4）综合图表：可将锚索应力的变化与其他观测物理量（如岩层位移等）进行对比分析（图 1.29），间接反映边坡的稳定性状态（如锚索应力随时间增加预示坡体变形发展）。

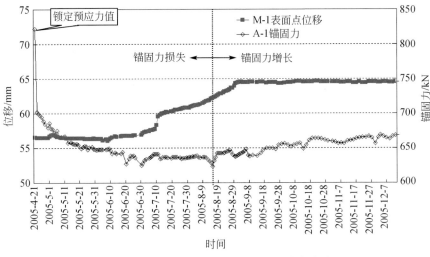

图 1.29　锚索应力与岩层位移的相关关系图

4. 渗压计的观测成果

（1）压力随时间变化过程线：用来评价地下水变化情况，进而分析其对边坡岩体稳定性的影响（图 1.30）。

（2）综合图表：对地下水压力变化与其他观测物理量进行对比研究及作相关分析。

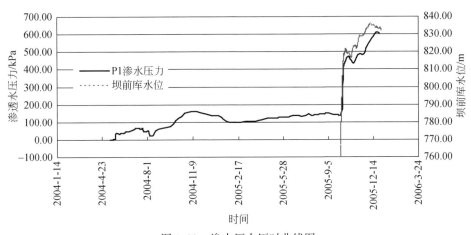

图 1.30　渗水压力历时曲线图

1.6.2　常见滑坡监测曲线的实际意义

下面以四川省丹巴县城后山滑坡、三峡和二滩水电站库区滑坡的监测曲线为例，来简要说明几种常见监测曲线所代表的实际意义。

1. 变形速率–时间曲线

在滑坡监测时，一般是每隔一定时段（根据需要可能是一个月、一周、一日、甚至是几小时）监测一次滑坡位移。某一时段内的位移我们称为变形速率，通常的描述为 mm/m（月变形量）、mm/d（日变形量）、mm/h（小时变形量），其时间序列为变形速率–时间曲线。变形速率–时间曲线表示滑坡监测点的变形速率随时间发展变化的曲线，往往呈锯齿状，但我们应该从这种呈波动起伏的监测曲线中分析坡体的总体变化趋势，分析计算各变形阶段的平均变形速率，由此掌握滑坡的宏观变形演化规律。例如，图 1.31 为四川省丹巴县城后山滑坡 6# 监测点变形速率–时间曲线。从该图可以看出，从 2005 年 1 月 23 日到 2005 年 2 月 22 日，丹巴县城后山滑坡 6# 监测点坡体的变形速率（日位移量）从总体上看呈加速增长趋势，表明滑坡已进入初始加速变形阶段，至 2005 年 2 月 22 日，其日位移量达到最大值 30.3mm；然后，随着应急治理工程的逐步实施，该监测点变形速率逐渐降低，至 2005 年 5 月 9 日，降低到 0.7mm/d，滑坡体逐渐趋于稳定。

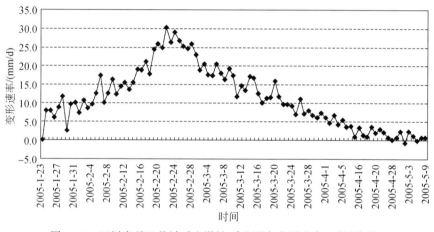

图 1.31　四川省丹巴县城后山滑坡 6# 监测点变形速率–时间曲线

例如，图 1.32 为四川省丹巴县城后山滑坡应急抢险阶段主剖面监测点滤波后变形速率–时间曲线。从该图可以看出，主剖面上的监测点在 2005 年 2 月 22 日之前还呈增加趋势，滑坡处于初始加速变形阶段，镜 9 监测点最大位移速率达到了 33mm/d，随着应急治理工程的逐步实施，滑坡变形速率从前缘到后缘开始逐渐降低，在锚索张拉完成后各监测点位移速率大幅降低，滑坡体逐渐趋于稳定。

2. 累计位移–时间曲线

累计位移是指将前期每次所监测到的位移（变形速率）进行累加，由此得到某一时刻滑坡的总体位移量。累计位移–时间曲线表示累计位移随时间变化的曲线，其消除了位移（位移速率）–时间曲线上的振动，往往比较平滑（图 1.33）。

这种监测曲线一般都呈上升趋势，如果曲线切线的斜率一天比一天增加，则说明滑坡的变形愈演愈烈——加速变形；如果曲线切线的斜率一天比一天减小，则说明滑坡的变形

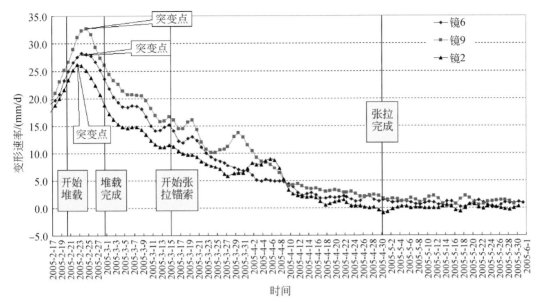

图 1.32 四川省丹巴县城后山滑坡应急抢险阶段主剖面监测点滤波后变形速率–时间曲线

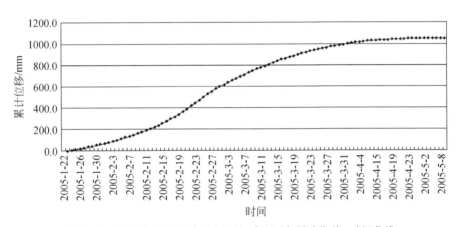

图 1.33 四川省丹巴县城后山滑坡 6# 监测点累计位移–时间曲线

在逐渐减弱——减速变形。鉴于曲线纵横坐标量纲不一致，曲线某一点处切线斜率的大小本身并不具有明确的实际意义，但相邻时间段切线斜率是增是减，在一定程度上反映了滑坡的变形演化趋势。

图 1.33 为与图 1.32 对应的四川省丹巴县城后山滑坡 6# 监测点累计位移–时间曲线。从该图可以看出，从 2005 年 1 月 23 日到 2005 年 2 月 22 日，滑坡处于加速变形阶段；从 2005 年 2 月 23 日到 2005 年 4 月 15 日，滑坡处于减速变形阶段；从 2005 年 4 月 16 日到 2005 年 5 月 9 日，该段时间内曲线趋于平缓，切线斜率趋于零，滑坡基本趋于稳定。反之，如果曲线斜率持续不断地增大，并最终趋于陡立，则滑坡变形急剧上升，坡体将变形转化为整体失稳破坏，滑坡发生。

3. 钻孔倾斜仪监测曲线

根据钻孔倾斜监测资料，可以作出不同监测时间段（以小时、天、月等单位为时间间隔）的位移随钻孔深度变化曲线，每条曲线都是从滑坡体地表至沿钻孔至深处每一位置某一监测时刻位移的连线，因此其表示的是滑坡体表面至深处不同点位移的空间分布规律（图 1.34）。

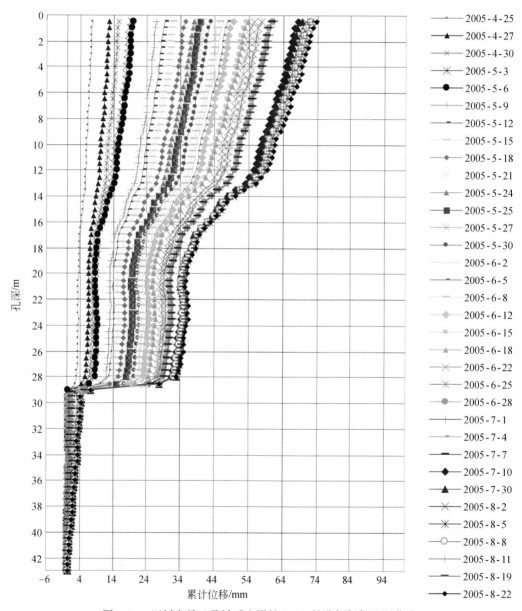

图 1.34　四川省丹巴县城后山滑坡 ZK12 钻孔倾斜仪监测曲线

　　图 1.34 为四川省丹巴县城后山滑坡 ZK12 钻孔倾斜仪监测曲线。从该图可以得出，监测钻孔深度 28.5m 处上下位移差别较大，0~28.5m 深度范围内坡体位移较大，而 28.5m 深度以下坡体位移很小，基本没有变形，说明 28.5m 就是该钻孔处的滑面埋深。从该图还可以看出，从 0~28.5m 范围内任一深度处的变形皆随时间在增长，且越接近滑坡体地表其变形越大。由于滑体深部的位移监测结果受外界影响相对较小，可以将滑体内某一深度处不同时段的位移监测结果作成位移–时间曲线，并据此进行滑坡的预测预报。

4. 滑坡变形与降水量的关系曲线

　　将位移（累计位移或变形速率）–时间曲线与降水量历程图进行对比分析，可以找出滑坡变形与降水的相关关系，并由此分析变形的影响因素。图 1.35 为三峡库区秭归县白水河滑坡累计位移–时间曲线与降水量之间的关系图。

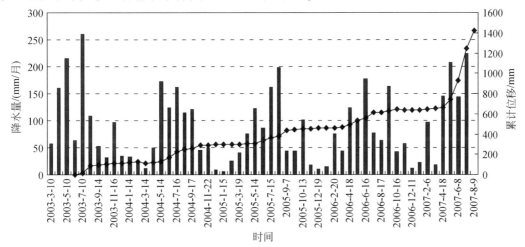

图 1.35　三峡库区秭归县白水河滑坡累计位移–时间曲线与降水量之间的关系

　　从图 1.35 可以得出，每到汛期降水季节，白水河滑坡的变形监测曲线就出现一个明显的变形增长阶段，汛期结束后，变形又逐渐恢复平稳，整个变形监测曲线表现出阶梯状演化特征，表示该滑坡变形与降水具有明显的相关性，受降水影响较大。

5. 滑坡变形与库水位的关系曲线

　　对比分析滑坡变形（累计位移或变形速率）与库水位变化关系曲线，可了解滑坡的变形与水库蓄水或者库水位升降速度之间的关系。

　　图 1.36 为二滩水库金龙山谷坡Ⅱ区 45# 监测孔滑面位移与库水位关系曲线，从图 1.36 可以看出：二滩水库金龙山谷坡Ⅱ区深部岩体的变形与水库蓄水和库水位升降之间具有明显的相关关系。

6. 地下水位–时间曲线

　　地下水位–时间曲线表示滑坡体内地下水位随时间的变化曲线。通过分析可以了解滑坡区地下水位的变化特征，尤其是通过分析地下水位与降水量、库水位以及滑坡变形之间

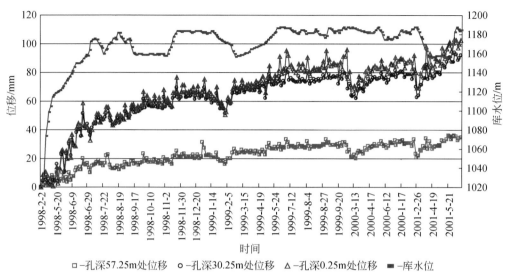

图 1.36　二滩水库金龙山谷坡Ⅱ区 45# 监测孔滑面位移与库水位关系曲线

的相关关系和敏感性，有助于认识和了解影响滑坡变形和稳定性的主要因素。图 1.37 为四川省中江县冯店镇垮梁子滑坡的地下水位（含降水量）-时间监测曲线。从中可以看出，监测期间，该滑坡地下水位总体较为稳定，受降水的影响较小。图 1.38 为重庆市云阳县张桓侯庙东侧滑坡地表位移速率与地下水位关系曲线，从图中可以看出，滑坡的地表位移速率变化与地下水位变化具有较好的相关性。

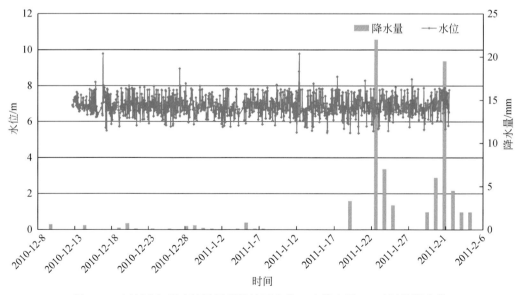

图 1.37　四川中江冯店垮梁子滑坡地下水位（含降水量）-时间监测曲线

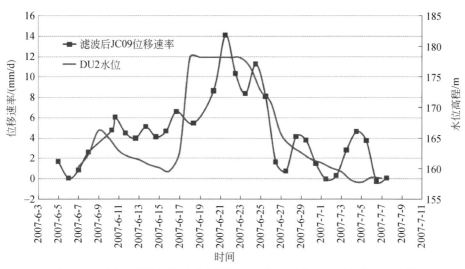

图 1.38　重庆云阳张桓侯庙东侧滑坡地表位移速率与地下水位关系曲线

第 2 章　滑坡的变形破坏行为与内在机理

2.1　不同类型斜坡的变形特点

大量的蠕变试验和斜坡变形监测资料表明，在常规重力作用下，按斜坡的变形–时间曲线特征，可将滑坡分为渐变型、突发型和稳定型三种类型。

渐变型滑坡主要发生于松散土质斜坡或滑动条件不好、具有显著时效变形特征的岩质斜坡（如反倾向岩质斜坡、由软岩构成的岩质斜坡等）。此类滑坡的孕育和发展演化一般需经历长时间的变形和应变能的积累，其滑动面需经长时间的孕育才能逐渐形成，如图2.1 所示。

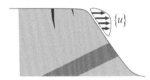 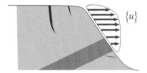 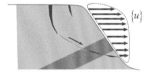

(a) 斜坡开始出现变形　　　　(b) 斜坡变形量级和范围不断增大　　　(c) 滑动面逐渐贯通，滑坡逐渐形成

图 2.1　渐变型滑坡的孕育及变形过程示意图

大量的滑坡实例监测资料表明，渐变型滑坡从斜坡出现变形开始到最终失稳破坏，一般需经历初始变形、等速变形和加速变形三个阶段，即国际上所说的 primary、secondary 和 tertiary 三阶段。其典型变形累计位移–时间曲线如图 2.2 所示。

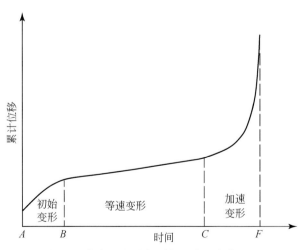

图 2.2　渐变型滑坡变形的三阶段演化图示

图 2.3 列出了几个具有相对完整变形监测资料的滑坡累计位移-时间曲线。图 2.3 表明，上述斜坡变形演化的三阶段规律是渐变型滑坡在重力作用下变形随时间发展所遵循的一个普遍规律，具有普适性。但在通常情况下，滑坡的专业监测往往是在发现滑坡已具有明显变形迹象后才着手进行，并不能获取斜坡初始变形阶段甚至等速变形阶段的变形监测数据，监测曲线所显示的仅是某一阶段的位移-时间曲线，如图 2.3（a）所示。同时，斜坡在发展演化过程中，不可避免地会受到各种外界因素（如降水、人类工程活动等）的干扰，致使其位移-时间曲线呈现出"波动"和"阶跃"性，如图 2.3（c）和图 2.3（d）所示，但宏观上仍遵循上述三阶段变形规律。至于外界因素对斜坡位移-时间曲线的影响，将在第 3 章作专门论述。

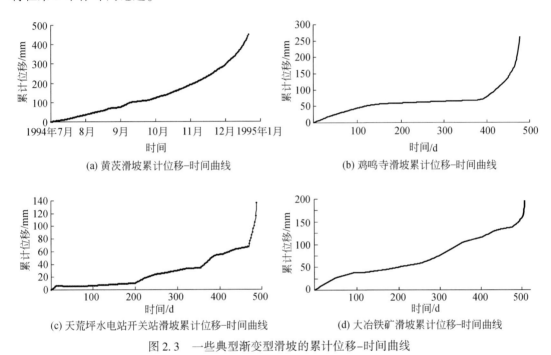

(a) 黄茨滑坡累计位移-时间曲线　　　　　(b) 鸡鸣寺滑坡累计位移-时间曲线

(c) 天荒坪水电站开关站滑坡累计位移-时间曲线　　(d) 大冶铁矿滑坡累计位移-时间曲线

图 2.3 一些典型渐变型滑坡的累计位移-时间曲线

突发型滑坡通常发生于临空条件和滑移条件均较好的岩质斜坡中，如被开挖切脚的顺层岩质边坡 [图 2.4（a）]，或存在一组倾向坡外且底端已暴露于地表的贯通性（软弱）结构面的岩质斜坡 [图 2.4（b）]。突发型滑坡从出现宏观变形迹象到最终的失稳破坏所经历的时间往往要比渐变型滑坡短得多，一般仅持续数天至数月，有的甚至仅数分钟。突发型滑坡发生前总位移量一般远小于渐变型滑坡，但其滑前变形速率却并不小于渐变型滑坡，甚至更大。例如，2007 年 1 月 21 日发生于四川省广安市茅坝采石场的滑坡，其本身为由层状灰岩构成的横向坡，灰岩层面倾角近于直立，走向与开挖坡面基本一致，边坡自身稳定性很好。但由于坡内存在一组倾向坡外的贯通性结构面（图 2.5），该结构面被采矿开挖揭露后在短时间内突然发生滑动。据现场开矿施工人员介绍，在滑坡发生前的 5 分钟左右，开挖坡面开始出现小崩小落，正在坡面作业的工人预感到会有事情发生，赶紧外逃，但因部分人员来不及从坡面逃离最终导致 5 人死亡。可见该滑坡具有非常明显的突发性。

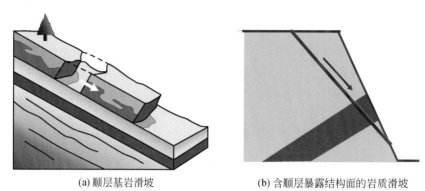

(a) 顺层基岩滑坡　　　　　　　　　(b) 含顺层暴露结构面的岩质滑坡

图 2.4　突发型岩质滑坡的主要模式

(a) 茅坝采石场滑坡照片　　　　　(b) 茅坝采石场滑坡坡体结构示意图

图 2.5　四川广安市茅坝采石场滑坡

　　由于突发型滑坡的突发性很强，从出现明显变形到最终的失稳破坏所经历的时间很短，目前还很少有文献公布突发型滑坡的变形–时间监测曲线。但分析认为，突发型滑坡的累计位移–时间曲线应为如图 2.6 所示的形态，也即等速变形阶段存在的时间很短，甚至直接进入加速变形阶段。其原因将在本章 2.2 节作分析论证。

　　如果斜坡受到外界突发性的强烈扰动（地震、暴雨、人工开挖等），也会导致滑坡的突然发生甚至提前发生。这属于非常规的、外界超强扰动诱发的突发型滑坡。与重力作用下的突发型滑坡相比，此类滑坡从变形开始到最终整体性失稳破坏所经历的时间更短，图 2.6 中变形–时间曲线斜率会更大。外界扰动诱发型滑坡的特点与成因机制将在第 3 章作专门论述。

　　稳定型滑坡主要出现在稳定性较好的斜坡中。在天然条件下斜坡处于基本稳定状态。但当其遭受到一定强度的某种外界作用时（如降水、人类工程活动、地震等），斜坡会突然产生变形并形成地表拉裂缝，但随着外界作用的衰减和消失，斜坡在自重作用下又逐渐恢复到原有的稳定状态，变形也因此而逐渐停止。图 2.7 为三峡库区某滑坡的变形–时间曲线，该滑坡在 2007 年 6 月 21 日受强降水影响突然出现显著的变形，但随着降水的停止变形便逐渐趋于零。

　　另一类稳定型滑坡，其一直以非常缓慢的变形速率持续地蠕滑，永不停止，但永远都不会出现突发性的剧烈滑动，在英语中称为"slow moving landslide"。此类滑坡一般出现在含水率较高的平缓软土斜坡中，侧向扩离型滑坡也具有类似的变形特征（图 2.8）。此类滑坡的典型变形–时间曲线如图 2.9 所示，其主要特点是以缓慢和近于恒定的变形速率持续蠕滑变形，其与图 2.7 的差别在于前者的变形速率最终会趋于零。

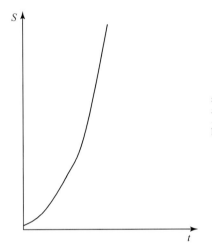

图 2.6　突发型滑坡变形–时间曲线

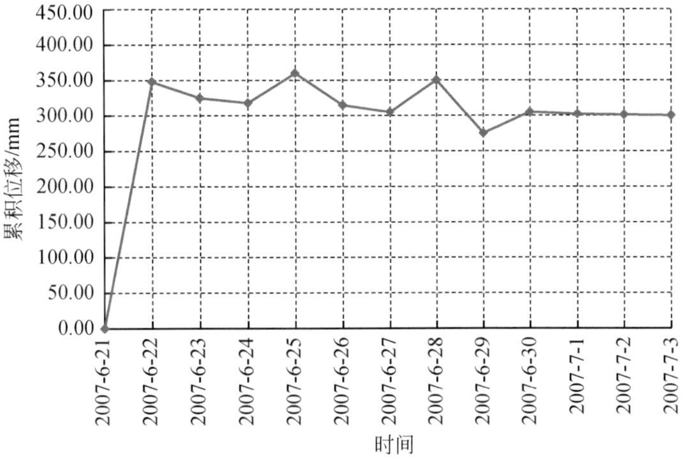

图 2.7　三峡库区某稳定型滑坡变形–时间曲线

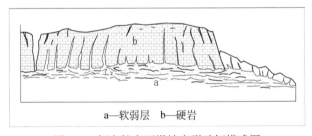

图 2.8　侧向扩离型滑坡变形破坏模式图

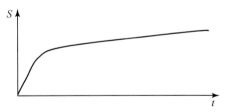

图 2.9　侧向扩离型滑坡典型变形–时间曲线

　　由上述分析表明，不同类型的滑坡，其变形–时间曲线具有完全不同的特点。各类代表性的变形–时间曲线分别如图 2.2、图 2.6、图 2.7、图 2.9 所示。

2.2　各类变形的内在联系与形成条件

　　上述分析表明，不同结构和物质组成的斜坡具有不同的变形破坏行为，同一斜坡在不同变形阶段或不同受力条件下也会表现出不同的变形行为。但究竟斜坡在何种条件下表现出何种变形行为？为何不同斜坡会出现上述不同类型和特点的变形，各类变形之间有无内在联系？滑坡在哪种条件形成哪种类型的变形–时间曲线？这些问题的解决对于理解和掌握滑坡的内在机理，建立预警预报模型，具有十分重要的意义。

从上述各种不同类型变形–时间曲线的特点，很容易联想到岩土体流变试验成果。大量的岩土体流变试验结果表明，根据所受外力的大小岩土体的蠕变行为表现为如图 2.10 所示的一组曲线簇形式。从总体上讲，岩土体蠕变可分为稳定型蠕变和非稳定型蠕变两类，非稳定型蠕变又可进一步细分为渐变型和突发型。也就是说，前述的不同类型斜坡变形–时间曲线完全可统一和包含于图 2.10 所示的岩土体蠕变曲线簇中。滑坡变形–时间曲线与岩土体蠕变试验曲线具有很好的对应性和可比性，可以认为，斜坡岩土体的变形过程从内在本质上讲就是斜坡岩土体在重力作用下（当然也会受其他外界因素的影响）的蠕变过程。

基于上述认识，可根据图 2.10 所示的岩土体蠕变试验成果分析研究不同受力条件下斜坡的变形破坏行为，即不同受力条件下斜坡可能出现的变形–时间曲线类型及特点。

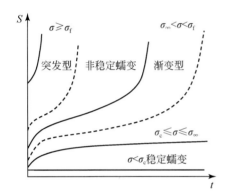

图 2.10　岩土体蠕变曲线簇及其形成条件
σ_c 为岩土体的流变下限；σ_∞ 为岩土体的长期强度；
σ_f 为岩土体的峰值强度

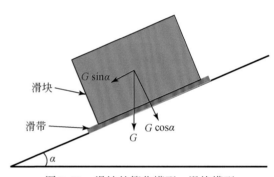

图 2.11　滑坡的简化模型：滑块模型

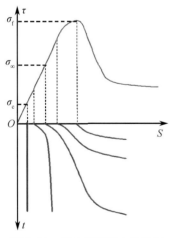

图 2.12　岩土体的受力条件与
变形–时间曲线

若将复杂的滑坡体概化为如图 2.11 所示的滑块，图 2.11 显示了滑块在自重力 G 作用下的受力情况。其中，α 为滑坡滑动面倾角，$G\sin\alpha$ 为滑块在滑动面上的切向分力，即滑块所受的下滑力，是驱动斜坡沿滑面产生变形破坏的直接动力。$G\cos\alpha$ 为滑块重力 G 在滑面的法向分力，由其产生的摩擦力是阻止滑块沿滑面滑动的抗滑力。

岩土体流变试验结果表明，如图 2.11 所示的滑块在长期重力作用下，当单位体积滑块的下滑应力（$\sigma = G\sin\alpha$）小于滑带土的流变下限时，即 $\sigma<\sigma_c$（σ_c 为使岩土材料表现蠕变性所需的最小应力，又称流变下限），滑块不发生随时间 t 变化的变形（图 2.11 和图 2.12）。当滑块所受下滑应力达到或超过滑带土的流变下限，但不超过其长期强度 σ_∞，即 $\sigma_c \leqslant \sigma \leqslant \sigma_\infty$ 时，滑块变形主要表现为衰减（稳定）蠕变，变形随时间增加到一定程度后就逐渐趋于稳定。稳定型滑坡的受力条件就属于此类。当 $\sigma_\infty <$

$\sigma<\sigma_{\mathrm{f}}$（$\sigma_{\mathrm{f}}$ 为滑带土峰值强度）时，变形持续一段时间后会逐渐进入加速变形阶段，并最终导致岩土体的失稳破坏，即表现出非稳定蠕变特征（图 2.10 和图 2.12）。在此受力条件下，往往会形成前述的渐变型滑坡。非稳定蠕变过程一般又包括初始（减速）变形、等速变形和加速变形 3 个阶段。而当 $\sigma\gg\sigma_{\infty}$，尤其是 $\sigma\geqslant\sigma_{\mathrm{f}}$ 时，滑块变形几乎不再具有蠕变特性，直接由初始变形进入加速变形，甚至因从变形到破坏的时间过短，还未经历充分的初始变形就直接进入加速变形阶段（图 2.10 和图 2.12）。在此受力条件下，往往会产生突发型滑坡（图 2.6）。

由此，我们借助于流变力学的试验成果，将各类滑坡变形–时间曲线统一到一个曲线簇中，并给出了斜坡产生各类变形–时间曲线的力学条件，不仅深刻地认识和理解了斜坡的变形破坏行为，同时也为滑坡的监测预警提供了重要指导。不同受力条件的斜坡，将表现出不同的变形特点，这一点对滑坡预警异常重要。

2.3　斜坡变形行为与形成条件的物理模拟研究

为了检验和验证图 2.10 所提出的三类滑坡变形–时间曲线是否存在，以及各类变形曲线的具体形式和受力条件，设计了滑坡变形行为的物理模拟试验。

2.3.1　试验装置与步骤

为了能在室内实际观测到斜坡在不同受力状态下的变形破坏行为，根据图 2.11 设计了如图 2.13 所示的斜坡滑块试验物理模拟试验装置。

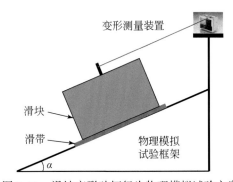

图 2.13　滑坡变形破坏行为物理模拟试验方案

该装置主要由可调整角度的模型试验框架、自动变形测量装置以及滑坡模型构成，由于流变试验具有时间长的特点，为获取更为丰富的试验数据，同时制作 4 套此类模型试验框架及数据采集系统。为使问题简化，滑坡体主要由上部的模型箱和底部相对软弱的滑带构成。因促使滑块发生蠕变型滑动的主要力源为滑块重力在滑动面上的切向分量，故可通过调整放置滑坡的模型框架的倾角来模拟滑块的不同受力状态。滑块在试验过程的变形可通过变形测量装置进行实时自动测量。为了增强试验成果的对比性，同时进行四组平行试验，各组试验的唯一差别就是滑动面的倾角不同。

蠕变试验持续时间较长，一般需数月乃至数年。为使试验过程中滑带土性状稳定，在

试验初期，滑带土采用重晶石粉、膨润土、液体石蜡油配合而成，因液体石蜡油的不易挥
发特性有助于保持模拟滑带材料的性状稳定。但在具体试验过程中，因试验模型在长期重
力作用下液体石蜡油会沿斜坡方向逐渐下移流动，出现了上段含油量不断减少，下段不断
增加的现象，由此导致各段滑带土材料含油量不均匀。为了能更加准确地实现试验目的，
最终直接选取成都黏土作为试验材料，专门制作了饱水装置，让黏土一直处于饱水状态。

根据实验设定方案和场地条件，制作了如图 2.14 所示的模型框架，具体尺寸如图
2.15 所示，共计 4 个，平面布置图见图 2.16。

图 2.14   滑坡变形破坏行为物理模拟试验框架

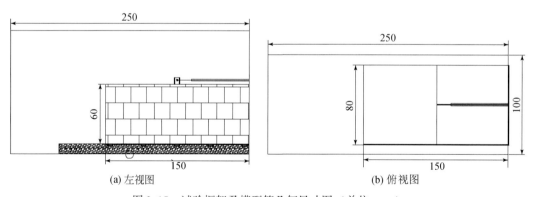

(a) 左视图   (b) 俯视图

图 2.15   试验框架及模型箱几何尺寸图（单位：cm）

模型框架采用方形钢管焊制，（长）2.5m×（宽）1m×（高）1m，模型框底部焊有
2cm 高的挡板和防滑钢筋网（图 2.17）。滑块采用木箱，内部装填石块 275kg，木箱底部

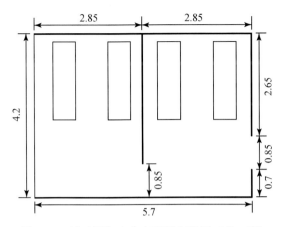

图 2.16　试验框架实验室平面布置图（共 4 套）

钉有 4 个防滑木条（图 2.18）。这些防滑措施是为了保证滑块在重力分力作用下，主要沿滑带内部而不是模型框底板或滑带底面发生滑动。

图 2.17　模型框架底部防滑措施

图 2.18　滑块木箱底部的防滑木条

　　由于滑带试验材料选用成都黏土，制作过程中分层夯实，雾化喷水保湿，厚度为 10cm。为保持滑带土性状稳定制作了饱水装置，如图 2.19 所示。在模型堆放之前，先在模型框架底部铺设多层塑料薄膜，防止模型框漏水。在模型框后部我们悬挂了 10L 的水桶，下部连接了医用输液管两支，调节好流量对滑带土后缘进行滴水，源源不断保持水的流入。前缘用保鲜膜覆盖滑带土，尽量减少土体水分蒸发，同时模型框架前缘制作了溢流口，多余水将在溢流口流出。

　　为了实现模型蠕变曲线的实时自动采集，研发了适用于该模型试验的位移监测仪（图 2.20）和配套的数据自动采集系统，实现了实验数据的实时自动采集。

　　位移传感器选择拉绳式位移传感器（图 2.21），采集精度要求 0.01mm，采样速率大于 4 点/s，最大位移 2000mm。

图 2.19　饱水装置

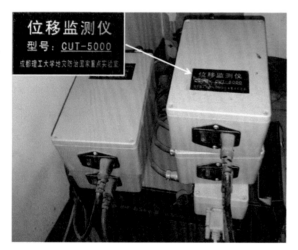 

图 2.20　自主开发的位移数据采集的监测仪　　　图 2.21　拉绳式位移传感器

2.3.2　试验成果分析

通过以上的试验准备，先后开展了 33°、34°、35°、36°、37°、38°、40°不同倾角的物理模拟试验，总试验时间接近 1 年，图 2.22～图 2.25 是不同倾角的试验成果。在试验过程中，为了检验和验证试验成果的规律性和可重复性，某些倾角的试验做过多次，其中 33°倾角 2 次，34°倾角 2 次，35°倾角 4 次。从图中可以看出，同一倾角条件下的试验曲线并不完全重合（主要由滑带材料制作过程中，密实程度的控制、含水量的控制、倾角的误差等人为因素造成），但同一倾角位移-时间曲线的类型却是相同的，证明了试验结果的可重复性和可靠性。

图 2.26 是各种不同倾角模型试验位移-时间曲线汇总图。图 2.26 与根据岩土体流变

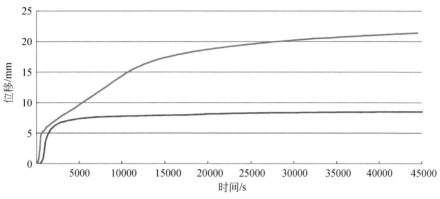

图 2.22　滑坡蠕变 33°模型试验位移–时间曲线

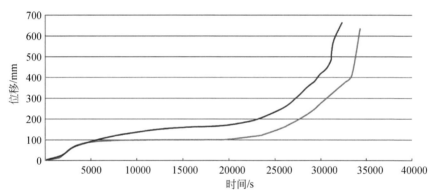

图 2.23　滑坡蠕变 34°模型试验位移–时间曲线

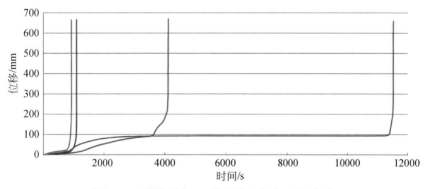

图 2.24　滑坡蠕变 35°模型试验位移–时间曲线

试验结果推断的不同受力条件下斜坡变形–时间曲线形式（图 2.10）具有很好的一致性，从而检验和验证了上述推论的科学性和合理性。

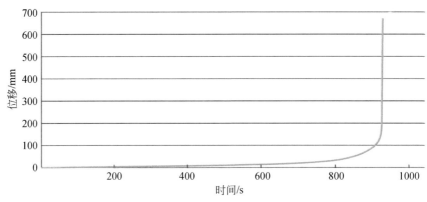

图 2.25 滑坡蠕变 37°模型试验位移–时间曲线

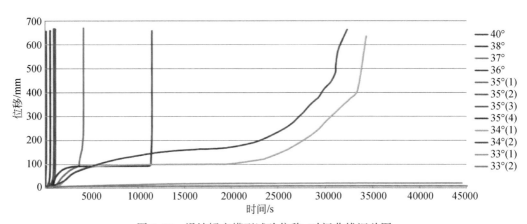

图 2.26 滑坡蠕变模型试验位移–时间曲线汇总图

2.4 斜坡变形行为与形成条件的数值模拟研究

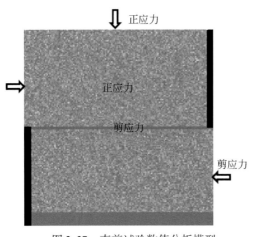

图 2.27 直剪试验数值分析模型

进一步采用数值模拟手段研究了斜坡在不同受力条件下的滑动（剪切）变形行为。根据图 2.11 的概念模型，可进一步将滑动块体转化为直剪蠕变试验模型。为了充分考虑岩体细观结构和物质组成的不均一性和蠕变特性，选用唐春安教授团队开发的 RFPA 软件作为分析计算软件，其计算模型如图 2.27 所示。为了考虑岩体的细观结构和蠕变对斜坡变形行为的影响，在分析计算时，假定岩体和结构面都是由强度服从某种分布（如 Weibull 分布）的微元体构成，每个微元体的强度随时间按某种函数关系衰减。图 2.28 为通过数值模拟得到的不同剪应变量值时的模型剪应力场和剪切面微破裂分布图。该图表明，由于岩体和结构面单元内部存在损伤和缺陷，在剪切过程中，随着剪切位移的逐渐增大，剪切面微破裂也不断扩展和增多，直到最终被剪断破坏。图 2.29 为不同剪应力水平下的剪切蠕变曲线，该曲线与图 2.10 的理论推导和图 2.26 的物理模拟试验结果极为相似，也主要分为稳定型、渐变型和突发型三类。因此，物理模拟和数值模拟均表明，图 2.10 所示的斜坡的变形–时间曲线形式具有普适性和通用性，是斜坡变形破坏的一般规律。

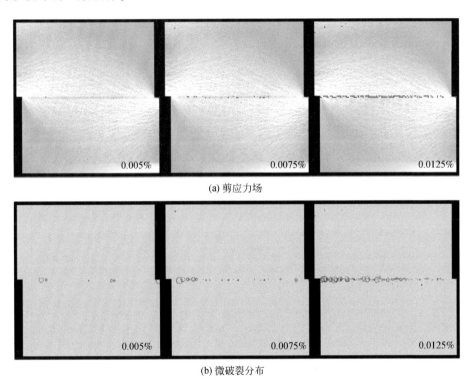

图 2.28　模型剪应力场和微破裂发展演化过程分析模拟结果图示

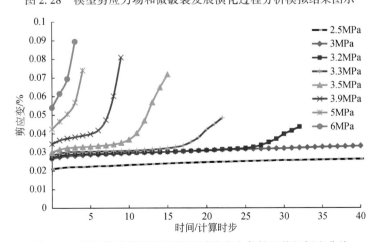

图 2.29　通过数值模拟得到的不同剪应力条件下剪切蠕变曲线

2.5 岩土体长期强度与斜坡的蠕滑变形行为

根据极限平衡原理，图 2.11 所示的滑块的稳定性系数可表示为

$$K = \frac{G\cos\alpha \cdot \tan\varphi + c}{G\sin\alpha} \tag{2.1}$$

显然，根据式（2.1），只有当稳定性系数 K 小于 1 时，滑块才可能发生滑动并产生变形。也即滑块沿滑动面滑动（滑块变形）的条件是滑块的下滑力必须大于滑面岩土体的抗剪强度 τ。

但是，在式（2.1）中 c 和 φ 以及由此求得的抗剪强度 τ 均为瞬时强度，而现实中绝大多数滑坡的形成却是需要经历长时间变形和发展演化。大量的试验结果表明，材料的强度并不是一个恒定值，而是与其变形速率密切相关，有人称此现象为"率相关效应"（张楚汉等，2011）。一般而言，液压伺服静态试验机所能控制的应变速率为 $10^0 \sim 10^{-6}$（1/s），常规静态试验的应变速率一般在 $10^{-4} \sim 10^{-6}$（1/s），应变速率低于 10^{-6} 就属于流（蠕）变试验，而应变速率超过 10^0 则属于碰撞、爆炸等动力试验范畴（图 2.30）。

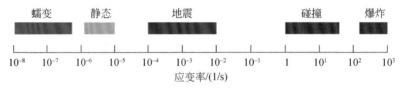

图 2.30 不同荷载作用下混凝土材料应变率变化范围（张楚汉等，2011）

图 2.31 列出了混凝土强度随应变率变化的一些实验成果。图 2.31 表明，混凝土材料的抗压强度随加载应变速率的增大呈显著增大趋势，最大可达到静态试验强度的 2 倍以上。反之，根据图 2.31 推断，随着加载应变速率的不断减小，尤其是当应变速率小于 10^{-6} 时，混凝土材料进入蠕变状态，其强度也应逐渐减小，至少应小于通过常规静态试验所获取的瞬时强度。

大量的流变试验也已表明，岩土体会因蠕变而降低其强度。表 2.1 ~ 表 2.4 列出了一些岩石和土体的长期强度与瞬时强度的比值。表 2.1 ~ 表 2.3 表明，对于岩石而言，同一种岩石的长期强度一般为其瞬时强度的 60% ~ 80%，软弱和中等坚固岩石为 40% ~ 60%，坚固岩石为 70% ~ 80%。对于土体而言，长期强度一般为其瞬时强度的 50% ~ 70%，最小值仅 15%。密实黏土一般为 50% ~ 80%。塑性黏土一般为 20% ~ 60%，冻土最低，仅为 15% ~ 50%。当然，岩土体蠕变往往需经历很长时间，在此过程中岩土体也可能会因为重新的压密、固结甚至胶结等作用，使岩土体强度反而有所增加。因此，在分析计算滑坡尤其是渐变型和稳定型滑坡的稳定性时，必须考虑岩土体强度的时间效应，否则，很难得到与实际情况相符的计算结果。

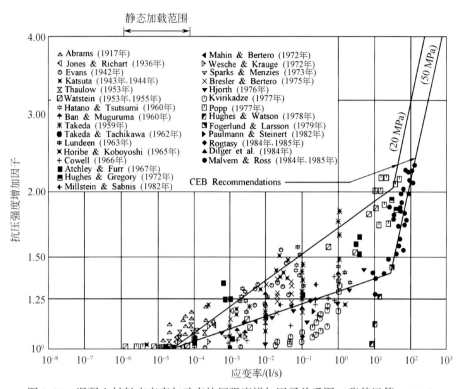

图 2.31 混凝土材料应变率与动态抗压强度增加因子关系图（张楚汉等，2011）

表 2.1 苏联顿巴斯一些矿井的岩石强度试验资料

岩石名称	变形性质			强度性质			
	E_0/GPa	E_∞/GPa	E_∞/E_0/%	S_0/MPa	S_∞/MPa	S_∞/S_0/%	α/（1/d）
黏土质页岩	19.5	13.2	67.7	52.1	37.8	72.6	0.175
砂土质页岩	30.8	19.6	63.6	81.4	60.6	74.4	0.8
砂质质页岩	—	—	—	14.7	11.6	78.9	0.7
砂岩	50	37.3	74.6	142	106	74.6	0.1

注：E_0 为瞬时弹模，E_∞ 为长时弹模，S_0 为瞬时强度，S_∞ 为长时强度，α 为试验确定的经验常数；本表引自范广勤，1993

表 2.2 国内一些地区岩石的岩石强度试验资料

岩石名称	取样地点	试验手段	长期强度/瞬时强度	资料来源
红层泥岩	滇中红层地区，岩样属于中生界侏罗系中统上禄丰群（J_2）	室内剪切蠕变试验	天然状态：86%~88% 饱和状态：83%~87%	张永安和李峰，2010
红层泥岩、砂岩	南京	单轴压缩流变试验	泥岩：68%~70% 砂岩：63%	朱定华和陈国兴，2002

岩石名称	取样地点	试验手段	长期强度/瞬时强度	资料来源
红砂岩	山东莱西	单轴压缩流变试验	轴向：45%~55% 横向：为轴向的65%~81%	崔希海和付志亮，2006
硬石膏	某石膏矿	室内纯扭转流变实验	66%	刘沐宇和徐长佑，2000
长石石英砂岩	湖北万州	三轴压缩流变试验	40%	王志俭，2008
砂岩	向家坝水电站	三轴压缩流变试验	81.2%~82.6%	李良权等，2010
大理岩	河南南阳	UCT-1型蠕变试验装置	90%	李化敏等，2004
泥岩	宝鸡市秦源煤矿	单轴压缩蠕变试验	46%	刘保国和崔少东，2010
辉长岩	攀钢朱矿东山头边坡	MTS880±500型 材料试验机	微风化细粒辉长岩和 粗粒辉长岩为70% 细粒辉长岩为30%	张学忠等，1999
煤岩	华北某大矿Ⅲ号煤层	显微分析技术	46.7%	吴立新和王金庄，1996
闪云斜长 花岗岩	三峡船闸区	单轴压缩强度试验	弱风化：83.7% 微风化：90%	夏熙伦等，1996
砂质页岩	—	—	62%	何满潮，1993
粉砂岩	—	—	71.4%	何满潮，1993
硅藻岩	某煤矿立井井筒	单轴压缩蠕变试验	20%~25%	王贵君和孙文若，1996
中粗粒长石 岩屑砂岩	云冈石窟	岩石流变扰动 效应试验仪	低含水量： 中细砂岩：85.91% 中砂岩：92.73% 中粗砂岩：82.78% 高含水量： 中粗砂岩：85.39%	杨晓杰等，2009
细砂岩	山东鑫安煤矿	单轴蠕变试验	94.39%	刘传孝等，2009

表2.3　国内一些地区土体的岩石强度试验资料（范广勤，1993）

土体名称	取样地点	试验手段	长期强度/瞬时强度	资料来源
软黏土	上海	单轴压缩强度试验	50%	孙钧，1999
滑带土	三峡库区巴东县黄土坡滑坡	德国Karlsruhe大学的 剪切蠕变仪	70%	汪斌等，2008
砂性土	江阴长江公路大桥	三轴剪切蠕变试验	53.7%	张建勋，1995
冻结细砂	兰州	直剪剪切流变仪	24%	米海珍和吴紫汪，1993
黏土	淮南市新庄孜矿区	剪切蠕变试验	40%	马金荣等，1997
软土	漳州	直剪蠕变仪	86.3%	张先伟和王常明，2011

表2.4 某些黏土的长期强度试验资料

土体名称	试验性质	加荷方法	长期强度/瞬时强度
蒙脱土、伊利石土、密实黏土	单压、三轴	分级加荷	45%~80%
黏土、黄土	剪切	—	50%~85%
原状褐色黏土（$W=20\%\sim30\%$）	剪切、单压	分级加荷	90%
原状杂性黏土（$W=16\%\sim28\%$）	剪切、单压	分级加荷	70%
半固态下白垩纪黏土 高塑性黏土 固态拜来土——蒙脱石古近纪–新近纪黏土 （$W_\rho=34.5\%$）	剪切 剪切 剪切	—	70%~75% 60%~70% 90%
大阪塑性黏土 黄土	单压	标准试验	60% 65%
冻土			15%~50%

对于滑带土而言，若考虑时间效应，其抗剪强度公式变为

$$\tau = G\cos\alpha \cdot \tan\varphi(t) + c(t) = \sigma_n \cdot \tan\varphi(t) + c(t) \tag{2.2}$$

式中，$\varphi(t)$ 和 $c(t)$ 为随时间变化的内摩擦角和内聚力。

试验结果表明，岩土体抗剪强度随时间的变化主要由内聚力减小所致，内摩擦角随时间的变化不会太大。根据试验资料（范广勤，1993），一般土体 $c_\infty/c_0 = 1/3 \sim 1/8$，$\tan\varphi_\infty/\tan\varphi_0 = 0.7 \sim 1$。冻土 $c_\infty/c_0 = 1/3 \sim 1/5$，甚至达到 0.1 或更小。岩石类（页岩、砂页岩、砂岩）$c_\infty/c_0 = 0.4 \sim 0.67$，$\tan\varphi_\infty/\tan\varphi_0 \approx 1$。因此，在 $\tau - \sigma_n$ 坐标系上显示，随时间的发展，内聚力降低很明显，而内摩擦角的变化则很小，见图2.32。

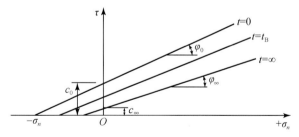

图2.32 岩土体的长期抗剪强度

c_0 和 φ_0 分别为瞬时内聚力和内摩擦角

因此，严格地讲，对于滑坡而言，尤其是对于具有缓慢蠕滑特点的渐变型滑坡或稳定型滑坡而言，是不能用瞬时强度这一静态的、明显大于岩土体实际强度的强度参数来分析评价滑坡的稳定性，这也是采用传统极限平衡法的计算结果不能合理解释一些平缓斜坡发生长期持续蠕滑变形的原因，而这一现象若采用上述流变力学原理则可得到很好的解释。下面列举两实例来阐述这一观点。

实例一：四川省中江县冯店垮梁子滑坡

冯店垮梁子滑坡位于四川盆地中江县冯店镇。勘查结果表明，垮梁子滑坡纵向长 360～390m，横向最大宽度 1100m，滑体平均厚度 50m，最大厚度约 70m，面积约 0.51km²，体积约 2550 万 m³（图 2.33）。

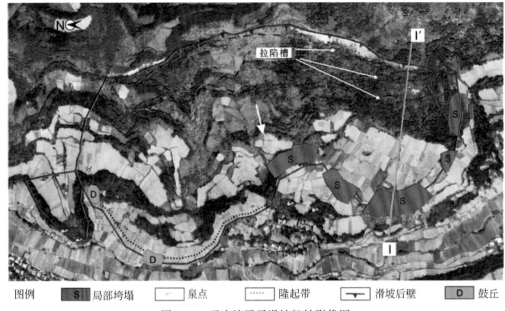

图 2.33　冯店垮梁子滑坡航拍影像图

垮梁子滑坡具有以下值得关注的特点。

（1）滑坡发生于四川盆地近水平红层中。滑坡出露于侏罗系蓬莱镇组上段 J_3p^2 地层中，岩性为砂岩与泥岩、粉砂岩互层，其厚层和巨厚层砂岩占 63% 以上。岩层整体倾向 NW20°～30°，倾角仅 2°～5°，为典型的近水平岩层（图 2.34）。岩层中发育两组陡倾角节理裂隙，一组产状为 280°～290°∠80°～85°，裂隙长大平整，贯通性好；另一组与第一组基本垂直，产状 190°～209°∠72°～82°。两组长大结构面将巨厚层砂岩切割呈长方体状。

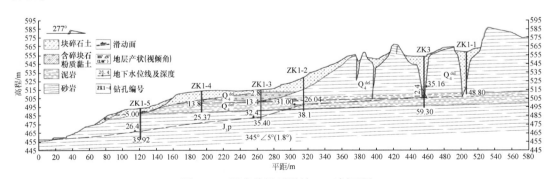

图 2.34　冯店垮梁子滑坡 1-1′剖面图

（2）垮梁子滑坡变形为突发型平推式滑动和缓慢蠕滑的复合形式。从现场调查和遥感影像（图 2.33）上看，垮梁子滑坡的最大特点是其后缘存在一长大（约 1km）的拉陷槽。最后缘拉陷槽最初产生于 1949 年。在此之前，该处仅可见一长大的贯通裂缝，缝宽小于 0.5m，当地老乡牵着牛都很容易跨过。在 1949 年一场暴雨期间，拉裂缝迅速充水导致水位不断上涨，在裂缝内强大的静水压力作用下，滑体整体向外发生平推式滑动，其滑动距离 20～30m。此后，1981 年的一场暴雨，导致滑体再次向外平推式滑动十余米，并在 1949 年形成的拉陷槽外侧形成另一拉陷槽（图 2.33 和图 2.34）。除这两次大的平推式滑动外，平时该滑坡也在断续地不断向外缓慢蠕滑，在汛期若遇强降水天气还会出现小的突发性滑动，致使滑坡左侧前缘剪出口一带经常出现呈带状分布的坍滑现象，而在滑坡右侧前缘剪出口一带则出现长条形的隆起带（图 2.33）。据当地老乡反映，因坡体不断向前推动，使得居住于滑坡前缘剪出口附近的居民不得不搬家，有的房屋因重建的房基仍处于该带内，不得不多次搬家。

垮梁子滑坡 1949 年和 1981 年的两次因暴雨诱发的突发性平推式滑动从遥感图像和当地老乡的描述中得到证实。其平常的缓慢蠕滑变形也从深部和地表位移监测结果中得到验证。图 2.35 显示了垮梁子滑坡左侧代表性剖面 1–1′剖面上两个深部位移监测孔的监测结果。从图 2.35 可以看出，即使在非汛期，垮梁子滑坡曾经被平推滑动过的基岩滑块也在整体向坡外方向作缓慢蠕滑，并由此推动其前缘的松散土体一起向前蠕动。监测期间，IN1–1 孔口累计合位移量 71.09mm（2010-11-26～2011-5-2），平均位移速率 0.55mm/d。滑带累计合位错量 92.72mm（2010-11-26～2011-5-2），平均位移速率 0.73mm/d。滑带处的位移速率略大于孔口（图 2.36），表明该滑坡是以滑带处的蠕滑变形带动坡体的整体滑动。现场调查和遥感解译结果表明，垮梁子滑坡后缘两条主拉陷槽的总体宽度已超过 50m，最大已达 60m。而前已述及，1949 年那次平推式滑动距离为 20～30m，1981 年的平推式滑动距离约 10m，两者相加也仅四十余米。因此，有理由认为，在 1949 年到现在的六十余年间，垮梁子滑坡以缓慢蠕滑变形的方式向外滑动了 10～20m，这一数值与利用上述监测成果推算的结果基本吻合。显然，滑坡前缘呈带状分布的坍滑和条带状隆起也主要是由这种长期持续的蠕滑变形所致。

垮梁子滑坡在暴雨过程中的平推式滑动机理已经借助于地质分析和数值物理模拟等手段，得到了很好的解释（张倬元等，1994；Fan et al.，2009）。但在如此平缓的岩层中，在天然状态下尤其是非汛期却还能产生持续的蠕滑变形，就难以用传统的极限平衡原理来解释。

利用滑带土的各种试验参数，采用传统极限平衡法进行滑坡稳定性计算发现，无论是取三轴、直剪试验所得的残余强度还是取所有抗剪强度参数的最低值，计算所得滑体稳定性系数都远大于 1。其主要原因是滑动面倾角仅 2°～5°（沿滑动方向的视倾角小于 2°），如此平缓的岩层和滑动面，在通常条件下不可能也不应该发生滑动变形。

深入分析认为，垮梁子滑坡在通常条件下的缓慢蠕滑变形，实际上为岩土体典型的流变行为，必须用流变力学原理和观点来分析和解释这一现象。

垮梁子滑坡滑带最深处为 70m，滑带处自重应力为 1.8MPa 左右；平均深度 30～40m，滑带处自重应力为 0.75～1MPa。垮梁子滑坡在非降水条件下的缓慢蠕滑行为可看作是滑

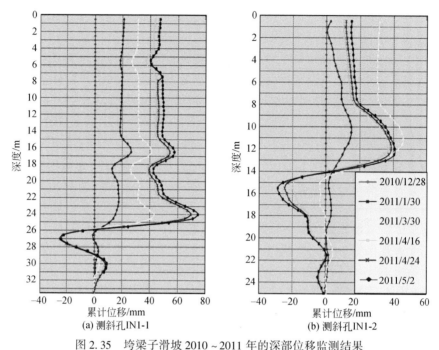

图 2.35　垮梁子滑坡 2010～2011 年的深部位移监测结果

测斜孔 IN1-1 与图 2.34 中 ZK1-2 勘探孔为同一钻孔；测斜孔 IN1-2 与图 2.34 中 ZK1-4 勘探孔为同一钻孔；

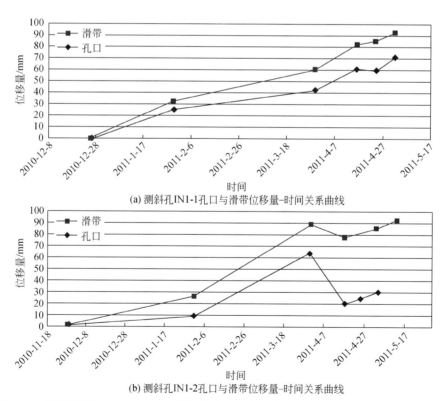

图 2.36　垮梁子滑坡 IN1-1、IN1-2 深部位移监测孔口位移、滑带位错速率–时间关系曲线

块在此重力作用下沿滑动面的一种直剪流变行为。滑块所受法向正应力来自重力在滑动面的法向分量,而剪切力来自重力在滑动面的切向分量。因此,从理论上讲,只要作用在滑带内的剪切力大于在此受力状态下滑动带土的流变下限,流变行为便可发生。而前已述及,类似于滑带土这种黏土,尤其是基本处于饱水状态或膨胀性黏土,其长期强度仅相当于瞬时强度的40%~50%,最低可到20%,而其流变下限就更低了。如果用滑带土的流变下限所能提供的抗剪力与滑体自重应力在滑面上的切向分力相比较,就很容易解释如此平缓的地层中还会发生缓慢蠕滑的原因了。但目前关于岩土体流变下限的试验成果很少,还需通过试验求得滑带土流变下限,才能作出定量分析和评价。

实例二:重庆钢铁公司古滑坡

重庆钢铁公司古滑坡位于重庆市大渡口区长江左岸的冲刷凹岸,具体分为高焦炉滑坡和三角地带滑坡。该滑坡为一巨型古滑坡的残留体,具有典型的圈椅状滑坡地形 (图2.37),东西长约1200m,南北宽平均240m。滑动面在西侧高焦炉区近水平,高程188~190m,主滑面倾角3°~4° (图2.38)。

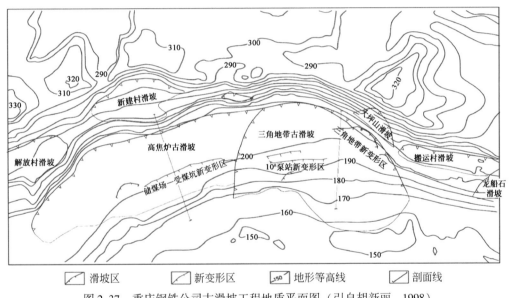

图 2.37　重庆钢铁公司古滑坡工程地质平面图 (引自胡新丽,1998)

滑坡区及周围地层为中侏罗统上沙溪庙组 (J_2s) 砂岩和泥岩以及第四系堆积物。砂岩主要为浅灰、灰紫色中细粒长石石英砂岩。泥岩主要为紫红色泥岩,粉砂质、砂质泥岩互层,以黏土矿物为主。第四系包括坡积物 (Q^{dl})、滑坡堆积物 (Q^{del})、冲积物 (Q^{al})、人工堆积物 (Q^{ml})。勘查结果表明,古滑坡的滑带主要为泥化夹层,厚度2~3cm (胡新丽,1998)。

重庆钢铁公司属于我国特大型企业。20世纪50年代初地质勘查选址阶段因各种条件的限制当时并没有发现古滑坡的存在。50年代末和60年代初建设主要厂房。1957年三角地带前缘首先出现向长江方向的滑移变形,1959年在滑体前缘出现了平行边坡方向的长大裂缝,使厂区滑坡问题变得严重起来,被迫开展全面详细的滑坡勘察和治理工作。治理方案主要采用沿长江边的块石挡土墙进行支护加固。在历时3年多的分段分期治理过程中，因开挖古滑坡前缘，暂时失去了原有的支撑，并且反填支护施工受长江夏季高水位的影响，不能做到边开挖边支护，从而加快了前缘斜坡的进一步变形。后因"文革"原因，该滑坡的进一步治理和监测暂时中止。1994年相关单位在滑体上布置了四个深部位移监测孔。监测结果表明，三角地带滑坡无论沿古基覆界面还是沿滑体中相对软弱的夹层仍在发生缓慢的蠕滑变形，且在夏季变形略有加快。而高焦炉古滑体则已经稳定（图2.38）。

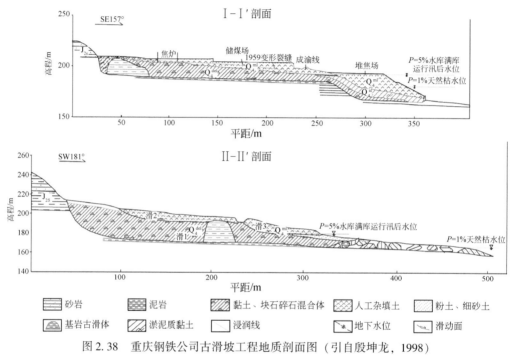

图2.38 重庆钢铁公司古滑坡工程地质剖面图（引自殷坤龙，1998）

重庆钢铁公司因位于三峡水库175m回水位的末端，在三峡工程"七·五"科技攻关研究期间，有关生产、科研和高等院校等又分别从不同角度对该滑坡再次进行了滑坡稳定性与未来三峡水库蓄水关系的研究。尤其是1994年长江水利委员会、中国地质大学、重庆钢铁公司联合对该滑坡再次进行了一次综合性的系统研究，发现该滑坡的滑动面为蒙脱石泥化夹层，蒙脱石含量高达85%，具有一定的膨胀性，能在滑动面上产生平均100~150kPa的膨胀力。并由此认为，该滑坡之所以在如此平缓的滑动面条件下（沿滑动方向的视倾角仅2°~3°）还能发生滑动变形，其主要原因是由滑带土产生的膨胀力抵消了约一半的上覆土体的重力，使滑坡的抗滑能力降低（殷坤龙和吴益平，1998）。但是，仔细分析表明，对于近水平滑坡，对滑坡稳定性影响最大的应该是侧向力而不是法向力，膨胀力对滑坡稳定性的影响并不会太显著。表2.5的稳定性计算结果清楚地说明了这一点。表2.5为目前仍在发生缓慢蠕滑变形的三角地带古滑坡Ⅱ-Ⅱ′剖面的稳定性计算结果。计算时采用的古滑带参数来自于现场大剪试验的残余值，内摩擦角10.1°，内聚力42.3kPa。表2.5的计算结果表明，在各种工况下，若不考虑滑带土的膨胀力，其稳定性系数介于2.8~3.05；考虑膨胀力后，稳定性系数仅有8%~11%的降幅，其稳定性系数仍大于2.6，处于稳定状态，但事实上滑坡却在持续发生蠕滑变形。因此，斜坡缓慢蠕滑变形不能简单地用快剪试验参数和极限平衡法来分析计算，只能基于流变力学原理来认识和解释。

表 2.5　重庆钢铁公司古滑坡 Ⅱ – Ⅱ′剖面稳定性计算表

计算工况		稳定性系数		
		不考虑膨胀力	考虑膨胀力	降低幅度/%
Ⅰ	天然+满库运行	2.875	2.644	8
Ⅱ	暴雨+满库运行	2.860	2.6320	8
Ⅲ	天然+枯水位运行	3.050	2.720	10.81
Ⅳ	暴雨+枯水位运行	2.993	2.707	9.6

2.6　斜坡变形破坏的内在机理

斜坡之所以会表现出流变现象和行为，最根本的原因在于滑坡的滑带往往不是"天然"存在的，而是在剪应力作用下剪应变不断积累，形成"剪应变集中带"，最后沿剪应变集中带中的最大剪应变部位剪断破坏，形成剪切破坏面。这一过程和现象在岩石力学中称为"局部化"现象。因此，在图 2.27 由滑块模型转化成的直剪流变试验模型中，滑带被有意地表示成一个具有一定厚度的"带"，而不是一个零厚度的"面"。如果两个物理量通过一个无厚度的面相接触，并沿此面作相对滑动，或有相对滑动的趋势时，沿此接触面的运动方向所出现的阻力称为外摩擦。物体在应力作用下，内部质点发生相对位移时表现出来的抵抗位移的特性称为内摩擦特性，又称黏滞性，由此产生的阻力称为内摩擦。因此，当滑带具有一定厚度时，沿滑带的剪切行为也即滑动面的形成过程实质为沿滑带内部的内摩擦行为。我们知道，根据莫尔–库仑定律，岩土体的内摩擦力主要由内聚力和内摩擦角两部分构成。内聚力是指同种物质内部相邻各部分之间的相互吸引力，这种相互吸引力是同种物质分子间存在分子力的表现。只有在各分子十分接近时（小于 $10e^{-6}$cm）才显示出来。而内摩擦角是岩土颗粒的表面摩擦力（滑动摩擦）和颗粒间的嵌入和连锁作用产生的咬合力（咬合摩擦）的综合体现。因此，在滑带形成和逐渐贯通过程中，其内聚力往往会逐渐减小，而内摩擦角不会出现明显的变化。

从细观力学的观点看，岩土体首先是由众多大小和强度不等的颗粒（微元）构成的，而这些颗粒（微元）又是由更微观的分子、原子构成的。现有的研究成果表明，岩土体的蠕变现象主要由岩土体颗粒的"流动"与"微破裂"这两种因素造成。"流动"主要是指岩土体在应力作用下因发生压缩和剪切变形而表现出的一种"位错"现象的统称，包含各种尺度的流动，如分子之间、晶体之间、岩土体颗粒或团粒之间，甚至岩土体块体的流（滑）动。"微破裂"主要是指微元体内部和微元体之间发生的断裂和破坏。流动主要表现为黏滞性变形，微破裂则主要表现为脆性破坏。因此，对于脆性岩体而言，微破裂可能是造成岩石流变的主要原因；而对于土体尤其是饱水土体，在变形前期，颗粒和分子之间的流动可能会成为蠕变的主要原因。但在变形中后期，颗粒的微破裂将逐渐占据主导，并最终导致加速蠕变现象的出现。因此，在滑坡孕育过程中，随着蠕变的进行，滑带土的抗剪强度是在不断变化的，且其总体趋势会因为持续的流动变形和微破裂的发生而逐渐减小。根据式（2.1），滑坡的稳定性系数（K）自然也就会随变形的不断发展而逐渐降低，尤其是当变形进入加速变形阶段后，其稳定性将大幅降低。因此，我们不能用静态的眼光看待滑坡的稳定性状态，也不能简单地用滑带土的瞬时强度来分析评价正在变形斜坡的稳定性状况。

第 3 章 滑坡变形–时间曲线特征

在第 2 章中我们根据斜坡的变形–时间曲线特点，将滑坡分为渐变型、突发型、稳定型三类。其中，突发型滑坡因其在失稳破坏前所经历的变形时间较短，变形增速很快，往往还没有来得及布置专业监测网络滑坡便已发生，故此类滑坡的预警难度较大。最好利用滑坡发生前岩石破裂会产生强烈的微震、声波等特点，将微震、声波与变形监测有机结合，来进行突发型滑坡的预警预报。稳定型滑坡因其主要表现为极为缓慢的蠕滑变形或者趋于停止的变形特点，其最终不会进入加速变形阶段并产生突发性的失稳破坏，也不会对人民的生命财产造成意想不到的威胁和损失，稳定型滑坡不是我们预警的重点。大量滑坡监测实例表明，渐变型滑坡在实际发生的滑坡中所占比重最大，且其变形规律明显，利用其变形特征和规律，可望作出较为准确的预警预报，因此，我们重点研究渐变型滑坡的预警预报问题。

3.1 滑坡变形–时间曲线的三阶段演化规律

大量滑坡实例的监测数据表明：在重力作用下，渐变型斜坡演化既具明显的个性特征，又具有共性特征，其变形（累计位移）–时间曲线在时间上具有如图 2.2 所示的三阶段演化特征。

第 1 阶段（*AB* 段）：初始变形阶段。坡体变形初期，变形从无到有，坡体中开始产生裂缝，变形曲线表现出相对较大的斜率，但随着时间的延续，变形逐渐趋于正常，曲线斜率有所减缓，表现出减速变形的特征。因此，该阶段常被称为初始变形阶段或减速变形阶段。

第 2 阶段（*BC* 段）：等速变形阶段。在初始变形的基础上，在重力作用下，斜坡岩土体基本上以相同（近）的速率继续变形。因不时受到外界因素的干扰和影响，其变形曲线可能会有所波动，甚至受周期性的外界因素影响出现周期性阶跃，但此阶段变形曲线宏观上仍为一倾斜直线，总体上变形速率基本保持不变，因此，此阶段又称为匀速变形阶段。

第 3 阶段（*CF* 段）：加速变形阶段。当坡体变形发展到一定阶段后，变形速率会呈现出不断加速增长的趋势，直至坡体整体失稳（滑坡）之前，变形曲线近于陡立，这一阶段被称为加速变形阶段。

大量的监测数据表明，上述斜坡变形演化的三阶段规律具有一定的普适性，是渐变型斜坡在重力作用下变形演化所遵循的一个普遍规律。在滑坡预警预报时应牢牢把握此变形演化规律，根据监测曲线准确地判断斜坡所处的变形阶段，并据此采取针对性的应急处置措施。但值得说明的是，在实际的滑坡监测中，有些滑坡可能会在变形已经达到一定程度后才被纳入专业监测范围，监测数据所反映的主要是后半段的情况，一般只能得到等速变形阶段之后甚至是加速变形阶段之后的监测数据，不能形成一个如图 2.2 所示的完整的

"三段式"变形监测曲线。

3.2　滑坡变形–时间曲线的主要形态

图 2.2 所示的斜坡变形–时间曲线仅是斜坡在恒定的自重作用下所表现出的一种宏观规律和理想曲线。事实上，因斜坡处于地壳表层这个复杂的开放系统中，在其发展演化过程中将不可避免地遭受各种外界因素（如降水、人类工程活动等）的干扰和影响，使变形–时间曲线呈现出一定的波动和振荡性。因此，常见的变形–时间曲线在总体趋势符合上述三阶段演化规律的基础上，在微观和局部往往表现出振荡和波动性，由此可分为以下三种类型。

1）光滑型

如果斜坡所处环境受外界因素影响较小，斜坡的变形演化主要受控于重力作用，则斜坡的变形–时间曲线就会显得相对比较光滑，此类变形曲线称为光滑型曲线。例如，发生于 1963 年的甘肃天水黄龙西村滑坡的变形监测曲线（图 3.1）。

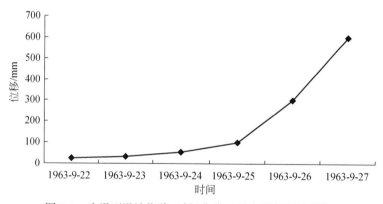

图 3.1　光滑型滑坡位移–时间曲线（甘肃黄龙西村滑坡）

2）振荡型

斜坡变形曲线在总体趋势符合上述三阶段规律的前提下，在具体细节上表现出一定的波状起伏的振荡特性，有时振幅还很大，但很快又恢复正常。此类变形曲线被称为振荡型曲线。如 1985 年发生的龙羊峡龙西滑坡的变形监测曲线就呈现出明显的振荡特性（图 3.2）。产生振荡特性的主要原因是，斜坡在发展演化过程中，受到了一些相对微弱的、随机的外界因素影响，如非汛期的小降雨、降雪、小规模的人类工程活动、某个锁固段的突然剪断或变形的局部调整以及天体引力作用等。当然，来源于监测仪器和监测人员的测量误差也是导致斜坡变形曲线呈现振荡特性的原因。

由于外界因素的影响和测量误差，斜坡的变形速率–时间曲线通常都会表现出明显的震荡性，但累计位移–时间曲线因为是通过变形速率–时间曲线逐渐累加得到的，一般会显得相对较光滑，如图 3.3 所示。图 3.3（a）为丹巴县城后山滑坡的变形速率–时间曲线，具有明显的震荡性，而对应的累计位移–时间曲线［图 3.3（b）］则基本为光滑型曲线。

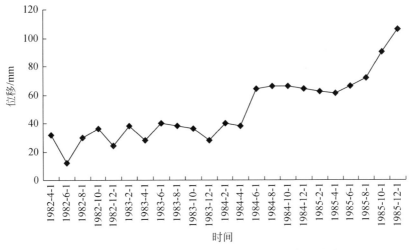

图 3.2   振荡型滑坡位移–时间曲线（龙羊峡龙西滑坡）

显然，只有当变形速率存在较多的负值时，经累加后得到的累计位移–时间曲线才会呈现振荡特性。

(a) 典型变形速率–时间曲线

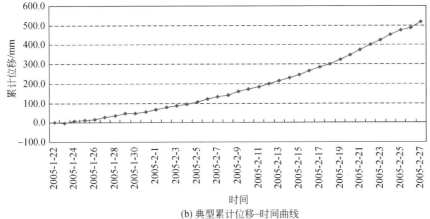

(b) 典型累计位移–时间曲线

图 3.3   四川丹巴县城后山滑坡的变形速率–时间曲线和累计位移–时间曲线

但是，对于一个正在持续变形的滑坡来说，在正常情况下不应该出现负的变形值。一般而言，在以下特殊情况下才会出现负变形。

（1）滑坡的变形速率很小，致使在一个监测周期内的总变形量小于或接近于监测仪器本身的误差，导致监测结果不准确。例如，某种仪器的变形监测精度为10mm，而在一个监测周期内斜坡实际变形只有几毫米，其监测结果自然会产生明显的误差。处理此类问题的办法，一是选择精度更高的监测仪器；二是延长监测周期，如从每天监测一次变为每十天监测一次；三是作误差处理，将处于±仪器精度范围内的监测数据作置零处理。否则，会得到错误的监测结果。

（2）监测过程中的人工误差也可能导致监测结果不准确，并导致负的监测值出现。人工误差主要来源于监测人员的业务水平以及是否完全按照规范要求操作监测仪器设备。

（3）受强烈外界因素的扰动，斜坡在某些时段确实出现与正常变形方向相反的变形，由此出现负的变形值。如持续沉降的坡体在某些部位突然出现隆起变形。库区涉水滑坡在库水位变动期间也可能出现一些反常的变形现象。

因此，在分析研究滑坡变形–时间曲线类型或进行滑坡预警预报时，首先应严格区分变形速率–时间曲线与累计位移–时间曲线。通常，变形速率–时间曲线表现为振荡型，而累计位移–时间曲线表现为光滑型和阶跃型。当然，变形速率–时间曲线也可为振荡型与阶跃型的复合形态。

3）阶跃型

图3.4为三峡库区白水河滑坡位移的实际监测曲线。从该变形监测曲线可以明显地看出，每年汛期，受汛期降水的影响，变形曲线就出现一个明显的变形增长阶段，汛期结束后，变形又逐渐恢复平稳，整个变形曲线表现为阶梯状演化特征，我们将此类变形曲线称为阶跃型变形曲线。导致变形曲线呈现出阶跃特性的主要原因是周期性的外界作用，如每年汛期的降水、周期性的库水位变动等。这类外界作用的特点是：作用强度大，在斜坡变

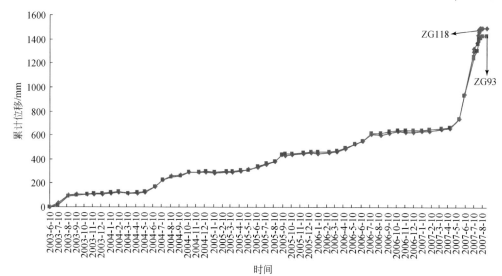

图3.4　阶跃型滑坡累计位移–时间曲线（三峡库区白水河滑坡 ZG118 和 ZG93）

形曲线中反应明显（一般表现为斜坡变形突然增加，随着外界作用的减缓和消失，变形又逐渐趋于平稳，回归常态），使斜坡变形曲线呈阶梯状。

3.3 外界因素对滑坡变形-时间曲线的影响

前面几章所述的滑坡变形规律，尤其是斜坡三阶段变形演化规律，都主要讨论的是斜坡在自重作用下的变形演化行为。尽管重力是驱使斜坡发生变形破坏的最主要动力，但斜坡所处的地球系统是一个开放系统，其变形破坏还或多或少会受一些外界因素的影响。强烈的外界扰动有时会直接导致滑坡的突然发生。据统计，世界上绝大多数滑坡的发生都受暴雨、地震以及人类工程活动等因素诱发。滑坡的发生甚至与太阳黑子的活动、行星间的引力潮以及地球的自转等因素有一定的相关性。宇宙圈行星与滑坡体间的万有引力从量值上讲已非常小（一般为数帕到数百帕），但当滑坡处于临滑状态时，微小的外力都可能触发滑坡的发生。文宝萍（1992）统计了中国 1949～1990 年发生重大崩滑灾害成灾频次的变化规律，发现灾害发生的频次基本上与太阳黑子爆发具有相同的周期。中国的地震工作者和天文工作者的研究结果表明，地震活动与地球自转和日月引力潮具有较为明显的相关性（刘忠书和李愿军，1982；郑大伟和周永宏，1995；韩延本等，1996）。尹祥础和尹灿（1991）提出根据引力潮来探索地震、滑坡的前兆。王运生和王士天（1998）通过大量的滑坡实例统计发现，在北半球河谷北岸的滑坡明显多于南岸，东岸滑坡明显多于西岸，并认为导致这种现象的主要原因也是由地球自转和日月的引力潮造成的。为此，本节专门讨论外界因素对滑坡变形破坏的影响。

处于不同变形演化阶段的斜坡对外界作用的响应是不同的，或者说相同强度的外界因素作用于同一斜坡的不同变形演化阶段，斜坡对其响应程度是不相同的。按照非线性科学的观点，可将斜坡发展演化过程中可能遭受的各种外界影响因素，如降水、库水位变动、人类工程活动等通称为广义荷载作用，并用 P 来表示；将斜坡经历广义荷载作用后产生的响应（如位移、应变、声发射等状态变量）令为 R，则广义荷载与系统响应之间具有如图 3.5 所示的关系。图 3.5 实际上反映了非线性系统失稳过程的普遍规律（黄润秋和许强，1997a，1997b）。

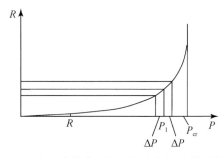

图 3.5 广义荷载作用与系统响应间的关系曲线

设荷载增量为 ΔP 时，所对应的响应增量为 ΔR，定义响应率 X 为

$$X = \lim_{\Delta P \to 0}\left(\frac{\Delta R}{\Delta P}\right) \tag{3.1}$$

当荷载很小时，系统处于稳定状态，这时 P 与 R 之间的关系为线性关系或近似线性关系。随着荷载作用的不断增大，广义荷载与系统响应之间将逐渐变为非线性关系，系统的响应率会不断增大。当广义荷载逐渐接近临界值 P_{cr}，即系统趋于不稳定时，其响应率 $\Delta R/\Delta P$ 将陡然增大。当系统失稳时，系统响应率：

$$\lim_{\Delta P \to 0}\left(\frac{\Delta R}{\Delta P}\right) \to \infty \tag{3.2}$$

上式说明，在系统接近失稳时，对哪怕是极其微小的加载（系统扰动）都会导致系统巨大的响应。因此，对一个非线性系统进行加载，即使其荷载增量 ΔP 保持不变，在不同演化阶段其响应率 $\Delta R/\Delta P$ 也不一样。$\Delta R/\Delta P$ 越大，系统越接近失稳破坏。

通过图 3.5 广义荷载与系统响应的关系曲线，我们得出如下对滑坡预警预报非常有益的认识：斜坡在不同的演化阶段，对外界影响的响应是有差别的，越到变形的后期，系统对外界影响的响应越强烈。

在初始变形和等速变形阶段，系统响应与外界广义荷载（事件）间基本呈线性关系，因此，不同时间段对同量级的外界"事件"的响应强度基本相同，此时任何的外界广义荷载作用都可以依靠斜坡的内在自我组织和调节能力而"抗衡"，外界因素一般只能使变形曲线产生振荡或波动，之后很快又恢复到原来的演化状态，可基本保持变形速率不变。

图 3.6 所示的三峡库区白水河滑坡累计位移-时间曲线就显著表明，在每年汛期到来时，斜坡变形出现明显的增长，随后逐渐恢复到"正常"状态。因为斜坡变形还处于等速变形阶段，而每年汛期的外界因素作用强度也基本相当，所以会出现"阶梯"状的变形-时间曲线。但在 2007 年，除在汛期降水影响的基础上，还因为叠加了库水位大幅度下降（从 156m 下降到 145m）这一外界因素的影响，致使变形-时间曲线呈现出更大的"跃升"（图 3.6）。但即使如此，当两种外界因素（汛期降水和库水位下降）减弱后，变形-时间曲线又恢复到正常状态。

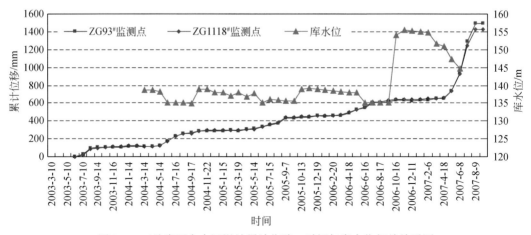

图 3.6　三峡库区白水河滑坡累计位移、时间与库水位相关关系图

图 3.7 为二滩水库库区某滑坡 30# 监测孔滑面处累计位移–时间与库水位的关系曲线。从图 3.7 中可以明显看出，该滑坡的变形对水库蓄水这一外界荷载作用具有非常强烈的响应。水库下闸蓄水之前，该滑坡多年平均位移速率维持在 0.29mm/月。水库蓄水期间，其平均位移速率陡增到 13.7mm/月。水库蓄水过程完成达到正常蓄水位后，其变形又有所减缓，平均位移速率为 2.0mm/月，但受库水位上升的影响，其位移速率还是明显大于水库蓄水前的位移速率。从图 3.7 还可以看出，与库水位变动时间相比，斜坡变形响应具有明显的滞后性。

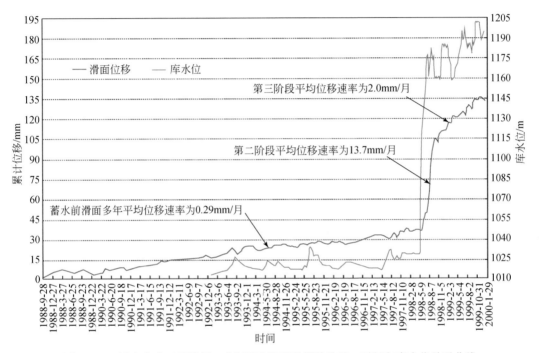

图 3.7　二滩水库库区某滑坡 30# 监测孔滑面处累计位移、时间与库水位关系曲线

斜坡进入加速变形阶段后，不同时段对同量级的外界荷载作用的响应强度就会出现较大的差别，当斜坡变形演化到临滑阶段，整个系统就显得非常脆弱，对外界影响异常敏感，外界微小作用都可导致系统出现如式（3.2）的剧烈变化，并在变形曲线上产生明显的不可逆的响应，并促使滑坡向整体失稳方向发展。

图 3.8 为四川白什乡滑坡变形速率与降水量的关系图。该图清楚地表明，在滑坡不同的变形阶段，其变形对降水的响应具有较大的差别。在 2007 年 4 月之前，斜坡变形处于等速变形阶段，变形对降水的响应不是太明显，但当 2007 年 4 月斜坡进入加速变形阶段后，变形速率的增大和波动明显与降水相关；而在变形进入临滑阶段的 7 月 20 日以后，即使是很小的降水量在变形中也有着非常强烈的响应，并最终导致了滑坡的发生。

从斜坡所处的变形演化阶段以及外界扰动触发滑坡发生时间的角度，可将外界扰动分为如下三类：正常扰动、临界扰动和超前扰动，见图 3.9。

正常扰动是指在斜坡的正常变形过程中，对斜坡变形产生明显影响的外界扰动。正是因为伴随斜坡变形始终的各种外界扰动的存在，才使得斜坡变形出现如图 3.2、图 3.3

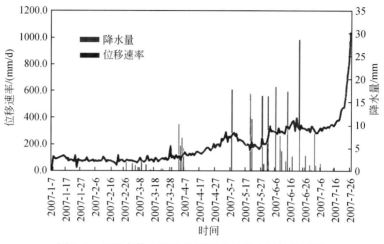

图 3.8　四川白什乡滑坡位移速率与降水量的关系图

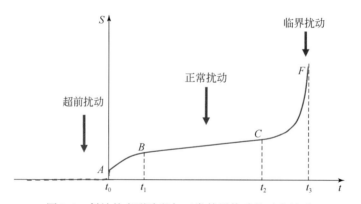

图 3.9　斜坡的变形阶段与三类外界扰动的对应关系

（a）所示的具有一定波动和振荡特性的变形-时间曲线。如果斜坡在变形过程中遭受一定强度的周期性外界扰动（如每年汛期的降水、周期性的库水位升降），将可能产生如图3.4所示的阶跃型变形-时间曲线。

　　从流变力学的观点看，图3.4所示的阶梯状变形-时间曲线与图3.10所示的分级加载蠕变试验曲线具有明显的相似性，可将阶梯状变形-时间曲线理解为斜坡在恒定重力作用下所得的蠕变曲线再分级叠加外荷载后的总体变形结果。在考虑岩土体对加载史具有记忆效应的前提下，陈宗基先生提出采用如图3.11所示的分级平移方法（又称陈氏加载法），得到每级加载后的蠕变变形结果，即图3.11中 $\Delta\sigma$ 、$2\Delta\sigma$ 、$3\Delta\sigma$ 所对应的变形-时间曲线，可据此建立流变模型。如果将各种外界因素（如降水、库水位升降等）统一看作为"广义荷载"，则可根据图3.11的做法和对应的流变模型，反推每级荷载的作用强度，得到各种外界因素作用的"等效广义荷载"。在此基础上，借助于流变力学的理论和方法，定量评价甚至预测外界因素对斜坡变形破坏的影响，从而有效地解决阶梯状变形-时间曲线滑坡的预警预报问题。

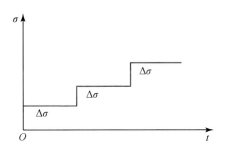

图 3.10 蠕变试验分级加载曲线

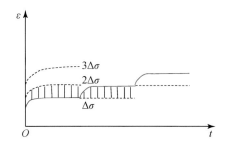

图 3.11 陈氏加载法和蠕变资料整理方法（刘雄，1994）

临界扰动是指当坡体处于临界稳定（即临滑）状态时，微小的扰动都可能诱发滑坡的发生，在非线性科学中称为临界状态理论。即所谓的"一根稻草压垮一匹骆驼"的道理。将临界（滑）状态的微小外界扰动触发滑坡发生的情况称为临界微扰效应，稍后将对其诱发滑坡失稳的机理作专门分析。

超前扰动是指当斜坡还未开始变形或处于正常的变形阶段，外界强有力的扰动致使滑坡提前发生，这种扰动又称为"超前强扰"。换句话说，超前强扰的显著特点是斜坡可能还没有演化到临界失稳状态，遭受过于强烈的外界扰动后使滑坡提前发生。例如，一场特大暴雨或一次强烈的地震，往往触发众多滑坡的发生，其中绝大多数滑坡在滑前稳定性较好，甚至还未出现变形迹象。因此，超前强扰触发的滑坡往往具有很强的突发性和隐蔽性，预测和防范难度极大。

前已述及，根据流变力学原理，当斜坡所受外荷载与重力叠加后在滑动面所产生的滑动力超过滑带土的峰值抗剪强度时，斜坡变形不再具有蠕变特性和过程，将直接进入加速变形阶段（图 2.10），并在短期内失稳破坏，形成第 2 章所述的突发型滑坡。

3.4 外界扰动诱发滑坡机理分析

3.4.1 扰动诱发滑坡的突变理论模型

已有的研究成果表明，岩土体的失稳破坏机理可采用突变理论来加以解释。

对于斜坡系统，系统的势函数通过一定的数学变换，一般都可以写成如下形式：

$$V = x^4 + ux^2 + vx \tag{3.3}$$

对上式求导，便可以得到突变理论中尖点突变模型的平衡方程（图 3.12）：

$$4x^3 + 2ux + v = 0 \tag{3.4}$$

式（3.3）和式（3.4）中，V 为系统的势函数；x 称为状态变量，它主要表征系统当前所处的状态，对于滑坡而言，滑坡体的位移、变形速率、声发射以及稳定性系数等都属于状态变量；u、v 为控制变量，可控制和决定系统的演化进程、演化途径等。

从图 3.12 可以看出，系统的平衡曲面是一个折叠的曲面，其折叠或尖拐点的集合称为奇点集，奇点集在 $u-v$ 平面的投影称为分叉集。消去式（3.3）、式（3.4）中的 x，得到分叉集的方程为：

$$8u^3 + 27v^2 = 0 \qquad\qquad (3.5)$$

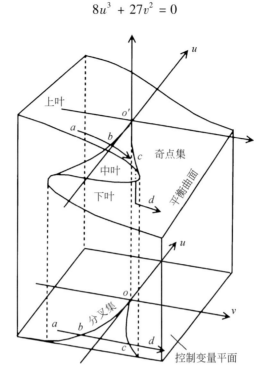

图 3.12　平衡曲面及系统演化过程中的突跳现象

　　分叉集为一半立方抛物线。分叉集上的任意点（u, v）就对应于系统的某个临界状态。图 3.12 表明，只要控制变量 $u < 0$，系统从一种状态演化到另一种状态（如沿 $a \to b \to c \to d$ 的路径从平衡曲面的上叶演化到下叶），必须穿越分叉集曲线。同时，在穿越分叉集时，系统的状态（具体为状态变量 x）将发生一个突跳，这种突跳在力学上对应于系统的失稳破坏。

　　处在临界状态的系统，原来的稳定状态可能失去稳定，但系统并不会自动地离开原来的稳定状态而跃向一种新的稳定状态，必须要有一种驱动力，这种驱动力在非线性科学中统称为涨落（fluctuation）。涨落可以是由系统内部引起的。由大量子系统所组成的系统，各子系统的随机运动造成了描写系统整体物理量的涨落；涨落通常是由外界环境的随机变化所引起的，一般常把这种由外界因素引起的涨落称为扰动。

　　由前面的分析知道，当斜坡系统处于临界状态时，任何微小的扰动（简称微扰）都不可忽视，它往往起着诱发（触发）滑坡发生的作用。微扰不仅是斜坡系统失稳的最初驱动力，同时当系统可向几个方向演化（存在着分叉）时，微扰将决定系统最终究竟向哪个方向或途径演化。

　　下面利用非线性科学的观点和方法，来分析和探讨临界微扰和超前强扰诱发滑坡的机理。

3.4.2　临界微扰诱发滑坡机理分析

　　现代非线性科学认为，在临界点处，扰动的诱发作用主要是通过扰动的放大效应来实现的。在临界点附近，由于这时系统处于高度不稳定状态，任何微小的扰动都会被放大，微扰动在临界点附近会转变成巨扰动，正是这种巨扰动驱动着事物向新的状态演化。下面通过数学方法来讨论扰动的临界行为。

根据非线性科学的观点，由式（3.4）得到斜坡系统的定态（所谓定态，是指在外界条件不变的情况下，系统内部各部分长时间不发生任何变化的状态）方程为

$$\frac{\mathrm{d}x}{\mathrm{d}t} = -4x^3 - 2ux - v \tag{3.6}$$

考虑到外界因素（扰动）对滑坡发生的影响，若用 $F(t)$ 来表示扰动力，则式（3.6）变为如下微分方程：

$$\frac{\mathrm{d}x}{\mathrm{d}t} = -4x^3 - 2ux - v + F(t) = f(x, s) + F(t) \tag{3.7}$$

由于外界扰动往往具有很大的随机性，所以可假定 $F(t)$ 为高斯（Gaussian）型分布 $\left[\text{分布函数为 } W(F) = \frac{1}{\sqrt{2\pi Q}}\exp\left(\frac{-F^2}{2Q}\right)\right]$，则有

$$\left.\begin{array}{r} < F(t) > = 0 \\ < F(t)F(t') > = Q\delta(t - t') \end{array}\right\} \tag{3.8}$$

式中，<…>表示统计平均；δ 为 Dirac 函数，即 $\delta = \begin{cases} 1 & (t = t') \\ 0 & (t \neq t') \end{cases}$；$Q$ 为随机扰动的方差；$< F(t)F(t') >$ 为关联函数；$W(F)$ 为 $F(t)$ 的分布函数。

设扰动为

$$\Delta x = x - x_0 \tag{3.9}$$

将式（3.9）代入式（3.7）得

$$\frac{\mathrm{d}\Delta x}{\mathrm{d}t} = -(12x^2 + 2ux)\Delta x - 12x_0\Delta x^2 - 4\Delta x^3 + F(t) \tag{3.10}$$

根据线性稳定性分析方法，仅取式（3.10）中的线性项得

$$\frac{\mathrm{d}\Delta x}{\mathrm{d}t} = \eta(u)\Delta x + F(t) \tag{3.11}$$

式中，

$$\eta(u) = -(12x_0^2 + 2u) \tag{3.12}$$

从突变理论的角度讲，式（3.12）正好是标准尖点突变的奇点集方程。

由线性稳定性判据知

$$\left.\begin{array}{ll} \eta(u) < 0 & \text{渐进稳定} \\ \eta(u) > 0 & \text{不稳定} \\ \eta(u) = 0 & \text{临界稳定} \end{array}\right\} \tag{3.13}$$

对式（3.11）积分，可得出其解为

$$\Delta x(t) = \int_{-\infty}^{t} \mathrm{e}^{\eta(t-\tau)} F(\tau)\mathrm{d}\tau \tag{3.14}$$

进一步根据式（3.8）、式（3.14），可求得扰动的关联函数：

$$< \Delta x(t + \tau)\Delta x(t) > = \frac{Q}{2|\eta|}\mathrm{e}\eta\tau \tag{3.15}$$

关联函数 $< \Delta x(t + \tau)\Delta x(t) >$ 反映了两个相距为 τ 的扰动之间的关联（制约、依存）程度。根据式（3.15），作出扰动的关联程度与时间 τ 和 η 的关系图（图 3.13）。

图 3.13（a）表明系统处于稳定态（$\eta < 0$）时扰动随时间逐渐衰减。也即，当系统处于一般状态时（非临界状态），扰动（这里指微小的扰动，即微扰）主要以随机、各自独立（彼此不关联）的方式出现，对系统演化的影响较小，基本上是无关紧要的。但当接近临界点时，扰动不再是相互独立的，而是彼此关联起来。从图 3.13（b）可以看出，当 $\eta \to \eta_c = 0$ 时，扰动的关联程度剧增，此时，扰动不仅本身幅度大大增加，而且相互关联，相互嵌套，出现所谓的"长程关联"（long-range correlation）现象，使各个扰动"协同"起来共同作用，把系统驱向新的状态，这便是临界微扰效应的本质所在。

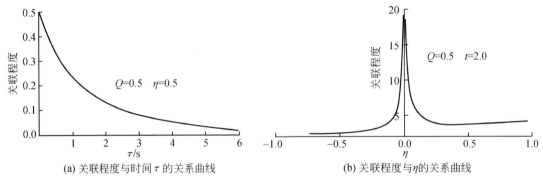

图 3.13　关联函数变化曲线

3.4.3　超前强扰诱发滑坡机理分析

在图 3.12 中，假设 $u = u_0 (u_0 < 0)$ 为一常数，则图 3.12 所示的平衡曲面变为图 3.14 所示的曲线。若系统按正常的途径演化（不存在强扰），则应该按 $a \to b \to b' \to c' \to c$ 的路径，然后突跳到 d（或从 $d \to d' \to e' \to e$ 突跳到 b）的途径演化发展。但若系统处于靠近临界点 c' 或 e'（但不是真正处于临界点，如 c 或 e 点）的状态时，外界突然对系统施加一个强扰，则系统便可能沿 $a \to b \to b' \to c' \to d'$（或 $d \to d' \to e' \to b'$）的途径提前发生失稳。因此，我们将此类扰动称为超前强扰。下面用突变理论的观点对超前强扰诱发滑坡发生的机理作出定性解释。

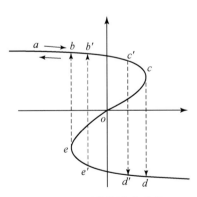

图 3.14　系统的演化途径

在图 3.12 中，控制变量平面被 u 轴、v 轴以及分叉集分为 6 个区域（图 3.15）。因在这 6 个区域中，式（3.3）解的个数和性质的不同，系统的状态也不一样。若按势函数 $V(x)$ 来表示，各个区域势函数形式见图 3.15。为了更细致地考察势函数的变化情况，沿图 3.16 中的点画线 hf "追踪"势函数的"连续"变化形式（图 3.16）。把系统所处的状态用小球在势函数

$V(x)$ 所处的位置来表示（图 3.17）。当控制参数 v 沿着图 3.16 的点画线路径增加时，势函数曲线的吸引子（极小值点）数目由 1 个→2 个→1 个，并且吸引子的位置也按照右侧→两侧→左侧的规律发生变化。从图 3.16 可以看出，在从 a→d 的变化过程中，小球始终被右侧的吸引子所吸引，即使在接近临界状态的 c' 处，势函数左侧极小点的极小值比右侧还小时也如此（存在明显的滞后效应），直到系统演化真正达到临界点时，在微扰的作用下小球才突跳到左侧吸引子。事实上，当系统演化到离临界点不远处时（图 3.16 中的 c' 点），从势能的观点看，由于系统是处在势能局部极小值点 A，而不是势能全局最小值点 B（图 3.17），按 "最小势能原理"，系统并不是处在最稳定的状态，从概率密度曲线看小球处于 B 点的概率远大于 A 点。但 A 点毕竟也是一个局部极小值，系统在一点可以保持稳定状态，只有通过外部扰动才能使小球从 A 点跳向 B 点。但并不是任何强扰都能实现从 A 向 B 的转化，只有当外界扰动从方向和强度上都能让图 3.17 中小球从 A 点跨越势脊 C 点，才可能使系统的最终演化状态趋于 B 点，达到新的稳定状态。此种情况下，系统的演化途径就变为图 3.18 所示的形式。与图 3.14 对应，此时的演化路径变为：$a→b→b'→c'$ 然后突跳到 d'，系统的演化过程与正常情况相比提前发生了相变（失稳），并且在此演化过程中，外界扰动强度一般需要大于正常演化所需的临界微扰，故称以上机理为超前强扰诱发系统失稳机理。同时，从上述分析知，超前强扰要诱发系统失稳，不但与扰动强度有关，而且扰动方向也必须满足一定的条件，否则强度再大的扰动也不一定导致系统失稳。上述有关临界微扰机理及超前强扰机理的论述，由于它们都是以标准尖点突变模型为基础进行分析、推论的，因此具有普遍意义和代表性。用它们可以解释所有能化为标准尖点突变模型的外界诱发岩体失稳问题。

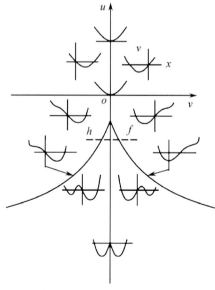

图 3.15　控制变量平面的分区及其势函数形式

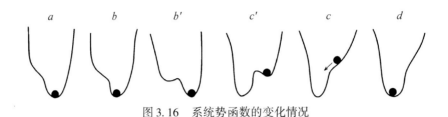

图 3.16　系统势函数的变化情况

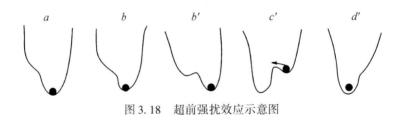

图 3.17　全局最小值点与局部极小值点

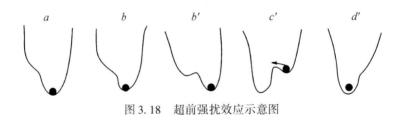

图 3.18　超前强扰效应示意图

3.5　滑坡失稳破坏的前提条件

现代非线性科学研究成果表明，驱使和驱动事物发展演化的是一种不可逆力，事物发展演化的宏观表现为不可逆流。正是在不可逆力的驱动下不断产生不可逆流，才使事物不断从量变到质变的发展演化。对于斜坡而言，其主要在重力这种不可逆力的驱动下（当然也包括其他外在因素，如降水、人类工程活动等），其稳定性不断降低，并最终以变形这种不可逆流的形成发展演化，直至最后滑坡的发生，从而实现了一个阶段的量变到质变的演化过程。

下面采用非线性科学的原理和方法来分析论证斜坡失稳破坏的前提条件。

根据耗散结构理论，为了描述斜坡演化过程中的非线性特性和自组织特性，引入熵的概念。

定义 σ 为单位时间单位体积中的熵产生，故 σ 可称为局域熵产生。σ 的一般表达式为

$$\sigma = \sum J_k \times X_k \geqslant 0 \tag{3.16}$$

式中，J_k 为第 k 种不可逆流；X_k 为第 k 种不可逆力。一般来说，任何系统的宏观物理量可以分为两大类：一类是与系统总质量有关的广延量，如总能量、力等；另一类是强度量，也可以理解为某种"场"，如位移、温度、应力等。与此相对应，在斜坡体系中，J_k 便是强度量，如边坡位移、钻孔偏移量、地面倾斜量以及由岩体破裂所产生的声发射等，这些不可逆流通常也作为描述斜坡演化的状态变量，并以此作为滑坡预警预报的依据。X_k 这种不可逆力在斜坡体系中主要是指坡体下滑力、滑面摩阻力、地下水动力以及外界对斜坡的作用力（如振动荷载、潮汐力等）。

斜坡系统总的熵产生为

$$p = \int_v \sigma \mathrm{d}v \geqslant 0 \tag{3.17}$$

式中，v 为斜坡的总体积。

当斜坡系统处于绝对稳定状态（即非线性科学中称为"平衡态"或"平衡区"）时，

$$\sigma = 0, \quad J_k = 0, \quad X_k = 0 \tag{3.18}$$

即平衡态不可逆流和不可逆力都不存在。从力学的观点，只有岩土体所受的力在各个方向都处于绝对平衡时，才能称为"平衡态"，对应于地质学中斜坡还未正式形成的初始阶段（不存在临空条件，坡面近水平），此阶段坡体当然不可能发生变形。

一旦系统离开平衡态，宏观不可逆过程就会发生，这时不可逆力和不可逆流便不再为零；并且，不可逆力是不可逆流产生的源泉，只要有不可逆力存在，就必然会出现不可逆流。当斜坡发展演化到一定程度后，在不可逆力的驱使下，斜坡开始出现宏观可见的不可逆流，即变形（图 3.19）。

由上述分析知，不可逆流肯定是不可逆力的某种函数。假定某种不可逆流 J_k 是斜坡体系中各种不可逆力（$\{X_l\} = X_1, X_2, \cdots, X_n$）的函数：

$$J_k = J_k(\{X_1\}) \tag{3.19}$$

以平衡态为参考态，对式（3.19）作 Taylor 展开，得

$$J_k(\{X_1\}) = J_k^0(\{X_1^0\}) + \sum_m \left(\frac{\partial J_k}{\partial X_l}\right)_0 X_l + \frac{1}{2}\sum_l \sum_m \left(\frac{\partial^2 J_k}{\partial X_l^2 X_m}\right)_0 X_l X_m + \cdots \tag{3.20}$$

如果系统偏离平衡态非常有限，则所有的不可逆力 $\{X_l\}$ 都较小，在式（3.20）中高阶项与线性项相比可忽略不计，于是式（3.20）可简化为

$$J_k = \sum L_{kl} X_l \tag{3.21}$$

其中

$$L_{kl} = \left(\frac{\partial J_k}{\partial X_l}\right)_0 \tag{3.22}$$

此时不可逆流与不可逆力呈线性关系，我们把线性关系式（3.21）适用的非平衡区域称为非平衡线性区，其可与斜坡的等速变形阶段相对应。式（3.21）中 L_{kl} 在热力学中假定为常数，并称为唯象系数。

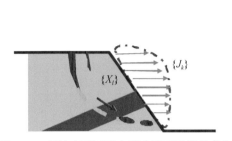

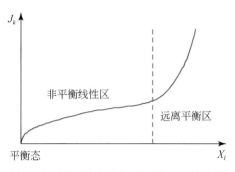

图 3.19　斜坡中不可逆力驱动不可逆流的产生　　图 3.20　不可逆力 X_l 与不可逆流 J_k 关系图

　　随着斜坡的不断发展演化，滑动带逐渐成形，并且滑动带内的微元"流动"和微破裂现象不断加剧，其抗剪能力不断减弱，并由此导致斜坡中"净"不可逆力相对逐渐增大。当不可逆力增加到某一量值时，式（3.20）中的非线性项已不能再忽略不计了，此时不可逆流与不可逆力呈现出非线性关系，系统进入远离平衡状态（图 3.20）。将满足式（3.20）非线性关系的非平衡区称为非平衡非线性区，此区可与斜坡的加速变形阶段相对应。根据耗散结构理论，只有在非平衡非线性区，事物才可能发生相变（质变），有序结构才可能出现。也就是说，远离平衡区是事物发生质变，形成耗散结构的前提。因此，将图 2.2 渐变型滑坡的变形阶段与图 3.20 相比较和对应，可以得到如下推论：正常情况下（具体指未遭受外界强烈扰动），对于具有三阶段变形规律的渐变型滑坡，斜坡变形进入加速变形阶段是滑坡发生的前提条件。对于此推论，可作如下解释和理解。

　　（1）斜坡的加速变形阶段对滑坡的预警预报具有十分重要的意义。对于渐变型滑坡而言，在其失稳破坏，即滑坡发生前，必然会经历加速变形阶段。因此，一旦发现滑坡变形呈加速增长趋势，预示着滑坡即将发生，就应引起高度重视，制定好防灾预案，强化应急处置工作。一旦滑坡进入加速变形阶段，若不采取应急处置措施人为阻止和干预滑坡的变形，滑坡必然会发生。原因如下。

　　根据图 2.11 所示的滑块模型，驱使斜坡产生变形和加速度的"净"下滑力为

$$F(t) = G\sin\alpha - G\cos\alpha \cdot \tan\varphi(t) - c(t)l = ma(t) \tag{3.23}$$

式中，G 为滑块重量；α 为滑面倾角；$a(t)$ 为滑坡变形的加速度；$c(t)$、$\varphi(t)$ 为滑带土的内聚力和内摩擦角，但其会随着变形的发展而变化，为时间 t 的函数。在式（3.23）中，当斜坡变形进入加速变形阶段后，加速度 $a(t)>0$，表明"净"下滑力 $F(t)>0$，即此阶段滑坡的下滑力已超过其滑带的抗滑力。即使各种条件不发生变化，这种"净"下滑力将一直促使和驱动滑坡以恒定的加速度发生变形，致使变形速率不断增加。从第 2 章的分析可知，在斜坡变形过程中，滑带土的抗剪强度随变形和时间是逐渐减少的。因此，在天然状态下，加速变形阶段的"净"下滑力会因滑带土抗剪强度的降低而不断增加，由此导致滑坡变形的加速度不断增加，并最终进入临滑状态，发生滑坡。这一现象在第 2 章图2.2 和图 2.3 的滑坡变形-时间曲线中得到了充分反映。

　　因此，如果通过监测发现滑坡变形已进入加速变形阶段，就必须通过应急处置工程措施（如前缘堆载压脚、后缘削方减载、支挡和锚固、排水等），人为减少下滑力，增加抗

滑力，并尽量使滑体的"净"下滑力降低到负值，将滑坡变形从加速变形阶段"拉回"到等速甚至减速变形阶段，才能避免滑坡灾难的发生。在本书第11章和第14章介绍的丹巴县城后山滑坡和梨园水电站念生垦沟堆积体滑坡就是在滑坡已进入加速变形阶段后，采用强有力的应急工程措施才使滑坡变形得到有效控制。

　　相反，即使斜坡的变形速率和累计位移的绝对量值较大，如果从其总体趋势上还未进入加速变形阶段，则表明滑坡还不会很快发生，还可充分利用此时间开展滑坡应急处置工作。如本书第12章介绍的白什乡滑坡，虽然自2006年年底该滑坡被发现后其变形就已非常强烈，后缘累计位移已接近20m，其日变形速率已达到5~10cm，但通过专业监测发现其在2007年年初仍处于等速变形阶段，据此判断该滑坡离整体失稳破坏还有一段时间。为了防止坡体下滑堵河后造成更大的危害，果断决策利用此段时间在滑坡对岸山体内开挖一条引水泄流隧洞，由此使该滑坡得到成功处置。专业监测资料及变形规律分析不仅为该滑坡的应急处置决策提供了直接依据，还很好地保证了隧道施工期间相关人员的安全。

　　（2）"正常情况"是指滑坡在变形过程中未遭遇超强度的外界扰动（如较强的地震、强降水、强烈的工程扰动等），其主要在重力作用下变形演化。反之，滑坡可能在这些超强的外界因素扰动下提前发生。

第4章　滑坡变形破坏–空间演化规律

前几章重点阐述了滑坡变形随时间的发展演化规律，主要研究和探讨了滑坡体上地表或深部位移监测点所观测到的变形随时间的发展演化规律。若在滑坡体上布置足够多的地表和深部监测点，进行长期的专业监测，就可全面了解和掌握滑坡体空间各部位的变形随时间的发展演化状况，也就能更准确地预警预报斜坡的失稳破坏时间，确保滑坡威胁范围内人员的生命财产安全。但通过对多个滑坡监测预警的成功经验和失败教训的分析总结也发现，由于斜坡在发展演化过程中不可避免地会遭受各种不同强度的外界因素的扰动，致使其变形–时间曲线形态和规律远远复杂于图 2.2 和图 2.10，绝大多数变形–时间曲线均具有波动性和阶跃性，如果仅仅根据变形–时间曲线进行预警预报，有时可能会作出错误的判断。尤其是对于类似图 3.4 所示的阶跃型变形–时间曲线，当变形处于一个比较大的阶跃阶段时，就很难判定斜坡的变形是处于一个“阶跃”阶段，还是已经进入加速甚至临滑阶段，因为在每个阶跃阶段，斜坡变形都会呈加速增长趋势。在此种情况下，需要综合分析斜坡的变形–时间曲线特征、斜坡空间变形特征以及外界因素作用状况，才能对滑坡的变形行为作出准确判识。

在实际滑坡监测中，不仅应通过密集布置地表和深部位移监测点来宏观掌握滑坡变形的时间和空间分布规律，同时还应通过对滑坡体宏观变形迹象尤其是地表裂缝的地面调查，进一步直观了解和掌握滑坡体的空间变形特征。

4.1　滑坡地表裂缝发展演化的基本特征

斜坡在整体失稳之前，一般要经历一个较长的变形发展历程。大量的滑坡实例表明，不同成因类型的滑坡，在不同变形阶段会在滑坡体不同部位产生拉应力、压应力、剪应力等的局部应力集中，并产生与其力学性质相对应的裂缝。

尽管不同物质组成（如岩质和土质等）、不同的成因模式和类型、不同的变形破坏行为（如突发型、渐变型及稳定型）的滑坡，其地表裂缝的空间展布、出现顺序会有所差别，但裂缝的发展演化也会遵循如下普适性规律。

（1）分期配套特性。滑坡裂缝体系的分期是指裂缝的产生、扩展与斜坡的演化阶段相对应。同一成因类型的斜坡，不同变形阶段裂缝出现的顺序、位置及规模具有一定的规律性。配套是指裂缝的产生、发展不是随机散乱的，而是有机联系的，在时间和空间上是配套的。当滑坡进入加速变形阶段后，地表各类裂缝会逐渐相互贯通，并沿滑坡边界逐渐趋于圈闭。

（2）有序性。根据非线性科学观点，开放系统内事物的发展都具有从无序向有序的演化过程，滑坡地表裂缝的发展演化也具有此特点。在斜坡变形的初期，地表裂缝主要呈散乱状分布，随着时间的延续变形不断增大，在单条裂缝的长度和裂缝的总数目不断增加的同时，裂缝的展布也逐渐由散乱逐渐向未来滑坡周界集中发展，从无序走向有序。

（3）圈闭性。在裂缝由无序向有序，由分散向集中的发展演化过程中，随着坡体内部滑动面的逐渐贯通，地表裂缝也会沿滑坡边界逐渐相连、贯通直至圈闭，形成滑坡周界。体现出斜坡地下与地表变形、深部与浅部变形、空间与时间之间的有机协同性。只有当滑动面完全贯通，地表裂缝完全圈闭，滑坡才可能发生。因此，从斜坡变形的空间演化规律来讲，可得到如下推论：地表裂缝的圈闭是滑坡发生的前提。至于地表裂缝的圈闭时间是否与滑动面的全面贯通时间相对应，以及圈闭时刻究竟与变形–时间曲线的哪个具体阶段相对应，有待进一步观测研究。现有的研究认为，滑动面全面贯通、地表裂缝圈闭的时间可能与斜坡进入加速变形阶段相对应，但不同成因和结构类型的滑坡可能会有所差别。上述推论在实际的滑坡监测预警中得到利用。例如，图 4.1 所示的三峡库区白水河滑坡，在2007 年 7 月因变形–时间曲线呈现出一个极为明显的"阶跃"（图 3.6），很多人据此判断该滑坡已进入临滑状态，但最终根据地表裂缝还未完全圈闭这一特点，判断滑坡变形尚未进入加速变形阶段，滑坡还不会发生，从而给出了正确预警。而在 2005 年初，对于四川丹巴县城后山滑坡，则是根据滑坡地表裂缝已经圈闭（图 4.2）这一现象，结合变形观测，判断滑坡已进入加速变形阶段，处于非常危险的状态，必须实施应急抢险工程才能保障丹巴县城的安全。随后通过强有力的应急处置工程措施，才使滑坡变形得到有效控制。相关情况将在第 11 章、第 13 章作专门阐述。

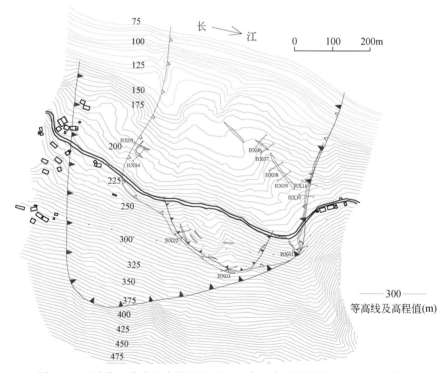

图 4.1　三峡库区白水河古滑坡边界（红色）与变形裂缝（蓝色）展布图

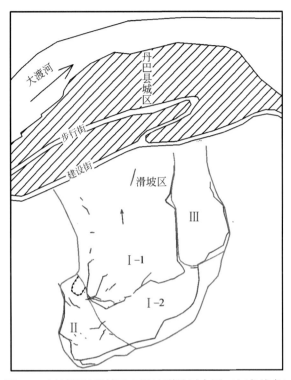

图 4.2　四川丹巴县城后山滑坡裂缝展布图（红色线条）

　　大量的滑坡实例表明，不同受力状态和成因类型的滑坡体，其裂缝体系发展变化顺序有所不同。下面就推移式滑坡、渐进后退式（牵引式）滑坡以及两者复合型滑坡裂缝体系发展变化规律分述如下。

4.2　推移式滑坡裂缝体系发展演化规律

　　大量的滑坡实例表明，推移式滑坡的滑动面一般呈前缓后陡的形态，滑坡的中前段为抗滑段，后段为下滑段，促使斜坡变形破坏的"力源"主要来自于坡体后缘的下滑段（图4.3）。因此，在坡体变形过程中，其后段因存在较大的下滑推力而首先发生拉裂和滑动变形，并在滑坡体后缘产生拉张裂缝。随着时间的延续，后段岩土体的变形不断向前和两侧（平面）以及坡体内部（剖面）发展，变形量级也不断增大，并推挤中前部抗滑段的岩土体产生变形。在此过程中，其地表裂缝体系往往显示出如下分期配套特性。

　　（1）后缘拉裂缝形成。斜坡在重力或外界因素作用下，稳定性逐渐降低。当稳定性降低到一定程度后，坡体开始出现变形。推移式滑坡的中后段滑面倾角往往较陡，滑体所产生的下滑力往往远大于相应段滑面所能提供的抗滑力，由此在坡体中后段产生下滑推力，并形成后缘拉张应力区。因此，推移式滑坡的变形一般首先出现在坡体后缘，且主要表现为沿滑动面的下滑变形。下滑变形的水平分量使坡体后缘出现基本平行于坡体走向的拉张裂缝，而竖直分量则使坡体后缘岩土体产生下沉变形。随着变形的不断发展，一方面，拉张裂缝数量增多，分布范围逐渐增大；另一方面，各断续裂缝长度不断延伸增长，宽度和深度加大，并在地表相互连接，形成坡体后缘的弧形拉裂缝。在拉张变形发展的同时，下沉变形也在同步进行，当变形达到一定程度后，在滑坡体后缘往往会形成多级弧形拉裂缝和下错台坎，在地貌上表现为多级断壁（图 4.3 和图 4.4）。从地表看，滑坡中后段主要表现为拉裂和下陷的变形破坏迹象。

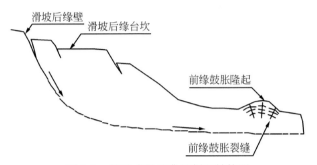

图 4.3　推移式滑坡典型剖面结构图

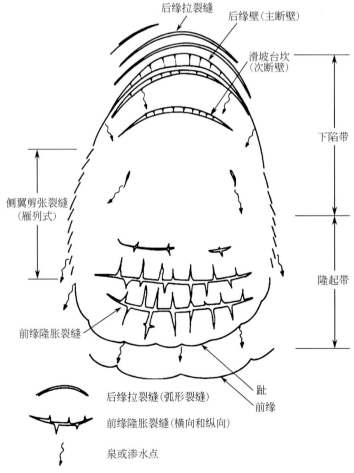

图 4.4　推移式滑坡地表裂缝的分期配套体系

（2）中段侧翼剪张裂缝产生。滑坡体后段发生下滑变形并逐渐向前滑移的过程中，随着变形量级的增大，后段的滑移变形及所产生的推力将逐渐传递到坡体中段，并推动滑坡中段向前产生滑移变形。中段滑体被动向前滑移时，将在其两侧边界形成局部剪应力集中，并由此形成剪切错动带，产生侧翼剪张裂缝（图 4.4）。随着中段滑体不断向前滑移，侧翼剪张裂缝呈雁行排列的方式不断向前扩展、延伸，直至坡体前部。一般条件下，侧翼剪张裂缝往往在滑坡体的两侧同步对称出现。如果滑坡体滑动过程中具有一定的旋转性，或坡体各部位滑移速率不均衡，也会在滑坡体一侧先产生，然后再在另一侧出现。

（3）前缘隆胀裂缝形成。如果滑坡体前缘临空条件不够好，或滑动面在前部具有较长的平缓段甚至反翘段，滑体在由后向前的滑移过程中，将会受到前部抗滑段的阻挡，并在阻挡部位产生压应力集中区。随着滑移变形量不断增大，其变形和推力不断向前传递，无法继续前行的岩土体只能以隆胀的形式协调不断从后面传来的变形，并由此在坡体前缘产生隆起带。隆起的岩土体在纵向（顺滑动方向）受中后部推挤力的作用产生放射状的纵向隆胀裂缝，而在横向上岩土体因弯曲变形而形成横向隆胀裂缝（图 4.3 和图 4.4）。

当上述整套裂缝都已出现，并形成基本圈闭的地表裂缝形态时，表明坡体滑动面已基本贯通，坡体整体失稳破坏的条件已经具备，滑坡变形将进入加速变形阶段，变形速率迅速增大，直至最终滑坡发生。

4.3 渐进后退式滑坡裂缝体系发展演化规律

渐进后退式（通常称牵引式）滑坡是指坡体前缘临空条件较好（如坡体前缘为一陡坎），或前缘受流水冲蚀（掏蚀）或库水位变动、人工切脚等因素的影响，在重力作用下前缘岩土体首先发生局部垮塌或滑移变形，前缘的滑动产生新的临空条件，导致紧邻前缘的岩土体又发生跟进式的滑移变形……依此类推，在宏观上表现出从前向后逐渐扩展的"渐进后退式"滑动模式。

图 4.5 为四川白龙江宝珠寺水库东山村八社滑坡典型剖面。宝珠寺水电站 1996 年 11 月下闸蓄水，1997 年 3 月水位快速消落，滑坡体下部首先发生拉裂-塌落变形；1998 年 2 月水位急剧下降时，古滑体中部正常高水位附近（588m）发生较大规模的拉裂-错落变形，最大水平位移 0.24m、垂向下错 1.40m；1999～2000 年的两年中，坡体中、下部的拉裂-错落变形在水位消落期仍持续发展；2001 年 3 月，随着水位的持续下降，堆积体上部发生拉裂-错落变形，主裂缝宽 6～7cm，并向变形体两侧发展延伸，形成贯通性滑移控制面。显然，该古滑坡体的复活变形，经历了一个从前缘向后缘牵引后退的发展过程，属于典型的"渐进后退式"滑动模式。

渐进后退式滑坡地表裂缝体系一般具有如图 4.6 和图 4.7 所示的分期配套特性。具体发展演化规律如下。

（1）前缘及临空面附近拉张裂缝产生。当坡体前缘临空条件较好，尤其是坡脚受流（库）水侵蚀、人工开挖切脚等因素的影响时，在坡体前缘坡肩部位出现拉应力集中，并产生向临空方向的拉裂-错落变形，出现横向拉张裂缝。

（2）前缘局部塌滑、裂缝向后扩展。随着变形的不断增加，前缘裂缝不断增长、加

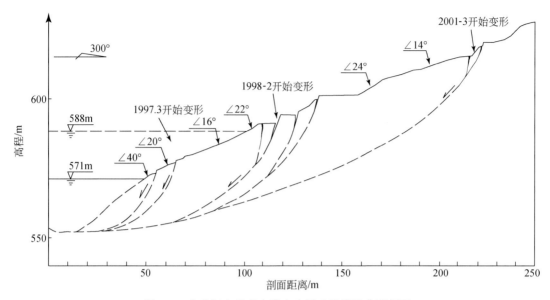

图 4.5 白龙江宝珠寺水库东山村八社滑坡典型剖面

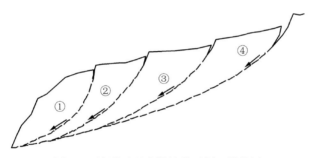

图 4.6 渐进后退式滑坡典型剖面结构图

宽、加深，形成前缘次级滑块（如图 4.6 和图 4.7 所示的滑块①）。随着前缘次级滑块不断向前滑移，其将逐渐脱离母体，为其后缘岩土体的变形提供了新的临空条件。紧邻该滑块的坡体失去前缘岩土体的支撑，逐渐产生新的变形，形成拉张裂缝，并向后扩展，形成第 2 个次级滑块②，依此类推，逐渐形成从前至后的多级弧形拉裂缝、下错台坎和多级滑块（图 4.6 和图 4.7）。

（3）侧翼剪张裂缝的产生。在斜坡的拉张变形从前向后扩展过程中，由于存在向前的滑移变形，在滑移区的两侧边界将产生与推移式类似的侧翼剪张裂缝，不过，雁行排列的剪张裂缝也是跟随着滑移变形从前向后扩展的。

当坡体从前向后的滑移变形扩展到后缘一定部位时，受斜坡地质结构和物质组成等因素的限制，变形将停止向后继续扩展，进一步的变形主要表现为呈叠瓦式向前滑移，直至最后的整体失稳破坏。当然，如果整个坡体的坡度较大，或岩土体力学参数较低，坡体稳定性较差时，也有可能出现从前向后各次级滑块各自依次独立滑动失稳，而不一定以整体滑动的形式出现。

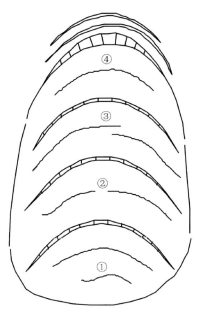

图 4.7　渐进后退式滑坡地表裂缝的分期配套体系

4.4　复合式滑坡裂缝体系发展演化规律

大量的滑坡实例表明，比较理想和典型的渐进后退式和推移式滑坡在自然界中确实大量存在，但更多的往往是兼具推移式和渐进后退式滑动的复合式滑坡模式。所谓复合主要表现为两类：一类是在时间上的复合。如白什乡滑坡在开始的阶段都主要表现出从前向后变形的牵引式滑坡的特点，但到滑坡变形发展到中后期，尤其是滑坡滑动面基本贯通进入加速变形阶段后，则主要表现出从后向前的推移式滑动特点。另一类是在空间上的复合。同一个滑坡在不同地段、不同区域因局部地形、坡体结构以及受力的不同，也可能表现出不同的滑动模式，渐进后退式和推移式在一个滑坡的不同区段可同时出现。例如，丹巴滑坡发展演化过程中，主滑体主要表现出推移式滑动的特点，因主滑体总变形量较大（后缘拉裂缝张开超过 1.5m），在滑坡变形的后期主滑体后部岩土体因主滑体向前滑移而形成新的临空条件，又产生渐进后退式的滑动（图 4.2）。甚至还存在第三类变形破坏模式，即通过坡体的变形破坏迹象，不能很明确地判定其究竟属于推移式还是渐进后退式滑坡，具有两种变形模式兼有的特点。因此，对于复合式滑坡应分时段、分部位分别分析判断裂缝体系的分期配套特征。

4.5　滑坡裂缝体系的分期配套特性

从上述分析可以看出，滑坡裂缝体系的发展变化具有分期配套特性。除地表配套的裂缝体系之外，滑坡体上的建构筑物变形与开裂也是判断滑坡稳定性和发展演化阶段的重要宏观迹象。但建构筑物的开裂也可由其他原因产生，比较常见的是地基不均匀沉降引起建构筑物开裂、下沉、错断。判断建构筑物开裂是否由滑坡活动引起，应将开裂建构筑物在滑坡上所处的位置、开裂的力学机制及变形发展历史与过程相结合，并与滑坡本身变形有机联系起来，加以综合分析判断。如果正好位于后缘拉裂带，则建筑物应产生自地基向上发展的张裂；如果位于前缘隆起带，则建构筑物会产生自顶部向下发展的张裂；如果处于两侧翼剪张带，则应产生剪裂隙；如果群体建筑物位于相应地带，则建筑物的开裂应是群体的而非个别等。

　　大量的滑坡实例表明，当滑坡进入加速变形阶段后，各类裂缝便会逐渐相互连接、贯通，并趋于圈闭。但是斜坡的变形破坏机制和过程非常复杂，个性特征明显，在实际的变形过程中，推移式和渐进后退式滑坡往往存在时间和空间上的转换，在不同时间段和不同空间部位的滑坡裂缝体系可能会有所变化。因此，在实际滑坡预测预警过程中，应以此为基础，注意具体问题具体分析，不能生搬硬套，机械使用。

第 5 章 滑坡灾害预警模型及判据

5.1 滑坡灾害预警级别的划分

　　《中华人民共和国突发事件应对法》中明确规定，可以预警的自然灾害、事故灾难和公共卫生事件的预警级别，按照突发事件发生的紧急程度、发展势态和可能造成的危害程度分为一级、二级、三级和四级，分别用红色、橙色、黄色和蓝色标示。按此规定，我国地质灾害实行四级预警机制，但地质灾害预警级别究竟如何划分，目前还没有可供参考的标准。

　　前已述及，斜坡的加速变形阶段是实施预警的关键阶段，结合地质灾害四级预警机制，将加速变形阶段进一步细分为初加速、中加速、加加速（临滑）三个亚阶段（图 5.1），并建立如表 5.1 所示的滑坡预警级别与斜坡变形阶段的对应关系表。

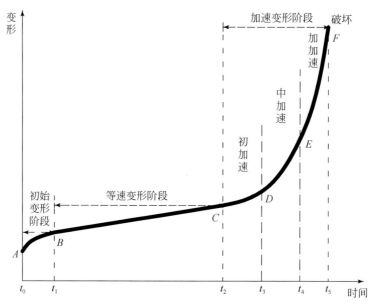

图 5.1　渐变型滑坡变形–时间曲线及其阶段划分

表 5.1　滑坡预警级别与斜坡变形阶段的对应关系表

变形阶段	等速变形阶段	初加速阶段	中加速阶段	加加速（临滑）阶段
预警级别	注意级	警示级	警戒级	警报级
警报形式	蓝色	黄色	橙色	红色

图 5.1 所示的滑坡变形（累计位移）–时间曲线中各变形阶段的主要差别在于曲线的斜率不同，因此，斜坡变形–时间曲线的斜率可作为定量划分斜坡变形阶段的重要依据。为便于数学表达和直观理解，曲线上各点的斜率可用相应点处曲线的切线角来表达。根据滑坡变形–时间曲线的切线角变化特点，相关学者（陈明东，1987；王家鼎和张倬元，1999）曾提出根据切线角逐渐趋近于 90° 作为预测滑坡发生时间的依据。

5.2 滑坡变形–时间曲线的切线角预警判据

5.2.1 变形–时间曲线的切线角及其改进

从图 5.1 可以看出，滑坡变形–时间曲线的切线角在不同阶段有不同的特点，在初始变形阶段，切线角先是较大随后逐渐减小并趋于稳定；在等速变形阶段切线角基本保持不变；在加速变形阶段切线角应逐渐向 90° 发展。但如果仔细分析图 5.1，不难发现，因斜坡位移–时间曲线的纵横坐标量纲的不同，将导致如下两个问题。

（1）因纵横纵坐标的量纲不同，使得等速变形阶段的平均切线角不一定为 45°。

（2）即使是同一组监测数据，不同的人可能会采用不同尺度的纵横坐标来绘制滑坡的变形–时间曲线，并由此导致同一时刻的切线角并不相同。从数学角度讲，如果将图 5.1 纵横坐标的任一坐标作拉伸或压缩变换，累计位移–时间曲线仍可保持其三阶段的演化特征，但同一时刻的切线角则会随着拉伸（压缩）变换而发生改变。如图 5.2 所示，如果保持纵坐标尺度不变，对横坐标进行拉伸变换，则处于加速变形阶段的某一时刻的位移切线角 α 将会因拉伸变化而减小为 α'。反之，变换纵坐标的尺度将会得到与变换横坐标相反的结果。也就是说，同一个滑坡的变形监测资料，如果采用不同的坐标尺度作出变形–时间曲线（以下简称 S–t 曲线），所测得的同一时刻的切线角将会有所差别，也即直接采用 S–t 曲线定义切线角存在不确定和不唯一的问题。

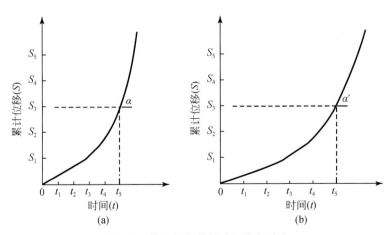

图 5.2 横坐标拉伸导致切线角减小

　　例如，图 5.3 为意大利瓦伊昂滑坡变形–时间曲线切线角量测结果。图 5.3（a）为根据相关文献上公布的变形曲线切线角的量测结果，主要选择了 A 和 B 点作为代表。图 5.3（b）为保持横坐标尺度不变，对纵坐标作拉伸变换后，A 点处的切线角由原来的 79°增加到 87°。图 5.3（c）为保持纵坐标尺度不变，对横坐标作拉伸变换后，B 点处的切线角由原来的 85°减少到 82°。

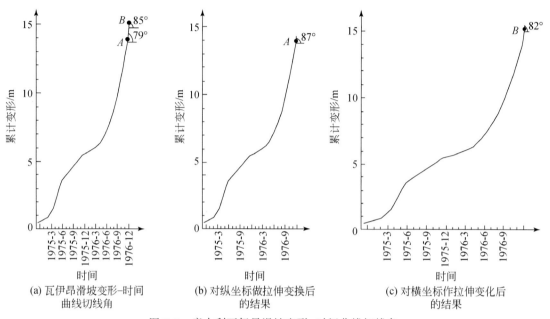

图 5.3　意大利瓦伊昂滑坡变形–时间曲线切线角

　　为了解决上述问题，可通过对 S–t 坐标系作适当的变换处理，使其纵横坐标的量纲一致。

　　我们注意到，图 5.1 的 S–t 曲线中等速变形阶段的变形速率基本保持恒定，累计位移（S）与时间（t）之间呈线性关系，即 $S=v×t$，v 是等速变形阶段的平均变形速率。其余两个阶段 S 与 t 之间均呈非线性关系。

　　既然对于某一个滑坡来说，等速变形阶段的位移速率 v 基本为一恒定值，那么，可通过用累计位移 S 除以 v 的办法将 S–t 曲线的纵坐标变换为与横坐标相同的时间量纲。即定义：

$$T(i) = \frac{S(i)}{v} \tag{5.1}$$

式中，$S(i)$ 为某一单位时间段（一般采用一个监测周期，如 1 天、1 周等）内斜坡累计位移值；v 为等速变形阶段的位移速率；$T(i)$ 为变换后与时间相同量纲的纵坐标值。

　　图 5.4 为经上述坐标和量纲变换后与图 5.1 滑坡 S–t 曲线对应的 T–t 曲线形式。根据 T–t 曲线，可以得到改进的切线角 α_i 的表达式：

$$\alpha_i = \arctan \frac{T(i) - T(i-1)}{t_i - t_{i-1}} = \frac{\Delta T}{\Delta t} \tag{5.2}$$

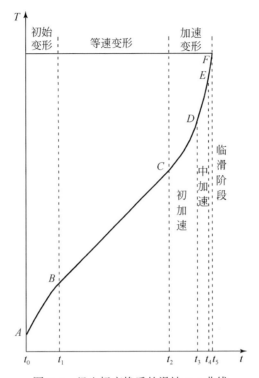

图 5.4　经坐标变换后的滑坡 T–t 曲线

式中，α_i 为改进的切线角；t_i 为某一监测时刻；Δt 为与计算 S 时对应的单位时间段（一般采用一个监测周期，如 1 天、1 周等）；ΔT 为单位时间段内 T（i）的变化量。

　　显然，根据上述定义：

　　当 $\alpha_i < 45°$，斜坡处于初始变形阶段；

　　当 $\alpha_i \approx 45°$，斜坡处于等速变形阶段；

　　当 $\alpha_i > 45°$，斜坡处于加速变形阶段。

　　值得说明的是，根据上述改进切线角的计算方法分析计算切线角时，S–t 曲线的监测数据应采用累计位移–时间资料；并且，如果不同变形阶段监测周期（Δt）不相同，应采用等间隔化处理方法使监测周期一致，即保持不同变形阶段的 Δt 相同。

5.2.2　等速变形阶段速率的确定

　　由前所述，为了获得具有唯一性的切线角，准确确定等速变形阶段的变形速率 v 是关键。由于外界因素干扰以及测量误差等原因，即使斜坡处于等速变形阶段，各个时刻的变形速率也不可能绝对相等，往往是在一定区间内波动，因此，只能从宏观的角度将等速变形阶段变形速率的均值作为等速变形速率 v。具体做法如下。

　　（1）划分斜坡变形阶段。根据变形监测曲线，结合斜坡宏观变形破坏迹象，综合判定和划分斜坡的变形阶段，并从中区分出等速变形阶段。

（2）确定等速变形阶段速率v。将等速变形阶段各时段的变形速率作算术平均，即可得到等速变形阶段的速率v：

$$v = \frac{1}{m} \sum_{i=1}^{m} v_i \tag{5.3}$$

式中，v_i为等速变形阶段内各不同时间段（一般取一个监测周期）的变形速率；m为监测次数。

5.2.3　一些代表性滑坡的切线角变化规律

为了探索斜坡变形–时间曲线切线角的特征，收集了 8 个具有相对齐全的变形监测资料的滑坡进行研究。这些滑坡具有各自的特点，在地质条件、形成机制、滑坡类型上均有显著差异。

从滑坡累计位移–时间监测曲线中等间距化量测变形信息，绘制成的 S–t 和 T–t 曲线坐标均为单位量值，监测周期与 2mm 长度相当。采用这样的做法所得到的 S–t 曲线和原曲线形状一致，且不会丢失原曲线的信息，也不影响分析结果的准确性。

1）斋藤试验曲线

斋藤试验曲线是一条比较典型的滑坡累计位移–时间曲线，是由日本学者斋藤（M. Satio）于 20 世纪 60 年代在实验室内采用黏土滑坡模型观测得到的。斋藤根据该试验结果，提出了有名的预报经验模型，即 Satio 模型。其 S–t 曲线及转化的 T–t 曲线如图 5.5 所示。

2）宝成铁路大型堆积层滑坡

宝成铁路是新中国成立初期修建的一条重要山区铁路干线。沿线谷坡高陡，河谷深邃，63% 的线路展布于深山峡谷中。宝成铁路沿线有 12 个大型堆积层滑坡，具有变形时间长的特点，变形时间最长达二三十年。它们发展缓慢，间歇性滑动，每年雨季滑动，旱季停止。图 5.6 为宝成铁路某滑坡的 S–t 曲线（鄢毅，1993；孟河清，1994）及 T–t 曲线。

3）天荒坪开关站滑坡

天荒坪抽水蓄能电站枢纽项目 500kV 开关站位于下水库进/出水口之上、EL. 500m 上下水库连接公路之下，建基面高程为 EL. 350.2m，场地全部从自然陡峭山坡中开挖而成。开挖边坡走向为 N18.8°W，开关站平台高程 350.2m。1996 年 3 月 10 日，开挖中的开关站边坡在 Ⅱ 区发生岩体整体滑动，总体积约 6.2 万 m³，其上约 0.9 万 m³ 土石体同时塌落（梅其岳，2001）。图 5.7 为滑坡的 S–t 及 T–t 曲线。

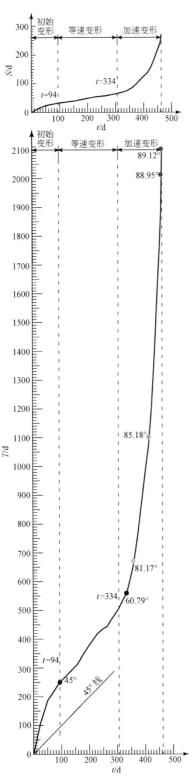

图 5.5　斋藤试验 *S*-*t* 及 *T*-*t* 曲线

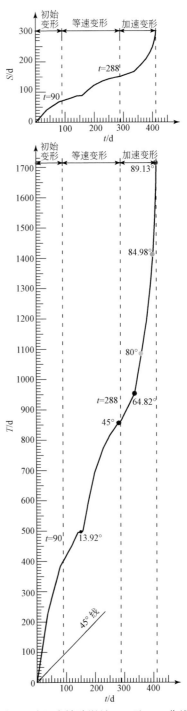

图 5.6　宝成铁路滑坡 *S*-*t* 及 *T*-*t* 曲线

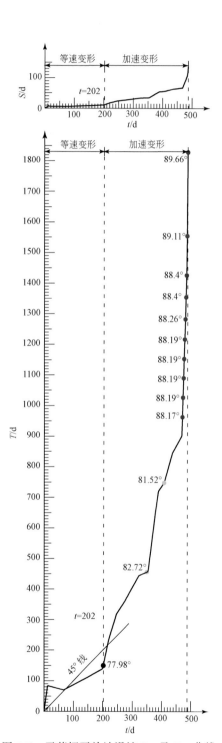

图 5.7　天荒坪开关站滑坡 S-t 及 T-t 曲线

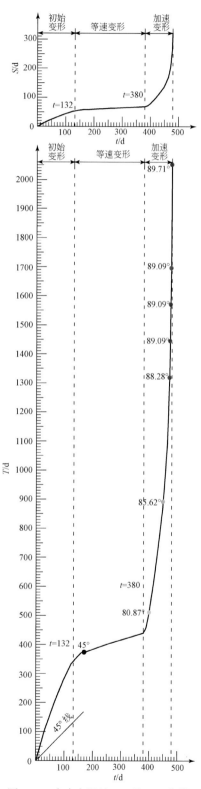

图 5.8　鸡鸣寺滑坡 S-t 及 T-t 曲线

4）鸡鸣寺滑坡

鸡鸣寺滑坡为一人类工程活动诱发的基岩滑坡。自 1990 年 3 月 5 日在秭归县水泥厂采石场上方发现裂缝起，到 1991 年 6 月 29 日滑坡发生，共经历一年零三个月时间（吕贵芳，1994）。图 5.8 为鸡鸣寺滑坡的 S-t 及 T-t 曲线。

5）金川露天矿滑坡

金川露天矿位于甘肃金昌县。设计边坡高度 180～310m，采场纵向长 1000m 左右，横宽 600m；采坑呈椭圆形。矿区工程地质条件极为复杂，自 1969 年以来露天矿边坡近二分之一的区段先后发生明显的变形破坏，变形机制及类型也很复杂，而露天矿上盘反倾边坡具典型的倾倒-滑移破坏模式。滑坡的变形破坏，从孕育至坍塌滚石历时 17 年，才完成滑移-倾倒的全过程（吴玮江和王念秦，2006）。图 5.9 为金川露天矿滑坡的 S-t 曲线及 T-t 曲线。

6）大冶铁矿东采场滑坡

大冶铁矿东露天采场位于湖北黄石。矿场自开采以来，滑坡事故频发。从 1962 年到现在，发生较大滑坡事故二十余起，边坡总量百万立方米。滑坡位于铁矿北帮 F25 断层上盘，岩体由闪长岩体组成。边坡不稳定区域主要集中在 F25 断层上盘宽约 70m 范围。边坡产生大位移变形的主要原因是降水。雨水通过 F25 断层破碎带浸入边坡岩体内，再沿北东走向断裂构造浸入岩体深部，软化岩体强度，并对有倾倒趋势的岩体施加一定的下滑力。每年的雨季，边坡岩体的位移显著增长（周志斌，2000）。图 5.10 为大冶铁矿东采场滑坡的 S-t 及 T-t 曲线。

7）黄茨滑坡

黄茨滑坡位于甘肃省黄河北岸的黑方台南缘，其发生于 1995 年 1 月 30 日，下滑体积 $600 \times 10^4 m^3$。该滑坡得到相关部门的成功预报。图 5.11 为黄茨滑坡的 S-t 及 T-t 曲线。

8）智利露采边坡

引用文献（李天斌和陈明东，1990）中的智利露采边坡的 S-t 曲线，得到的 T-t 曲线如图 5.12 所示。发现边坡 T-t 曲线和黄茨滑坡一样也是缺少初始变形阶段。

在上述 8 个滑坡的 T-t 曲线中，由于等速变形阶段的速率 v 是通过将等速变形阶段各时间段的变形速率作算术平均求得的，因而在等速变形阶段，切线角不完全等于 45°，一般在 45° 左右波动。

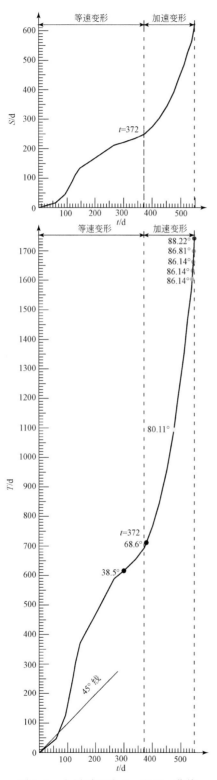

图 5.9　金川露天矿 S-t 和 T-t 曲线

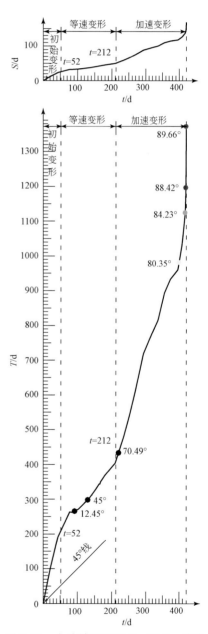

图 5.10　大冶铁矿滑坡 S-t 和 T-t 曲线

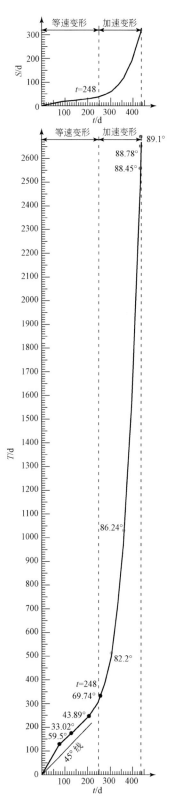

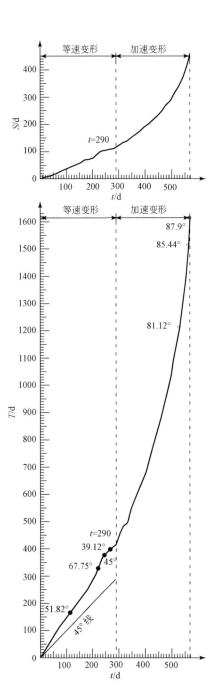

图 5.11 黄茨滑坡 S-t 和 T-t 曲线　　　　图 5.12 智利露采边坡 S-t 和 T-t 曲线

5.2.4　切线角四级预警级别的定量划分

分析上述 8 个滑坡 $T-t$ 曲线的切线角变化特点，可以发现，滑坡 $T-t$ 曲线切线角变形具有很强的规律性，在等速变形阶段，切线角变化幅度较小，主要在 45° 上下波动。当斜坡变形进入加速变形阶段后，切线角将从 45° 逐渐递增。当切线角超过 80° 后，滑坡变形速度明显加快；当滑坡体的切线角超过 85° 时，滑坡开始出现明显的临滑征兆。切线角超过 85° 后，变形速率和切线角随时间呈骤然增加趋势，直至下滑前切线角约等于 89°（表 5.2）。

表 5.2　8 个滑坡下滑前切线角

滑坡名称	临滑前切线角
斋藤试验	89.12°
宝成铁路大型堆积土滑坡	89.13°
天荒坪开关站滑坡	89.66°
鸡鸣寺滑坡	89.71°
金川露天矿滑坡	88.58°
大冶铁矿东采场边坡	89.66°
黄茨	88.84°
智利露采边坡	88.54°

为此，结合图 5.1 和表 5.1 的四级预警级别，可建立如下与滑坡四级预警机制配套的定量划分标准：

当切线角 $\alpha \approx 45°$，斜坡变形处于等速变形阶段，进行蓝色预警；

当切线角 $45° < \alpha < 80°$，斜坡变形进入初加速变形阶段，进行黄色预警；

当切线角 $80° \leqslant \alpha < 85°$，斜坡变形进入中加速变形阶段，进行橙色预警；

当切线角 $\alpha \geqslant 85°$，斜坡变形进入加加速变形（临滑）阶段，进行红色预警；

当切线角 $\approx 89°$，滑坡进入临滑状态，应发布临滑警报。具体如表 5.3 所示。

表 5.3　滑坡预警级别的定量划分标准

变形阶段	等速变形阶段	初加速阶段	中加速阶段	加加速（临滑）阶段
预警级别	注意级	警示级	警戒级	警报级
警报形式	蓝色	黄色	橙色	红色
切线角	$\alpha \approx 45°$	$45° < \alpha < 80°$	$80° \leqslant \alpha < 85°$	$\alpha \geqslant 85°$

5.3　滑坡变形的加速度特征及预警判据

大量的滑坡监测数据表明，当斜坡演化进入临滑阶段后，累计位移量、变形速率以及加速度均会急剧增长，尤其是加速度增长幅度最大，这一前兆特征可作为滑坡临滑预警预报的重要依据（许强等，2008）。

以前人们进行滑坡预警预报时，主要以变形速率、累计位移作为预警模型和判据建立的依据，但从第 3 章的分析表明，斜坡进入加速变形阶段是渐变型滑坡发生的前提，这就提示我们，应关注斜坡变形过程中的加速度特征和变化规律。杨杰（1995）指出，可将加速度逐渐增加的运动作为山体是否会发生急剧破坏的重要标准。本章通过对多个滑坡实例变形-时间曲线加速度特征的深入分析，发现加速度的变化表现出与传统滑坡预警预报所关注的累计位移和变形速率完全不同的特点，并据此提出了基于加速度的滑坡临滑预警方法，为实现滑坡的自动临滑预警提供了可能。

由前所述，从理论上讲，在斜坡变形演化的三阶段中，在斜坡的初始变形阶段，当变形在外界因素作用下突然启动后，随着外界因素作用的减弱甚至消失，其变形速率会逐渐降低，其加速度应该出现一个由正值变为负值的过程，但总体上加速度 $a<0$；在斜坡的等速变形阶段，由于其变形速率基本维持在一恒定值，加速度应基本为零，即加速度 $a \approx 0$；而一旦斜坡进入加速变形阶段，随着变形速率的不断增加，其加速度就会变为正值，即加速度 $a>0$，并呈逐渐增大的趋势。但因斜坡在变形演化过程中，不可避免地会遭受各种外界因素的干扰和影响，再加上监测过程中的测量误差和人为误差，实际的滑坡监测曲线很难完全符合上述规律。以著名的斋藤试验曲线为例，其累计位移-时间曲线和变形速率-时间曲线如图 5.13（a）和图 5.13（b）所示。将变形速率对时间求导可得到加速度-时间曲线，如图 5.13（c）所示。

研究图 5.13（b）可以发现，如果斜坡变形-时间曲线为从初始变形到最终失稳破坏的全过程曲线，则斜坡的变形速率具有如下特点：初始变形阶段速率从 0 开始先增大（突然启动）然后逐渐减小，进入等速变形阶段后基本维持在一恒定值；进入加速变形阶段后，速率又以较明显的速度逐渐增大，临滑前骤然剧增，直至失稳破坏。图 5.13（a）中的累计位移-时间曲线则一直呈增长趋势，只是各阶段的增长速率有所差别。而图 5.13（c）中的加速度-时间曲线则表现出与累计位移-时间曲线 [图 5.13（a）] 和变形速率-时间曲线 [图 5.13（b）] 完全不同的变化规律和趋势，即：在初始变形阶段，加速度 a 有一个由 0 增大到一定值后很快降为 0 甚至为负值的过程，反映出此阶段斜坡突然启动后变形又迅速减弱的特点。而在等速变形阶段，加速度 a 主要以 "0" 为中心作上下波动，其宏观上（均值）基本为 0。进入加速变形阶段初期，加速度 a 仍在 "0" 附近波动，只是振荡幅度比等速变形阶段显得强一些，总体上正值多于负值。一旦进入临滑阶段，加速度 a 突然呈现出急剧增长的特点。同时，我们从图 5.13（c）的加速度-时间曲线还可发现对滑坡的临滑预警非常有意义的另一重要信息，即在坡体进入临滑阶段之前，加速度总体上主要表现为以 "0" 为中心上下振荡的特性，其振荡幅度在等速变形阶段最小，初始变形和加速变形阶段相对较大，但总体振荡幅度不大，存在一个界限值 δ [图 5.13（c）]。对于斋腾试验曲线而言，该 δ 约为 0.2 个加速度单位值（因无原始的试验数据，图 5.13 是直接从文献公布的试验曲线量取获得的数值，仅具有相对单位）。当加速度值一旦超过 δ，表示滑坡已进入临滑变形阶段，若在此时及时发出滑坡临滑警报信号，会对保护人民生命财产具有十分重要的现实意义。换句话说，如果通过对一个滑坡加速度-时间曲线的分析，得到临滑预警指标 δ，则可通过自动监测、实时传输和计算机自动处理数据等手段，实现滑坡的自动临滑预警。

为了检验和验证上述规律是否具有普适性，我们进一步研究了变形监测数据较为完整的另几个滑坡，如鸡鸣寺滑坡、智利某露采边坡、大冶铁矿东采场滑坡、天荒坪开关站滑坡、金川露天矿滑坡等的加速度特点，并进行了类似的分析，发现上述特点具有普遍性。图 5.14 ~ 图 5.16 分别列出了鸡鸣寺滑坡、智利某露采边坡、大冶铁矿东采场滑坡的分析结果。

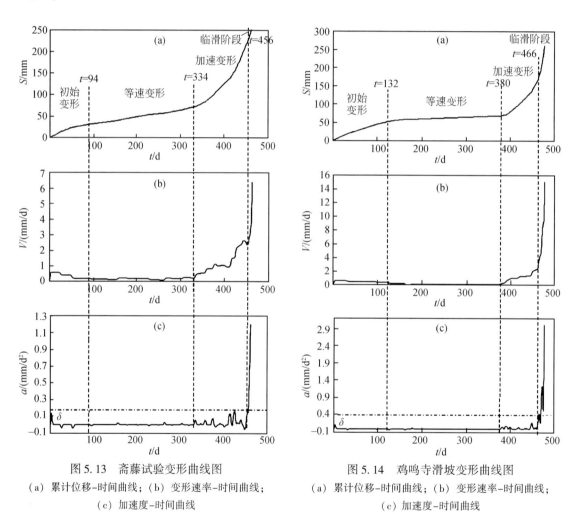

图 5.13　斋藤试验变形曲线图
（a）累计位移–时间曲线；（b）变形速率–时间曲线；
（c）加速度–时间曲线

图 5.14　鸡鸣寺滑坡变形曲线图
（a）累计位移–时间曲线；（b）变形速率–时间曲线；
（c）加速度–时间曲线

从图 5.14 ~ 图 5.16 可以看出，鸡鸣寺、智利某露采边坡以及大冶铁矿东采场等滑坡的变形具有与图 5.13 所示的斋藤试验结果完全相似的特点和规律。尤其是我们重点关注的加速度–时间曲线，在进入临滑阶段前后都具有非常明显的急剧增加和突跳现象。根据加速度曲线（重点参考在进入临滑阶段之前的加速变形阶段的加速度峰值和均质），不难确定出某个滑坡的临滑预警指标 δ。例如，根据图 5.14 ~ 图 5.16，可确定出鸡鸣寺滑坡、智利某露采边坡以及大冶铁矿东采场滑坡的临滑预警指标 δ 分别为 0.4 个单位加速度、0.3 个单位加速度和 0.2mm/d² 。当然，此值并不是唯一的，只要能用于临滑预警即可。

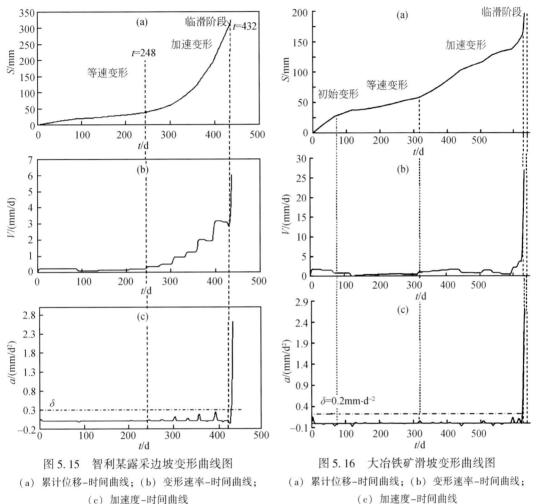

图 5.15   智利某露采边坡变形曲线图
（a）累计位移–时间曲线；（b）变形速率–时间曲线；
（c）加速度–时间曲线

图 5.16   大冶铁矿滑坡变形曲线图
（a）累计位移–时间曲线；（b）变形速率–时间曲线；
（c）加速度–时间曲线

之所以在临滑阶段加速度会出现骤然剧增的现象，我们认为其主要与第 2 章谈到的滑动面形成过程和机制有关。事实上，通过斜坡变形过程中的加速度特征，可以反推斜坡滑动面形成过程中下滑力与抗滑力之间的平衡与相对变化情况。在初始变形阶段，斜坡往往在外界因素作用下突然启动变形，此状态下滑动力等于斜坡自重所产生的下滑力分量与外界因素所产生的等效滑动力之和，抗滑力为斜坡自重在滑面上所产生的抗滑力。显然，在斜坡的初始启动阶段，斜坡的下滑力大于抗滑力，但随着外界作用的衰减和消失，其滑动力迅即减小，致使其变形速率也逐渐减小，出现减速变形特征。在等速变形阶段，斜坡的抗滑力和下滑力基本维持在一个动态平衡状态，也即此阶段抗滑力与下滑力始终保持基本相等，处于相持和抗衡状态。斜坡的宏观变形主要来自于滑动带岩土体在下滑力作用下的"流动"和"微破裂"。此阶段因为坡体中没有明显的"净"（剩余）下滑力存在，所以其加速度基本为零。但因岩土体的流动和微破裂在不断进行，变形仍以恒定的速率在不断增长。在进入加速变形阶段后，斜坡的下滑力在总体上已略大于抗滑力，但岩土体会充分发挥其自组织特性和"上限"特性，尤其是滑带起伏地形和局部还未完全剪断的锁固段还在"挣扎"，并通过最大限度地发挥其抗力来极力与下滑力"抗争"，因此，在临滑阶段之前的加速变形阶段，斜坡系统仍基本处于动态平衡状态，只是下滑力一方略占上风，加速度呈波动振荡的形式变化发展。一旦进入临滑状态后，滑动面完全贯通，滑带摩擦特性将发生根本性的变化，由滑带内的内摩擦转化为由滑体和滑床之间已完全贯通的滑面的外摩擦，黏滞特性迅即消失，其力学行为也由蠕变行为转化为运动学行为，并由此导致加速度的急剧增加，直至失稳破坏。

上述过程与拔河相类似。在等速变形阶段，下滑力和抗滑力双方基本处于势均力敌的相持阶段，经过一段时间的抗衡后，其中下滑力一方开始逐渐占据上风，由此导致斜坡进入加速变形阶段。此后，尽管抗滑力一方处于相对弱势状态，但其会拼尽全力与下滑力方抗衡，于是拔绳的中心点开始慢慢向相对强势一方（抗滑力）移动，甚至期间还会有些"忽左忽右"的反复，此过程对应于临滑前的加速变形阶段。直至一方（抗滑力）拼尽所有力气也不能再坚持下去时，抗滑力方彻底溃败，拔绳快速移向获胜方（滑动力），拔河比赛由此结束，滑坡发生。

5.4　滑坡变形阶段的稳定性及预警判据

由上述分析可知，斜坡的变形–时间曲线蕴涵了深刻的力学内涵，因此，可根据滑坡的宏观变形监测结果来推测和估算某一时刻滑坡的稳定性状况。同时，以加速度为桥梁，建立了斜坡发展演化过程中稳定性系数与变形加速度、强度稳定性与变形稳定性之间的相关关系，给出了斜坡在不同变形阶段的稳定性系数的量值范围，为根据变形监测成果估算滑坡稳定性状况提供了理论依据。

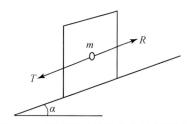

图 5.17　平面滑动滑坡稳定性分析图示

图 2.11 所示的滑块模型可进一步概化为图 5.17 所示具有平面滑动特征的滑坡体概念模型，其变形过程中的加速度可表示为

$$a = \frac{F}{m} \tag{5.4}$$

式中，a 为加速度；m 为滑体质量；F 为驱使滑体沿滑动面滑动的"净"（剩余）下滑力。通常，F 又可表示为

$$F = \sum T - \sum R \qquad (5.5)$$

式中，R 为滑体沿滑带所具有的抗滑力；T 为滑动力（下滑力）；$\sum$ 表示对滑体中多个条块求和。

而斜坡稳定性通常以稳定性系数 K 表示，其定义为：滑体沿潜在滑面上的抗滑力 R 与滑动力 T 之比，即

$$K = \frac{\sum R}{\sum T} \qquad (5.6)$$

综合式（5.4）~式（5.6），可以发现以滑坡变形加速度 a 为桥梁，可建立斜坡稳定性系数与斜坡变形阶段之间，也即强度稳定性与变形稳定性之间的相关关系。滑坡稳定性系数 K 与 S-t 曲线中的加速度 a 存在如下对应关系。

初始变形阶段：加速度 $a<0$，稳定性系数 $K>1$；

等速变形阶段：加速度 $a \approx 0$，稳定性系数 $K \approx 1$；

加速变形阶段：加速度 $a>0$，稳定性系数 $K<1$。

参考相关规范，可对与 S-t 曲线相对应的各变形阶段的滑坡稳定性状况作如下规定。

初始变形阶段：加速度 $a<0$，稳定性系数 $1.05 \leqslant K<1.15$，滑坡处于基本稳定状态；

等速变形阶段：加速度 $a \approx 0$，稳定性系数 $1.00 \leqslant K<1.05$，滑坡处于欠稳定状态；

加速变形阶段：加速度 $a>0$，稳定性系数 $K<1.00$，滑坡处于不稳定状态；

临滑阶段：加速度 $a \gg 0$，稳定性系数 $0<K \leqslant 1.00$，滑坡处于极不稳定状态。

第6章　滑坡发生时间的预测预报与综合预警

前面几章主要论述了滑坡的预警，其主要是根据滑坡的变形特征以及危险程度，确定预警级别，并根据不同的预警级别采取相应的措施，由此确保受滑坡威胁的危险区内人员的生命财产安全。滑坡预报则是根据滑坡的变形特征，采用理论或经验预报模型，对滑坡发生的可能时间作出预测预报，其最终目的也是确保危险区内人员的生命财产安全。但预警和预报两者相比，前者更是从实用的角度出发，后者偏重于理论研究，前者强调综合和定性，后者更强调定量。

6.1　斜坡变形阶段的判定

斜坡是一个"活"的结构，与自然界其他事物的发展演化一样，斜坡从出现变形开始，到最终整体失稳破坏，也有其产生、发展及消亡的演化历程。从时间演化规律来说，就是要经历初始变形、等速变形、加速变形三个主要阶段；从空间演化规律来讲，伴随着潜在滑动面的孕育、形成和贯通，先后出现分期配套的后缘拉张裂缝、侧翼剪裂缝、前缘隆胀裂缝等变形体系。正确把握斜坡的时空演化规律是滑坡预警预报的基础。其中，斜坡变形演化阶段的判定又是直接关系到滑坡能否成功预警预报的关键。

前已述及，斜坡进入加速变形阶段和地表裂缝圈闭是滑坡发生的前提。在斜坡演化的初始变形和等速变形阶段，尽管其变形总量或变形速率很大，如果没有外界特殊的、剧烈的扰动（如地震、特大暴雨），斜坡都不会突然整体失稳破坏。而斜坡演化一旦进入加速变形阶段，如果不采取人为的加固处理措施，随着时间的延续，其整体失稳将成必然。因此，进行滑坡预测预报时，要正确把握斜坡的演化阶段，尤其是应密切关注从等速变形进入到加速变形阶段的具体时间。

斜坡发展演化阶段的判定可从以下几方面进行：通过对斜坡变形-时间曲线斜率或切线角的分析计算定量判断斜坡变形阶段；根据对斜坡变形破坏迹象尤其是地表裂缝体系的配套情况定性判断斜坡变形阶段；将定量分析与定性评价两者有机结合进行综合判断。

6.1.1　定性判定——变形监测曲线宏观分析

斜坡演化从等速变形阶段过渡到加速变形阶段的一个显著特点就是位移-时间曲线的斜率发生明显的变化。在等速变形阶段，尽管受外界因素的影响，变形曲线会有所波动，但变形曲线宏观的、平均的斜率应该基本保持不变，总体上应为一"直线"。而一旦进入加速变形阶段，曲线斜率会不断增加，变形曲线总体上应为一条倾斜度不断增大的上凹"曲线"。根据这一特点，不难通过对变形-时间曲线的分析，直观判断斜坡的演化阶段。

在实际操作过程中，为了较为准确地判断斜坡的变形阶段，一方面可以将同一监测点的变形速率–时间曲线和累计位移–时间曲线进行对比分析，根据两条曲线的特点共同判定斜坡的变形阶段。例如，图 6.1 为白什乡滑坡 5[#]监测点的变形监测曲线。通过综合分析位移速率和累计位移与时间的关系曲线，基本可以人工判定 2007 年 4 月下旬，斜坡从等速变形阶段进入到加速变形阶段。从图 6.1（b）的累计位移–时间曲线中，可以明显看到，在 4 月 20 日左右以前，累计位移–时间曲线基本为一直线，随后曲线斜率开始逐渐增加，逐渐演变成上凹的曲线，7 月 20 日后，变形速率骤然增加 ［图 6.1（a）更显著］，斜坡进入加加速（临滑）阶段。当然，为了更进一步提高判断的准确度，还可对同一个滑坡中多个监测点的变形监测曲线进行综合分析、共同判断。

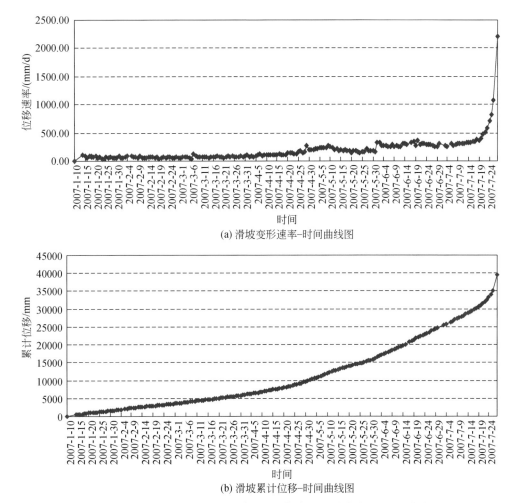

(a) 滑坡变形速率–时间曲线图

(b) 滑坡累计位移–时间曲线图

图 6.1　四川白什乡滑坡变形速率–时间曲线图和累计位移–时间曲线图

6.1.2　定量判定——切线角法

当斜坡处于初始变形或等速变形阶段时，变形速率逐渐减小或趋于一常值；而当斜坡进入加速变形阶段时，变形速率将逐渐增大。显然，针对斜坡变形–时间曲线中各阶段的斜率变化特点，也可采用数学方法来定量判断斜坡的变形阶段。前已述及，斜坡变形–时间曲线斜率可用切线角 α_i 来直观定量表示，并利用切线角的线性拟合方程的斜率值 A 来判断斜坡演化阶段。A 值的计算公式如下（李天斌和陈明东，1990）：

$$A = \sum_{i=1}^{n} (a_i - \bar{a})\left(i - \frac{(n+1)}{2}\right) \Big/ \sum_{i=1}^{n} \left(i - \frac{(n+1)}{2}\right)^2 \tag{6.1}$$

式中，i（$i = 1, 2, 3, \cdots, n$）为时间序数；α_i 为累计位移 $X(i)$ 的切线角，$\bar{a}$ 为切线角 α_i 的平均值。

α_i 由下式进行计算：

$$\alpha_i = \arctan \frac{X(i) - X(i-1)}{B(t_i - t_{i-1})} \tag{6.2}$$

其中 B 为比例尺度，即

$$B = \frac{X(n) - X(1)}{(t_n - t_1)} \tag{6.3}$$

当 $A < 0$，滑坡处于初始变形阶段；

当 $A = 0$，滑坡处于等速变形阶段；

当 $A > 0$，滑坡处于加速变形阶段。

事实上，利用第 5 章阐述的改进切线角 α 也很容易实现对斜坡变形阶段的定量判断。具体如下：

在由 $S–t$ 曲线变换得到的 $T–t$ 曲线中，经坐标变换后得到的各处切线角 α 及判定如下。

当 $\alpha < 45°$，滑坡处于初始变形阶段；

当 $\alpha \approx 45°$，滑坡处于等速变形阶段；

当 $\alpha > 45°$，滑坡处于加速变形阶段。

对于振荡型和阶跃型的变形–时间曲线的斜率变化较大，在实际操作时，一般应先对此类曲线进行平滑滤波处理，或直接利用累计位移–时间曲线来定量判定。

6.1.3　综合判定——时空综合分析

实践证明，各类斜坡都有其自身形成、发展和消亡的地质历史演化过程和规律，演化过程会表现出明显的阶段性特征。斜坡不同发展阶段其外形和内部结构特征会有所变化和区别。这些特征可作为判别斜坡是否已发生变形和变形所处发展阶段的地质依据。这往往是斜坡发展演化阶段的时间和空间分析中极为重要的环节，是滑坡预测预报的重要依据。

一般而言，从宏观变形破坏迹象来讲，斜坡处于不同变形演化阶段时所具有的主要特征如下。

初始变形阶段：坡体表层，尤其是斜坡后缘出现拉张裂缝。当地表裂缝宽度和长度都较小时，往往还很难在松散土体中表现出来，因此，在斜坡变形的初期，最先出现裂缝的往往是变形区相对刚性的建构筑物，如房屋、地坪、公路路面等的开裂、错动。当变形量值达到一定程度后，裂缝才在松散土体的地表显现。通常情况下，初始变形阶段地表裂缝具有如下特点：张开度小、长度短，分布散乱，方向性不明显。当然，如果斜坡的初始变形是由库水位变动、强降水以及人类工程活动等强烈的外界因素诱发，也可能一次性产生较大的初始变形，如地表、房屋出现明显的开裂、错动等，但变形会随外界作用的消失而衰减，甚至停止。

等速变形阶段：在初始变形的基础上，地表裂缝逐渐增多、长度逐渐增大，尤其是后缘拉张裂缝逐渐贯通，形成后缘弧形裂缝。在拉张的过程中下坐，形成多级下坐台坎。随着斜坡变形的逐渐增大，侧翼剪张裂缝开始产生并逐渐从后缘向前缘扩展、贯通。前缘出现鼓胀、隆起，并产生隆胀裂缝。如果前缘临空，还可见到从滑坡前缘剪出口逐渐剪出、错动迹象。在此阶段的末期，沿滑坡周界的地表裂缝基本处于相连和贯通状态。

加速变形阶段：随着变形速率的不断增加，沿滑坡周界的地表裂缝很快完全贯通，形成圈闭的周界，滑坡区内的岩土体基本保持"步调一致"的整体向外滑动。斜坡各处的变形表现出明显的有序性和同步性。

临滑阶段：对于滑面平直、前缘临空条件较好的滑坡，临滑阶段斜坡变形的变形速率会快速增加，坡面上尤其是前缘剪出口部位会出现不断的小崩小落，各种前兆特征开始显现，变形、地下水、地声、甚至动物开始出现异常反应。对于弧形滑动面的滑坡体，或斜坡整体滑移受限的滑体（如滑面后陡前缓甚至反翘、前缘临空条件差等），滑坡在真正整体失稳破坏之前需作一些变形调整，"摆好姿势"，在此过程中甚至会出现一些反常现象，如后缘裂缝逐渐闭合、前缘迅速隆起或反翘。如 1983 年发生的甘肃洒勒山滑坡，在整体滑动之前就监测到后缘裂缝出现闭合现象（图 6.2）。

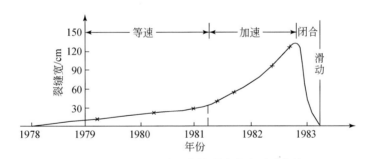

图 6.2　洒勒山滑坡后缘拉裂缝宽度历时曲线

6.2　滑坡预报的时间尺度

因滑坡变形破坏具有阶段性，滑坡预报也主要围绕滑坡变形阶段，分不同的时间尺度进行预报。滑坡预报时间尺度通常可分为长期预报、中期预报、短期预报及临滑预报四个阶段。不同的预报时间尺度，滑坡预报的对象、内容和方法等均有所不同，具体见表 6.1。

表 6.1　斜坡变形演化阶段及对应的预警预报表

斜坡变形阶段			预警级别	预报尺度	时间界限	预报对象	预测内容
Ⅰ	AB	初始变形阶段	—	长期预报（背景预测）	几年至几十年	区域性滑坡预测为主，兼顾重点个体滑坡预测	个体滑坡侧重于稳定性评价及危险性预测
Ⅱ	BC	等速变形阶段	注意级（蓝色）	中期预报（险情预测）	几月至几年	以单体滑坡预测为主，兼顾重点滑坡群的预测	滑坡发生的险情预测及可能的危害预测
Ⅲ	CD	加速变形阶段 初加速	警示级（黄色）			开始出现变形增长现象的单体滑坡	滑坡险情和危害预测，对滑坡的发展趋势进行预测
	DE	中加速	警戒级（橙色）	短期预报（防灾预测）	几天至几月	具有明显变形增长现象的单体滑坡	短期防灾预测，对滑坡短期变形趋势作出判断
	EF	临滑	警报级（红色）	临滑预报（预警预测）	几小时至几天	具有变形陡然增加特征和较明显的滑坡前兆现象的单体滑坡	滑坡的具体发生时间预测及滑坡的临滑预警预报

注：斜坡变形阶段划分请参阅图 5.1

6.3　滑坡时间预测预报模型与方法

对于一个斜坡（或滑坡体），在其自身重力或其他外界因素影响下，其究竟会不会产生变形，以及发生何种形式和趋势的变形（逐渐稳定，渐变，还是突发）？用基于传统极限平衡原理的稳定性评价方法和仅依靠变形监测资料都很难回答这一问题。而第 2 章图 2.10 揭示了斜坡变形的内在本质和斜坡的三类变形-时间曲线形式，为滑坡的预测预报提供了重要的启示。通过图 2.10，可得到以下几点有利于滑坡时间预报的认识。

（1）斜坡是否会出现变形，以及出现什么样的变形行为（变形-时间曲线形式），主要取决于作用于滑带上的下滑力与由滑带土摩擦产生的抗滑力两者之间的相对量值。当作用在滑带上的下滑力超过由滑带土流变下限 σ_c 所能提供的抗滑力时，斜坡便具备发生缓慢蠕滑变形的条件。当斜坡出现变形后，如果作用在滑带上的下滑力小于由滑带土长期强度 σ_∞ 所能提供的抗滑力，变形速率会逐渐衰减，斜坡变形逐渐趋于稳定。只有当作用在滑带上的下滑力大于由滑带土长期强度所能提供的抗滑力时，斜坡的变形才会不断增大，并最终进入加速变形阶段和发生整体失稳破坏。斜坡在自身重力作用下的正常变形过程中，如果遭受较强的外界因素作用，使斜坡的下滑力突然增大（如地震使下滑力骤然增大；人工开挖切脚使斜坡抗滑力大大降低，等效于下滑力增大；强降水一方面使下滑力增大，还因滑带被软化使抗滑力降低），并大于由滑带土峰值强度所能提供的抗滑力时，斜坡将会产生突发性变形破坏，产生突发型滑坡。

（2）图 2.10 并不仅仅包含三种类型的变形曲线，而是由众多渐变曲线组成的曲线簇。不同的滑带土强度参数和受力条件，将会产生不同的变形-时间曲线。在进行斜坡稳定性评价和分析预测斜坡变形发展趋势时，长期强度 σ_∞ 显得至关重要。上述分析表明，滑带土所受剪切应力 σ 与滑带土长期强度 σ_∞ 之间的比值，即 σ/σ_∞ 的大小是控制滑坡是否会发生以及整个变形过程所经历时间长短的关键指标。如果 σ/σ_∞ <1，尽管斜坡有变形，也不会出现突发性的失稳破坏。反之，一旦 σ/σ_∞ ≥1，斜坡变形迟早会进入加速变形阶段，并最终失稳破坏，即产生滑坡。σ/σ_∞ 比值越大，斜坡的变形速率将越大，从出现变形到最终滑坡发生所经历的时间就越短。因此，从分析滑坡的受力状态，测试滑带土流变参数的角度入手，或许是解决滑坡预测预报尤其是中长期预测预报问题的出路所在。

（3）斜坡非稳定变形都得经历加速变形阶段，因此，对于渐变型滑坡，其变形进入加速变形阶段是滑坡发生的前提。这也是目前滑坡预报主要根据斜坡加速变形阶段的监测数据，采用一定的预报模型进行拟合外推预报，还能得到不错的预报结果的依据所在。但是，当斜坡还未进入加速变形阶段之前，传统的拟合外推预报思路和方法就很难奏效，因为依据线性变形只能是无止境的外推，根本不能求得滑坡发生的时间。

基于拟合外推预测预报思想，国内外学者已提出了近40种滑坡预测预报模型和方法（许强等，2004）。表 6.2 为现有的具有代表性的滑坡定量预报模型和方法一览表。这些滑坡预测预报模型主要是随着数学的发展而提出的，具体包括确定性预报模型、统计预报模型、非线性预报模型三类。确定性模型是把有关滑坡及其环境的各类参数用测定的量予以数值化，用数学、力学推理或试验方法，对滑坡的稳定性或发生事件作出明确的判断。统计预报模型主要是运用现代数理统计的各种统计方法和理论模型，去拟合滑坡变形–时间曲线，建立统计预报模型，并进行外推预报。非线性预报模型是引用了非线性科学的理论和方法，建立了滑坡预报模型。

大量的滑坡预测预报实例表明，尽管表 6.2 罗列了近40种滑坡预测预报模型和方法，但因其预报思路基本都是基于对滑坡变形–时间曲线的拟合外推，没有对滑坡具体的受力状态和滑带土力学参数等进行分析研究，这些预报模型的适用性受到一定的限制，一般主要用于"后验性"检验，真正用它们进行滑坡的"先验性"预报的成功案例并不多。在实际预报时，主要存在以下几个问题。①同一滑坡的变形监测数据（时间序列），若采用不同的滑坡预报模型，会得出差别较大的预报结果；②对于同一滑坡，若采用不同时间段的监测数据用同一预报模型进行预报，也会得出不同的预报结果；③各预报模型的适用范围还不明确。

表 6.2　滑坡预测预报模型和方法一览表

	滑坡预报模型及方法	适用预报尺度	备注
确定性预报模型	斋藤迪孝方法 变形趋势外延法 蠕变试验预报模型 福囿斜坡时间预报法	临滑预报	以蠕变理论为基础，建立了加速蠕变经验方程，其精度受到一定的限制
	蠕变样条联合模型	临滑预报	以蠕变理论为基础考虑了外动力因素
	滑体变形功率法	临滑预报	以滑体变形功率作为时间预报参数
	滑坡形变分析预报法	中短期预报	适用于黄土滑坡
	极限平衡法	中长期预报	基于极限平衡理论，计算斜坡稳定性，通过稳定性大小判断斜坡所处发展演化阶段

续表

	滑坡预报模型及方法	适用预报尺度	备注
统计预报模型	灰色 GM（1，1）模型［传统 GM（1，1）模型、非等时距序列的 GM（1，1）模型、新陈代谢 GM（1，1）模型、优化 GM（1，1）模型、逐步迭代法 GM（1，1）模型等］	短临预报	模型预测精度取决于模型参数的取值，优化 GM（1，1）模型也适用于滑坡的中长期预报，逐步迭代法 GM（1，1）模型计算精度较高
	生物生长模型（Pearl 模型、Verhulst 模型、Verhulst 反函数模型）	临滑预报	常用于临滑阶段的滑坡发生时间预报
	曲线回归分析模型	中短期预报	多属趋势预报和跟踪预报
	多元非线性相关分析法		
	指数平滑法		
	卡尔曼滤波法		
	时间序列预报模型		
	马尔科夫链预测		
	模糊数学方法		
	动态跟踪法		
	正交多项式最佳逼近模型		
	灰色位移矢量角法	短期和临滑预报	主要适用于堆积层滑坡
	黄金分割法	中长期预报	有从等速变形阶段到加速变形阶段系统全面的监测数据，利用经验判据粗略预报滑坡发生时间
非线性预报模型	BP 神经网络模型	中长期或短临预报	通过对已有监测数据的学习，外推预测今后的发展演化趋势
	协同预测模型	临滑预报	—
	滑坡预报的 BP-GA 混合算法	中短期预报	联合模型预报精度较单个模型高
	协同—分岔模型	临滑预报	
	突变理论预报（尖点突变模型和灰色尖点突变模型）	中短期预报	
	动态分维跟踪预报	中长期预报	—
	非线性动力学模型	长期预报	—
	位移动力学分析法	长期预报	—

为此，本书仅推荐几种适合于常用的且具有一定适用性的滑坡中长期和短临预报模型和方法。

6.3.1　滑坡中长期预测预报模型与方法

1）基于流变力学原理的滑坡中长期预报方法探讨

当滑坡变形还未进入加速变形阶段时，很难对滑坡发生时间作出提前的预测预报，因为我们不知道等速变形阶段究竟会持续多长时间。因此，当斜坡变形还未进入加速变形阶段之前，只能对其发展趋势作出中长期预报。但从图 2.10 可以看出，根据流变力学理论和方法，斜坡的变形发展趋势主要取决于滑带土所受应力状况与其长期强度、流变下限之间的相对大小。理论上讲，只要通过滑坡勘查和应力分析查明坡体滑带土受力状态，并进行此受力状态下的滑带土流变试验，获取滑带土的流变试验参数，便可望在不依赖于滑坡变形监测的条件下，对斜坡可能出现的变形特点及发展趋势作出中长期预测。如果将滑坡滑带土的蠕变试验成果和所得流变模型与斜坡变形–时间曲线进行拟合，更可望对滑坡作出较为准确的各期和各种尺度的预测预报。因此，基于流变力学原理，可望建立滑坡中长期趋势预报公式，并对其变形发展趋势进行提前预测预报。其主要思路是首先根据滑坡体的结构，分析计算出滑动带上的法向应力和净剪应力（扣除前部抗力），并将净剪应力与相同法向应力作用下滑带土的长期强度和流变下限作对比分析，判断滑坡可能出现的变形类型及发展趋势。目前，这种思路和方法还处于探索阶段。

2）基于极限平衡理论的稳定性评价与预测

斜坡的变形破坏是一个复杂的地质力学过程。在这个发展演化过程中，伴随着变形的不断发展，斜坡的稳定性不断降低。描述斜坡稳定性的具体指标为稳定性系数，可以通过极限平衡理论的多种稳定性计算方法作定量计算。结合第 5 章所述斜坡各变形阶段的稳定性系数的大体量值，将斜坡的稳定性系数作为斜坡中长期预测预报的一个参考指标。不过，斜坡的稳定性只能从宏观上反映斜坡的演化阶段，不能直接计算和预测预报滑坡的具体时间。

3）斜坡发展演化趋势的外推预测（回归分析、神经网络）

在斜坡演化的各个阶段，随时通过对已有的监测数据进行外推，预测今后的发展演化趋势，是滑坡预测预报的常用做法。从数学的角度讲，外推预测主要有两种做法：一种为利用函数表达式（如多项式、指数函数等）对已有监测数据进行回归拟合，构建斜坡演化的回归方程，并据此进行外推预测。另一种为人工神经网络方法。神经网络方法主要是模拟人类分析和解决问题的思路和工作方式，首先构造一个由多个神经元组成的网络系统，用此模拟人脑的神经细胞。通过对已有监测数据的"学习"并将学习结果存储"记忆"，然后根据新的要求，实现联想预测。实践结果表明，对于规律性较强的监测数据，神经网络具有较强的外推预测能力。

但是，仅对监测数据进行外推预测，是不能直接确定滑坡发生时间的，这就需要根据滑坡发生时监测曲线的一些基本特征或与外推预测方法的配套判据等的配合，才能预测滑坡发生时间。

4）滑坡发生时间预报的黄金分割数法

黄润秋、张倬元等通过对国内外数十个岩体失稳实例的位移观测曲线进行研究和统计分析发现，斜坡随时间发展演化的三阶段曲线中，线性阶段所用的时间与线性和非线性阶段所用时间的总和之间呈黄金分割数关系。具体可表达为式（6.4）。

$$\frac{T_1}{(T_1 + T_2)} = 0.618 \tag{6.4}$$

式中，T_1 为斜坡演化过程中线性阶段的历时；T_2 为非线性阶段的历时。对于变形曲线而言，上式中的线性阶段对应于等速变形阶段，非线性阶段对应于加速变形阶段。因此，黄金分割数法可表述为：斜坡演化过程中等速变形阶段历时是等速变形阶段与加速变形阶段总历时的 0.618 倍。因此，如果有自斜坡等速变形开始以来的监测数据，一旦斜坡演化进入加速变形阶段，便可利用黄金分割数法概略地估算滑坡发生时间，可以不必等到斜坡进入临滑阶段才进行预测预报。

但是，从图 2.10 的斜坡变形-时间曲线簇的特征来看，斜坡从开始出现变形到滑坡发生所经历的时间与其受力状态和滑带土流变参数密切相关，斜坡变形两阶段历时是否都符合黄金分割数，还有待进一步论证。

6.3.2　短期临滑预测预报模型与方法

1）斋藤迪孝预报模型

日本学者斋藤迪孝提出，当坡体进入加速变形阶段，可根据位移-时间曲线作预报。取斜坡位移-时间曲线上三个点 t_1，t_2，t_3，使其 $t_2 \sim t_1$ 和 $t_3 \sim t_2$ 两段之间的位移量相等，滑坡发生破坏时间 t_r 的计算公式为

$$t_r - t_1 = \frac{\frac{1}{2}(t_2 - t_1)^2}{(t_2 - t_1) - \frac{1}{2}(t_3 - t_1)} \tag{6.5}$$

斋藤迪孝法仅适合于滑坡进入加速变形阶段后的时间预报。式（6.5）也可用如图 6.3 所示的作图法直接求出滑坡发生时间 t_r。图中，MM'、NN' 为以 A_2 为圆心的圆弧。

2）灰色系统预报模型

灰色系统理论是我国著名学者邓聚龙教授 1982 年创立的一门新兴横断学科，它以"部分信息已知，部分信息未知"的"小样本"、"贫信息"不确定系统为研究开发对象，主要通过对"部分"已知信息的生成、开发、提取有价值的信息，实现对系统运行行为的正确认识和有效控制。灰色预报模型的基本思想是把滑坡看作一个灰色系统，依据滑坡随时间变化的监测时序数据，通过适当的数据处理，使之变为一递增时间序列，然后用适当的曲线逼近，以此作为预报模型对系统进行预测预报。

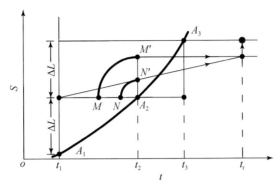

图 6.3　根据加速变形阶段曲线推算滑坡发生时间图解（斋藤迪孝法）

M 为 t_1 与 t_2 的中点；N 为 t_1 与 t_3 的中点

3）Verhulst 预报模型

Verhulst 模型是德国生物学家费尔哈斯（Verhulst）1837 年提出的一种生物生长模型。基于滑坡的变形、发展、成熟和破坏的过程与生物繁殖、生长、成熟、消亡的发展演变过程具有相似性。晏同珍等（1989）考虑到滑坡的演变也有一个变形、发展、成熟到破坏的过程，二者在发展演变上具有相似性。于是将这一模型引进到滑坡的变形和时间的预测预报中。

6.4　滑坡预警预报应注意的问题

1）加强地质工作，注重宏观变形破坏迹象和机理分析

在查明滑坡地形地貌、地层岩性、坡体结构以及水文地质条件等的基础上，分析滑坡变形破坏模式和成因机制；在进行滑坡监测时，除采用监测仪器进行各测点的专业监测外，尤其应加强对滑坡体宏观变形破坏迹象的调查，掌握滑坡体的空间变形破坏规律、判断演化阶段和可能的发展趋势。

2）注意滑坡变形分区

受地形地貌、地质结构、外界因素等影响，同一滑坡不同部位、不同区段其变形量的大小、变形规律可能会有所差别。根据监测和宏观变形破坏迹象及成因机制，进行变形分区。各个区段选取 1~2 个关键监测点作为预测预报的依据。一般而言，位于滑坡后缘弧形拉裂缝附近的监测点基本可以代表整个滑坡的变形特征，是滑坡预测预警的关键监测点。当然，对于推移式滑坡，其前缘隆起部位的监测点也是非常具有代表性的关键监测点。

3）注重滑坡变形破坏时间和空间演化规律

斜坡变形时间演化规律指变形曲线的三阶段演化规律。斜坡变形进入加速变形阶段是

斜坡整体失稳（滑坡）发生的前提条件。一旦进入加速变形阶段，就应引起高度重视，加强监测预警。斜坡变形空间演化规律指裂缝体系的分期配套特性。形成圈闭的裂缝配套体系是整体下滑的基本条件。

4）注意外界因素对斜坡变形的影响

强降水、库水位变动、人类工程活动等外界因素将对斜坡的变形演化产生重要的影响，其不仅使变形监测曲线出现振荡，周期性的外界因素还可能使变形曲线呈现出"阶跃型"的特点。对于阶跃型变形曲线，有时判断其发展演化阶段仍很困难，尤其是阶跃出现后又还未恢复到平稳期时，很难确定究竟是斜坡演化的一个"阶跃"，还是斜坡已经进入加速变形阶段。可从以下角度考虑和分析此类问题：①进行外界影响因素与滑坡变形监测结果的相关性分析，找出变形曲线产生阶跃的直接原因。如果通过相关性分析，认为坡体变形的急剧变化是由降水、库水位变动等原因造成，则只需加强监测，待相关因素的影响消除后看其进一步的发展趋势。反之，如果没有明显的外界因素导致坡体变形急剧增加，而是由自身演化导致的，则可能说明其已真正进入加速变形阶段，应提高警惕，加强监测预警。②加强变形监测曲线与斜坡宏观变形迹象的对比分析，尤其应加强对裂缝体系分期配套特征的分析。斜坡进入加速变形阶段在时间上的表现为变形速率持续增加，在空间上的表现应该是形成圈闭的裂缝体系，两者应同时满足。

5）注重定量预报与定性分析的结合，进行滑坡综合预报

斜坡的发展演化具有非常强的个性特征，而现在所提出的滑坡定量预报模型，基本上都是依赖于对监测结果的数学推演，缺乏与滑坡体的直接关联和对滑坡体个性特征的把握，因此，目前滑坡的定量预报模型存在适宜性差、预报准确度不高、预报不具针对性等缺点。并且，如果要深究起来，滑坡定量预报还存在许多具体细节问题没有很好地解决，例如，在多个监测点中，究竟选取哪个监测点的监测数据作为预报依据？在一个监测时间序列中，究竟选取哪个时间段、多长时间段的监测数据作为预报依据？在位移切线角计算时如何统一纵横坐标系？如此，等等。这些细节问题直接影响了预报结果的可信度和准确度。因此，滑坡的预测预报，应注意将定量预报、定性预报、数值模型预报三者有机结合，进行总体分析，宏观把握，实现滑坡的综合预测预报。

6）注意滑坡的实时动态跟踪预测预报

斜坡的发展变化是一个复杂的动态演化过程。在滑坡监测预警过程中，应随时根据坡体的动态变化特点，进行动态的监测预警。越到斜坡演化后期，尤其是进入加速变形阶段和临滑阶段，越应加密观测，实时掌握坡体变形动态，并根据新的时空演化规律，及时作出综合预测和预警。

6.5　滑坡预警级别的综合判定

滑坡预警级别应根据滑坡的危险性和危害性程度综合确定。

6.5.1　基于滑坡危险性的滑坡预警级别的综合判定

危险性主要指滑坡发生的可能性，越到滑坡演化的后期其危险性越大。如前所述，当斜坡变形进入加速变形阶段后，就可认为滑坡已具有较大的危险性。尤其是进入临滑阶段后，就更显得异常危险。按照《中华人民共和国突发事件应对法》预警级别的规定，根据滑坡的危险性，可将滑坡预警分为注意级、警示级、警戒级、警报级四级，预警信号分别用蓝色、黄色、橙色、红色表示。四级预警级别可概略地按如下标准划分和确定。

警报级（红色）：地质灾害隐患点变形进入临滑阶段，各种短临前兆特征显著，在数小时或数周内发生大规模的滑坡地质灾害的概率很大，定为红色预警（临滑预报）。

警戒级（橙色）：地质灾害隐患点变形进入加速阶段中后期，有一定的宏观前兆特征，在几天内或数周内发生大规模滑坡的概率大，定为橙色预警（短期预报）。

警示级（黄色）：地质灾害隐患点变形进入加速阶段初期，有明显的变形特征，在数月内或一年内发生大规模滑坡的概率较大，定为黄色预警（中期预报）。

注意级（蓝色）：地质灾害隐患点进入等速变形阶段，有变形迹象，一年内发生地质灾害的可能性不大，定为蓝色预警（长期预报）。

但在实际的滑坡监测预警过程中，滑坡的危险性级别是很难准确判定的，为此，综合本书前几章的研究成果，我们提出了以变形曲线—时间特征、宏观变形破坏迹象为基础，以变形–时间曲线切线角、加速度、斜坡稳定性等为判据的一套综合判定滑坡危险性级别的方法，具体见表 6.3。大量滑坡监测预警实践表明，参照表 6.3，可较准确地确定单体滑坡的危险性级别。具体可参加本书后面几章重大滑坡监测预警与应急处置实例的分析。

6.5.2　滑坡险情等级的划分

滑坡危害性是指假定滑坡发生后可能对人民生命财产所造成的损失和危害。根据《中华人民共和国突发事件应对法》、《国家突发公共事件总体应急预案》、《国家突发地质灾害应急预案》之规定，滑坡危害性一般用滑坡险情来表示，滑坡险情等级划分标准如下。

（1）特大型滑坡灾害险情（Ⅰ级）。受滑坡灾害威胁需搬迁人数在 1000 人以上，或潜在可能的经济损失 1 亿元以上的滑坡灾害险情为特大型滑坡灾害险情。

（2）大型滑坡灾害险情（Ⅱ级）。较大规模的破坏铁路干线、公路干线（国道）、水路一级通航支流，造成交通较长时间中断，或受灾害威胁需搬迁人数在 500～1000 人，或潜在可能的经济损失在 5000 万元至 1 亿元的灾害险情为大型滑坡灾害险情。

（3）中型滑坡灾害险情（Ⅲ级）。较大规模的破坏省级公路造成交通较长时间中断，或受灾害威胁需搬迁转移人数在 100～500 人，或潜在可能的经济损失在 500 万～5000 万元的滑坡灾害险情为中型滑坡灾害险情。

（4）小型地质灾害险情（Ⅳ级）。破坏县级、乡（镇）级公路造成交通中断，或受灾害威胁需搬迁转移人数在 100 人以下，或潜在可能的经济损失在 500 万元以下的灾害险情为小型滑坡灾害险情。

表 6.3 基于滑坡危险性的滑坡预警级别的综合判定

变形-时间曲线示意图（纵轴：变形；横轴：时间）

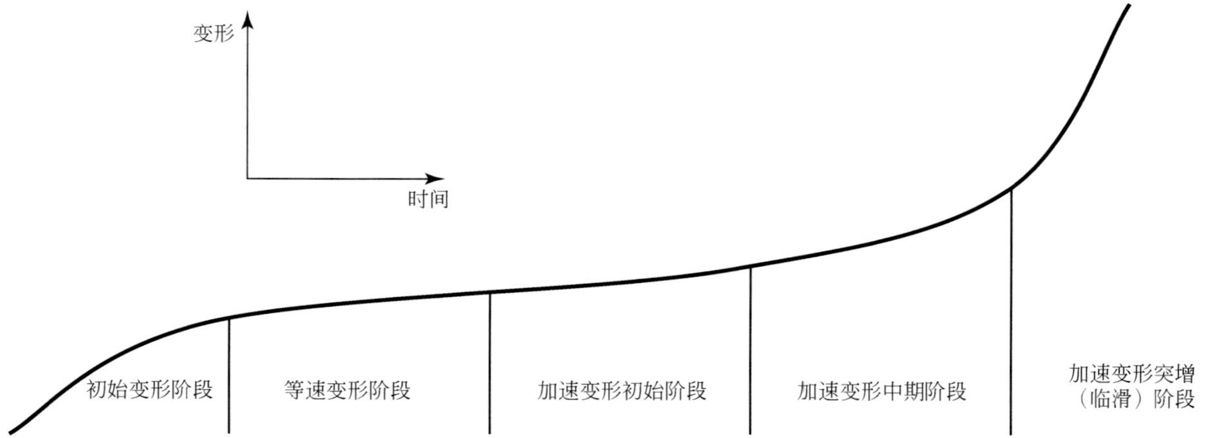

预警级别		注意级	警示级	警戒级	警报级
预警信号	—	蓝色	黄色	橙色	红色
变形阶段	初始变形阶段及等速变形阶段初期	等速变形阶段中后期	加速变形初始阶段（初加速）	加速变形中期阶段（中加速）	加速变形突增（临滑）阶段（加加速）
变形基本特征	斜坡开始出现轻微的变形，变形速率缓慢增加	斜坡开始出现明显的变形，但平均速率基本保持不变	变形速率开始增加	变形速率持续增长，宏观上显示出滑动迹象	变形速率持续快速增长，小崩、小塌不断
变形监测曲线	变形速率切线角 α 由大变小，甚至曲线下弯	变形曲线受外界因素影响可能会有所波动，但切线角 α 近于恒定值，总体趋势为一微向上的倾斜直线	变形曲线逐渐呈现增长趋势，切线角 α 由恒定逐渐变陡，但增幅较小，曲线开始上弯	变形曲线持续稳定地增长，切线角 α 明显变陡，曲线明显上弯	变形曲线骤然快速增长，且有不断加剧的趋势，切线角 α 逐渐接近 90°，变形曲线趋于陡立

四级预警

续表

宏观变形破坏迹象	推移式滑坡	裂缝产生、发展演化以及裂缝体系的分期配套	在坡体中后部出现拉张裂缝，长度逐渐增大，并逐渐向前扩展，方向性不明显。地表若为松散岩土体，裂缝短小，则裂缝可能首先见于滑坡区建筑物上，如房屋墙体、地坪、挡墙等出现开裂、错动和轻微下沉等迹象	地表裂缝逐渐增多，长度逐渐增大，并逐渐向前扩展，后缘开始出现下坐变形，形成多级下错台坎；侧翼剪张裂缝开始产生并向后缘扩展、延伸。如果前缘临空，还可见剪切错动面（剪出口）	后缘弧形拉张裂缝相互贯通于连接，开始加大加深；侧翼张扭性弧形张裂缝明显，前缘隆起鼓胀明显，出现纵向放射状张裂缝和横向鼓张裂缝。滑坡边界张裂缝逐渐闭合，滑坡圈闭边界已形成	由裂缝体系构成的滑坡圈闭边界和滑坡滑底面完全形成（如果斜坡前陆整体滑移受阻，滑面产生前缘反翘，滑坡前缘临空条件差等），滑坡前缘可能产生前缓，滑坡边缘裂缝逐渐闭合，滑坡圈闭边界已形成
	牵引式滑坡	裂缝产生、发展演化以及裂缝体系的分期配套	在坡体前缘，尤其是临空面附近的地表出现拉张裂缝，裂缝短小，断续分布	前缘地表裂缝增多，长度增大，逐渐向后扩展。侧翼剪张裂缝出现并向后延伸，前缘裂缝逐渐贯通，并沿已有裂缝产生多级下错台坎	横张裂缝扩展到坡体后缘边界，并逐渐形成后缘弧形裂缝，侧翼剪张裂缝向中后部延伸，贯通并出现局部滑塌，前缘局部滑塌	可能产生由前向后的逐级拉裂后退现象；后缘弧形拉裂缝、侧翼剪张裂缝已完全形成，滑坡圈闭边界已形成。如果前缘受阻，整个滑坡可能会向推移式转化
		位移矢量	位移矢量方向凌乱，量值差别大	位移矢量方向逐渐趋于统一，指向主滑方向，位移量值一般是后部大前部小，中部大两侧小	各部位监测点位移矢量方向基本统一，指向主滑方向，位移和量值差别逐渐缩小	各部位监测点位移矢量方向基本统一，指向主滑方向，位移和量值均趋于一致
		隆起与沉陷	无明显隆起和沉陷，或偶见沉陷和隆起	后缘局部沉陷，前缘局部隆起	后缘沉陷，前缘隆起现象比较明显	滑体后急剧下沉，前缘出现鼓包、隆起开裂；剪出口位置及其影响带，出现剪动带、膨胀和松动带
		崩塌	几乎不发生或很少发生	崩塌偶尔发生	崩塌时有发生，频次基本不变	崩塌常有发生，发生频次增加；滑体后部大幅度沉陷，前缘崩滑渐高，规模渐大，崩滑活动频率急剧加快

续表

类别	项目					
宏观前兆异常	地表水及地下水	—	—	—	—	滑坡体及前缘各泉点数目增加或减少以及出现湿地，滑坡中部地表水田，水池突然下降和干枯，水位跃变，水质、水量、水温、水的颜色发生变化等，如出现新泉或泉水量增大，泉水变浑、温度上升为温泉甚至出现喷泉等
	地声	—	—	—	—	出现岩土体移动、破裂、摩擦发出的声响、建筑物倒塌、滚石发出的声响
	地气	—	—	—	—	滑坡区冒充冷风、尘烟、有味或无味的热气
	动物异常	—	—	—	—	蛇鼠出洞、鸡飞、犬吠、家蜂外逃、耕牛惊叫、老鼠搬家、麻雀搬迁、鱼群聚集及猪牛鸡狗惊恐不安等现象。通常以穴居地下的蛇、鼠等动物出现异常最早，紧随其后的是蜂、鸟、鸡、鸭、猫，当通近主滑时间时，才出现大动物行为异常，如狗、猪、牛等
预警判据	变形速率	变形速率时大时小，无明显规律性	变形速率呈有规律性波动，但平均和宏观变形速率基本相等	变形速率平稳开始逐渐增加	变形速率出现较快增长趋势	变形速率骤然剧增
	加速度	$a<0$	$a\approx0$，在零附近波动	$a>0$，在一定范围内振荡		$a\gg0$，骤然剧增
	切线角	$\alpha\approx45^\circ$	$\alpha\approx45^\circ$	$45^\circ<\alpha<80^\circ$	$80^\circ\leq\alpha<85^\circ$	$\alpha\geq85^\circ$；滑坡发生前：$\alpha\geq88^\circ$
	稳定性系数	$1.15>K>1.05$	$1.0\leq K\leq1.05$	$0.95\leq K\leq1.0$	$K<0.95$	
滑坡变形对外界作用的响应		受外界因素影响开始出现变形，外界影响减弱后，变形呈衰减趋势	斜坡变形与外界作用呈线性相关关系，周期性的外界作用将形成阶梯状的变形—时间曲线	斜坡变形与外界作用呈非线性相关关系，越到变形的后期，变形对外界作用的响应越强烈		变形对外界作用异常敏感，微小的扰动都可能导致滑坡的发生

续表

分类	名称		公式与说明
预报模型和方法	神经网络模型	—	适合于滑坡长期变形趋势预测，通过对已有监测数据的学习，外推预测滑坡的发展趋势
	黄金分割法	—	$\dfrac{T_1}{(T_1+T_2)}=0.618$ 可用于滑坡中长期预报，其中 T_1 为滑坡等速变形阶段的历时，T_2 为滑坡进入加速初始变形阶段直至滑坡发生时的总历时
	斋藤迪孝方法	—	$t_r-t_1=\dfrac{\frac{1}{2}(t_2-t_1)^2}{(t_2-t_1)-\frac{1}{2}(t_3-t_1)}$ 适合于滑坡临滑预报，其中，t_r 为滑坡破坏时间，t_1，t_2，t_3 为滑坡位移-时间曲线上的三个点，且 $t_2\sim t_1$ 和 $t_3\sim t_2$ 两段之间的位移量相等
	灰色系统模型	—	$k=\dfrac{\left[\ln\dfrac{X^{(1)}(k)-u/a}{X^{(0)}(1)-u/a}\right]}{a}+1;\ t=k\Delta t$ 适合于滑坡短临预报，其中，$X^{(1)}(k)$ 为一次累加生成数据，$X^{(0)}(1)$ 为位移时序初值，u，a 为模型中的待定系数，Δt 为位移序列的时间间隔
	Verhulst 模型	—	$t=\left\{\dfrac{1}{a}\ln\left(\dfrac{a}{bX(1)}-1\right)\right\}\Delta t$ 适用于滑坡短临预报，其中，a，b 为模型中的待定系数，$X(1)$ 为位移时序资料的初值，Δt 为位移序列的时间间隔
	协同模型	—	$t=\dfrac{1}{2a}\ln\left(\dfrac{a-bu_0^2}{2bu_0^2}\right)+t_0$ 适合于滑坡短临预报，其中，a，b 为模型中的待定系数，u_0 为位移时序资料的初值，t_0 为时序号初始值（一般恒定为1）
应对措施		开展滑坡专业监测工作；实施群测群防；落实搬迁避让计划	加密滑坡专业监测；划定滑坡危险区和影响区，发放防灾明白卡，对于危险区的居民应迅速撤离避让，制定防灾预案　　发布橙色警报；进行滑坡灾害范围预测，划定滑坡危险区和影响区，启动防灾预案，24小时不间断监测巡视，遇紧急情况随时向指挥中心报告　　发布红色警报；撤离处于危险区和影响区的所有人员，组织应急抢险施工队伍

6.5.3　滑坡预警级别的确定

在实施滑坡预警时，应同时参考滑坡的危险性级别和险情等级，综合确定滑坡预警级别。具体确定方法见表6.4。

表6.4　滑坡预警级别的综合判定

险情等级＼危险性预警级别	蓝色	黄色	橙色	红色
Ⅰ级	Ⅰ级蓝色预警	Ⅰ级黄色预警	Ⅰ级橙色预警	Ⅰ级红色预警
Ⅱ级	Ⅱ级蓝色预警	Ⅱ级黄色预警	Ⅱ级橙色预警	Ⅱ级红色预警
Ⅲ级	Ⅲ级蓝色预警	Ⅲ级黄色预警	Ⅲ级橙色预警	Ⅲ级红色预警
Ⅳ级	Ⅳ级蓝色预警	Ⅳ级黄色预警	Ⅳ级橙色预警	Ⅳ级红色预警

6.6　有关滑坡预警的相关工作程序

6.6.1　滑坡预警级别发布及相关工作程序

根据《中华人民共和国突发事件应对法》规定，可以预警的自然灾害即将发生或者发生的可能性增大时，县级以上地方各级人民政府应当根据有关法律、行政法规和国务院规定的权限和程序，发布相应级别的警报，决定并宣布有关地区进入预警期，同时向上一级人民政府报告，必要时可以越级上报，并向当地驻军和可能受到危害的毗邻或者相关地区的人民政府通报。

1. 专业监测变形阶段预警专题报告编制

专业监测单位应根据监测分析及时判断滑坡当前所处的变形阶段，凡进入预警级别的，应及时编制《××滑坡进入×色预警阶段的报告》上报。

报告具体编制要求如下。

◆报告名称

××省××县××滑坡进入×色预警阶段的报告

◆报告提纲

1）基本概况

（1）滑坡地理位置、规模、主要危害。滑坡地理行政区划位置及坐标、前后缘高程、滑坡体的规模（长、宽、厚，面积、体积）、历史变形情况、影响范围、威胁对象（滑坡范围内人员、财产及公共建筑设施等）。

（2）滑坡基本地质特征。简述滑坡体地形地貌、地层岩性、地质构造、滑坡体物质构成、滑带（面）特征、滑床物质构成特征。必须附有滑坡平面图与专业监测设施布置平面图（比例尺不小于1：10000）、滑坡剖面图与专业监测设施布置剖面图（比例尺不小于

1∶10000)、滑坡全貌照片 (标注滑坡范围)。

(3) 滑坡变形概述。历史上滑坡重大变形时间、规模及特征、自监测以来变形情况的概述。

2) 专业监测工作

(1) 监测网点的布设及监测内容。

(2) 监测成果与滑坡变形特征。①各种专业监测措施的监测成果分析。②宏观地质调查及相对位移监测。在平面图上标识宏观变形形迹,包括地面裂缝、井泉、房屋变形地点、地面鼓胀、地面下陷等。标识相对位移监测点的分布、编号,阐述宏观变形的特征、规律,附相对位移监测数据表,相对位移监测时程曲线。附滑坡变形区平面图 (比例尺不小于1∶10000)、变形区剖面图 (比例尺不小于1∶10000)、变形区全貌照片 (标注变形区范围) 及变形特征照片。③监测成果与滑坡变形特征综合分析。进行立体、多因素相关分析,地表与深部钻孔变形相结合,位移与降雨、地下水相结合,进行多元相关综合分析。

3) 滑坡变形阶段的级别分析认定

对产生变形的或已成灾害的滑坡类型、目前稳定程度、变形阶段、发展趋势作出监测分析结论。

按规定预警级别 [警报级 (红色)、警戒级 (橙色)、警示级 (黄色)、注意级 (绿色) 四种],划分认定目前的预警级别。

4) 危害性预测

明确滑坡变形范围、规模、危害对象,变形区人员、财产、公共建筑设施情况,分析预测涌浪及范围,初步统计危害所可能造成的直接及间接经济损失。

5) 应急措施及建议

专业监测单位所采取的应急措施,当地政府已采取的应急措施。
建议当地政府以及主管部门采取的应急措施。

2. 蓝色预警 (注意级) 和黄色预警 (警示级) 级别的认定及相关工作程序

蓝色预警 (注意级) 和黄色预警 (警示级) 级别由省市自然资源部门认定并通知区县自然资源部门和地质环境监测站。区县自然资源部门可上报区县人民政府,同时调整该滑坡的群测群防监测等级,对其变形予以关注。进入蓝色预警后应编制该滑坡的防灾预案,进入黄色预警后应根据变形的具体情况对防灾预案予以调整。蓝色预警和黄色预警不对外发布。

3. 橙色预警、红色预警的联席会商会议及预警级别的认定与发布

专业监测提出进入橙色预警、红色预警,需召开联席会商会议。首先进行专家组技术会商。技术会商后,专家组立即提交《××省××区县××滑坡监测预警技术会商专家组意见》，对是否进入橙色（或红色）预警进行技术认定并提出相应的专家组建议。在专家组意见的基础上，联席会议进行预警行政会商，形成预警行政会商会议纪要，报上级主管部门批准后实施。

参加联席会商会议的部门和单位，一般为省（市）应急管理厅（或地质灾害防治工作领导小组办公室）、省（市）自然资源厅（规划和自然资源局）、区县人民政府、区县自然资源局（规划和自然资源局）、省（市）地质环境总站、区县地质环境监测站等，险情涉及交通航运的有关海事局、指挥部、专业监测单位和专家组。

为了保持对险情预警认识判断、预测评价的连续性和可靠性，对滑坡专家组成员不宜频繁或大量更换。同样，参加联席行政会商会的成员亦应保持其稳定性。

6.6.2　橙色、红色预警级别认定后的相关工作程序

参加联席会商会的各部门（单位）应立即将会商会有关情况向各自主管部门上报，按《中华人民共和国突发事件应对法》的有关规定，在所管辖的范围内，发布相应级别的警报，决定并宣布有关范围进入预警期，在当地人民政府的统一组织领导下，立即部署防灾工作，按《中华人民共和国突发事件应对法》的有关规定采取必要的应对措施。有关的具体要求如下。

1. 橙色预警

（1）监测单位立即加密监测，加强对宏观变形形迹的监测，编制临滑应急监测方案，经审查后实施，以应对在无法进入滑坡险区情况时实施专业监测。变形持续加速时，应派人现场 24 小时值守。对于监测信息应及时处理分析判断，预测滑坡变形破坏趋势并及时上报，为防灾工作决策提供及时、准确、可靠的监测预警技术支撑。

（2）陆地地质灾害的防范。①应立即撤离滑坡体上及其下滑可能危及的居民并妥善安置，在危险区边界设立警示牌，并通过一定的渠道予以公布，严禁进入滑坡危险区；②对于可能产生涌浪灾害范围内的居民进行调查登记并逐户告知通知，发放防灾明白卡，明确预警信号及撤离路线。

（3）涌浪灾害的防范。①对可能入江产生涌浪灾害的，应立即进行滑坡体入江涌浪估算和大体圈出涌浪灾害可能范围，并立即通知区县人民政府、海事部门及其他有关部门。②对涌浪灾害危及范围设立警示标志，发布橙色预警险情航行通告并颁布相关航行规定。③逐个清查涌浪灾害危及范围内的所有船舶，包括小型地方货船、地方客渡船、农用船、渔船等、港口、码头（包括地方小型港口码头），逐个造册登记，进行险情及防灾措施宣传及其撤离的准备。④确保涌浪危及水域船舶通信，组织水上应急救助力量，开展必要的应急抢险救助演练。

（4）分级负责、属地管理、建立应急抢险救灾机构，明确责任。按照橙色预警级别可能提高到红色预警级别的要求，启动防灾预案，开展相关工作。

2. 红色预警

（1）监测预警。红色预警表示该滑坡进入临滑阶段，是防灾减灾最为关键的阶段。专

业监测单位应立即以电话、电子邮件、传真等多种方式上报。同时迅速编制、上报《××区县××滑坡进入红色预警阶段的报告》。红色预警发布后，专业监测单位应立即启动应急专业监测，现场24小时值守，加强宏观变形监测及临滑短临前兆监测，及时分析预测，力争准确预报滑坡大规模滑动的时间。

（2）专家组现场技术会商。对于Ⅰ级、Ⅱ级地质灾害险情，应组织专家立即赶赴现场，进行现场技术会商，对变形趋势、临滑时间现场分析预测，为政府的决策提供技术支撑。

（3）根据《国家突发地质灾害预案》中应急响应的有关要求，对于特大型地质灾害险情（Ⅰ级），在条件许可的情况下，应立即启动远程应急指挥系统和决策支持系统，实现对现场的图像、声频、视频、监测数据等实时远程传输，进行远程会商，实现国务院、应急管理部、自然资源部和省（市）政府的远程指挥。对于大型地质灾害险情（Ⅱ级），可根据省（市）政府的有关要求，在条件许可的情况下，立即启动远程应急指挥系统和决策支持系统。

（4）按照《中华人民共和国突发事件应对法》第四十四条和四十五条之规定，立即采取必要的应对措施。具体内容如下。

发布三级、四级警报，宣布进入预警期后，县级以上地方各级人民政府应当根据即将发生的突发事件的特点和可能造成的危害，采取下列措施：①启动应急预案；②责令有关部门、专业机构、监测网点和负有特定职责的人员及时收集、报告有关信息，向社会公布反映突发事件信息的渠道，加强对突发事件发生、发展情况的监测、预报和预警工作；③组织有关部门和机构、专业技术人员、有关专家学者，随时对突发事件信息进行分析评估，预测发生突发事件可能性的大小、影响范围和强度，以及可能发生的突发事件的级别；④定时向社会发布与公众有关的突发事件预测信息和分析评估结果，并对相关信息的报道工作进行管理；⑤及时按照有关规定向社会发布可能受到突发事件危害的警告，宣传避免、减轻危害的常识，公布咨询电话。

发布一级、二级警报，宣布进入预警期后，县级以上地方各级人民政府除采取上述规定的措施外，还应当针对即将发生的突发事件的特点和可能造成的危害，采取下列一项或者多项措施：①责令应急救援队伍、负有特定职责的人员进入待命状态，并动员后备人员做好参加应急救援和处置工作的准备；②调集应急救援所需物资、设备、工具，准备应急设施和避难场所，并确保其处于良好状态、随时可以投入正常使用；③加强对重点单位、重要部位和重要基础设施的安全保卫，维护社会治安秩序；④采取必要措施，确保交通、通信、供水、排水、供电、供气、供热等公共设施的安全和正常运行；⑤及时向社会发布有关采取特定措施避免或者减轻危害的建议、劝告；⑥转移、疏散或者撤离易受突发事件危害的人员并予以妥善安置，转移重要财产；⑦关闭或者限制使用易受突发事件危害的场所，控制或者限制容易导致危害扩大的公共场所的活动；⑧法律、法规、规章规定的其他必要的防范性、保护性措施。

（5）陆上地质灾害的防范。立即撤离位于陆上险区内的所有人员，包括崩滑体上、滑坡下滑危及的范围内、涌浪灾害范围内的居民和其他所有人员。设立警示标志，严禁进入险区。

（6）涌浪灾害的防范。立即发布红色预警险情航行通告，不允许上下游过往船只驶入危险区，立即撤离险区内的所有船舶，保护涌浪灾害波及范围内的港口码头和其他水上设施。做好水上应急救助的准备。

（7）特殊情况下的红色预警。由于滑坡在强降水和其他外界因素作用下，具有较强的突发性。因此，在突发险情即将发生，来不及上报、请示、会商的情况下，现场监测人员（专业监测人员、群测群防监测人员等）应果断报警，立即动员险区内的人员撤离，避免造成人员伤亡，若滑坡下滑入江可能造成涌浪灾害，应立即通知海事和航运部门。

6.6.3　滑坡预警级别的降低与预警警报的解除

1. 蓝色预警和黄色预警级别的降低

黄色预警、蓝色预警的解除与预警级别的降低。专业监测单位应及时编制《××区县××滑坡调整预警级别的报告》报上级主管部门。上级主管部门认定和批准后，通知区县自然资源局、应急管理局（规划和自然资源局）和区县地质环境监测站。

2. 橙色预警、红色预警级别的降低和预警警报的解除

橙色预警、红色预警级别的降低。专业监测单位提出调整预警级别的报告后，应进行专家组技术会商认定，联席会议会商形成纪要后，报上级主管部门批准。预警警报的解除和预警期的终止，按《中华人民共和国突发事件应对法》的有关规定（第四十七条）执行。具体内容如下：发布突发事件警报的人民政府应当根据事态的发展，按照有关规定适时调整预警级别并重新发布；有事实证明不可能发生突发事件或者危险已经解除的，发布警报的人民政府应当立即宣布解除警报，终止预警期，并解除已经采取的有关措施。

橙色预警级别的降低。由于种种原因，该滑坡变形趋缓，则在进行会商认定后，可以降低预警等级，解除橙色预警。

红色预警级别的降低。分两种情况。第一，滑坡体已大规模下滑、抢险救灾完成，突发灾害过程已经结束或已得到有效控制；第二，由于种种原因，该崩滑体没有整体下滑成灾，变形趋于缓和，监测表明其整体下滑成灾的险情当前已较大幅度降低。

第7章　滑坡实时监测预警系统

为了使前述滑坡预警理论和方法转化为在实际工作中能真正应用的产品，研发一套滑坡实时监测预警系统显得异常重要和必要。为此，基于云计算与物联网技术，整合滑坡地质灾害演化全过程资料，实现了对地质灾害发展演化的全过程管理。构建滑坡监测预警云平台，集成多源异构实时监测数据，实现了实时自动预警。同时，基于云平台构建一套集B/S架构、C/S架构、移动终端为一体的混合架构体系滑坡实时监测预警系统，各个架构系统密切配合，充分发挥各架构的优势，提升了滑坡灾害的监测预警精度。

一个完整的滑坡实时监测预警系统，不仅需要对滑坡基础数据、实时监测数据进行统一管理，还需要实现遥感、无人机、InSAR、LiDAR等成果数据的有机融合，构建基于变形演化规律的"过程预警"体系和定量预警判据，实现对滑坡的实时预警与信息发布。其主要功能包含如下五大模块：

（1）三维综合信息展示模块；

（2）滑坡综合信息管理模块；

（3）多源异构监测数据实时自动集成与处理分析模块；

（4）滑坡实时自动预警模块；

（5）预警信息实时发布模块。

此外，还应有完善的系统管理功能，包括：元数据管理、权限管理、用户管理、角色管理、日志管理、菜单管理等，构成一套完善的滑坡实时监测预警系统。

7.1　系统架构设计

7.1.1　系统架构

滑坡实时监测预警系统以数据流为导向，其系统架构可分为：数据采集层，数据中心层，业务逻辑层，系统应用层四大部分。基于云计算构建地质灾害监测预警云平台，建立一套地质灾害演化全过程一体化管理体系，实现对地质灾害演化全过程的管理，包括地图资源、空间数据服务、三维模型、区域地质背景资料、详查数据、勘察资料、监测部署方案、监测数据、预警模型及判据、预警过程等，构建多终端应用系统，相互协调，实现对滑坡的实时自动实时监测预警与信息发布，整个系统的架构图如图7.1所示。

数据采集层，主要负责收集、管理各类相关数据，包括空间数据、属性数据、实时监测数据、元数据，同时还负责第三方的数据接入；

数据中心层，采用数据库管理工具，对各个数据库进行管理，并基于业务需求构建数据仓库，为接口提供相关数据；

业务逻辑层，本层主要采用基于 JWT（JSON Web Token，一种应用广泛的跨域身份验证解决方案）的 WebAPI 框架，采用 JSON 数据作为数据交互的统一格式，为应用系统提供相关的业务数据；

系统应用层，由各个模块构成一套完整的滑坡实时监测预警系统，包括三维综合信息展示模块、滑坡综合信息管理模块、监测数据实时集成与处理分析模块、滑坡实时自动监测预警模块、监测预警信息发布模块以及系统管理模块等。

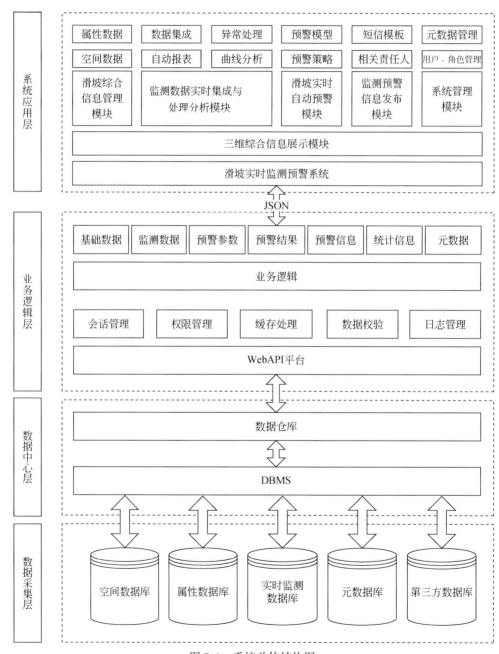

图 7.1　系统总体结构图

7.1.2　网络拓扑结构

网络拓扑结构是指用传输媒体互连各种设备的物理布局。滑坡实时监测网络体系中涉及四大部分：即传感器（监测设备）、传输通道（2G、3G、4G、NB-IOT、物联网等）、数据中心（数据接收服务器、数据处理服务器）、应用服务（监测预警系统）。四大部分通过网络串联在一起，整个结构如图 7.2 所示：现场监测设备将采集到的监测数据通过无线网络或者北斗卫星短报文方式传输到信息中心，通过监测数据自动集成系统，将数据集成到数据中心，供应用系统使用。其中滑坡实时监测预警系统可以部署到内网、政务网或者公网。

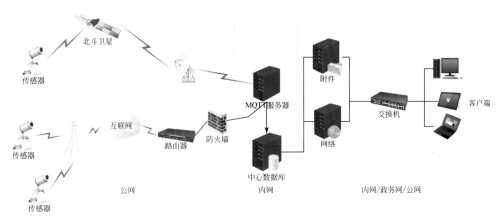

图 7.2　系统网络拓扑图

7.2　系统数据结构设计

7.2.1　数据模型分析

数据模型是对现实世界部分现象的抽象，它描述数据的基本结构及其相互之间的关系和在数据上的各种操作，是数据库系统中关于数据内容和数据之间联系的逻辑组织的形式表示。

滑坡实时监测预警系统中数据库空间数据和属性数据两部分组成，空间数据包括地理基础数据、气象数据资料、基础地质数据、灾害专题数据库和影像数据，如地理基础数据包括的行政界限、水系和基础地质数据包括的地质构造、地层界线等；属性数据由两部分组成：一部分是业务数据，如滑坡基础信息、勘查数据、详查数据、群测群防数据、搬迁避让信息等，另一部分是实时监测数据，包括监测设备信息、设备参数、实时监测数据等。

本系统采用关系型数据库 SQL Server 对其进行管理，通过多源异构监测数据实时集成模块将现场收集、整理以及监测获得的属性数据、空间数据使用相同的标准存储在同一数据库中。这些数据可以通过关系型数据库的外键建立参照关系，实现空间数据、属性数据以及其他监测预警相关数据等之间的关联关系。

滑坡实时监测预警系统的数据库分为系统数据库、基础数据库、详查数据库、监测数据库、预警数据库5大部分，其相互关系如图7.3所示，系统数据库保证平台运行，基础数据库存储基础信息，详查数据库、监测数据库、预警数据库均依赖于基础数据库，同时详查数据库和监测数据库为预警预报数据库提供数据支持。

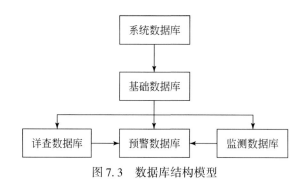

图 7.3　数据库结构模型

系统数据库：这是保障滑坡实时监测预警系统正常运行的最基本的数据库，主要包括整个框架的管理、系统配置、菜单、运行日志、用户信息、角色、权限等；

基础数据库：管理滑坡的基础信息、附件信息、图层、字典、行政区划等；

详查数据库：将详查报告内的信息根据相关规范、文献进行提取和标准化得到的数据库，主要是滑坡的特征以及与监测预警相关数据；

监测数据库：主要用于管理各类监测设备、实时监测数据等，采用统一的数据标准对其进行管理，同时也为后续预警模型计算提供统一数据格式的数据支撑；

预警数据库：存储预警模型相关参数、预警结果、预警发布等信息的数据库。

7.2.2　数据结构设计

1. 系统数据库设计

系统数据库的结构如图7.4所示，包括用户基本信息表、用户角色表、角色权限表、权限表、系统配置表、系统菜单表以及各类日志表等。

2. 基础数据库设计

基础数据库是将地质灾害点的共性数据进行提取存储的数据库，主要包括地质灾害的基础信息、附件信息、图层、字典、行政区划等。地质灾害属性信息主要包括各种地质灾害（滑坡、崩塌、泥石流、不稳定斜坡、地面塌陷以及地裂缝）的基本特征信息、相关附件信息等，其中基本特征信息根据目前最新的地质灾害调查规范确定，又分为基本信息表与详细信息表两张数据表进行管理，附件信息主要是与灾害体相关的文档信息、多媒体等文件信息。其他诸如图层、行政区划编号、数据字典等基础数据也会在使用中被调用基础

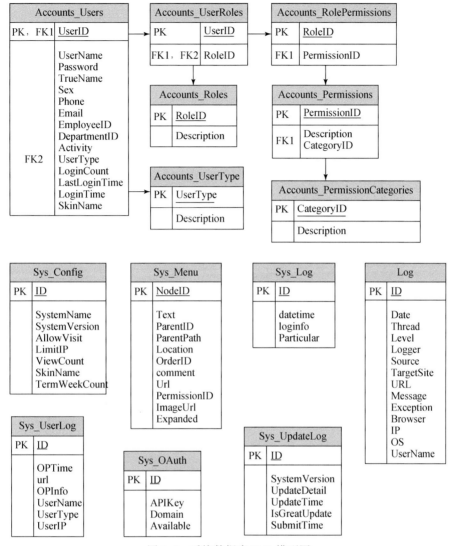

图 7.4　系统数据库 E-R 模型图

数据存储后这些共性的数据后，详查数据库再存储单独专门的详细数据，以实现减少冗余、提高复用率、提高数据库执行效率等目的。基础数据库结构如图 7.5 所示。

3. 详查数据库设计

　　详查数据库基于详查表单设计而成，主要用于表示地质灾害点的特征数据。专业属性数据库将根据数据来源形式及类别进行专门管理，主要包括：地质灾害详细调查、勘察、治理设计以及施工等不同阶段产生的数据，例如详细调查就有典型地质灾害的工程地质图件、地层岩性、岩体结构、变形破坏迹象等相关信息、矢量图件、照片及文字报告等。由于以上数据是多源的，因此相应地需要采用不同的输入方法。大多数图形数据可能来自纸质图件，这些数据可根据实际情况选用扫描矢量化或者数字化仪输入；对于已经有可用的电子数据，应尽量直接加以利用，避免大量的重复输入。其数据结构如图 7.6 所示。

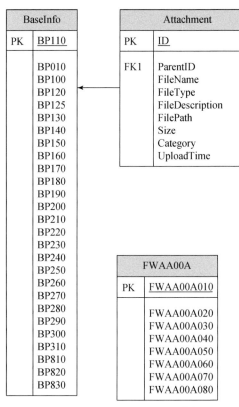

图 7.5　基础数据库 E-R 模型图

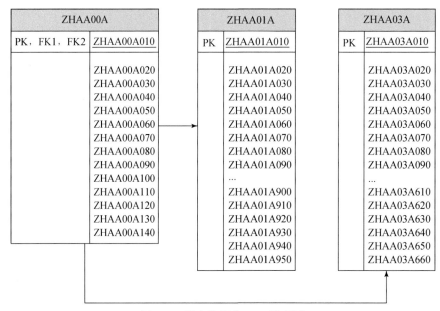

图 7.6　详查数据库 E-R 模型图

4. 监测数据库设计

　　监测数据库是滑坡实时监测预警系统中比较关键的一部分，监测数据主要分为专业监测与群测群防，其中监测基本信息表是一张基础表，包括地质灾害点的监测点数、监测阶段等信息，专业监测包括专业监测点信息表、监测仪器信息表、监测剖面图表以及存储监测数据的监测点编号映射关系表、监测数据表以及监测数据类型表。各个数据表之间通过监测点编号、灾害体编号进行关联、组织，以达到随时调用相关监测数据进行显示、处理分析，以及满足最终地质灾害预警模型的数据需求。其数据结构如图 7.7 所示。

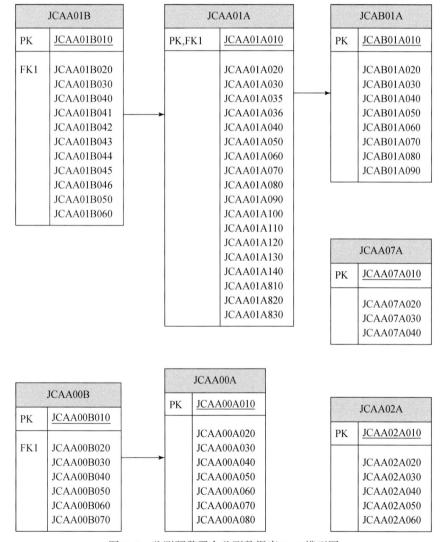

图 7.7　监测预警平台监测数据库 E-R 模型图

5. 预警数据库设计

预警数据库是滑坡实时监测预警系统中的重点，数据表有监测预警模型及其参数取值表、预警过程及预警结果，此外还包括预警短信模板、预警短信、责任人对象等，根据不同的灾害类型，不同的监测点类型，分别构建了单体监测点的预警模型库，判据条件库以及综合分析预警模型，其结构如图7.8所示。

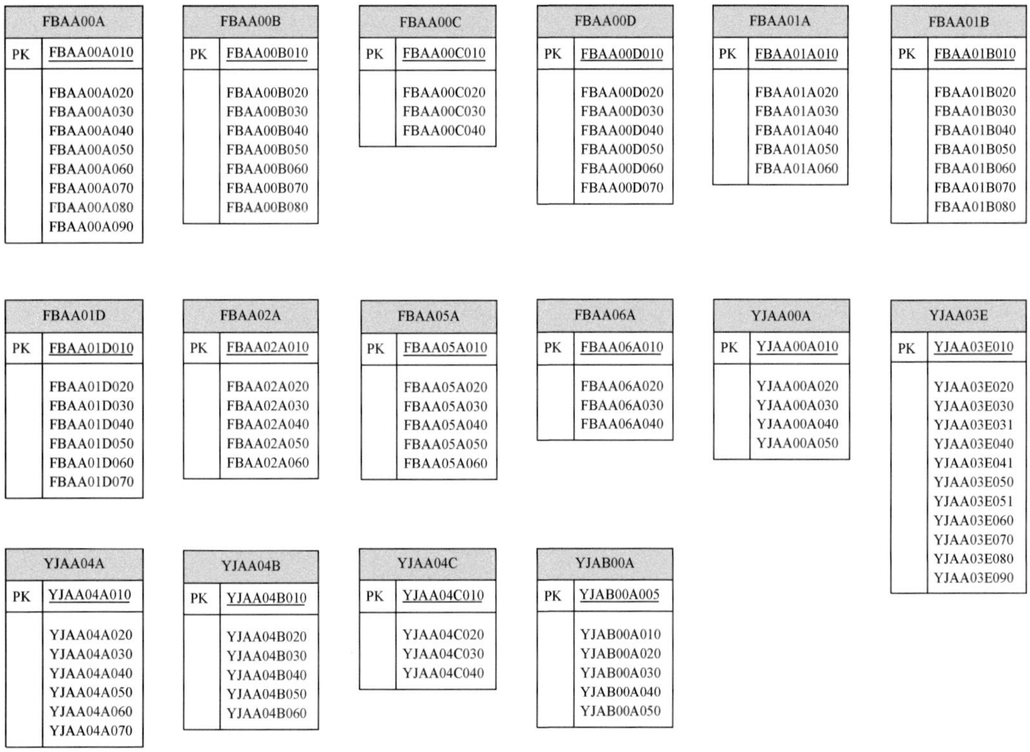

FBAA00A		FBAA00B		FBAA00C		FBAA00D		FBAA01A		FBAA01B	
PK	FBAA00A010	PK	FBAA00B010	PK	FBAA00C010	PK	FBAA00D010	PK	FBAA01A010	PK	FBAA01B010
	FBAA00A020		FBAA00B020		FBAA00C020		FBAA00D020		FBAA01A020		FBAA01B020
	FBAA00A030		FBAA00B030		FBAA00C030		FBAA00D030		FBAA01A030		FBAA01B030
	FBAA00A040		FBAA00B040		FBAA00C040		FBAA00D040		FBAA01A040		FBAA01B040
	FBAA00A050		FBAA00B050				FBAA00D050		FBAA01A050		FBAA01B050
	FBAA00A060		FBAA00B060				FBAA00D060		FBAA01A060		FBAA01B060
	FBAA00A070		FBAA00B070				FBAA00D070				FBAA01B070
	FBAA00A080		FBAA00B080								FBAA01B080
	FBAA00A090										

FBAA01D		FBAA02A		FBAA05A		FBAA06A		YJAA00A		YJAA03E	
PK	FBAA01D010	PK	FBAA02A010	PK	FBAA05A010	PK	FBAA06A010	PK	YJAA00A010	PK	YJAA03E010
	FBAA01D020		FBAA02A020		FBAA05A020		FBAA06A020		YJAA00A020		YJAA03E020
	FBAA01D030		FBAA02A030		FBAA05A030		FBAA06A030		YJAA00A030		YJAA03E030
	FBAA01D040		FBAA02A040		FBAA05A040		FBAA06A040		YJAA00A040		YJAA03E031
	FBAA01D050		FBAA02A050		FBAA05A050				YJAA00A050		YJAA03E040
	FBAA01D060		FBAA02A060		FBAA05A060						YJAA03E041
	FBAA01D070										YJAA03E050
											YJAA03E051
											YJAA03E060
											YJAA03E070
											YJAA03E080
											YJAA03E090

YJAA04A		YJAA04B		YJAA04C		YJAB00A	
PK	YJAA04A010	PK	YJAA04B010	PK	YJAA04C010	PK	YJAB00A005
	YJAA04A020		YJAA04B020		YJAA04C020		YJAB00A010
	YJAA04A030		YJAA04B030		YJAA04C030		YJAB00A020
	YJAA04A040		YJAA04B040		YJAA04C040		YJAB00A030
	YJAA04A050		YJAA04B050				YJAB00A040
	YJAA04A060		YJAA04B060				YJAB00A050
	YJAA04A070						

图 7.8　预警数据库 E-R 模型图

7.3　三维综合信息展示模块研发

随着滑坡实时监测预警系统的完善与升级，结合系统功能的具体需求与三维技术的发展趋势，针对第三方商业三维展示插件的不足与二次开发局限，开展了基于 WebGL（Web Graphics Library）技术的三维数字地球的研究。结合以往的研发经验以及目前亟需解决的问题，选用基于 WebGL 技术的 Cesium 开源框架进行三维数字地球的开发，WebGL 技术完美地解决了现有 Web 交互式三维动画的两个问题：①它通过 HTML 与 Javascript 脚本本身实现 Web 交互式三维动画的制作，无需任何浏览器插件支持；②它利用底层的图形硬件加速功能进行的图形渲染，是通过统一的、标准的、跨平台的 OpenGL 接口实现的。由于完全基于浏览器运行，用户无需安装任何插件，并且兼容目前主流的浏览器，极大地提升用户体验。

　　WebGL（Web Graphics Library）是一种 3D 绘图标准，通过 OpenGL ES 2.0 的 API（Application Programming Interface，应用程序编程接口），可以为 HTML5 Canvas 提供硬件 3D 加速渲染，因此，基于 HTML5、WebGL 技术实现的三维 GIS 平台，成为当前开发基于 B/S 架构应用平台的首选，开发者无需为各平台开发专用的三维插件，用户也不需要在访问平台之前下载、安装相关插件，只需要在浏览器中输入相应的网址即可访问三维场景。

　　三维空间信息技术日趋成熟，三维数字地球平台软件众多，如 Google Earth、Skyline、NASA 的 World Wind 等，有商用三维数字地球软件，也有免费开源的三维数字地球平台，常见三维数字地球如表 7.1 所示。

表 7.1　常见三维数字地球

序号	三维平台	是否免费	是否开源	二次开发语言
1	Google Earth	否	否	多语言
2	Skyline Globe	否	否	多语言
3	EV-Globe	否	否	多语言
4	GeoGlobe	否	否	多语言
5	InfoEarth iTelluro	否	否	.NET
6	FreeEarth	否	付费开源	C++
7	World Wind	是	是	Java、C#
8	Cesium	是	是	Javascript
9	OssimPlanet	是	是	C++
10	osgEarth	是	是	XML、C++

　　结合以往的研发经验以及滑坡实时监测预警系统中亟需解决的问题，本系统中选用 Cesium 作为三维展示平台的底层框架，Cesium 是一个基于 WebGL 技术的跨平台、跨浏览器的免费开源虚拟地球引擎，支持二维、三维可视化展示，并支持多种数据源和模型的可视化、空间分析功能，可以运行在支持 HTML5 规范的浏览器和移动设备环境中。由于 Cesium 是一套开源的三维框架，所有接口完全开放，为开发适用于滑坡实时监测预警平台的三维展示平台提供了强大的底层技术支持，如：三维地形展示、空间属性查询、无人机航拍影像快速生成三维模型、空间分析等功能，实现将监测预警平台的主要功能移植到三维数字地球。

　　此外，基于 WebGL 技术的三维数字地球，主要用于 B/S 架构（即 Web 端）的系统开发，并且可以很方便地将其移植到 C/S 架构及移动端程序，无需专门再开发针对其他平台的三维插件，为开发基于混合架构的滑坡监测预警系统提供了便利，同时可以保证每个平台下的接口统一，减少了后期维护的成本。

　　集成 Cesium 的三维综合展示平台如图 7.9～图 7.11 所示，实现了在线三维展示，三维漫游，地形剖面测量等实用功能。

　　基于统一的数据接口规范，本系统集成了国内外常见的公共地图资源，如：天地图、

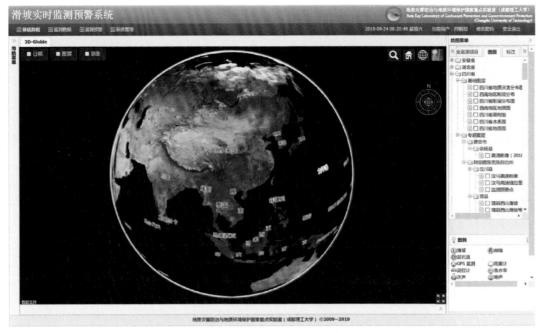

图 7.9　基于 Cesium 的三维数字地球展示效果

图 7.10　三维动画漫游展示

Google、BingMaps、ArcGIS、Openstreet 等（图 7.12），并通过 ArcGIS Server、Geoserver 等软件发布私有地图服务（图 7.13），包括：

（1）区域地质背景图，如地层、岩性、断层、地形、河流水系、道路等；

（2）专题图，如地质灾害易发性分区图、风险评价专题图、地震烈度图、地质灾害分布图、监测部署图等；

（3）影像图，如无人机航拍影像、三维模型等。

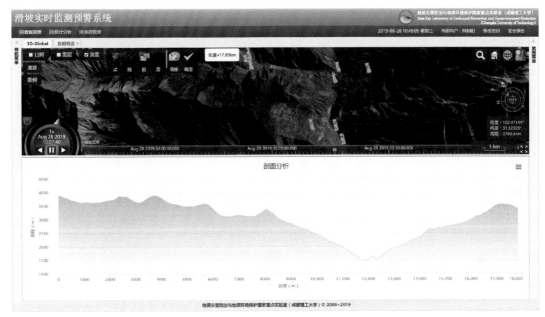

图 7.11 基于 DEM 数据的剖面分析功能

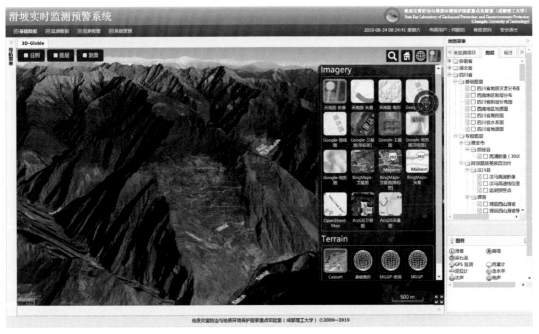

图 7.12 公共地图资源

图 7.13　自主发布的地图资源

7.4　滑坡综合信息管理模块研发

滑坡的详查资料、重点调查资料、图件、报告以及大量的实时监测数据涉及的数据类型较多，包括结构化数据和非结构化数据，需要一个高效的信息平台来进行统一管理，监测预警系统也需要一个综合的分析平台来对相关数据进行挖掘分析。以地质灾害"三查体系"为指导，实现遥感、无人机、InSAR、LiDAR 数据的有机融合，实现地理及地质因素海量图层的一体化管理，在 GIS、数据仓库、数据挖掘等技术支持下，建立对滑坡监测预警多源信息进行管理与分析，建立滑坡综合信息数据库。本模块采用 B/S 结构（Browser/Server，浏览器/服务器模式）研发，将所有地质资料和气象数据的保存与计算等功能放在服务器端运行，用户无需安装特定软件，只需在浏览器中打开相应的网页即可进行所有操作（图 7.14）。

为实现对各类滑坡基础数据的可视化展示，本模块基于三维综合展示模块，将数据通过三维数字地球进行统一的管理与展现，并集成地质灾害基础信息、平面图、现场素描图、典型地质剖面图、地质图、无人机高清航拍影像、三维模型等，建立一套地质灾害演化全过程一体化管理体系，构建滑坡综合信息数据可视化平台，同时也可以为应急抢险、指挥调度等提供数据支撑。

滑坡综合信息大致可以分为三类：

（1）空间数据

空间数据中包括区域地质背景图、遥感影像、无人机摄影、InSAR、LiDAR 等成果资

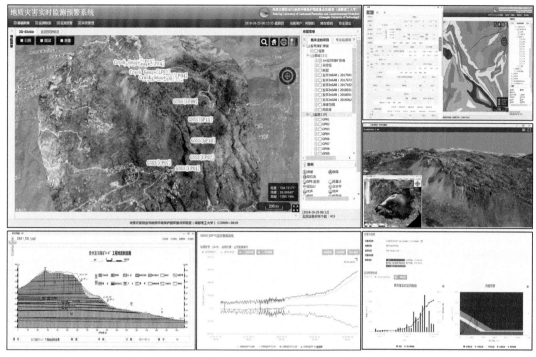

图 7.14　基础数据综合展示与管理

图层列表

图层名称：　　图层类型：5.2基础地理信息（25万）　　归属地：

查询　清空

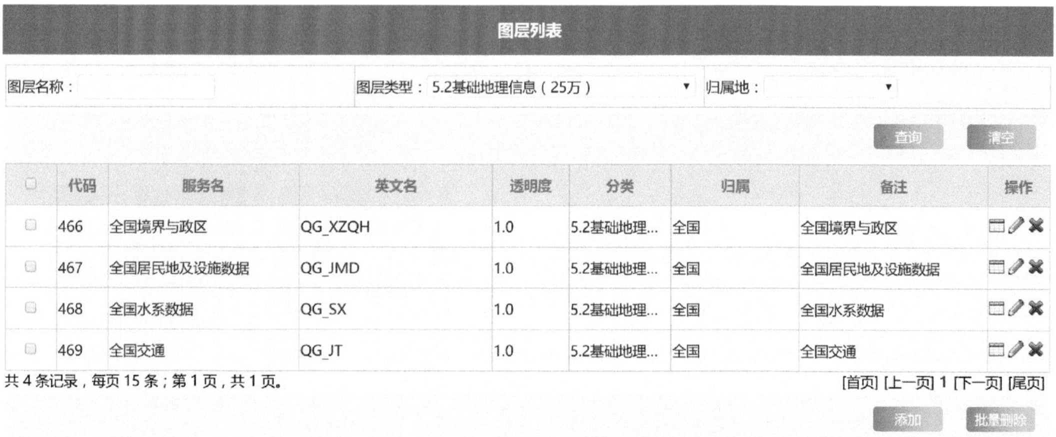

	代码	服务名	英文名	透明度	分类	归属	备注	操作
	466	全国境界与政区	QG_XZQH	1.0	5.2基础地理...	全国	全国境界与政区	
	467	全国居民地及设施数据	QG_JMD	1.0	5.2基础地理...	全国	全国居民地及设施数据	
	468	全国水系数据	QG_SX	1.0	5.2基础地理...	全国	全国水系数据	
	469	全国交通	QG_JT	1.0	5.2基础地理...	全国	全国交通	

共 4 条记录，每页 15 条；第 1 页，共 1 页。　　[首页] [上一页] 1 [下一页] [尾页]

添加　批量删除

图 7.15　空间数据资源管理

料，这类数据需要在 GIS 的支撑下实现在线可视化展示，本系统中采用 ArcGIS 与 Geoserver 相结合的方式，将这些空间数据发布成服务（图 7.15），供三维综合展示模块调用与可视化展示，如图 7.13 所示。

（2）结构化数据

结构化数据是监测预警平台中的主要数据类型，包括用于描述滑坡基本特征的表单、实时监测数据、预警信息、用户日志等，这部分数据主要通过关系型数据库进行管理，便于对数据进行统计、检索与分析，系统中结合数据类型与特征，分别采用相应的手段进行可视化处理，如表格（Easyui 的 Datagrid、Gridview 等组件）、曲线及图示（Highcharts、ECharts 等组件）等方式，效果如图 7. 16 和图 7. 17 所示。

地质灾害基础数据

行政区划　贵州省　遵义市　全部区　滑坡　全部规模等级

隐患点编号　隐患点名称　模糊查询

查询　添加

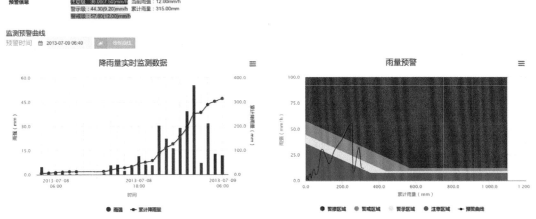

#	编号	名称	地理位置	规模	目前稳定状况	发展趋势分析	经度	纬度	定位	查看	编辑
1	5203020040101207	兰家堡53栋东侧滑坡	遵义市红花岗区迎红街道办事处迎红...	特大型	基本稳定	基本稳定	106.9106	27.6787			
2	5203020090100006	二职高滑坡	遵义市红花岗区长征街道办事处民村...	特大型	基本稳定	不稳定	106.9405	27.6825			
3	5203020100141010	煤灰坡滑坡	遵义市红花岗区礼仪街道办事处新民...	特大型	基本稳定	不稳定	106.9333	27.6695			
4	5203020110100057	杉堂树滑坡	遵义市红花岗区南关街道办事处护城...	特大型	不稳定	不稳定	106.9066	27.6558			
5	5203020110100058	柿花糟滑坡	遵义市红花岗区南关街道办事处金华...	小型	基本稳定	不稳定	106.9247	27.6158			
6	5203020120100053	茶其滑坡	遵义市红花岗区忠庄街道办事处勤乐...	特大型	稳定	不稳定	106.8563	27.6700			
7	5203020120100054	王家沟滑坡	遵义市红花岗区忠庄街道办事处幸福...	特大型	基本稳定	不稳定	106.8641	27.6719			
8	5203020120100055	胡豆塘滑坡	遵义市红花岗区忠庄街道办事处勤乐...	特大型	基本稳定	基本稳定	106.7777	27.6315			
9	5203020120100056	小庆湾滑坡	遵义市红花岗区忠庄街道办事处勤乐...	小型	基本稳定	不稳定	106.8241	27.6533			
10	5203020130101006	枷担湾滑坡	遵义市红花岗区新蒲街道办事处新中...	特大型	稳定	较稳定	107.0825	27.7417			

共 722 条记录，每页 10 条；第 1 页，共 73 页。　[首页] [上一页] 1 2 3 4 5 6 7 8 9 10 ... 73 [下一页] [尾页] 1

图 7. 16　结构化数据表格

图 7. 17　监测数据曲线与预警模型图

（3）非结构化数据

滑坡实时监测预警平台中的非结构化数据，一般是指滑坡的附件资料、系统自动生成的监测报表等，主要以文件形式保存在平台中，类型有 Word、PPT、Excel、PDF、DWG、JPG 等，这类数据要实现在线展示与管理，则需要对不同的文件类型开发相应的展示模块，常用开源的框架有 PDF. js、Viewer. js 等，展示效果如图 7. 18 所示。

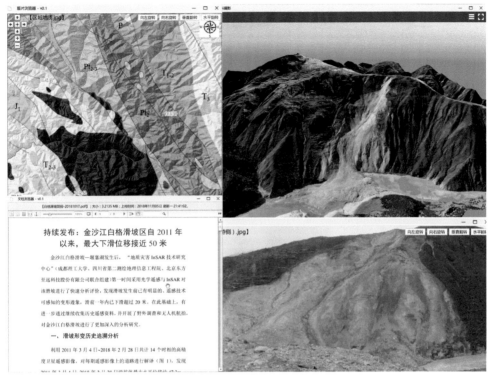

图 7.18　地质灾害基础资料综合展示（白格滑坡）

7.5　监测数据实时集成与处理分析模块研发

7.5.1　多源异构监测数据实时集成

在滑坡监测中，涉及的监测设备较多，其监测数据的类型及格式多样，并且数据在采集、传输、存储等方面都存在一定的差异，这就导致实时预警模块无法直接使用这些监测数据，因此集成各种监测数据就显得非常重要。实现对多源异构监测数据的快速集成，尽量缩短数据入库的时间，对滑坡的监测预警具有极其重要的作用，这也是实现滑坡实时预警的关键技术之一。

目前，在滑坡实时监测预警系统中，主要采用两种集成方式相结合的方式，实现对多源异构监测数据的集成，分别为第一代和第二代，主要为传统模式的被动集成模式和基于 MQTT 规范的主动集成模式。

在第一代多源异构监测数据集成平台中，主要采用传统的 ETL（Extract-Transform-Load，即数据抽取、转换、装载的过程）模式对各设备类型、各个厂家的监测数据进行集成。这种集成模式，对设备商没有具体要求，监测数据分散在各个设备商的数据库中，"多源异构监测数据集成平台"通过相应的数据字典，到各个数据库中将监测数据取回来后，转换为本监测预警系统中统一的数据格式，再写入数据中心的数据库中，其流程如图

7.19 所示。这种集成模式具有几个显著的特征：

（1）平台维护工作量较大：需要维护各个监测设备的对应关系、换算规则，同时还要管理各设备商的数据接收与解算软件、服务器等，给平台维护人员带来极大的负担；

（2）资源浪费：需要多台服务器运行各设备商的软件；

（3）数据延迟较大：监测数据从现场采集后，需要先传输到各设备商的软件平台进行解算，再存入其数据库，再由数据集成系统去获取，再写入数据中心的数据库，导致数据入库延迟较大；

（4）易于实现：由于这种方式是平台端去各设备商的数据库中获取监测数据，所以无需改变现有监测设备的数据传输方式，可以快速实现对数据的集成工作。

可以看出，这种方式设备商无需改变现有的数据传输方式，所有工作在平台端完成，因而加大了平台端的维护工作量，虽然易于实现对各类数据的集成，但存在较大的弊端。

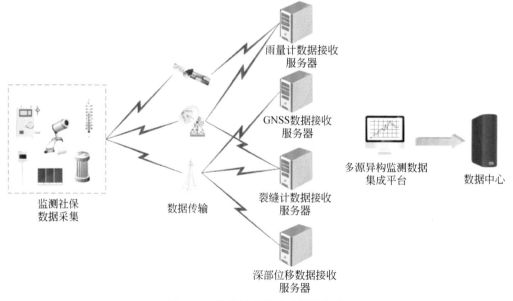

图 7.19　传统模式的被动数据集成

针对传统模式中的一些弊端，提出了一种基于 MQTT 的数据集成方式。MQTT（消息队列遥测传输，Message Queuing Telemetry Transport）是一个开放的轻量级机器对机器的协议，专为计算能力有限、工作在低带宽、不可靠的网络的传感器通讯而设计的协议，采用发布/订阅消息模式，提供一对多的消息发布，并且传输过程对网络的开销很小，以降低网络流量，从而提供高可靠、快速响应的数据集成与分发共享服务。整个数据流如图 7.20所示。

为实现基于 MQTT 的数据传输模式，首先需要定义一套数据标准，统一各类型监测数据的数据结构，并在设备端对数据传输模块进行升级，采用 MQTT 协议进行数据交互。只需一套数据标准，即可实现所有监测数据的实时入库。在这种模式中，监测数据直接传输到 MQTT 服务器，解析后直接进入数据中心的数据中，而不需要设备商的服务器与数据解算软件。

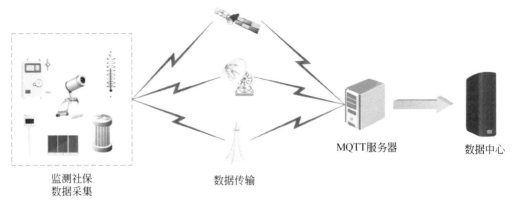

图 7.20　基于 MQTT 的数据主动集成模式

相对于传统的数据集成模式，基于 MQTT 协议的数据集成模式具有明显的优势：

（1）维护简单：平台端只需要维护 MQTT 服务器即可；

（2）节省资源：省去了设备商的服务器及数据接收解算软件，节省服务器资源，同时极大地减少了平台的维护工作量；

（3）缩短数据延迟：由于省去了中间过程，现场设备直接连接 MQTT 服务器，监测数据能实现实时入库，为监测预警赢得更多的时间。

基于 MQTT 协议的监测数据集成模式，需要设备商和平台端共同协作完成，必然增加硬件成本，尤其是对一些老旧的设备改造，成本较大，但这也是物联网技术发展的必然趋势，具有极大的优势与发展前景。

本系统中，采用两种方式相结合，充分发挥各自优势，实现对多源异构监测数据的实时集成。

7.5.2　监测数据处理与分析

一般情况下，获取的监测数据（原始数据）不能直接用于预警计算，需对监测数据进行预处理，开展缺失数据、异常数据、噪声数据的处理方法研究，并对各数据处理方法进行适应性分析研究，同时研究变形数据的初步分析方法，包括滑坡变形阶段的分析及多点监测位移的信息融合算法。作者团队专门针对监测数据的实时处理开发了系统服务，结合系统服务和作业表的模式，实现了监测数据预处理过程完全自动化（图 7.21）。

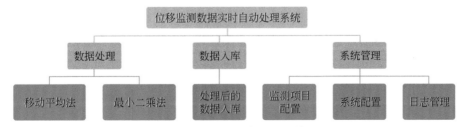

图 7.21　监测数据处理系统

系统通过程序自动计算速率增量、识别滑坡所处的变形阶段，根据监测数据特征，自动选择相应的滤波方法对监测数据进行处理，可为后续预警模型计算提供更为准确的数据，提高预警精度。同时系统可对各类监测数据进行联合分析，验证数据的准确性，如图7.22所示。

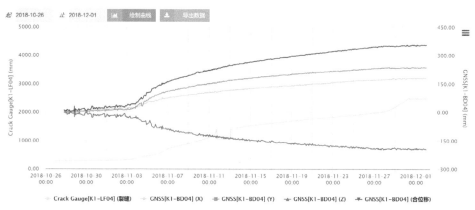

图 7.22　监测数据实时集成与联合分析样例

7.6　滑坡实时自动预警模块研发

监测预警模块是地质灾害实时监测预警系统的核心部分，而自动、实时的预警计算技术是一项必不可少的技术。预警计算处理模块需要对系统接收到的监测数据进行实时的预处理，包括异常数据剔除、数据修匀、数据拟合等，再结合预警模型、阈值等快速计算出预警等级。为保障整个计算过程稳定、实时的运行，本系统中采用预警作业+作业调度的方式设计监测预警模块，整个流程如图7.23所示。

图 7.23　自动预警计算流程

7.6.1　预警模块框架设计

要实现对地质灾害的实时预警，必然涉及预警程序的调度问题，也就是如何启动预警程序进行预警。一般而言，预警模块中启动预警计算的调度方式有两种：定时驱动和数据驱动。

（1）定时驱动
是目前采用比较广泛的一种方法，即让预警程序在一定时间间隔（如：5分钟、10分钟、一小时、一天、…）重复启动，循环处理监测数据、划分预警等级；

（2）数据驱动

以监测数据流为主导，即：在监测预警平台接收到新的监测数据后，立即启动预警程序，进行预警。

从上面的描述可以看出，两种方法各有优势、适用于不同的计算需求场景，两种调度方法的优缺点如表 7.2 所示：

表 7.2 两种计算调度方法的比较

调度方法	优点	缺点
定时驱动	1. 易于实现：程序设计及实现较为简单，定时间隔启动预警程序即可； 2. 适用于雨量预警模型：适用于雨量预警模型中，定时计算累计雨量及雨强等参数进行预警。	1. 预警延迟：无法实现实时预警，受时间间隔的影响，每次预警都有一定的延迟； 2. 浪费计算资源：如果某一时间段内没有新数据接入，这种方法仍然要启动预警计算，造成计算资源的浪费。
数据驱动	1. 实时预警：一旦有新的监测数据接入即可启动预警，尽量缩短预警等待时间，为应急抢险撤离等尽可能多的赢得时间； 2. 节约计算资源：如果没有新数据接入，则无需启动预警； 3. 处理位移（累计量）、渗压（状态量）等数据较为方便。	1. 逻辑复杂：程序启动计算的判断策略较为复杂； 2. 对雨量预警模型支持不好：在某一段时间内如果没有降雨，一般情况下雨量计不回传数据，受限于雨量数据的特征，所以不能通过雨量数据驱动程序计算累计雨量、雨强等参数进行预警。

在地质灾害实时监测预警系统中，用于常规预警模型计算的监测数据，主要可以分为三类：状态量、累计量与雨量数据（表 7.3）。结合这三类数据的数据特征，分别采用不同的计算模型和调度方式进行地质灾害预警计算。本系统中结合实际需求，采用两种方式相结合的混合计算调度模式，即采用数据驱动的方式处理状态量和累计量数据，采用定时计算方式处理雨量数据。

表 7.3 常见监测数据分类及计算参数

监测数据类型	监测设备	计算参数
状态量	泥位计、地下水位计、渗压计、含水率、倾角仪、温度计等	1. 当前状态（最新的监测值） 2. 变化速率
累计量	裂缝计、GNSS、多点位移计、深部位移计等	1. 变形速率 2. 速率增量 3. 累计位移 4. 改进切线角
雨量数据	雨量计	1. 降雨起始时间 2. 累计雨量 3. 10 分钟雨强 4. 小时雨强 5. …

为实现对滑坡的实时自动预警，作者团队研发了自动监测预警模块，可实现对滑坡的定时预警、数据驱动预警，同时也可以手动触发预警模块。如图 7.24 所示。

图 7.24　监测预警模块运行过程

7.6.2　监测预警成果展示

为了解决阈值预警的弊端，作者团队引入了"过程预警"的概念，充分考虑地质灾害变形演化过程及其趋势，实现对地质灾害的动态跟踪与过程预警，提高监测预警的精度。

在系统中如何直观展示对滑坡变形演化阶段的划分、表达动态跟踪与过程预警，也是本模块中的一个主要功能。过程预警模型主要参数有速率阈值，速率增量，结合改进切线角模型，对滑坡进行过程预警，Web 端采用 Javascript 脚本结合 Highcharts 组件，对预警结果进行实时动态绘制，并将多种预警指标叠加到同一张图中，还可分析不同指标的相关性，实现对滑坡的过程预警，反应滑坡整个变形演化过程。如图 7.25 所示为贵州兴义龙井村滑坡 5 号裂缝计（LF05）的过程预警图，图中时间为 2019 年 2 月 17 日 05：50。

图 7.26 和图 7.27 为西藏江达县白格滑坡的过程预警图，从切线角曲线可以看出，随着滑坡变形速率的增加，其切线角也在不断地增大，11–10 16：00 时切线角超过 80°，发出橙色预警短信，最终设备破坏时 $\alpha = 88.63°$，表明切线角模型在滑坡加速变形阶段能够较好地响应，为准确预警滑坡提供了数据支撑，同时，基于过程预警的思想也得到了很好的验证。

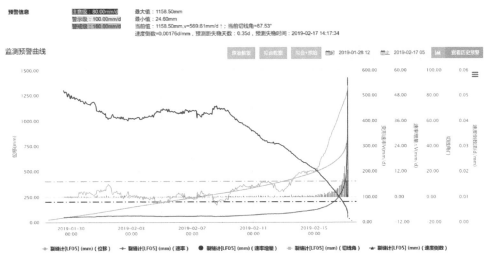

图 7.25　贵州兴义龙井村滑坡过程预警图（LF05）

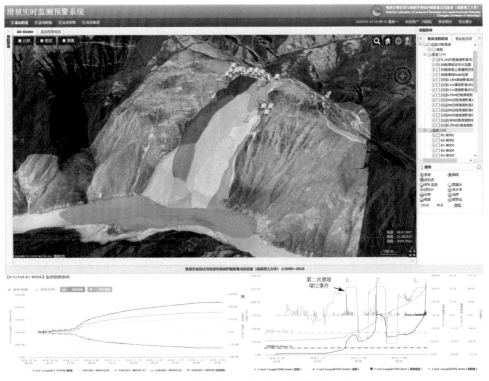

图 7.26　西藏江达县白格滑坡预警过程图

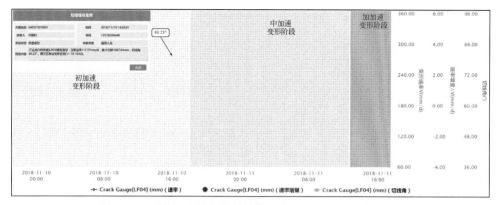

图 7.27　西藏江达县白格滑坡第 3 次（图 7.26）预警过程

7.7　监测预警信息发布模块研发

实时自动预警模块中确定预警等级后，预警系统会根据监测设备类型、预警值、预警等级等信息动态生成预警短信，再通过短信或 app 将不同预警等级的信息推送到相关的责任人。一旦隐患点的预警进入安全级，或是通过专家研判后认为隐患点处于安全状态，系统也会及时地发送"预警解除"信息到相关人员。除了常规的预警短信外，系统还会自动发送其他短信，如：针对监测设备管理人员，系统会及时提醒监测设备状态异常、监测数据值有可能异常等；针对管理人员，系统会在每天 17：00 自动发送当天的监测简报，简要描述隐患点当天监测情况，便于管理人员了解隐患点情况。

预警短信模板如表 7.4 所示，包括隐患点名称、预警时间、降雨强度、雨强、累计雨量、变形速率、切线角等预警参数（表 7.5），可根据实际需求进行编制或修改，加入建议措施等信息。

表 7.4　预警短信模板

短信类别	预警级别	预警短信模板	接收对象	备注
降雨量	注意级	【{name}】{ri}，{t1}　~　{t2} 累计雨量 {total} mm，雨强 {hour} mm/h。建议关注降雨趋势。	值班人员 责任人	
	警示级	【{name}】{ri}，{t1}　~　{t2} 累计雨量 {total} mm，雨强 {hour} mm/h。建议持续关注降雨趋势。	值班人员 责任人 管理人员	
	警戒级	【{name}】{ri}，{t1}　~　{t2} 累计雨量 {total} mm，雨强 {hour} mm/h。建议持续关注降雨趋势。	值班人员 责任人 管理人员	

续表

短信类别	预警级别	预警短信模板	接收对象	备注
降雨量	警报级	【｛name｝】｛ri｝，｛t1｝ ~ ｛t2｝ 累计雨量 ｛total｝ mm，雨强 ｛hour｝ mm/h。建议持续关注降雨趋势。	值班人员 责任人 管理人员 主管领导	
位移值	注意级	【｛name｝】（｛id｝）蓝色预警：变形速率 ｛hour｝ mm/d，累计位移 ｛total｝ mm，请关注。（｛t2｝）	值班人员 责任人	该级别 无切线角
	警示级	【｛name｝】（｛id｝）黄色预警：变形速率 ｛hour｝ mm/d，累计位移 ｛total｝ mm，请关注。（｛t2｝）	值班人员 责任人 管理人员	该级别不计算切线角
	警戒级	【｛name｝】（｛id｝）橙色预警：变形速率 ｛hour｝ mm/d，累计位移 ｛total｝ mm，切线角 ｛qxj｝°，请关注。（｛t2｝）	值班人员 责任人 管理人员	
	警报级	【｛name｝】（｛id｝）红色预警：变形速率 ｛hour｝ mm/d，累计位移 ｛total｝ mm，切线角 ｛qxj｝°，请关注。（｛t2｝）	值班人员 责任人 管理人员 主管领导	
每日简报	——	【｛name｝】【每日简报】GNSS 监测：｛id_ total_ gnss｝ 累计变形量最大 ｛total_ gnss｝ mm，｛id_ hour_ gnss｝ 今日变形速率最大 ｛hour_ gnss｝ mm/d，变形速率超过 ｛threshold_ gnss｝ mm/d 的点：｛id_ threshold_ gnss｝；裂缝监测：｛id_ total_ lf｝ 累计变形量最大 ｛total_ lf｝ mm，｛id_ hour_ lf｝ 今日变形速率最大 ｛hour_ lf｝ mm/d，变形速率超过 ｛threshold_ lf｝ mm/d 的点：｛id_ threshold_ lf｝；日降雨量最大（｛id_ total_ yl｝）｛max_ total_ yl｝ mm，最大雨强（｛id_ hour_ yl｝）｛max_ hour_ yl｝ mm/h，请关注。（｛t2｝）	管理人员	
设备状态	——	【｛name｝】监测点 ［｛ids｝］ 超过 24 小时未收到数据，请关注。（｛t2｝）	设备管理员	
数据异常	——	【｛name｝】（｛id｝）监测数据可能存在异常：变形速率 ｛hour｝ mm/d，累计位移 ｛total｝ mm，请关注。（｛t2｝）	系统管理员	
预警解除	——	【｛name｝】预警已解除，请关注。（｛t2｝）	相关人员	

表 7.5　预警短信参数

参数	类型	描述
name	字符串	隐患点名称
id（s）	字符串	单（多）个监测点的编号
ri	字符串	降雨强度

续表

参数	类型	描述
t1，t2	时间	t1 为降雨开始时间，t2 为降雨结束时间或当前时间
total	数字	一场雨的累计雨量，或累计位移值
hour	数字	雨强，或变形速率
qxj	数字	改进切线角模型中的切线角

为了将监测预警系统生成的预警信息及时发布出去，开发了"预警信息实时发送服务"，该服务常驻系统后台，实时监控预警数据库中的预警信息，根据相应的短信发送接口，将预警信息实时发布到相关责任人手中。该服务开发了多种短信发送接口，可根据实际情况进行配置选用，如图 7.28 所示。

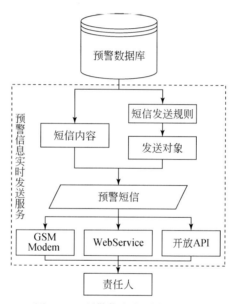

图 7.28　预警信息实时发送服务

（1）GSM Modem

该模式下需要 GSM Modem（短信猫）硬件的支持，短信需排队依次单条发送，效率较低，可借助于多口设备实现多通道同时发送，如六口 GSM Modem 可以同时发送六条短信。这种方式发送短信效率较低，容易导致短信猫堵塞、卡死，适用于少量短信的发送；

（2）WebService

该方式无需硬件支持，只需和第三方服务商合作，借助于第三方的短信发送服务，调用其发布的 WebService 即可发送短信，如移动 MAS（Mobile Agent Server）业务平台，发送短信的效率很高，并发性高，稳定性很好，同时资费也较高，适用于大规模、商业用户；

（3）开放 API

通过调用公开免费或收费的 API 服务，如奇致短信平台、邮差、推立方等，同样可以很轻松地实现预警信息的发送，该方式发送短信的效率较高，稳定性较好，费用低廉，适用于较大规模的短信群发。

"预警信息实时发送服务"实时监控预警数据库中预警信息的变化情况，一旦有新的预警信息写入，则立即启动短信发送模块，保证预警信息能够及时地送达到相应的责任人，除短信模块外，还支持通过自主开发的监测预警移动终端 App 下发预警信息（图7.29）。

图 7.29　预警信息实时发布

第8章 滑坡灾害应急预防体系

8.1 滑坡应急调查

滑坡应急调查目的是查明滑坡基本特征、灾害险情或灾情，为制定滑坡灾害防灾预案和应急处置方案提供信息和资料。按照工作阶段分为汛前检查、汛期巡查和险（灾）情调查。主要调查内容包括滑坡基本特征、滑坡危害对象或受灾损失。处在不同状况的滑坡，应急调查的具体内容如下。

（1）对于已经发生的滑坡，主要调查滑坡发生时间、受灾情况；滑坡的形态、规模、物质组成及结构；滑坡运动形式、滑速、滑距；滑坡形成条件、成因及诱发因素；目前的稳定性状况、复活或变形迹象、发展趋势；并提出应急处置方案及措施。

（2）对于正在变形的滑坡，主要调查滑坡变形的出现时间、裂缝分布和连通情况；滑坡的形态和规模；滑面性状、滑体组成结构和滑床岩性；地下水出露情况；滑坡变形机制及诱发因素；滑坡附近人口、经济情况；判定滑坡稳定性、发展趋势、发生的危险性及可能的影响范围，并提出防治措施建议。

（3）对于多年前发生、目前并无运动迹象的滑坡（古老滑坡或休眠滑坡），如果有迁建城镇或集中居民点或是重要工程设施如交通干线通过，也应对之进行调查以判定这些工程活动是否会引起滑坡的整体或局部复活，并提出今后的防灾减灾建议。

（4）对于有发生滑坡潜在危险性的斜坡，主要调查斜坡的地层岩性、坡体结构、不连续面的性质及组合特征以及产状与斜坡倾向的关系，可能构成滑坡几何边界条件的结构面，坡体异常情况及附近人口、经济情况，以此判定滑坡发生的危险性及可能的影响范围，并提出防治措施建议。

为保证调查中取得资料的系统性和完整性，可参照国际工程地质协会滑坡委员会的调查表，见滑坡调查表（附表1）和斜坡稳定性调查表（附表2）。对于老（古）滑坡调查识别的标志，可参照附表3。

8.2 滑坡防灾预案体系

8.2.1 灾情险情分级

按照人员伤亡或经济损失大小，将地质灾害分为特大型、大型、中型、小型共4个等级。分级标准见表8.1。

表 8.1　地质灾害分级标准

级别	灾情		险情	
	死亡人数/人	直接经济损失/万元	威胁人数/人	潜在经济损失/万元
特大型	>30	>1000	>1000	>10000
大型	10~30	500~1000	500~1000	5000~10000
中型	3~10	100~500	100~500	500~5000
小型	<3	<100	<100	<500

8.2.2　防灾预案

县级以上地方人民政府自然资源主管部门会同同级建设、水利、交通等部门依据各级地质灾害防治规划，拟定各级年度地质灾害防治方案，报本级人民政府批准公布后实施。

1. 地质灾害预案点分级

1）省级预案点

特大型地质灾害预案点，省自然资源厅组织省地质环境监测总站编制和实施，每年开展省级预案点的汛前检查及监测工作的落实，建立监测查询制度，省自然资源厅或省地质环境总站派出人员至现场，调查实情，指导防灾救灾工作。

2）市（州）级预案点

大型、中型地质灾害预案点，市（地、州）自然资源局组织市（地、州）地质环境监测站编制市（州）级预案，每年开展预案点的汛前检查及监测工作的落实，建立监测查询制度，出现重大险情时，市（地、州）人民政府及时启动预案，落实防灾措施，自然资源局组织市地质环境监测站赶赴现场，调查险情，指导防灾救灾工作，并上报省自然资源厅。

3）县级预案点

小型地质灾害预案点，县自然资源局组织县级预案的编制与实施，开展汛前检查、汛期巡查，完善地质灾害巡查制度、速报制度和值班制度，组织各乡镇落实本行政区域的群测群防工作，落实监测、报警单位和监测责任人，监测人员发现重大险情时，及时向县级人民政府和自然资源局报告，按授权启动防灾预案。

2. 省、市、县区域性地质灾害防灾预案的编制

防灾预案主要包括以下内容。

（1）概述上一年度地质灾害监测预警、灾情险情及防灾减灾情况；

（2）初步分析、预测、评估本年度地质灾害危险性及可能的诱发因素；

（3）确定重点防治区和重大地质灾害防治点；

（4）对城镇、大中型厂矿、风景名胜区、重要交通干线、水利水电工程的地质灾害隐患作出评价预测，提出防治措施建议；

（5）对重大地质灾害隐患点提出具体防灾减灾措施；

（6）制定汛前检查、汛期突发地质灾害或隐患点调查巡查计划；

（7）按行政区编制地质灾害点预案表。

需要填制表格：

"××××年×××省（市、县）地质灾害危险（隐患）点预案表"（附表4）。

3. 地质灾害（隐患）点防灾预案的编制

预案点编制主要包括以下内容。

（1）地理位置。

（2）滑坡规模及变形特征。

（3）危险区范围：滑坡危险区的确定主要取决于滑坡体大小和滑坡体滑动的距离，以及由于堵沟、堵河引发的次生灾害区。

（4）危害性及危害对象。

（5）诱发因素。

（6）临灾前兆特征：①滑坡体后缘出现弧形下错拉张裂缝，前部出现横向及纵向放射状鼓张裂缝，两侧出现羽状剪切裂缝，急剧扩展贯通。这是判断进入临滑阶段的重要标志。②监测位移或裂缝变形量快速增长。③滑坡体四周岩土体小崩小塌频繁或出现松弛卸荷现象。④滑坡体前缘坡脚处堵塞多年的泉水复活，或者出现泉水（水井）突然干枯、井水位突变等异常现象。⑤岩石出现开裂或挤压破碎声响。动物往往对此十分敏感，可能出现异常反应。

（7）动态监测及手段。滑坡地表位移监测、裂缝变形监测、建筑物变形监测、地下水监测、降水监测等。

（8）防灾责任人及监测责任人落实。

（9）避让及防治建议：①发现险情时主动搬迁避让。确定疏散路线，避灾地点，疏散信号，疏散命令发布人，抢、排险单位及负责人，治安保卫单位及负责人，医疗救护单位及负责人。对滑动速度快的滑坡，可采取强制措施组织避让、疏散、搬迁。②采取应急工程治理措施。

需要填制如下表格：①"×××地质灾害隐患（危险）点防灾预案表"（附表5）。②"崩塌、滑坡、泥石流等地质灾害防灾工作明白卡"（附表6）。③"崩塌、滑坡、泥石流等地质灾害防灾避险明白卡"（附表7）。

8.2.3　应急预案

1. 编制依据及内容

《地质灾害防治条例》第二十五条："县级以上地方人民政府国土资源（自然资源）主管部门会同同级建设、水利、交通等部门拟订本行政区域的突发性地质灾害应急预案，报本级人民政府批准后公布"。突发性地质灾害应急预案编制包括以下内容。

(1) 应急机构和有关部门的职责分工;

(2) 抢险救援人员的组织和应急、救助装备、资金、物资的准备;

(3) 地质灾害的等级与影响分析;

(4) 地质灾害调查、报告和处理程序;

(5) 发生地质灾害时的预警信号、应急通信保障;

(6) 人员财产撤离、转移路线、医疗救治、疾病控制等应急行动方案。

地质灾害应急预案分为险情预案和灾情预案。

1) 险情预案

险情预案主要是指突发地质灾害点出现临灾险情,需要紧急采取措施进行防御而制定的临灾应急反应预案。重大突发地质灾害险情应急处置简称"险情应急",是指地质体的运动态势具有发展演化成为重大地质灾害事件,从而造成重大危害的可能性或危险性,为避免发展成灾而采取的紧急转移人员、财产和工程控制的一系列行动。险情预案的重点是制定切实可行的紧急搬迁撤离措施和应急工程控制,避免险情演变为灾情。险情预案应主要明确以下内容:①各级人民政府收到地质灾害险情预报后,根据预测地质灾害的危害程度和规模大小及地质灾害防治工作领导小组的建议,人民政府决定是否启动本级应急预案。②同时通报地质灾害防治工作领导小组各专业组做好救灾的各项准备工作。③各级地质灾害防治工作领导小组应加强与预报区的联络,密切注视和跟踪灾情并及时向本级政府汇报,预报区地方人民政府应立即做出临灾应急反应。④自然资源管理部门加强监测,随时向当地和上级政府报告灾情变化趋势,根据灾情发展,组织避灾疏散,平息谣传或误解,保持社会安定。

2) 灾情预案

灾情预案是指地质体的运动已经造成重大危害,并可能扩大或加剧这种危害的范围与程度,为搜救失踪或受伤人员、抢救财产、转移人员避免新的危害发生而制定的一系列紧急处置行动措施,是灾害发生后的应急反应。灾情预案的工作重点是搜救失踪或受伤人员、转移人员避免新的危害发生。采取紧急监测和工程措施控制可能再次发生的灾害隐患,适时选择新居民点场址并评估其地质安全问题。灾情预案应主要明确以下内容:①灾害发生后,所在地人民政府应立即启动地质灾害防灾应急预案,了解灾情,确定应急规模,并立即开展人员抢救和工程抢险工作。②根据灾情危害性等级,逐级或同时越级上报。③各级政府对地质灾害采取应急措施,在迅速了解灾情基础上,根据受灾程度、范围,按照本级地质灾害防灾应急预案,投入地质灾害救灾工作。④各级地质灾害防治工作领导小组要密切跟踪灾情,并组建地质灾害救灾现场指挥部,在本级政府的领导下,部署指导协调灾区政府和救灾各专业组进行救灾工作,请求上级政府及有关部门对灾区进行支援,必要时请驻军调派部队赶赴灾区,开展救援行动。⑤地质灾害所在市(地、州)、县人民政府及地质灾害领导小组要迅速了解灾情,立即报告上级并通报有关部门,根据启动的地质灾害应急预案,安置和疏散灾民;组织干部、群众进行自救互救;接待安置救援人民及救灾物资、调集资金和监督使用，平息灾害谣传和误传，解除群众恐慌心理，维护社会安定。

2. 应急预案组织机构及职责

1）工作原则

《地质灾害防治条例》和《国家突发地质灾害应急预案》明确规定地质灾害应急处置工作原则为"统一领导、部门分工、分级管理、综合协调、快速高效"。

2）组织机构及职责

（1）地质灾害防治工作领导小组。

组建目的：加强地质灾害防治工作的领导，实现部门协作，科学有序地处置地质灾害。

主要职责：统一领导地质灾害应急工作，协调解决地质灾害处置工作中的重大问题等。

组建方式：应由各级政府分管领导担任领导小组组长，政府副秘书长和自然资源、应急管理、宣传部门的领导担任副组长。发改委、经贸委、财政、民政、自然资源、建设、交通、水利、卫生、气象、安监等有关职能部门的负责同志为领导小组成员。领导小组的具体工作由国土资源部门承担。

（2）应急指挥部。突发地质灾害的发生在时间上有一定的规律性，主要发生在汛期，因此各级政府应成立汛期地质灾害防治应急指挥部。

汛期地质灾害应急指挥部主要职责应为：①执行地质灾害防治工作领导小组下达的地质灾害抢险救灾任务；②负责组织、协调、指导和监督地质灾害的应急处置工作；③负责协调指挥部各组成机构的工作；④下级汛期地质灾害防治应急指挥部负责配合上级汛期地质灾害防治应急指挥部的工作。

各级汛期地质灾害防治应急指挥部下设应急分队，其主要职责应为：①按照同级指挥部的安排，及时赶赴灾害现场参与抢险救灾；②及时向同级指挥部通报现场情况，处理现场各种临时情况；③负责组织现场应急调查、处置工作；④负责协调与其他相关部门的工作联系；⑤负责应急调查报告的编写和上报；⑥承担同级指挥部交办的其他汛期地质灾害防治相关工作。

（3）参与地质灾害应急处置相关部门及职责。

各级政府救灾办公室和应急管理部门：①及时收集灾情信息，掌握抗灾救灾情况，发布灾情；②快速准确地向本级政府领导报告灾情，为本级政府指挥抢险救灾提供建议和意见；③协助政府办公室办理有关地质灾害抗灾救灾方面的文、会、事；④做好抗灾救灾的组织协调工作；⑤会同有关部门提出抗灾救灾资金、物资安排意见，送政府领导审批。

财政部门：负责及时筹集调度救灾资金，确保救灾资金及时足额到位。

民政部门：①协助政府调查核实灾区房屋损失、灾民生活情况；②协助政府做好危险区灾民临时转移安置工作；③帮助做好灾民生活安排工作，并视其灾情按规定给予适当的救济补助；④向上级民政部门报告灾情。

建设部门：①组织开展工程建设诱发地质灾害隐患的排查、监测；②组织工程建设诱发地质灾害的抢险救灾；③制定应急排危方案并组织实施；④保护供水、供气、供电等设施，保障正常运行。

水利部门：①水情和汛情的监测以及地质灾害引起的次生洪涝灾害的处置；②当地质灾害威胁到水利设施时，有关负责人到现场组织抢险救灾，及时制定抢险排险方案，迅速恢复水利设施的正常使用。

交通部门：当地质灾害威胁到交通干线时，有关负责人到现场组织抢险救灾，并及时制定抢修、疏通方案，迅速恢复交通。

卫生部门：组织医护、防疫人员、医疗设备及药品等进入灾区，帮助、指导灾区防疫消毒和救治伤员。

气象部门：①负责进行灾害性天气趋势分析和预报，保证抢险救灾工作顺利进行；②及时收集和核实气象灾害情况，向政府和上级气象部门报告。

公安部门：①负责组织调动公安消防部队协助灾区政府动员受灾害威胁的居民以及其他人员疏散，转移到安全地带，情况危急时可强制组织避灾疏散；②对被压埋人员进行抢救；对已经发生或可能引起的水灾、火灾、爆炸及剧毒和强腐蚀性物质泄漏等次生灾害进行抢险，消除隐患。

旅游部门：负责指导、督促相关部门做好旅游服务设施的保护和排险，做好旅游景点游客的疏散工作。

教育部门：负责指导、督促和帮助灾区政府修复受损毁校舍或应急调配教学资源，妥善解决灾区学生的就学问题。

环保部门：如发生的地质灾害可能造成次生突发环境污染事件时，负责配合进行水、气、辐射环境等应急监测，采取有效措施防止和减轻环境污染危害。

信息产业部门：负责组织协调电力通信运营企业尽快恢复受到破坏的通信设施，保证应急指挥信息通信电力畅通。

地震部门：负责提供地质灾害所需的地震资料信息，对与地质灾害有关的地震趋势进行监测预报。

其他有关部门按照职责分工，积极参与抢险救灾工作。

3. 应急保障体系

1）应急队伍、资金、物资、装备保障

各级政府应加强地质灾害专业应急防治与救灾队伍建设，确保灾害发生后应急防治与救灾力量及时到位。专业应急防治与救灾队伍、武警部队、乡镇（村庄、社区）应急救援志愿者组织等平时要有针对性地开展应急防治与救灾演练，提高应急防治与救灾能力。

地方各级人民政府应储备用于灾民安置、医疗卫生、生活必需等必要的抢险救灾专用物资，保证抢险救灾物资的供应。

2）通信保障与信息传递

各级政府应加强地质灾害监测、预报、预警信息系统建设，充分利用现代通信手段，把有线电话、卫星电话、移动手机、无线电台及互联网等有机结合起来，建立覆盖全国的地质灾害应急防治信息网，并实现各部门间的信息共享。

3）应急技术保障

（1）地质灾害应急防治专家组。各级应急管理和自然资源行政主管部门应成立地质灾害应急防治专家组，为地质灾害应急防治和应急工作提供技术咨询服务。

（2）地质灾害应急防治科学研究。各级政府应鼓励和引导有关单位开展地质灾害应急防治、救灾方法和技术研究，开展应急调查、应急评估、地质灾害趋势预测、地质灾害气象预报预警技术的研究和开发，要加大对地质灾害预报预警科学研究技术开发的工作力度和投资，同时开展针对性的应急防治与救灾演习和培训工作。

4）宣传与培训要求

加强公众防灾、减灾知识的宣传和培训，对广大干部和群众进行多层次多方位的地质灾害防治知识教育，增强公众的防灾意识和自救互救能力。

5）信息发布

地质灾害灾情和险情的发布应有一定的工作制度，应统一按各级政府《突发公共事件新闻发布应急预案》的要求执行。

6）监督检查

上级防灾主管部门应组织力量对各级有关部门的应急预案落实情况和各项地质灾害应急防治保障工作进行有效的督导和检查，及时总结地质灾害应急防治实践的经验和教训，督促各级有关部门将应急防治工作落到实处。

4. 应急响应制度

编制突发地质灾害应急预案的目的是高效有序地做好突发地质灾害应急防治工作，避免或最大限度地减轻灾害造成的损失，维护人民生命、财产安全和社会稳定，与此同时，建立一套科学、高效、有序的应急响应工作制度是十分必要的。

1）地质灾害应急响应级别

地质灾害应急工作遵循分级响应程序，根据地质灾害的等级确定应急响应级别和应急机构。

特大型、大型地质灾害灾情和险情的应急工作，在省（区、市）人民政府领导下，由省（区、市）地质灾害应急防治指挥部组织实施，各级基层政府及相关部门参与应急响应。对于特大型地质灾害灾情和险情，应急管理部会同自然资源部应组织协调有关部门赴灾区现场指导应急防治工作，派出专家组调查地质灾害成因，分析其发展趋势，指导地方制定应急防治措施；对于大型地质灾害灾情和险情，应急管理部会同自然资源部派出工作组协助地方政府做好地质灾害的应急防治工作。必要时，国务院可以成立地质灾害抢险救灾指挥机构。

中型地质灾害灾情和险情的应急工作,在市(地、州)人民政府领导下,由市(地、州)地质灾害应急防治指挥部组织实施,各级基层政府及相关部门参与应急响应。必要时,灾害出现地的省(区、市)人民政府派出工作组赶赴灾害现场,协助市(地、州)人民政府做好地质灾害应急工作。

小型地质灾害灾情和险情的应急工作,在县(市)人民政府领导下,由县(市)地质灾害应急防治指挥部组织实施,各级基层政府及相关部门参与应急响应。必要时,灾害出现地的市(地、州)人民政府派出工作组赶赴灾害现场,协助县(市)人民政府做好地质灾害应急工作。

2) 建立地质灾害预防和预警工作机制

(1) 预防预警信息。①监测预警体系建设。建立以预防为主的地质灾害监测预警体系建设,开展地质灾害调查,编制地质灾害防治规划,建立地质灾害群测群防网络和专业监测网络,形成覆盖全部易发区的地质灾害监测网络。自然资源、水利、水文、气象要密切合作,逐步建成与防汛监测网络、气象监测网络互联,连接有关部门、基层政府的地质灾害信息系统,及时传送地质灾害险情、灾情、汛情和气象信息。②信息收集与分析。负责地质灾害监测的单位,应广泛收集、整理与突发地质灾害预防预警有关的数据资料和信息,进行地质灾害中、短期趋势预测,建立地质灾害监测、预警、预报等资料数据库,实现各部门间的共享。

(2) 预防预警行动。①编制年度地质灾害防治方案。②地质灾害险情巡查。各级人民政府自然资源主管部门应充分发挥地质灾害群测群防和专业监测网络的作用,进行定期和不定期的检查,应加强对地质灾害重点地区的监测和防范,发现险情时,应及时向当地人民政府和上一级自然资源主管部门报告。当地县级人民政府应及时划定灾害危险区,设置危险区警示标志,确定预警信号和撤离路线。根据险情变化及时提出应急对策,组织群众转移避让或采取排险防治措施,情况危急时,应强制组织避灾疏散。③"防灾明白卡"发放。为提高群众的防灾意识和能力,地方各级人民政府应根据当地已查出的地质灾害危险点、隐患点,将群测群防工作落实到具体单位,落实到乡(镇)长和村委会主任以及受灾害隐患点威胁的村民,应将涉及地质灾害防治内容的"明白卡"发放到村民手中,并给予指导。④建立地质灾害预报预警制度。地方各级自然资源主管部门和气象主管机构应加强合作,联合开展地质灾害气象预报预警工作。

3) 地质灾害速报制度

(1) 速报时限要求。各级自然资源主管部门接到当地出现特大型、大型、中型地质灾害报告后,必须在 2 小时内速报本级人民政府、上级主管部门,同时可直接速报上级政府和主管部门,并抄报本级相关部门。对发生在敏感地区、敏感时间或可能演化为中型(含中型)以上地质灾害的小型地质灾害也要按上述要求速报。

(2) 速报的内容。地质灾害速报的内容应主要包括地质灾害险情或灾情出现的地点和时间、地质灾害类型、灾害体的规模、可能的引发因素和发展趋势等。灾情速报内容还应包括伤亡和失踪的人数以及造成的直接经济损失。

8.3 滑坡群测群防体系

"地质灾害群测群防"简言之就是群众监测自主预防，是指地质灾害易发区的县、乡两级人民政府和村（居）民委员会，组织辖区内的企事业单位和广大人民群众，在自然资源部门和相关技术部门的指导下，通过开展宣传培训、建立防灾制度等手段，对崩塌、滑坡、泥石流等突发地质灾害前兆和动态进行调查、巡查及简易监测，实现对灾害的及时发现、快速预警和有效避让的一种主动减灾措施。适合在广大农村地区进行推广。

《地质灾害防治条例》第六条："县级以上人民政府应加强对地质灾害防治工作的领导，组织有关部门采取措施，做好地质灾害防治工作。县级以上人民政府应当组织有关部门开展地质灾害防治知识的宣传教育，增加公众的地质灾害防治意识、自救和互救能力"。第十四条："国家建立地质灾害监测网络和预警信息系统。县级以上人民政府国土资源（自然资源）主管部门应当会同建设、水利、交通等部门加强对地质灾害险情的动态监测"。第十五条："地质灾害易发区的县、乡、村应当加强地质灾害的群测群防工作"。第十七条："国家实行地质灾害预报制度"。条例对这项工作也提出了明确要求。

群测群防的优点：可以同时对大范围大量地质灾害隐患点实施监测和预警。从1998年实施以来至2006年，我国采取群测群防共成功避让地质灾害两千七百多起，安全转移数十万人，发挥了重要作用（图8.1）。其中2006年就成功避让地质灾害478起，安全转移20566人，避免财产损失2.39亿元。

群测群防的缺点：技术方法比较落后，在暴雨或夜晚可能会错失灾害预报机会，巡视巡查在灾害活动区的人员，存在一定危险，发现险情不便及时通知和预警。

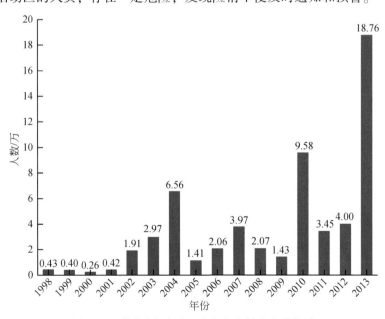

图 8.1 群测群防成功避让和安全转移人数统计

8.3.1　群测群防体系构成

地质灾害群测群防体系是为实现群众监测群众预防地质灾害而建立的一种防灾制度和措施, 由市、县、乡、村、社五级网络和群测群防点, 以及相关的信息传输渠道和必要的管理制度组成。如图 8.2 所示。

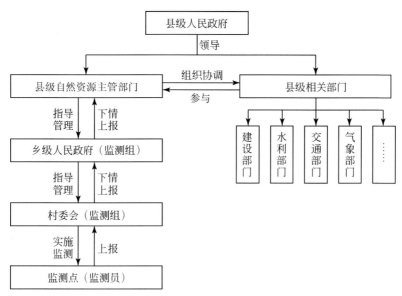

图 8.2　地质灾害群测群防体系

县级: 县级人民政府成立地质灾害防治工作领导小组。一般情况下, 分管县长任总指挥长, 自然资源局局长任常务副指挥长, 自然资源局指派业务干部任办公室主任负责日常工作。领导小组成员应当包括建设、水利、交通、气象等相关部门负责人。

乡级: 乡级成立地质灾害监测组。由分管乡长任组长, 自然资源管理所所长任常务副组长并负责日常工作。

村级: 位于地质灾害隐患区的村或存在隐患点的村成立监测组。由村长任监测责任人, 并选定灾害点附近的居民作为监测人。

8.3.2　群测群防体系各级职责

县级: 县级人民政府负责本辖区内群测群防体系的统一领导, 组织开展防灾演习, 应急处置和抢险救灾等工作, 负责统筹安排辖区内群测群防体系运行管理。县级自然资源主管部门具体负责全县群测群防体系的业务指导和日常管理工作, 组织辖区内地质灾害汛前排查、汛中检查、汛后核查、宣传培训, 指导乡、村开展日常监测巡查及简易应急处置工程, 负责组织专业人员对下级上报的险情进行核实, 负责组织指导辖区内群测群防年度工作总结。

乡级: 在县级人民政府及其相关部门的统一组织领导下, 乡级人民政府具体承担本辖区内隐患区的宏观巡查, 督促村级监测组开展隐患点的日常监测。协助上级主管部门开展汛前排查、汛中检查、汛后核查，应急处置，抢险救灾、宣传培训，防灾演习。做好本辖区内群测群防有关资料汇总、上报工作，完成辖区内群测群防年度工作总结。

村级：参与本村地域内隐患区的宏观巡查，负责地质灾害隐患点的日常监测，并做好记录、上报。一旦发现危险情况，及时报告，并配合各级政府部门做好自救、互救工作。配合上级有关部门完成辖区内群测群防年度工作总结。

8.3.3　群测群防体系建设工作

1. 地质灾害隐患点（区）的确定与撤销

1）地质灾害隐患点（区）的确定

隐患点的确定：由专业队伍对滑坡、崩塌、泥石流、地面塌陷、地裂缝等主要类型的地质灾害点进行调查确定；对群众通过各种方式上报的灾点，由技术人员或专家组调查核实后确定；在日常巡查和其他工作中发现的有潜在变形迹象且对人员和财产构成威胁的地质灾害点，经专业人员核实后确定。

隐患区的确定：居民点房前屋后高陡边坡的坡肩及坡脚地带；居民点邻近自然坡度大于25°的斜坡及坡脚地带；居民点上游汇水面积较大的沟谷及沟口地带；有居民点的江、河、海侵蚀岸坡的坡肩地段；其他受地质灾害潜在威胁的地带。

已经确定的地质灾害隐患点（区）由县级人民政府在当年的地质灾害年度防治方案中纳入地质灾害群测群防体系。当年新发现并确定的点（区），由县级人民政府自然资源部门明确并纳入下年度的年度防治方案。

2）地质灾害隐患点（区）的撤销

已经实施工程治理、搬迁、土地整治的地质灾害群测群防点（区），应当报经原批准机关批准撤销。

2. 群测群防责任制建立

1）确定责任单位和责任人

县、乡两级人民政府和村（居）民委员会为地质灾害群测群防责任单位，其相关负责人为地质灾害群测群防责任人。

2）签订防灾责任状

防灾责任应以责任状的形式明确。县（市、区、旗）人民政府与乡镇人民政府（街道办事处）签订地质灾害群测群防责任制；乡镇人民政府（街道办事处）与村（居）民委员会签订地质灾害群测群防责任制。此外，地质灾害防灾工作明白卡和地质灾害防灾避险明白卡中应明确相应责任人。地质灾害群测群防责任制应列入各级行政管理层级的年度考核指标，并在年度县级地质灾害防治方案和突发地质灾害应急预案中加以明确。

3. 监测员的选定和培训

（1）群众义务监测员的选定条件：具有一定文化程度，能较快掌握简易测量方法；责任心强，热心公益事业；长期生活在当地，对当地环境较为熟悉。

（2）群众义务监测员的培训。由县级人民政府组织进行定期或不定期培训，培训主要内容是地质灾害防治基本知识，简易监测方法、巡查内容及记录方法，灾害发生前兆识别，各项防灾制度和措施等。

（3）简易监测及预警设备的配备。配备卷（直）尺、手电、雨具、口哨（话筒、锣）、电话等工具。

4. 制度建设

1）防灾预案及"两卡"发放制度

防灾预案包括年度地质灾害防治方案和隐患点（区）防灾预案。"两卡"指地质灾害防灾工作明白卡和地质灾害避险明白卡。

年度地质灾害防治方案编制：由县级自然资源部门会同水利、交通、建设、气象等相关部门编制，报县人民政府批准并公布实施。

隐患点（区）防灾预案：由隐患点（区）所在地乡（镇）自然资源所会同隐患点所在村编制，并报乡（镇）人民政府批准并公布实施。

"两卡"的填制与发放：由县级人民政府自然资源部门会同乡镇人民政府组织填制地质灾害防灾明白卡和地质灾害避险明白卡。地质灾害防灾明白卡由乡镇人民政府发放防灾责任人，地质灾害避险明白卡由隐患点所在村负责具体发放，并向所有持卡人说明其内容及使用方法，并对持卡人进行登记造册，建立两卡档案。

2）监测和"三查"制度

监测制度的主要内容是规定监测方法、监测频次、监测数据记录和报送等。"三查"制度的主要内容是规定汛前排查、汛中检查、汛后核查的范围、方法和发现隐患后的处理方法等。

3）值班制度

主要是规定在地质灾害高发期、多发期和紧急状态下，各级防灾责任人值班的地点、时间、联系方式和任务等。

4）地质灾害预报制度

主要内容是规定预报的时间、地点、范围、等级以及预警产品的制作、会商、审批、发布等。地质灾害预报一般情况下由县级自然资源部门会同气象部门发布，紧急状态下可授权监测人发布。

5）灾（险）情报告制度

主要内容是规定发生不同规模地质灾害灾（险）情的报告程序、时间和责任。

6）宣传培训制度

主要内容是规定县（市）级以上人民政府每年组织有关部门开展地质灾害防治知识的宣传培训的期次、内容、对象。

7）档案管理制度

县、乡、村级组织应当建立档案管理制度。主要内容是规定年度防灾方案、隐患点防灾预案、突发性应急预案、"两卡"、各项制度及相关文件进行汇编，对各项基础监测资料和值班记录实施分类、分年度建档入库管理。

8）总结制度

县、乡、村级组织应当建立群测群防年度工作总结制度。定期对体系运行情况、防灾效果、存在问题进行总结和分析，提出下一步工作建议，并对做出突出贡献的单位和个人进行表彰。

5. 信息系统建设

县级人民政府应当建立地质灾害群测群防管理信息系统，将地质灾害防治工作机构及群测群防网络数据、防灾责任人和监测人及监测点基本信息、监测数据和年度地质灾害防治方案及隐患点（区）防灾预案、"两卡"等信息纳入计算机平台，方便监测数据录入、更新、查询、统计、分析等，实现群测群防体系相关信息的动态管理和共享。

附表 1　滑坡调查表
附表 2　斜坡稳定性调查表
附表 3　老（古）滑坡调查识别标志
附件 1　古老滑坡的识别流程及关键指标体系
附表 4　××××年×××省（市、县）地质灾害危险（隐患）点预案表
附表 5　×××地质灾害隐患（危险）点防灾预案表
附表 6　崩塌、滑坡、泥石流等地质灾害防灾工作明白卡
附表 7　崩塌、滑坡、泥石流等地质灾害防灾避险明白卡

附表1

滑坡调查表

名称				省　　县（市）　　乡　　村　　组				
野外编号	滑坡时间	□时代不详的老滑坡 □现代滑坡发生时间 　年　月　日	地理位置	坐标（m）	X: Y:	标高（m）	冠部：　　m 趾尖：　　m	
室内编号				经度：E 。 ′ ″　　　纬度：N 。 ′ ″				
滑坡类型				滑体性质	□岩体　□碎块石　□土质			

斜坡环境	地质环境	地层岩性			地质构造		微地貌	地下水类型	
		成因时代	岩性	产状	构造部位	地震烈度	□陡崖 □陡坡 □缓坡 □平台	□孔隙水 □裂隙水 □岩溶水 □上层滞水 □潜水 □承压水	
	自然地理环境	降雨量（mm）			水文				
		年均	日最大	时最大	洪水位（m）	枯水位（m）	滑坡相对河流的位置		
							□右岸　□左岸　□凹岸　□凸岸		
	原始斜坡	外形			滑前坡体结构特征				
		坡高（m）	坡度（°）	外形	斜坡结构类型		控滑结构面		
				□上凸 □下凹 □平直 □阶状			类型		
							产状		

滑坡基本特征	外形特征	长度（m）	宽度（m）	厚度（m）	面积（m²）	体积（m³）	坡度（°）	坡向	平面形态	剖面形态
									□半圆　□矩形 □舌形	□凸形　□凹形 □线形　□阶状
	结构特征	滑体特征				滑床特征				
		岩性	结构	碎石含量（%）	块度（cm）	成因时代	岩性	产状		
			□可辨层次 □零乱							
		滑面及滑带特征								
		形态	埋深（m）	倾向（°）	倾角（°）	厚度（m）	滑带土名称	滑带土性状		

续表

滑坡基本特征	地下水	埋深（m）	露头		补给类型	
			□上升泉 □下降泉 □溢水点		□降雨 □地表水补给 □融雪 □人工补给	
	土地使用	□旱地 □水田 □草地 □灌木 □森林 □裸露				
	现今变形破坏迹象	名称	部位		特征	初现时间
		□拉裂缝 □剪裂缝 □地面隆起 □地面沉陷 □剥落、坠落 □树木歪斜 □建筑物变形				
影响因素	地质因素	□极度发育节理　　　　□结构面走向与坡向平行 □软弱基座　　　　　　□透水层下伏相对隔水层 □破碎风化岩/基岩接触　□强风化层与弱风化层界面			□结构面倾角小于坡脚 □覆盖层与基岩界面	
	地貌因素	□斜坡陡峭　　　　　　□坡脚遭侵蚀			□超载堆积	
	物理因素	□风化　　□冻融　　□胀缩　　□累进性破坏造成的抗剪强度降低 □含水率、孔隙水压力升高　　　　□水位涨落　　□地震　　□洪水				
	人为因素	□开挖坡过陡　　□坡脚开挖　　　□坡后建设超载　□蓄水位降落 □人工爆破影响　□水源渗漏　　　□灌溉			□滥伐树木	
	主导因素	□暴雨　　　　　□地震　　　　　□工程活动				
稳定性分析	可能复活诱发因素	□降水　　　□地震　　　□加载　　　　□开挖坡脚　　□爆破 □坡脚冲刷　□坡体切割　□风化　　　　□卸荷　　　　□动水压力				
	现今	□稳定　　　□基本稳定　　　□潜在不稳定　　□不稳定				
	趋势	□稳定　　　□基本稳定　　　□潜在不稳定　　□不稳定				
损失评估	受威胁人数			受威胁财产（万元）		
监测建议	□定期目视检查　　□安装简易监测设施　　□地面位移监测　　　□深部位移监测					
防治建议	□避让　　□地表排水　　□地下排水　　□削方减载　□压脚　　　□坡面防护 □支挡　　□锚固　　　　□灌浆　　　　□种植被					
群测人员			村长			

续表

斜坡平面及剖面图	平面图	剖面图

调查_____填表_____审核_____ 日期：_____年_____月_____日

调查单位：_____

附表2

斜坡稳定性调查表

<table>
<tr><td>名称</td><td colspan="3"></td><td colspan="6">省　　县（市）　　乡　　村　　组</td></tr>
<tr><td>野外编号</td><td rowspan="2">斜坡类型</td><td colspan="2">□自然斜坡
□人工边坡</td><td rowspan="2">地理位置</td><td colspan="3">坐标（m）</td><td>X：</td><td>标高（m）</td><td>坡顶：</td></tr>
<tr><td rowspan="1">室内编号</td><td colspan="2">□岩质边坡
□土质边坡</td><td colspan="4">经度：E　　°　　′　　″
纬度：N　　°　　′　　″</td><td>Y：</td><td></td><td>坡脚：</td></tr>
</table>

<table>
<tr><td rowspan="9">斜坡环境</td><td rowspan="4">地质环境</td><td colspan="3">地层岩性</td><td colspan="2">地质构造</td><td>微地貌</td><td>地下水类型</td></tr>
<tr><td>成因时代</td><td>岩性</td><td>产状</td><td>构造部位</td><td>地震烈度</td><td rowspan="3">□陡崖
□陡坡
□缓坡
□平台</td><td rowspan="3">□孔隙水
□裂隙水
□岩溶水</td></tr>
<tr><td></td><td></td><td></td><td></td><td></td></tr>
<tr><td></td><td></td><td></td><td></td><td></td></tr>
<tr><td rowspan="5">自然地理环境</td><td colspan="3">降水量（mm）</td><td colspan="3">水文</td><td>土地使用</td></tr>
<tr><td>年均</td><td>日最大</td><td>时最大</td><td>洪水位（m）</td><td>枯水位（m）</td><td rowspan="2">滑坡相对河流的位置</td><td rowspan="4">□耕地
□草地
□灌木
□森林
□裸露</td></tr>
<tr><td></td><td></td><td></td><td></td><td></td></tr>
<tr><td></td><td></td><td></td><td></td><td></td><td>□右岸　□左岸</td></tr>
<tr><td></td><td></td><td></td><td></td><td></td><td>□凹岸　□凸岸</td></tr>
</table>

<table>
<tr><td rowspan="13">斜坡基本特征</td><td rowspan="2">外形特征</td><td colspan="2">坡高（m）</td><td>坡度（°）</td><td>坡形</td><td>坡向</td><td>顺坡长度（m）</td><td colspan="2">最大宽度（m）</td></tr>
<tr><td colspan="2"></td><td></td><td></td><td></td><td></td><td colspan="2"></td></tr>
<tr><td rowspan="8">结构特征</td><td rowspan="5">岩质</td><td colspan="4">岩体结构</td><td colspan="3">斜坡结构类型</td></tr>
<tr><td>结构类型</td><td>厚度</td><td>裂隙组数</td><td>块度（长×宽×高，m）</td><td colspan="3" rowspan="2"></td></tr>
<tr><td></td><td></td><td></td><td></td></tr>
<tr><td colspan="4">控制性结构面</td><td>风化深度（m）</td><td colspan="2">卸荷深度（m）</td></tr>
<tr><td>类型</td><td>产状</td><td>长度（m）</td><td>间距（m）</td><td rowspan="3"></td><td colspan="2" rowspan="3"></td></tr>
<tr><td></td><td></td><td></td><td></td></tr>
<tr><td></td><td></td><td></td><td></td></tr>
<tr><td rowspan="3">土质</td><td colspan="3">土的名称及特征</td><td colspan="4">下伏基岩特征</td></tr>
<tr><td>名称</td><td>密实度</td><td>稠度状态</td><td>成因时代</td><td>岩性</td><td>产状</td><td>埋深（m）</td></tr>
<tr><td></td><td></td><td></td><td></td><td></td><td></td><td></td></tr>
<tr><td rowspan="2">地下水</td><td>埋深（m）</td><td colspan="3">露头</td><td colspan="3">补给类型</td></tr>
<tr><td></td><td colspan="3">□上升泉　□下降泉　□湿地</td><td colspan="3">□降水　□地表水　□融雪　□人工补给</td></tr>
</table>

续表

		名称	部位	特征	初现时间
斜坡基本特征	现今变形破坏迹象	□拉裂缝 □剪裂缝 □地面隆起 □地面沉陷 □剥落、坠落 □树木歪斜 □建筑物变形			

可能的失稳诱发因素	□降水　　　　□地震　　　　□加载　　　　□开挖坡脚　　　□坡脚冲刷 □坡体切割　　□风化　　　　□卸荷　　　　□动水压力　　　□爆破
稳定性现状	□稳定　　　　□基本稳定　　　　□潜在不稳定　　　　□不稳定
稳定性趋势	□稳定　　　　□基本稳定　　　　□潜在不稳定　　　　□不稳定

损失评估	受威胁人数		受威胁财产（万元）	

监测建议	□定期目视检查　　　□安装简易监测设施 □地面位移监测　　　□深部位移监测
防治建议	□避让　　　　□地表排水　　□地下排水　　□削方减载　　□压脚　　　　□坡面防护 □支挡　　　　□锚固　　　　□灌浆　　　　□种植被

群测人员		村长	

斜坡平面及剖面图	平面图	剖面图

调查负责人_____　填表人_____　审核人_____　填表日期：____年____月____日

调查单位：_____

附表 3

老（古）滑坡调查识别标志

类指标	二级指标（特征指标）	等级
地形地貌	1. 圈椅状地形	B
	2. 双沟同源	B
	3. 坡体上树木东倒西歪，电杆、烟囱、高塔歪斜	B
	4. 坡体后缘出现洼地或拉陷槽	C
	5. 坡体后缘和两侧出现陡坎，前部呈大肚状	C
	6. 不正常河流弯道	C
	7. 反倾坡内台面地形	C
	8. 大平台地形（与外围差异、非河流阶地、非构造或风化差异平台）	C
	9. 小台阶与平台相间	C
	10. 坡体植被分布与周界外出现明显分界	C

类指标	二级指标（特征指标）	等级
地层岩性	11. 大段孤立岩体掩覆在新地层之上	A
	12. 地层具有明显的产状变动（除了构造作用等别的原因）	B
	13. 大段变形岩体位于土状堆积物之中	B
	14. 山体后部洼地内出现局部湖相地层	B
	15. 变形、变位岩体被新地层掩覆	C
	16. 岩土架空、松弛、破碎	C
	17. 变形、变位岩体上掩覆湖相地层	C
	18. 河流上游方出现湖相地层	C

类指标	二级指标（特征指标）	等级
变形迹象	19. 后缘见弧形拉裂缝，前缘隆起	A
	20. 前方或两侧陡壁可见滑动擦痕、镜面（非构造成因）	A
	21. 后缘出现弧形拉裂缝甚至多条，或见多级下错台坎	A
	22. 前缘可见隆起变形，并出现纵向、横向的隆胀裂缝	A
	23. 两侧可见顺坡向的裂缝，并可见顺坡向的擦痕	A
	24. 建筑物开裂、倾斜、下坐，公路、管线等下错沉陷	B
	25. 坡体上房屋建筑等普遍开裂、倾斜、下坐变形	B
	26. 坡体上公路、挡墙、管线等下沉、甚至被错断	B
	27. 坡上引水渠渗漏，修复后复而又漏	B
	28. 坡体前缘突然出现泉水，泉点线状分布、泉水浑浊	B
	29. 斜坡前部地下水呈线状出露	C
	30. 坡体后缘陡坎崩塌不断，前缘临空陡坡偶见局部坍塌等	C

| 判定标准 | 至少满足如下一个条件（参考附件 1）；识别标志越多，则判别的可靠度越高。
□ 一个 A 级指标
□ 二个 B 级标志（不同类指标）
□ 一个 B 级标志+二个 C 级标志（至少 2 个不同类指标）
□ 四个 C 级标志（至少 2 个不同类指标） |

附件1

古老滑坡的识别流程及关键指标体系

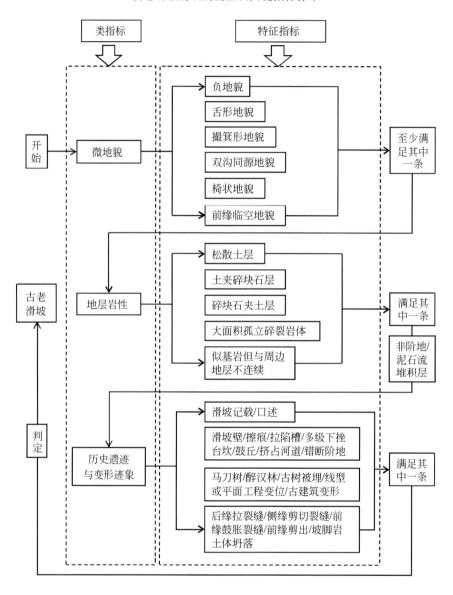

附表 4

××××年×××省（市、县）地质灾害危险（隐患）点预案表

序号	位置	类型	规模等级	险情等级	险情预测	发展趋势预测	应急防御措施	防灾责任单位责任人	监测责任单位责任人	值班电话
1	×××市×××县×××村×××组	滑坡	特大大中小	特大大中小	威胁×××户×××人生命×××财产安全	×××条件下会诱发变形或失稳	如何监测，落实防灾预案，遇强降水天气过程，如何做好预防避让工作	×××县人民政府×××（县长）	×××市（县）自然资源局（×××）省地环监测总站（×××）	0××-7777777 0××-8888888
2										
3										
4										
5										
6										
7										
8										
9										
10										

（此卡发至防灾负责单位和负责人）　　　　　　　　　中华人民共和国自然资源部印制

附表 5

×××地质灾害隐患（危险）点防灾预案表

基本情况	统一编号		灾害名称	
	地理位置		灾害类型	
	灾害特征			
	灾害规模		诱发因素	
	危害等级		监测级别	
	稳定程度		变化趋势	
	威胁对象			
	威胁财产		威胁人口	
监测措施	监测要求			
	监测周期			
防治方案				
应急措施	应急处理措施			
	撤离地点		撤离距离	
	撤离路线			
	撤离顺序			
预警	预警状态			
	预警方式			
责任人	自然资源局负责人		负责人电话	
	分管负责人		负责人电话	
	监测负责人		责任人电话	
	监测人		监测人电话	
	预警人		预警人电话	

×××地质灾害隐患点防灾预案示意图

（此卡发至防灾负责单位和负责人，并现场公示）　　　　　　中华人民共和国自然资源部印制

附表 6

崩塌、滑坡、泥石流等地质灾害防灾工作明白卡　　　　编号：

灾害基本情况	灾害位置					
	类型及其规模					
	诱发因素					
	威胁对象					
监测预报	监测负责人			联系电话		
	监测的主要迹象			监测的主要手段和方法		
	临灾预报的判断					
应急避险撤离	预定避灾地点		预定疏散路线		预定报警信号	
	疏散命令发布人			值班电话		
	抢、排险单位、负责人			值班电话		
	治安保卫单位、负责人			值班电话		
	医疗救护单位、负责人			值班电话		

本卡发放单位：　　　　　　　　　持卡单位或个人：

（盖章）

联系电话：　　　　　　　　　　　联系电话：

日　　期：　　　　　　　　　　　日　　期：

（此卡发至防灾负责单位和负责人）　　　　　　　中华人民共和国自然资源部印制

附表7

崩塌、滑坡、泥石流等地质灾害防灾避险明白卡　　　　　　编号：

户主姓名		家庭人数		房屋类别			灾害基本情况			
家庭住址							灾害类型		灾害规模	
家庭成员情况		姓名	性别	年龄	姓名	性别	年龄	灾害体与本住户的位置关系			
							灾害诱发因素			
							本住户注意事项			
监测与预警	监测人		联系电话				撤离与安置	撤离路线			
	预警信号							安置单位地点		负责人	
										联系电话	
	预警信号发布人		联系电话					救护单位		负责人	
										联系电话	

本卡发放单位：　　　　负责人：　　　　联系电话：　　　　户主签名：

联系电话：　　　　　　（盖章）　　　　日期：

（此卡发至受灾害威胁的群众）　　　　　　　　　　中华人民共和国自然资源部印制

第9章　大型滑坡应急处置常用措施

9.1　概　　述

在非应急处置阶段，滑坡灾害以预防为主，定性要准，治理要早，措施稳狠，养护要勤，亦称"准、早、稳、狠、勤"。防治原则如下。

（1）对待滑坡，应高度重视，着眼预防，治早治小，措施得力，坚决果断。

（2）预防为主，治理为辅，防、治、养相结合，做到早防、根治、勤养。

（3）坚持"预防为主，宜早不宜晚（治）"和"彻底根治，不留后患"的原则。中、小型滑坡宜一次根治，大、中型性质复杂的滑坡可采取分期整治的原则，缓慢变形滑坡应作出全面的整治规划，进行分期治理，并注意观测每期治理工程的效果，据以确定下一步措施。

（4）整治滑坡要全面规划，统筹考虑，照顾全局。选择最佳方案，精心施工，精心养护，严格要求，保证质量。

国际地质科学联合会（International Union of Geological Sciences，IUGS）滑坡工作组整治委员会将其治理措施进行了分类，见表9.1。

表9.1　滑坡治理措施分类简表

序号	分类措施
一	改变斜坡几何形态（modification of slope geometry）
①	削减推动滑坡产生区的物质（或以轻材料置换）
②	增加维持滑坡稳定区的物质（反压马道）
③	减缓斜坡总坡度
二	排水（drainage）
①	地表排水：将水引出滑动区之外（集水明渠或管道）
②	充填有自由排水土工材料（粗粒料或土工聚合物）的浅或深排水暗沟
③	粗颗粒材料构筑成的支撑护坡墙（水文效果）
④	垂直（小口径）钻孔抽取地下水或自由排水
⑤	垂直（大口径）钻孔重力排水
⑥	近水平或近垂直的排水钻孔
⑦	真空排水
⑧	虹吸排水
⑨	电渗析排水

序号	分类措施
⑩	种植植被排水（蒸腾排水效果）
三	支挡结构物（retaining structures）
①	重力式挡土墙
②	木笼块石墙
③	鼠笼墙（钢丝笼内充以卵石）
④	被动桩、墩、沉井
⑤	原地浇筑混凝土连续墙
⑥	有聚合物或金属条或板片等加筋材料的挡土墙（加筋土挡墙）
⑦	粗颗粒材料构成的支撑护坡墙（力学效果）
⑧	岩石坡面防护网
⑨	崩塌落石阻滞或拦截系统（拦截落石的沟槽、堤、栅栏或钢绳网）
⑩	预防侵蚀的石块或混凝土块体
四	斜坡内部加强（internal slope reinforcement）
①	岩石锚固
②	微型桩（micro-piles）
③	土锚钉
④	锚索（有或无预应力）
⑤	灌浆
⑥	块石桩或石灰桩、水泥桩
⑦	热处理
⑧	冻结
⑨	电渗锚固
⑩	种植植被（根系的力学效果）

在应急处置阶段，采取措施的原则是切中要害、简单方便、迅速止滑，特别是进入加速变形阶段后，需要采取紧急措施控制险情进一步扩大。突发的大型滑坡往往勘察资料不足，甚至可能前期并没有被纳入眼球，则需要技术人员立即开展应急调查，根据滑坡地质结构、宏观变形迹象和变形机理，快速准确地分析判断滑坡的稳定性状况和发展趋势，果断采取抢险措施，方可奏效。在此根据应急抢险工程实践经验，将六类应急处置措施的特点、适宜性和效果总结如下（表9.2）。

表9.2 六类应急处置措施的特点及效果对比

序号	类型	措施	主要作用	施工特点	施工难度	应急效果	长期效果
①	砍头	削方减载	减少下滑力	土石方开挖	简易	好	好
②	压脚	堆载反压	提高抗滑力	土石方回填	简易	好	一般

序号	类型	措施	主要作用	施工特点	施工难度	应急效果	长期效果
③	挡腿	钢管（轨）桩	提高抗滑力	梅花型孔、注浆、钢筋混凝土联系梁	一般	较好	一般
		挡土墙		跳槽开挖、及时砌筑、留置泄水孔、墙后夯实	较复杂	差	较好
		抗滑桩		人工挖孔、爆破、钢筋笼、混凝土灌注	复杂	差	好
④	束腰	锚索（杆）加固	提高抗滑力	造孔、预应力锁定、注浆、高标号混凝土施工	较复杂	较好	好
⑤	固体	灌浆加强	增强岩土强度	造孔、灌浆	较复杂	一般	较好
⑥	排水	排水防渗	解除诱发因素	浆砌石为主、裂缝覆盖封填	简易	较好	好

9.2　减载反压

　　滑坡动力（特别是推移式滑坡）主要来源于滑坡近后缘段即头部，则称为主滑段；而近前缘段即滑坡足部，则称为抗滑段或抗力体。削减产生滑坡动力的物质、增加抗力体的物质可大大提高滑坡的稳定性（图9.1），这种方法称为减载反压，即通常所说的"砍头压脚"。技术上简单易行且处治效果好，特别适于主滑段和抗滑段划分明显，滑面深埋，且具备减载施工条件和反压空间的滑坡。

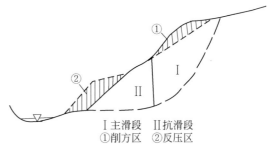

Ⅰ主滑段　Ⅱ抗滑段
①削方区　②反压区

图9.1　减载反压示意图

　　边坡处治中，如果由于斜坡坡度过于陡峻而易于失稳，此时可采用减缓斜坡总坡度的方法提高其稳定性，则称之为"坡率法"。

　　以某土质滑坡为案例（图9.2），岩土体物理力学参数取值见表9.3，采取图9.2（a）~图9.2（f）所示的削方减载或堆载反压方案进行处治，分析比较削方减载和堆载反压效果，见表9.4。可见其治理效果非常明显，但主要取决于削方减载和堆载反压的位置。

表9.3　某土质滑坡土体物理力学参数取值

参数	C/kPa	$\Phi/(°)$	$\gamma/(kN/m^3)$
取值	20	16	19.7

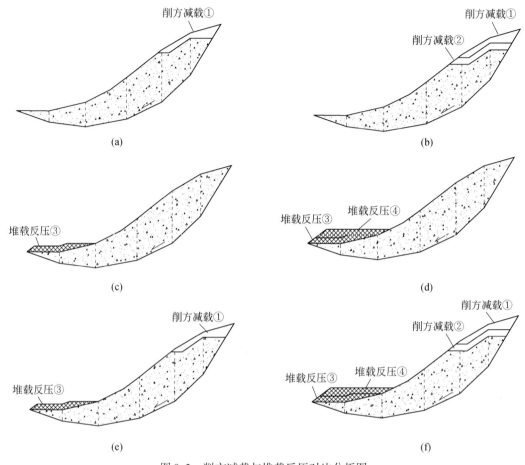

图 9.2　削方减载与堆载反压对比分析图

表 9.4　削方减载与堆载反压效果对比分析

对比项 ＼ 工况	初始状态	削方减载①	削方减载②	堆载反压③	堆载反压④	削方减载① +堆载反压③	削方减载② +堆载反压④
滑坡体积	1658.25	1658.25	1658.25	1658.25	1658.25	1658.25	1658.25
减载/反压体积	0.000	-116.94	-226.51	+90.49	+211.51	-116.94 +90.49	-226.51 +211.51
体积比	0.00%	7.05%	13.66%	5.46%	12.75%	-7.05% +5.46%	-13.66% +12.75%
稳定性系数	1.00	1.10	1.21	1.10	1.22	1.22	1.49
稳定性增幅	0.00%	10.17%	21.02%	10.04%	21.91%	21.59%	49.10%

　　三峡水库初期蓄水期间，对于石榴树包滑坡，通过建立石榴树包滑坡数值模型，分析削方减载前后的滑坡应力、应变和变形稳定性，结果见表 9.5。因此最终选择采取了削方减载和排水工程措施，并取得了较好的治理工程效果。

表 9.5　三峡库区石榴树包滑坡削方减载前后效果模拟结果

模型	削方减载前	削方减载后
滑坡模型		
滑坡剖面		
位移云图		
位移等值线		
剪应力等值线		

上述案例和实例分析显示以下结论。

（1）采取削方减载和堆载反压，可取得非常好的处治效果。如图9.2所示的滑坡，后缘削方减载滑坡体积的7.05%，可使滑坡稳定性增加10.17%；削方减载滑坡体积的13.66%，则可使滑坡稳定性增加21.02%。前缘堆载反压滑坡体积的5.46%，可使滑坡稳定性增加10.04%；堆载反压滑坡体积的12.75%，可使滑坡稳定性增加21.91%；同时实施削方减载和堆载反压，则效果更明显。滑坡稳定性的增幅与减载反压的体积成正相关，减载反压的体积越大，滑坡稳定性增长的幅度越大。

（2）削方减载前滑坡重心高，位能高，滑体前部表现出了明显的压应力和剪应力集中现象，在滑体后缘表现出了明显的拉应力集中现象，滑带部位有一定程度的剪应力集中。削方减载后滑坡重心降低，位能降低，在滑坡后缘的拉应力已大大降低，在滑坡体的前缘仍出现了压应力集中现象，但滑带部位的剪应力集中现象也明显降低。可见削方减载对于提高滑坡体稳定性、改善应力条件、抑制斜坡变形起到了较好的作用。

（3）因此，在应急处置期间，对于主滑段和抗滑段划分明显、滑面深埋，且具备减载施工条件和反压空间的滑坡，应首选削方减载和堆载反压进行应急治理。既能争取时间又能节约成本。

（4）依据相关技术要求设计的削方减载和堆载反压，可作为滑坡永久治理措施之一。未经专门设计时，在综合治理期间尚需补充分析并采取抗滑支挡和排水措施。

9.2.1　削方减载

（1）削方减载一般包括滑坡后缘减载、表层滑体或变形体清除、削坡降低坡度以及设置马道等。削方减载对于滑坡稳定系数的提高值可以作为设计依据。

（2）当开挖高度大时，宜沿滑坡倾向设置多级马道，沿马道应设置横向截水沟。边坡开挖设计时，应确定纵向排水沟位置，并与已有或规划排水系统衔接。

（3）削方减载后形成的边坡高度大于8m时，应采用分段开挖的方式，自上而下边开挖边护坡，只有在护坡之后才允许开挖至下一个工作平台，不应一次开挖到底。根据岩土体实际情况，分段工作高度宜3~8m。

（4）边坡高度大于8m，宜采用喷锚网、钢筋混凝土格构等护坡。如果高边坡设有马道，坡顶开口线与马道之间，马道与坡脚之间，也可采用格构护坡。

（5）边坡高度小于8m，可以一次开挖到底，并采用挡土墙等护脚。

（6）当土质边坡高度超过10m时，应设马道放坡，马道宽2.0~3.0m。当岩质边坡高度超过20m时，应设马道放坡，马道宽1.5~3.0m。

（7）为了减少超挖和扰动，机械开挖应预留0.5~1.0m保护层，再进行人工开挖至设计位置。

（8）采用爆破方法对后缘滑体或危岩体进行削方减载，应对周围环境进行专门调查，对爆破震动对滑坡整体稳定性影响和爆破飞石对周围环境危害作出评估。

（9）爆破前应清除表层危岩体，在确保施工安全的情况下，宜采用导爆索进行光面爆破或预裂爆破。凿岩一般3~4m，由上至下一次成型。以机械浅孔台阶爆破为主，并对超、欠挖部分进行修整成型。

（10）爆破采用岩体内浅孔爆破与块体表面聚能爆破相结合方式。对于块体厚度大于1.5m，又易于凿岩的块石，以块体内浅孔爆破为主；厚度小于1.5m，凿岩施工条件较差的块石，以表面聚能爆破为主；厚度在1.5m左右，宽厚比接近1的块石，可以两种方法并用。

9.2.2　回填压脚

（1）回填压脚是采用土石等材料堆填于滑坡体前缘，以增加滑坡抗滑能力，提高其稳定性的方法。

（2）压脚填料宜采用碎石土，碎石粒径小于8cm，含量30%～80%。碎石土最优含水量应做现场碾压试验，含水量与最优含水量误差小于3%。

（3）碎石土应碾压，无法碾压时应夯实，距表层0～80cm填料压实度≥93%，表层80cm以下填料压实度>90%。

（4）库（江）水位变动带的压脚应对回填体进行地下水渗流和库岸冲刷处理，设置反滤层和进行防冲刷护坡。

（5）经过上述设计的回填体，对于滑坡稳定性系数的提高值可作为工程设计依据；未经专门设计的回填体，对于稳定性系数的提高值不得作为设计依据，但可作为安全储备。

9.3　抗滑支挡

滑坡的孕育就是斜坡下滑力逐渐超越抗滑力，其平衡状态不断遭到破坏的过程。应急处置期间的滑坡变形正在发展，斜坡平衡条件已经被打破。因此，需要采取有效措施恢复坡体平衡条件从而阻止滑坡下滑。如果滑坡的形成是由于下部支撑部分被切割或上部挤压部分过荷，除减载反压措施外，可以采用抗滑支挡措施，也就是在滑坡舌部或中前部快速构筑各种形式的抗滑支挡建筑物，如钢管（轨）桩、抗滑桩、挡墙等，如图9.3所示。目的是恢复或增强下部支撑力，阻挡滑坡体的滑动，这是一种长期有效的处治措施。

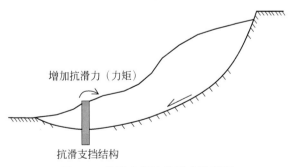

图9.3　抗滑支挡结构受力示意图

9.3.1　钢管（轨）微型桩

钢管（轨）桩是通过机械快速成孔在滑坡体中前部布置数排钢管（轨），并将其顶部联系起来形成的复合抗滑体系。一般布置成梅花形，上部用混凝土联系梁连接，利于发挥微桩群的联合作用。

近年来，钢管（轨）桩技术由于施工快捷而被广泛应用于重大滑坡应急抢险工程。

适用条件：中浅层土质滑坡。

优缺点：施工工艺简单，工期短，见效快；同时可多台机械同时作业快速成孔，采用匀速无水钻进对滑坡扰动小。取芯成孔还可以揭露滑坡地质条件，利于判断滑面位置，反馈和优化设计。但是当滑坡体积和下滑力大时，处置效果不甚明显。

2006 年 5 月 21 日，四川省达州市文家梁渠钢综合楼南侧斜坡前缘发生滑塌，墙脚及外侧地面产生了大量地面裂缝，严重威胁渠钢综合楼及附近居民生命财产安全。经应急调查分析采取了钢管灌注桩支挡措施，首先在渠钢综合楼前距离外墙 5.75m 处，右侧设置了三排共 33 根，布置范围宽 22m；左侧设置两排共 10 根，布置范围宽 10m；设计桩长 10m，嵌入基岩 4.0m，桩径 130mm，排距 0.5m，横向间距 1.0m，交错布置。钢管桩顶部设计钢筋混凝土联系梁，三排桩设计联系梁截面尺寸 1.5m×0.5m、长 22m，两排桩设计联系梁截面尺寸 1.0m×0.5m、长 10m，联系梁顶部与地面齐平，以增强钢管桩整体性。应急施工期间，仅用 7 天时间完工，监测显示渠钢综合楼地面变形逐渐稳定。

2007 年 6 月 17 日，四川省达州市出现持续强降水，6 月 17 日 8 时至 18 日 8 时，24 小时降水量达 170mm。6 月 19 日，杨柳垭 110kV 变电站西侧斜坡开始出现变形。此后不久，6 月 26 日达州市再次遭遇暴雨，26 日 1 时至 3 时 3 小时降水量达 60mm；6 月 27 日斜坡变形开始加剧，地面出现了大量裂缝，坡上建筑物出现明显的倾斜和开裂现象，前缘坡脚出现鼓胀隆起现象，且出现变形加剧趋势。杨柳垭滑坡威胁 110kV 变电站和云内华川厂的生命财产安全。经过应急调查后，立即采取了应急抢险措施，根据滑坡地形条件，在滑坡前缘变电站上方沿公路（高程 370～385m）设置了 3 排 131 根微型钢管灌注桩，布置范围宽度 66m，呈梅花形布置，排距 0.75m，横向间距 1.5m，桩径 150mm，桩长根据钻孔揭露地质情况现场确定。钢管桩顶部采用 Φ32 的 HRB335 钢筋焊接联系，并浇筑 C25 的厚 250mm 的混凝土形成联系梁，以增强桩的整体性。同时采取了削方减载和堆载压脚措施。通过采取上述应急处置措施后，滑坡变形逐渐趋于稳定。

9.3.2　钢筋混凝土抗滑桩

钢筋混凝土抗滑桩是一种常用的滑坡治理措施，主要依靠桩和下伏稳定岩土体的嵌固作用而抵抗上部滑体的下滑力，起到稳定斜坡的作用。由于可提供较大和可靠的抗滑力而被广泛使用，是一种永久的抗滑支挡工程。

这种大直径的抗滑桩相比钢管（轨）桩而言，具有结实可靠的特点；相比抗滑挡土墙，又具有开挖断面小、圬工体积小的特点。适用于各种类型不同厚度的滑坡，一般用于永久或综合治理工程。在治理工程中，一般与锚索、桩间挡墙、挡板联合使用，并辅以排水、夯填裂缝、坡体平整等措施。

优点：布置灵活，施工中可根据所揭露的地质条件适当调整优化，可单独使用或与其他支挡工程配合使用。一般采取人工挖孔成桩，施工工艺简便，不需要特殊机具设备，可以间隔地同时施工，进度快慢取决于人力、物力投入。施工对滑坡扰动不大，在挖孔过程中可直接验证地质条件资料，反馈优化设计。治理工程见效快、技术安全、质量可靠。

缺点：工程量大、工程造价较高。用于正在活动，特别是处于变形加速阶段的滑坡时，需慎重。

设计和施工中的重点注意事项有以下几个。

（1）为保证滑坡稳定，即在滑坡推力作用下桩不致产生倾覆破坏，抗滑桩应嵌入滑面以下一定深度。按一般经验，嵌固段为软岩时，锚固深度为设计桩长的三分之一；为硬岩时，锚固深度为设计桩长的四分之一；为土质滑床时，锚固深度为设计桩长的二分之一。同时为保证滑坡土体不从桩间滑动挤出，桩间距一般取桩径的 3~5 倍。

（2）为保证桩身位移不超过允许值，抗滑桩应具有足够的刚度和强度。桩身截面尺寸的高宽比一般为 1.2~2.0，最小宽度一般不小于 1.0m，最大高度一般不超过 4.0m。

（3）在桩孔施工开挖过程中，为保证施工安全，宜分段施工、间隔开挖，同时应做好锁口和护壁，做好排水和通风。

（4）为验证地质资料，优化抗滑桩设计，开挖施工中应作好施工记录，及时记录地质剖面、滑动面位置，填好地质柱状图。

（5）在桩孔挖至设计标高后，应由监理、设计、施工人员会同验孔，并结合滑动面实际情况确定孔底高程。

（6）在安放钢筋笼和灌注混凝土前，应清除孔底的松动石块、浮土，抽干积水，并应检查净空断面尺寸、钢筋骨架就位情况。

（7）在浇筑混凝土前，对钢筋笼应采取抗浮措施；桩身宜一次浇筑，不留间隙；地下水发育时，应采取水下混凝土灌注法。

9.3.3　重力式抗滑挡土墙

重力式抗滑挡土墙是依靠自身重力提供抗滑力的一种浅层滑坡整治措施，由于工程破坏山体平衡影响小，稳定滑坡收效快，对于中小型滑坡可以单独采用，对于大型复杂滑坡，抗滑挡土墙可作为综合措施的一部分。

设置抗滑挡土墙时必须弄清滑坡滑动范围、滑动面层数及位置和推力方向及大小等，并要查清挡墙基底的情况，否则会造成挡墙变形，甚至挡墙随着滑坡滑动，造成工程失效。

使用基本原则是：满足不滑动、不倾覆、不过大沉降及墙身墙基不破坏。由于滑坡的推力大和作用点较高，因此重力式挡土墙具有胸坡缓、外形矮而胖的特点。按墙背形式划分如图 9.4 所示。工程中常采用的抗滑挡土墙断面形式如图 9.5 所示。分类见表 9.6。重力式挡土墙的布置不仅影响工程效果和造价，而且决定施工的难易。它与滑坡范围、推力大小、滑动面位置形状、滑坡危害程度及基础情况有关。对于中小型简单滑坡，挡墙设置于滑坡前缘为宜，滑坡特点不同，会依滑坡具体情况而将抗滑挡土墙设置在不同位置。例如，滑坡为多级滑动，在中部有滑体较薄部分，总推力过大，坡脚挡墙难以实施时，可分级设置抗滑挡土墙（图 9.6）。

重力式抗滑挡土墙设计和施工中的注意事项有以下几个。

（1）重力式抗滑挡土墙适用于规模小、滑动面不深、倾角缓，滑坡推力不大于的

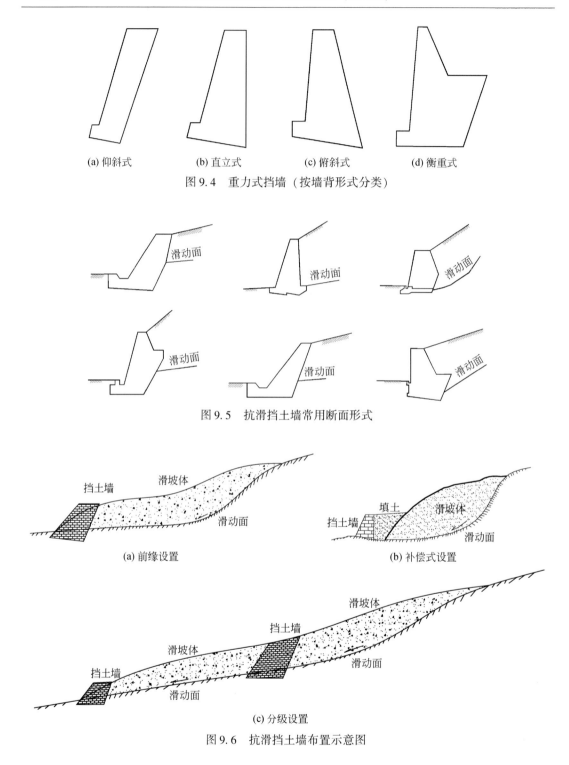

(a) 仰斜式　　　　　(b) 直立式　　　　　(c) 俯斜式　　　　　(d) 衡重式

图 9.4　重力式挡墙（按墙背形式分类）

图 9.5　抗滑挡土墙常用断面形式

(a) 前缘设置　　　　　　　　　　　(b) 补偿式设置

(c) 分级设置

图 9.6　抗滑挡土墙布置示意图

150kN/m 的滑坡治理工程。对大、中型滑坡需结合其他工程措施综合整治。

（2）一般布置在滑坡前缘区域；当避免或减少对滑坡体前缘开挖时，可设置补偿式抗滑挡土墙；当滑体长度大但厚度薄时宜沿滑坡倾向分级设置挡土墙。如图 9.6 所示。

（3）不论何种形式的抗滑挡墙，基础必须埋到滑动面以下稳定岩（土）中，不浅于 0.5m，应有足够的抗滑、抗剪和抗倾覆的能力。抗滑挡墙须考虑滑体各部分土的物理力学性质不同而分段检算。

（4）坡面无建筑物或其他用地，而地质和地形条件有利时，挡土墙宜设置为向坡体上部凸出的弧形或折线形，以提高整体稳定性。

（5）抗滑建筑物尽可能在滑坡变形前设置，或在坡脚土体尚未全面开挖前，或较陡的临时边坡分段开挖时设置。挡土墙墙高不宜超过 8m。墙高超过 8m 应采用特殊形式挡土墙，或每隔 4～5m 设置厚度不小于 0.5m 的配比适量构造钢筋的混凝土构造层。

（6）设计时为提高挡墙的长期有效性，除应作出正确的主体设计外，还应注意配有支挡建筑物墙背后排除地下水和疏干墙基岩土等辅助设施，如墙后排水渗沟、墙身泄水孔、墙后卸荷平台以及当挡墙位于河流岸边时的河岸防冲刷、淘刷工程等。并要特别强调对墙后渗沟的施工质量，以防墙后积水。

（7）墙后填料选用透水性较强的填料，当采用黏土作为填料时，宜掺入适量的石块且夯实，密实度不小于 85%。对墙后的回填土必须分层夯实，达到要求强度。

表 9.6　抗滑挡土墙类型

分类依据	类型
结构	重力式抗滑挡土墙
	锚杆式抗滑挡土墙
	加筋土抗滑挡土墙
	板桩式抗滑挡土墙
	预应力锚杆式抗滑挡土墙
工程材料	浆砌块（条）石抗滑挡土墙
	混凝土抗滑挡土墙
	钢筋混凝土抗滑挡土墙
	加筋土抗滑挡土墙

（8）在滑坡地段修建挡墙前，应事先做好排水系统。根据施工过程中建筑物受力情况，施工时采取"步步为营"分段、跳槽、马口开挖，并及时进行砌筑。一般跳槽开挖的长度不超过总长的 20%。切忌中途停工或冒进，雨季施工要有切合实际的措施。对于变形剧烈的滑坡宜从两端向中间分段施工，防止大面积开挖而造成土体滑动，影响抗滑的稳定性。

（9）注意掌握施工季节，尽可能避免雨季滑坡正在急剧发展时，在滑坡脚开挖基坑和砌筑建筑物。

（10）挡土墙一般与其他治理工程措施配合使用，根据地质和地形条件设计多个方案，通过技术经济必选确定最优设计方案，以达到最佳工程效果。

9.4　锚索加固

岩土工程中将一种受拉杆件（钢绞线）埋入岩土体，用以调动和提高岩土的自身强度和自稳能力的技术和工艺称为锚固工程。应急处置中常采用预应力锚索加固，其是锚固工程中对滑坡体主动抗滑的一种技术，通过预应力的施加增强滑带的法向应力和减少滑体下滑力以有效增强滑坡体的稳定性。

锚固原理：是指以适当的方法把预应力钢筋或预应力锚索固定在滑面以下的基岩内，并与设在地表和地下的承压板连接，施加张拉力，将滑动体与基岩联成一体而产生作用。

锚固工程分为两种，即浅基础锚固和深基础锚固，见图9.7。主要由内锚固段、张拉段和外锚固段三部分组成。

适用条件：岩质滑坡效果最好、土质滑坡需加钢筋混凝土联系梁或框架。

主要特点：主动加固，施工位置灵活、效果好、时效长，施工进度比抗滑桩还要快，且技术含量较高。

主要优点：预应力锚索加固岩体边坡的优越性在于能为节理岩体边坡、断层、软弱带等提供一种强有力的主动支护手段，是所有传统非预应力的被动支护所无法达到的。由于其预应力吨位大、长度大，因此具有其他锚固手段所无法实现的优点。

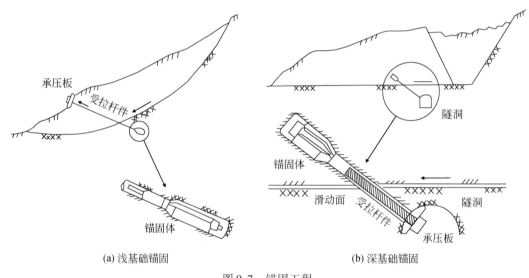

(a) 浅基础锚固　　　　　　　　　　　　　　(b) 深基础锚固

图9.7　锚固工程

9.4.1　设计流程和技术要求

一般设计流程，如图9.8所示。技术要求如下。

（1）预应力锚索主要由内锚固段、张拉段和外锚固段三部分构成。预应力锚索材料宜采用低松弛高强钢绞线加工，须满足相关技术标准。

（2）预应力锚索长度不宜超过50m。单束锚索设计吨位宜为500～2500kN，最大不超过3000kN。预应力锚索布置间距宜为4～10m。

（3）当滑坡体为堆积层或土质滑坡，预应力锚索应与钢筋砼梁、格构或抗滑桩组合作用，并且不应使锚索在受剪状态工作。

（4）预应力锚索永久性防护涂层材料，必须满足以下各项要求：①对钢绞线具有防腐

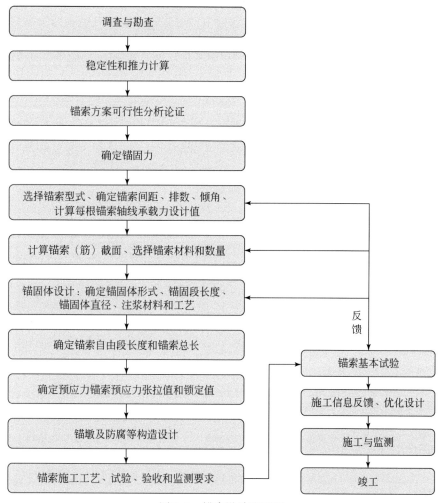

图 9.8　锚索设计流程图

作用；②能与钢绞线牢固粘接，且无有害反应；③能与钢绞线协调变形，在高应力状态下，不脱壳、不裂；④具有较好的化学稳定性，在强碱条件下，不降低其耐久性。

（5）预应力锚索注浆水泥，应采用硅酸盐水泥或普通硅酸盐水泥。

（6）对于Ⅰ类滑坡防治工程，预应力锚索设计时应进行拉拔试验。锚索试验内容包括内锚固段长度确定、砂浆配合比、拉拔时间、造孔钻机及钻具选定等。应根据公式计算和工程类比，选取合适的内锚固段长度，进行设计锚固力和极限锚固力试验，推荐合适的内锚固段长度和砂浆配合比是试验的主要内容。

（7）下列情况不宜采用预应力锚索：①水位以下及水位变动区；②滑体土为欠固结土或对锚索可能产生横向荷载的地区；③对锚索具有腐蚀性环境的地区。

9.4.2　设计计算

（1）设计依据：进行施加预应力前的滑坡稳定性计算，确定滑坡推力。设计荷载：滑坡体自重、静水压力、渗透（动水）压力、孔隙水压力、地震力等。

（2）预应力锚索极限锚固力通常由破坏性拉拔试验确定。极限锚固力指锚索沿握裹砂浆或砂浆沿孔壁滑移破坏的临界拉拔力；容许锚固力指极限锚固力除以安全系数（通常为2.0~2.5），它将为设计锚固力提供依据，通常容许锚固力为设计锚固力的1.2~1.5倍；设计锚固力可根据滑坡体推力和安全系数确定。

（3）设计施工中根据滑坡体结构和变形状况确定预应力锚索锁定值。一般情况下：①当滑坡体结构完整性较好时，锁定锚固力可达设计锚固力的100%；②当滑坡体蠕滑明显，预应力锚索与抗滑桩相结合时，锁定锚固力应为设计锚固力的50%~80%；③当滑坡体具崩滑性时，锁定锚固力应为设计锚固力的30%~70%。

（4）预应力锚索设计锚固力可分为两种情况确定。

a. 岩质滑坡

根据极限平衡法进行计算，考虑预应力沿滑面施加的抗滑力和垂直滑面施加的法向阻滑力。稳定系数计算公式推荐如下（图9.9）：

$$K_{\mathrm{f}} = \frac{[W(\cos\alpha - A\sin\alpha) - V\sin\alpha - U + T\sin\beta]\tan\varphi + CL}{W(\sin\alpha + A\cos\alpha) + V\cos\alpha - T\cos\beta} \tag{9.1}$$

其中，后缘裂缝静水压力：

$$V = \frac{1}{2}\gamma_{\mathrm{w}}H^2 \tag{9.2}$$

式中，γ_{w} 为水重度；H 为水位高度；W 为滑坡体重力；α 为岩层倾角；β 为锚固倾角；T 为锚固力；C 为滑坡体黏聚力；L 为滑带长度。

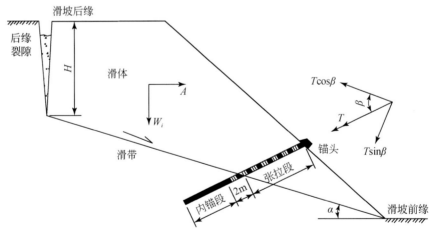

图9.9　岩质滑坡预应力锚索加固作用示意图

沿滑面扬压力：

$$U = \frac{1}{2}\gamma_{\mathrm{w}}LH \tag{9.3}$$

式中，β 为锚索（杆）与滑坡面的夹角（°）；T 为预应力锚索锚固力（kN）。

相应地，预应力锚固力为

$$T = \frac{K_s W_a - W_b - CL}{\sin\beta\tan\varphi + K_s\cos\beta} \tag{9.4}$$

式中，K_s 为锚固系数，且：

$$W_a = W(\sin\alpha + A\cos\alpha) + V\cos\alpha \tag{9.5}$$

$$W_b = [W(\cos\alpha - A\sin\alpha) - V\sin\alpha - U]\tan\varphi \tag{9.6}$$

如果锁定锚固力低于设计锚固力的 50% 时，可不考虑预应力锚索产生的法向阻滑力，稳定系数计算公式简化如下：

$$K_f = \frac{[W(\cos\alpha - A\sin\alpha) - V\sin\alpha - U]\tan\varphi + CL}{W(\sin\alpha + A\cos\alpha) + V\cos\alpha - T\cos\beta} \tag{9.7}$$

相应地，预应力锚固力为

$$T = \frac{K_s W_a - W_b - CL}{K_s\cos\beta} \tag{9.8}$$

b. 堆积层（包括土质）滑坡

根据传递系数法进行计算，考虑预应力锚索沿滑面施加的抗滑力，可不考虑垂直滑面产生的法向阻滑力。所需锚固力为

$$T = P/\cos\theta \tag{9.9}$$

式中，T 为设计锚固力（kN/m）；P 为滑坡推力（kN/m）；θ 为锚索倾角（°）。

（5）内锚固段长度不宜大于 10m，可根据下列三种方法综合确定，其中经验类比方法更为重要。

a. 理论计算

按锚索体从胶结体中拔出时，计算锚固长度（单位：m）：

$$L_{m1} = KT/(n\pi dC_1) \tag{9.10}$$

按胶结体与锚索体一起沿孔壁滑移，计算锚固长度（单位：m）：

$$L_{m2} = KT/(\pi DC_2) \tag{9.11}$$

式中，T 为设计锚固力（kN）；K 为安全系数，取值 2.0～4.0；n 为钢绞线根数；d 为钢绞线直径（mm）；D 为孔径（mm）；C_1 为砂浆与钢绞线允许黏结强度（MPa）；C_2 为砂浆与岩石的胶结系数（MPa），1/10 砂浆强度并考虑 1.75～3.0 安全系数。

b. 类比法

根据链子崖危岩体锚固工程等经验，推荐内锚固长度如表 9.7 所示。

表 9.7　锚固长度推荐值表

序号	吨位	内锚固段长度/m
1	3000kN 级以上	7～8
2	3000～2000kN 级	6～7
3	2000～1000kN 级	5～6
4	1000kN 级以下	4～5

c. 拉拔试验

当滑坡体地质条件复杂，或进行重要防治工程时，可结合上述一、二两种方法，并对

锚索进行破坏性试验，以确定内锚固段的合理长度。拉拔试验可分为 7 天、28 天两种情况进行，水灰比按 0.38 ~ 0.45 调配。

（6）预应力锚索的最优锚固角。预应力锚索倾角主要根据施工条件确定。但是可根据两种方法综合考虑其最优倾角。

a. 理论公式

理论分析表明，锚索倾角满足下式时是最经济的：

$$\theta = \alpha - (45° + \varphi/2) \tag{9.12}$$

式中，θ 为锚索倾角（°）；α 为滑面倾角（°）；φ 为滑面内摩擦角（°）。

b. 实际经验

对于自由注浆锚索，锚固倾角须大于 11°，否则须增设止浆环进行压力注浆。

（7）群锚效应。预应力锚索的数量取决于滑坡产生的推力和防治工程安全系数。锚索间距宜大于 4m，若锚索间距小于 4m，须进行群锚效应分析。推荐公式如下。

日本《VSL 锚固设计施工规范》采用公式：

$$D = 1.5\sqrt{L \times d/2} \tag{9.13}$$

推荐公式：

$$D = \ln \frac{T}{L} \tag{9.14}$$

式中，D 为锚索最小间距（m）；T 为设计锚固力（kN）；d 为锚索钻孔孔径（m）；L 为锚索长度（m）。

（8）锚索内端排列。相邻锚索不宜等长设计，根据岩体强度和完整性交错布置，长短差 2 ~ 5m。

9.5　灌 浆 加 强

9.5.1　基本原理

灌浆加强是指通过浆液改善滑体（带）土的性质，使之坚固以达到稳定滑体的目的。如图 9.10 所示。注浆加固是滑坡滑带改良的一种技术。通过对滑带压力注浆，从而提高其抗剪强度，提高滑体稳定性。滑带改良后，滑坡的安全系数评价应采用抗剪断标准。

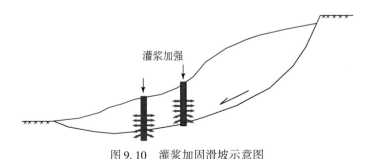

图 9.10　灌浆加固滑坡示意图

适用条件：以岩石为主的滑坡、崩塌堆积体、岩溶角砾岩堆积体，以及松动岩体等。

主要特点：人为主动提高滑坡体总体强度。

除灌浆加固外，还可以考虑用土质改良工程。国外也有用土质改良法治理滑坡的成功例子。图9.11是用焙烧法加固罗马尼亚康斯坦萨附近的海岸边坡的例子。

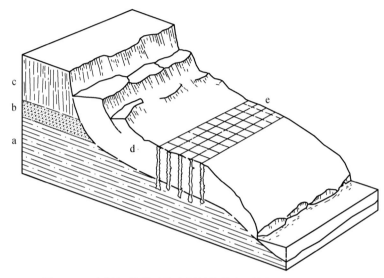

图9.11　康斯坦萨附近海岸滑坡焙烧加固图（Beles，1958）

a. 可塑性黏土；b. 砂层；c. 黄土亚黏土；d. 滑动体；e. 燃烧部分

但实际应用最多的还是化学加固中的水泥灌浆法加强滑坡。滑坡治理中水泥灌浆加固可归纳为三种：①滑坡周界的帷幕灌浆，对于长期受地下水影响而形成的滑坡应采用这种方法；②滑动带固结灌浆，适用于顺层和沿软弱带滑动的滑坡；③滑坡体的固结灌浆，一般用于坡脚被冲蚀或切割、破坏土体平衡而引起的滑坡治理。

注浆前必须进行注浆试验和效果评价，注浆后必须进行开挖或钻孔取样检验。工程中常采用高压旋喷水泥桩加固滑坡。还有石灰桩加固滑坡，主要是以石灰桩形式出现，在滑体上钻若干孔，向孔内充填石灰，然后注水而形成。

9.5.2　设计与施工

（1）注浆通过钻孔进行。钻孔深度取决于滑体厚度和滑面埋深，以提高滑带抗剪强度为目的的灌浆应穿过滑带至少3m。

（2）钻孔应呈梅花状分布，孔间距为注浆半径的2/3左右。注浆半径应通过现场试验确定，宜为1.0~3.0m（图9.12）。

（3）造孔采用机械回转或潜孔锤钻进，严禁采用泥浆护壁。土体宜干钻，岩体可采用清水或空气钻进。

（4）钻孔设计孔径为91~127mm，宜用127mm开孔。

（5）做好地质编录，尤其是对洞穴、塌孔、掉块、漏水等各种情况进行详细编录。

（6）注浆所用水泥标号不应低于425#，水灰比采用逐级变换方式，宜用5∶1~2∶1

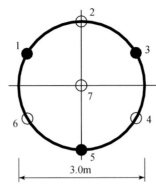

图 9.12　注浆加固试验钻孔平面布置示意图

1、3、5 为灌浆孔，2、4、6、7 为观测孔

升灌，然后根据耗浆量逐渐变换水灰比，最后为 0.5∶1，具体参数通过现场灌浆试验确定。

（7）若岩土体空隙大时，可改用水泥砂浆。砂为天然砂或人工砂，要求有机物含量不宜大于 3%，SO_3 含量宜小于 1%。

（8）注浆压力以不掀动岩体为原则。采用 1.0~8.0MPa。注浆采用不同级别压力，宜按 1.0MPa、2.0MPa、2.5MPa、3.0MPa、3.5MPa、4.0MPa、5.0MPa、6.0MPa、8.0MPa 逐级增大。

（9）当注浆在规定压力下，注浆孔（段）注入率小于 0.4L/min，并稳定 30min 时即可结束。

（10）双管法灌浆：浆液从内管压入，外管返浆。浆液注入后，通过返浆管检查止浆效果、测压及控制注浆压力，主要是通过胶塞挤压变形止浆。

（11）单管法灌浆：利用高压灌浆管直接向试段输浆，可利用胶塞止浆。

（12）采用自上而下分段注浆法。每段 4m，孔口至地下 1~2m 留空。

（13）注浆效果检验时，可设置测试孔用声波法对注浆前后的岩土体性状进行检测，作垂向单孔和水平跨孔检测，要求：①跨孔间距宜为注浆孔间距的 1~2 倍。②注浆前须对岩土体进行声波测试，提供加固前波速；灌浆后 28 天，应对岩土体进行波速测试，提供灌浆后波速的增加值。根据需要，亦可增加灌浆后 7 天声波测试。③注浆养护期满后，用钻探或直接开挖取样进行室内岩土体力学参数试验，并复核滑坡稳定性。

9.6　截 水 排 水

地表水或地下水会降低岩土体强度，浸润滑面，促使和加剧滑坡滑动，故有"十滑九水"之说。因此，进行滑坡排水处理是非常重要的，故还有"治坡先治水"之说，是应急处置中常用的治理措施之一。

主要原理：人为解除或缓解诱发因素，提高稳定性。适用条件：以降水、融雪、灌溉或地下水为诱因的滑坡。

9.6.1　地表排水

地表排水工程包括滑坡体外拦截旁引地表和地下水的截水沟和滑坡体内防止入渗和截集引出地表水的排水沟。地表排水技术简单易行且防治效果好，工程造价低，因而应用极广，几乎所有滑坡治理工程都包含地表排水工程。如果运用得当，仅采取地表排水即可稳定滑坡。

1）布置

截水沟布置于滑坡外围稳定岩土体上，一般距离滑坡边界 3~5m。排水沟布置于滑体表面，疏导和截引出地表水，见图 9.13。

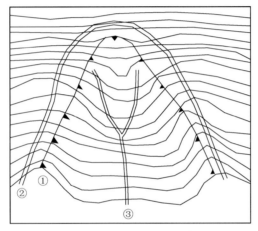

图 9.13　地表排水布置示意图
①滑坡边界；②截水沟；③排水沟

2）断面形式

可选择矩形、梯形、复合型、U 形等（图 9.14）。梯形、矩形断面排水沟易于施工，维修清理方便，具有较大的水力半径和输移力，应优先考虑。

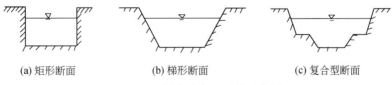

(a) 矩形断面　　　　　(b) 梯形断面　　　　　(c) 复合型断面
图 9.14　排水沟断面形状示意图

3）流量计算

（1）地表排水工程设计频率、地表水汇流量计算可根据中国水利水电科学研究院水文研究所小汇水面积设计流量公式计算。计算公式为

$$Q_p = 0.278 \phi S_p F / \tau^n \tag{9.15}$$

式中，Q_p 为设计频率地表水汇流量（m^3/s）；S_p 为设计降雨雨强（mm/h）；τ 为流域汇流时间（h）；ϕ 为径流系数；n 为降雨强度衰减系数；F 为汇水面积（km^2）。

（2）当缺乏必要的流域资料时，可按经验公式进行计算，如中国公路科学研究所经验公式。

当 $F \geqslant 3km^2$ 时，

$$Q_p = \phi S_p F^{2/3} \tag{9.16}$$

当 $F < 3km^2$ 时，

$$Q_p = \phi S_p F \tag{9.17}$$

式中，S_p 为设计降雨雨强（mm/h）；ϕ 为径流系数；Q_p 和 F 同前。

4）水力计算

首先对排水系统各主、支沟段控制的汇流面积进行分割，并根据设计降水强度、校核标准分别计算各主、支沟段汇流量和输水量，在此基础上确定排水沟断面或校核已有排水沟过流能力。

（1）排水沟过流量计算公式为

$$Q = WC\sqrt{Ri} \tag{9.18}$$

式中，Q 为过流量（m^3/s）；i 为水力坡降（°）；W 为过流断面面积（m^2）；R 为水力半径，指输水断面和水体接触的边长（湿周）之比；C 为流速系数（m/s），宜采用下列二式计算。巴甫洛夫斯基公式：

$$C = R^y / n \tag{9.19}$$

式中，y 为与 n 和 R 有关的指数。

$$y = 2.5\sqrt{n} - 0.13 - 0.75\sqrt{R} \times (\sqrt{n} - 0.10) \tag{9.20}$$

满宁公式：

$$C = R^{1/6} / n \tag{9.21}$$

式中，R 为水力半径（m）；n 为糙率，即管渠粗糙系数，可按表9.8选用。

表9.8　管渠粗糙系数

管渠类别	粗糙系数	管渠类别	粗糙系数
石棉水泥管	0.012	浆砌砖渠道	0.015
木槽	0.012 ~ 0.014	浆砌块石渠道	0.017
陶土管、铸铁管	0.013	干砌块石渠道	0.020 ~ 0.025
混凝土管、钢筋混凝土管、水泥砂浆抹面渠道	0.013 ~ 0.014	土明渠（包括带草皮）	0.025 ~ 0.030

（2）管渠的水力半径，应按下列公式计算：

$$R = \frac{W}{X} \tag{9.22}$$

式中，R 为水力半径（m）；W 为过水断面积（m²）；X 为湿周（m），即断面中水力与固体边界相接触部分的周长。

（3）弯道半径。排水沟弯曲段的弯曲半径，不得小于最小容许半径及沟底宽度的 5 倍。排水沟的安全超高，不宜小于 0.4m，最小不小于 0.3m，在弯曲段凹岸应考虑水位壅高的影响。

容许半径可按下式计算：

$$R_{min} = 1.1v^2 A^{1/2} + 12 \qquad (9.23)$$

式中，R_{min} 为最小容许半径（m）；v 为沟道中水流流速（m/s）；A 为沟道过水断面面积（m²）。

5）选材

宜用浆砌片石或块石，地质条件较差时可用毛石混凝土或素混凝土。排水沟砌筑砂浆标号宜用 M5 ~ M10，对坚硬块片石砌筑排水沟用比砌筑砂浆高一级标号砂浆进行勾缝，应以勾阴缝为主。毛石混凝土或素混凝土标号宜用 C10 ~ C15。

6）注意事项

（1）外围截水沟应设置在滑坡体或老滑坡后缘最远处裂缝 5m 以外的稳定斜坡面上。平面上依地形而定，多呈"人"字形展布。沟底比降无特殊要求，以顺利排除拦截地表水为原则。根据外围坡体结构，截水沟迎水面需设置泄水孔，尺寸推荐为 100mm×100mm ~ 300mm×300mm。

（2）当排水沟通过裂缝时，应设置成迭瓦式的沟槽，可用土工合成材料或钢筋混凝土预制板做成。

（3）有明显开裂变形的坡体应及时用黏土或水泥浆填实裂缝，整平积水坑、洼地，使落到地表的雨水能迅速向排水沟汇集排走。

（4）滑坡体内水田改旱地耕作。若有积水池、塘、库，应停止运营。滑坡体上方（外围），若分布有可能影响滑坡的积水池、塘、库，宜停止运营，否则，其底和周边均须实施防渗工程。

（5）排水沟进出口平面布置，宜采用喇叭口或八字形导流翼墙。导流翼墙长度可取设计水深的 3 ~ 4 倍。

（6）排水沟断面变化采用渐变段衔接，长度可取水面宽度之差的 5 ~ 20 倍。

（7）排水沟纵坡变化处，应避免上游产生壅水。断面变化宜改变沟道宽度，深度保持不变。

（8）排水沟设计纵坡，应根据沟线、地形、地质以及与山洪沟连接条件等因素确定。当自然纵坡大于 1:20 或局部高差较大时，可设置陡坡或跌水。

（9）跌水和陡坡进出口段，应设导流翼墙与上、下游沟渠护壁连接，对梯形断面沟道，多做成渐变收缩扭曲面；对矩形断面沟道，多做成"八"字墙形式。

（10）陡坡和缓坡连接剖面曲线应根据水力学计算确定，跌水和陡坡段下游应采用消能和防冲措施。跌水高差在 5m 以内时，宜采用单级跌水，跌水高差大于 5m 时宜采用多级跌水。

（11）陡坡和缓坡段沟底及边墙应设伸缩缝，缝间距 15～20m，伸缩缝处沟底应设齿前墙，伸缩缝内应设止水或反滤盲沟或同时采用。

9.6.2　地下排水

（1）渗水盲沟和支撑盲沟，如图 9.15 所示。

当滑坡体内有积水湿地和泉水露头时，可将排水沟上端做成渗水盲沟，伸进湿地内，达到疏干湿地内上层滞水的目的。

对于规模较小、滑面埋深较小的滑坡，采用支撑盲沟排除滑坡体地下水，具有施工简便、效果明显的优点，并将起到抗滑支撑的作用。

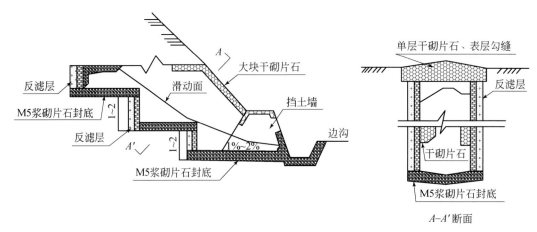

图 9.15　渗水盲沟断面示意图

支撑盲沟长度的计算公式为

$$L = \frac{K_s T\cos\alpha - T\sin\alpha\tan\phi}{\gamma h b \tan\phi} \tag{9.24}$$

式中，L 为支撑盲沟长度（m）；T 为作用于盲沟上的滑坡推力（kN）；α 为支撑盲沟后的滑坡滑动面倾角（°）；h、b 为支撑盲沟的高、宽（m）；γ 为盲沟内填料容重，采用浮容重（kN/m³）；ϕ 为盲沟基础与地基内摩擦角（°）；K_s 为设计安全系数，取值 1.3。

支撑盲沟出水量的计算公式为

当设计盲沟长度大于 50m 时：

$$Q = LK\frac{H^2 - h^2}{2R} \tag{9.25}$$

当设计盲沟长度小于 50m 时：

$$Q = 0.685K\frac{H^2 - h^2}{\lg\dfrac{R}{0.25L}} \tag{9.26}$$

式中，Q 为盲沟出水量（m³/d）；L 为盲沟长度（m）；K 为渗透系数（m/d）；H 为含水层厚度（m）；h 为动水位至含水层底板的高度（m）；R 为影响半径（m）。

（2）排水隧洞。截排水隧洞排水能力可由式（9.27）计算（图9.16）：

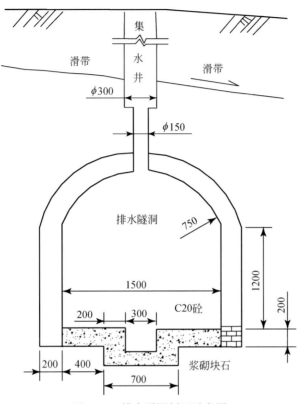

图9.16 排水隧洞剖面示意图

$$Q = \frac{1.36K(2H - S_\mathrm{w})S_\mathrm{w}}{\lg \dfrac{d}{\pi r_\mathrm{w}} + \dfrac{1.36b_1 b_2}{db}} \tag{9.27}$$

式中，Q 为单井涌水量（m³/d）；K 为渗透系数（m/d）；H 为水头或潜水含水层厚度（m）；S_w 为排水孔中水位降深（m）；d 为井距之半（m）；r_w 为井之半径（m）；b_1 为井排至排泄边界的距离（m）；b_2 为井排至补给边界的距离（m）。

第 10 章　大型滑坡应急处置工作思路、原则和内容

10.1　概　　述

第 8 章和第 9 章分别阐述了滑坡灾害应急预防体系和大型滑坡应急处置的常用措施，只有将二者有机结合才能实现以最少的人力物力达到最大程度的减少人民群众生命和财产损失的最终目标。如果说应急预防体系是规范大型滑坡应急处置行为的一种保障制度，那么滑坡应急处置措施则是实现大型滑坡在最短时间内减速止滑的一种有效手段。在大型滑坡应急处置实践中，如何让两者互为补充、相得益彰，需遵循一定的原则和思路，做好各方面的应急处置。

10.2　应急处置流程

我国突发性地质灾害应急处置工作思路和流程，如图 10.1 所示。

按国家突发公共事件总体应急预案，一般应遵循如下工作原则。

（1）以人为本，减少危害。切实履行政府的社会管理和公共服务职能，把保障公众健康和生命财产安全作为首要任务，最大限度地减少突发公共事件及其造成的人员伤亡和危害。

（2）居安思危，预防为主。高度重视公共安全工作，常抓不懈，防患于未然。增强忧患意识，坚持预防与应急相结合，常态与非常态相结合，做好应对突发公共事件的各项准备工作。

（3）统一领导，分级负责。在党中央、国务院的统一领导下，建立健全分类管理、分级负责，条块结合、属地管理为主的应急管理体制，在各级党委领导下，实行行政领导责任制，充分发挥专业应急指挥机构的作用。

（4）依法规范，加强管理。依据有关法律和行政法规，加强应急管理，维护公众的合法权益，使应对突发公共事件的工作规范化、制度化、法制化。

（5）快速反应，协同应对。加强以属地管理为主的应急处置队伍建设，建立联动协调制度，充分动员和发挥乡镇、社区、企事业单位、社会团体和志愿者队伍的作用，依靠公众力量，形成统一指挥、反应灵敏、功能齐全、协调有序、运转高效的应急管理机制。

（6）依靠科技，提高素质。加强公共安全科学研究和技术开发，采用先进的监测、预测、预警、预防和应急处置技术及设施，充分发挥专家队伍和专业人员的作用，提高应对突发公共事件的科技水平和指挥能力，避免发生次生、衍生事件；加强宣传和培训教育工作，提高公众自救、互救和应对各类突发公共事件的综合素质。

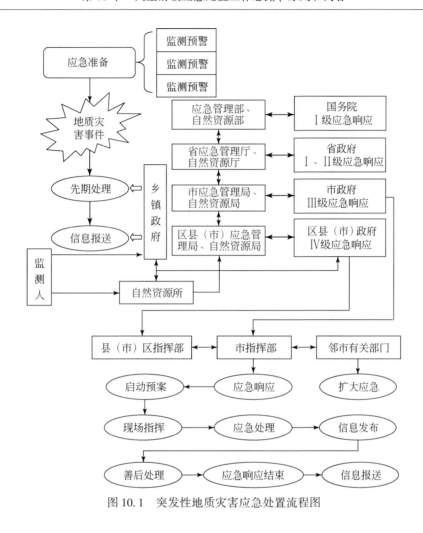

图 10.1　突发性地质灾害应急处置流程图

10.3　应急处置的重点工作内容

　　大型滑坡应急处置是一项系统工程，应急处置的重点工作可以概括为如下三个重要环节，即应急指挥、监测预警和应急治理。这三个环节是相互作用和互相影响的，需要互相配合。

　　应急指挥是组织和纽带，在大型滑坡应急处置工作中负责协调和决策。监测预警是前提和保障，在大型滑坡应急处置工作中负责监视和诊断。应急治理是措施和手段，在大型滑坡应急处置工作中负责处理和控制。滑坡处置首先要诊断病情、查明病因，即查明滑坡变形机理，然后才能制定有效的应急处置工程措施；这些工程措施的实施还需要与之相关的其他各项工作（如宣传动员、避让撤离、交通管制等）配套进行。因此，要求管理决策部门与工程技术人员在决策时互补、在行动上互动、在工作上相互交叉，尽可能实行处置方案的动态决策与信息化设计施工。应急处置工作的三大环节和工作内容之间的关系，可以用图 10.2 所示的关系来表述。具体工作内容如下。

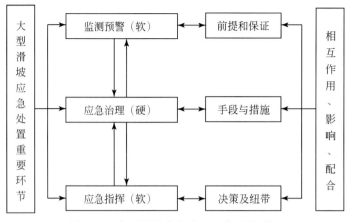

图 10.2　大型滑坡应急处置环节及关系图

10.3.1　应急指挥

指挥一般是指军队指挥员及其机关对所属部队的作战和其他军事行动进行的特殊的组织领导活动。广义上的指挥是指上级对所属下级各种行动进行的组织领导活动，这一概念已广泛应用于社会各界管理层面。应急指挥一词主要是指在突发事件应急处置活动中，上级领导及其机关，对所属下级的应急活动和应对突发事件进行的特殊的组织领导活动。应急指挥最重要的是体现在紧急情况下，运用正确的指挥而充分发挥有限的应急力量控制事态发展，体现出应急指挥在突发情况下减少损失、保护生命财产安全的效率。

随着 2006 年 1 月 8 日国务院发布《国家突发公共事件总体应急预案》的出台，我国应急预案框架体系也初步形成。我国应急管理工作组织体系的组成如下。

（1）领导机构。国务院是突发公共事件应急管理工作的最高行政领导机构。在国务院总理领导下，通过国务院常务会议和国家相关突发公共事件应急指挥机构，负责突发公共事件的应急管理工作；必要时，派出国务院工作组指导有关工作。

（2）办事机构。国务院办公厅设国务院应急管理办公室，履行值守应急、信息汇总和综合协调职责，发挥运转枢纽作用。

（3）工作机构。国务院有关部门依据有关法律、行政法规和各自职责，负责相关类别突发公共事件的应急管理工作。具体负责相关类别的突发公共事件专项和部门应急预案的起草与实施，贯彻落实国务院有关决定事项。

（4）地方机构。地方各级人民政府是本行政区域突发公共事件应急管理工作的行政领导机构，负责本行政区域各类突发公共事件的应对工作。

（5）专家组。国务院和各应急管理机构建立各类专业人才库，可以根据实际需要聘请有关专家组成专家组，为应急管理提供决策建议，必要时参加突发公共事件的应急处置工作。

此后，各级政府部门逐级制定了相应的应急预案，建立了应急指挥系统。应急指挥系统是指政府及其他公共机构在突发事件的事前预防、事发应对、事中处置和善后管理过程中，通过建立必要的应对机制，采取一系列必要措施，保障公众生命财产安全，促进社会和谐健康发展的有关活动，应急指挥系统可以全面地提供如现场图像、声音、位置等具体信息，协助分析和预测事态的发展趋势，为应急指挥提供技术支撑和决策依据。

滑坡是常见的地质灾害之一，其应急处置工作应在国家突发公共事件总体应急预案框架体系的指导下实施。滑坡应急指挥指政府或所设临时指挥部在滑坡应急处置过程中的组织领导活动，目的是通过正确的指挥，充分发挥已有的力量，有效协调和保障大型滑坡应急处置各项工作按预案按计划顺利开展，以期尽快控制事态发展，是滑坡应急处置决策和联系各方的纽带。

滑坡应急预案一旦启动，指挥部进入应急响应状态，进一步明确指挥、副指挥及其成员，并可设立处置现场指挥部，在县地质灾害应急防治指挥部的统一部署下，组织相关部门和人员，调配应急力量，支援事发地。现场指挥部组织专家组赶赴现场，调查分析灾情、险情，对地质灾害趋势进行判断，提出具体的抢险救灾措施；组织力量迅速抢救伤员和受困人员及重要财产，进一步查明灾害危险区并及时转移受威胁群众；妥善安置灾民并保障其基本生活等。相关成员单位根据各自的工作职责，实施通信、交通、电力、物资、生活、卫生、资金和治安等保障行动，开展紧急抢险救灾，应急调查、监测和治理，医疗救护和卫生防疫，治安、交通和通信保障，灾民基本生活服务，信息报送和处理等行动。

滑坡应急指挥工作的主要内容如下。

（1）一般在突发滑坡灾害事件时，按国家突发公共事件总体应急预案，应迅速成立以政府负责人牵头的现场应急指挥部，组织领导和指挥滑坡灾害应急处置活动。

（2）组织和协调相关政府部门行使各自职责范围内的应急处置工作。

（3）组织相关机构和人员做好事前预防、事发应对、事中处置和善后管理工作。

（4）组织专业技术人员进场开展滑坡调查分析、监测预警、排危除险和应急治理工作。

（5）聘请专家参加突发滑坡事件的应急处置工作，为应急管理提供决策依据。

（6）做好受灾和受滑坡威胁人员的疏散、安置、安抚和宣传教育等工作。

突发性地质灾害险情或灾害发生后，事发地的乡镇政府应迅速实施先期处置，包括以下几点。

（1）立即抢救伤员和受困人员，控制灾害（隐患）现场。

（2）设立明显的危险区警示标志。

（3）封锁危险区和警戒交通。

（4）组织群众转移避让或采取紧急排险措施，情况危急时应强制组织受威胁群众避灾疏散。

（5）防止、杜绝不必要的二次伤亡情况的发生。

在滑坡灾害应急处置过程中，为提高滑坡应急指挥工作效率，需充分考虑和合理使用如下工作原理。

指挥系统（line of command）又称指挥链（chain of command），是与直线职权联系在一起的。从组织的上层到下层的主管人员之间，由于直线职权的存在，便形成一个权力线，这条权力线就被称作指挥链。指挥链是一条权力链，它表明组织中的人是如何相互联系的，表明谁向谁报告。由于在指挥链中存在着不同管理层次的直线职权，所以指挥链又可以被称作层次链（scalar chain）。指挥链涉及以下两个原理。

（1）统一指挥（unity of command）。古典学者们强调统一指挥原则，主张每个下属应当而且只能向一个上级主管直接负责，不能向两个或者更多的上司汇报工作。否则，下属可能要面对来自多个主管的相互冲突的要求或优先处理的要求。统一指挥原则经常被违背。例如，工程安全管理人员（或是财务人员、人事部人员等）经常在自己的专业分工领域内对不在自己直接领导下的员工（如施工员）进行指挥。解决的办法是在确保专业分工和岗位划分的基础上，通过紧密的协作，进行合理的指挥。在整个工程的协作过程中，项目经理起着关键作用。

（2）阶梯原理（the scalar principle）。这一原理强调从事不同工作和任务的人，其权力和责任应该是有区别的。组织中所有人都应该清楚地知道自己该向谁汇报，以及自上而下的、逐次的管理层次。统一指挥涉及谁对谁拥有权力，阶梯原理则涉及职责的范围。因此，指挥链是决定权力、职责和联系的正式渠道。

指挥链影响着组织中的上级与下级之间的沟通。按照传统的观念，上级不能越过直接下级向两三个层次以下的员工下达命令；反之亦然。现代的观点则认为，当组织相对简单时，统一指挥是合乎逻辑的。它在当今大多数情况下仍是一个合理的忠告，是一个应当得到严格遵循的原则。但在一些情况下，严格遵循这一原则也会造成某种程度的不适应性，妨碍组织取得良好的绩效。只要组织中每个人对情况都了解（知情），越级下达命令或汇报工作并不会给管理带来混乱，而且还能够使组织氛围更加健康，员工之间更加信任。

10.3.2　监测预警

监测预警是通过在滑坡体上布置监测仪器和传感器，获取滑坡体和外界影响因素的变化量，为分析滑坡机理和预测滑坡变形发展趋势提供数据和信息，进而开展灾害预警预报工作。监测预警是开展大型滑坡应急处置工作的前提和保障工作，为科学处置提供依据。

各级政府和自然资源主管部门要针对各种可能发生的突发滑坡事件，完善预测预警机制，建立预测预警系统，开展风险分析，做到早发现、早报告、早处置。

根据预测分析结果，对可能发生和可以预警的突发滑坡事件进行预警。预警级别依据突发公共事件可能造成的危害程度、紧急程度和发展势态，一般划分为四级：Ⅰ级（特别严重）、Ⅱ级（严重）、Ⅲ级（较重）和Ⅳ级（一般），依次用红色、橙色、黄色和蓝色表示。

预警信息包括突发地质灾害的地点、类别、预警级别、起始时间、可能影响范围、警示事项、应采取的措施和发布机关等。

预警信息的发布、调整和解除可通过广播、电视、报刊、通信、信息网络、警报器、宣传车或组织人员逐户通知等方式进行，对老、幼、病、残、孕等特殊人群以及学校等特殊场所和警报盲区应当采取有针对性的公告方式。

在滑坡应急处置过程中，监测预警工作主要起到以下几方面的作用。

（1）为应急处置决策提供依据：对于一个正在变形的滑坡，是否已经到了必须采用应急处置才能治理的阶段？还能不能或有无足够的时间实施应急处置工程？通过监测手段获取滑坡变形的科学观测数据，是回答这些问题的最好办法。因此，对于一个通过宏观判断已经处于"危险"状态的滑坡体，除尽快撤离危险区人员，做好防灾预案外，应尽快布置简易和专业监测点对滑坡实行全天候观测。

（2）科学预警预报，确保人员安全：只有通过专业研究，获取准确的滑坡变形-时间监测数据，并借助于前述的滑坡预警预报方法，进行及时、科学的预警预报，才能确保相关人员的安全。

（3）检验和评价应急处置效果，优化应急处置方案：借助于专业监测数据，可定量化地、科学地分析评价各阶段或各种应急处置措施所达到的实际效果，并据此调整和优化应急处置方案和工程措施。

10.3.3 应急治理

应急治理是通过工程措施改变滑坡体受力条件或坡体结构，控制滑坡变形，止滑保稳，是科学处置滑坡的最直接的手段和最有效的措施。其首要目标是减速止滑、排危除险。所采取的应急措施必须突出快速高效、简便实用。

应急治理工作的主要内容如下。

（1）开展应急调查。组织专业技术人员进场开展滑坡地质调查，需查明滑坡及周边区域的地形地貌、地质结构、滑坡范围、潜在滑动部位及滑动面位置、变形迹象、变形原因、稳定性状况及发展趋势等。

（2）制定治理方案。开展滑坡稳定性分析评价，通过方案比选确定滑坡应急治理工程方案。

（3）施工组织实施。及时指派或优选具有相关资质、较强技术实力和良好信誉的地质灾害防治工程单位和技术队伍，组织进场和施工实施，争取在最短时间内控制滑坡变形。

因此，应急治理是三个环节中的关键环节，关键在于所采取技术措施的有效性、实施的及时性，保证快速控制滑坡变形，达到止滑保稳的目的。

10.4 应急处置四点建议

10.4.1 多方协调，软硬结合

大型滑坡应急处置是一项系统工程，为控制滑坡灾害风险，除尽快采取必要的应急处置工程措施之外（硬），应该高度重视应急管理和应急指挥等非工程性措施（软）。一旦出现险（灾）情，应多方协调，软硬密切配合。

（1）启动预案。立即启动防灾预案，并迅速逐级上报。同时立即成立现场指挥部，全面启动各项应急处置工作。对于重大滑坡灾（险）情，还应组织相关领域的专家现场调查，会商和制定应急处置方案。

（2）疏散撤离。根据滑坡发生后可能的运动、堆积以及影响范围，划定危险区和影响区，设置警戒线，疏散和撤离危险区居民，做好影响区的防灾宣传。

（3）应急救援。如果出现灾情，应组织专业队伍搜寻受困人员，抢救伤员，安抚相关人员。

（4）应急治理。迅即组织专业技术队伍和专家进行应急调查，确定应急治理方案，做

到简便实用，快速高效，并尽快实施。

（5）灾后处置。家属安抚、灾民安置、灾后救治等。

10.4.2　查清机理，加强监测

一旦滑坡出现险（灾）情，应当立即启动应急预案，开展应急救援。同时立即组织专家或专业技术人员开展应急调查与分析预测，加强监测，查明滑坡的形成条件、坡体结构、变形特征、稳定性状况、发展趋势及威胁（危害）对象，分析查清滑坡机理和诱发因素，据此才能制定出科学合理的预警方案、简单实用的应急措施和快速高效的实施方案。机理分析是应急治理工程实施的前提基础，监测预警则是应急治理工程实施的保障。

10.4.3　时机把握，措施适宜

不管是渐变型滑坡还是突发型滑坡，皆存在一段或长或短的变形发展演化过程，且在发展演化过程中，受外界因素的影响，其发展演化趋势随时有可能发生变化。通过实时监测分析，掌握滑坡在空间上的变形破坏特征，把握在时间上的变形演化阶段，据此把握最佳处治时机，果断切入，并在实施过程中，进行动态设计和信息化施工。

大型滑坡应急处置工程是一个复杂系统演变的过程控制工程，存在很强的时间性，时空概念十分重要，根据滑坡特征和机理选择确定应急抢险治理措施，把握关键环节和最佳时机，即应急处置滑坡要抓住"先机"。

鉴于上述时机特点，大型滑坡应急处置措施的选择、优化和变更必须与滑坡的监测预警进行有效结合，应根据滑坡空间变形特征和时间演化过程的监测分析，判断滑坡所处的变形阶段，采取不同的应急治理措施。监测在大型滑坡应急治理过程中十分重要，全过程的监测预警及反馈，可促进滑坡特征及地质机理的再认识，同时根据监测资料指导施工过程、修正、补充、完善抢险处置方案。

不同的滑坡变形演化阶段要采用不同的应急治理措施，如表10.1所示。

当滑坡处于初始变形阶段时，一般应采用预防措施，制定防灾预案。

当滑坡进入等速变形阶段时，根据滑坡危险性及灾害风险，考虑采用常规治理工程措施。

当滑坡进入加速变形阶段时，即立即启动应急预案，果断采取应急治理措施，那么首先应采用一些"简单易行"的应急措施，此时适宜的措施有：削方减载，堆载压脚，排水防渗（疏通修建临时排水沟、裂缝覆盖封填），快速支挡钢管（轨）桩等。尽快将滑坡变形速度控制下来，所谓的"应急"，就是抢时间、抢速度、抢工期，快速将滑坡体从中加速、加加速变形阶段拉回到初加速、等速，甚至初始变形阶段。

当滑坡体处于中加速-加加速变形阶段时，采取的应急治理措施应满足以下条件。

（1）必须保障参与抢险工作的人员安全；

（2）技术简单、施工方便；

（3）工期要短、见效要快；

（4）最好是多机械、多断面、多方位能协同施工；

表 10.1　滑坡变形演化阶段与应急处置措施对应关系

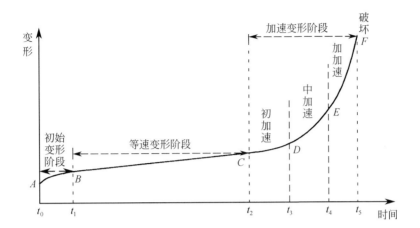

应急处置＼阶段	初始变形	等速变形	初加速	中加速	加加速	破坏
预案	编制预案	群测群防 搬迁避让		撤离人员 与财产	紧急撤离 与封锁	封锁抢险
监测	群测	专业监测	加密专业监测	无线遥测	加密无线遥测	反馈
预警预报	长期预报	中期预报	短期预报	临滑预报	临灾警报	—
	评估	定性预报	定量预报	全息预报	综合预报	
预警级别	不发布	注意级	警示	警戒	警报	解除预警
		蓝色	黄色	橙色	红色	
防治及 适宜措施	常规治理		应急治理		工程排险	工程抢险
	堆载反压、常规抗滑支挡、锚索加固、灌浆加强、排水防渗等		堆载反压、快速支挡、锚索加固、灌浆加强、排水防渗	堆载反压、快速支挡、排水防渗	堆载反压、排水防渗	—

（5）尽量减少对滑坡整体的扰动；

（6）尽量减少外在荷载的增加；

（7）尽量减少水对滑面的润滑。

当滑坡体从中加速-加加速变形阶段回到等速变形阶段以前时（采取应急治理措施后），结合地质勘查，获取相关参数，定量分析滑坡稳定性、计算滑坡推力，设计确定常规综合治理工程措施，达到永久治理目标。

10.4.4　施工便捷，工序合理

应急处置施工顺序：排危除险→止滑减速→保稳→综合治理。应急处置不同施工阶段适宜性工程措施见表 10.2。

表 10.2　应急处置不同施工阶段与适宜措施对应关系

施工顺序	排危除险	止滑减速	保稳	综合治理
适宜措施	疏导、清危、防渗	堆载压脚、削方减载、快速支挡（钢管、钢轨桩）	预应力锚索	抗滑支挡（抗滑桩、挡土墙等）、预应力锚索、灌浆加固、排水

第11章　四川省丹巴县城后山滑坡监测预警与应急处置

丹巴县城后山滑坡位于四川省丹巴县城背后，其纵向长约 290m，宽约 200～250m，滑体平均厚度 30m，前后缘高差接近 200m，总体积约 2.2×10⁶m³。丹巴县城坐落在四条河流交汇的狭窄河谷地带，背靠白呷山，前临大渡河。县城背后为一大型的白呷山古崩滑堆积体。受地形及场地条件限制，近年来该县城市建设不得不紧靠白呷山古滑坡坡脚修建。由于房屋建筑对白呷山古滑坡坡脚的开挖致使古滑坡体发生局部复活。从 2004 年 8 月起坡体开始出现明显的变形迹象。监测结果表明，2005 年 2 月初变形加速，其平均位移为 2～3cm/d，最大位移量接近 5cm/d，并在滑坡体后缘产生了宽度约 1.5m 的弧形长大拉裂缝，两侧的剪切裂缝和前部的鼓张裂缝也十分明显。各种裂缝相互连接贯通，滑坡呈现出整体下滑的态势。滑坡体整体向前推移不但使丹巴县城紧靠滑坡前缘的数千平方米的房屋出现大的裂缝甚至垮塌破坏，同时还使大半个丹巴县城变为滑坡危险区，约 4600 人曾被迫撤出该危险区。

为了确保丹巴县人民的生命财产安全和社会稳定，有关部门迅速组织了专业队伍一方面对滑坡实行全天候 24 小时的监测预警，另一方面采取应急治理工程措施对滑坡体进行主动加固处理。通过在滑坡前缘堆置 7000 多立方米的沙袋和在滑坡中前部施工 6 排共 244 根预应力锚索后，滑坡体的变形速度明显降低，滑坡的稳定性得到改善。为了保证该滑坡的长期稳定，在应急抢险工程的基础上进一步实施了综合治理工程。综合治理工程已于 2007 年年初施工完毕，监测结果表明，该滑坡变形已彻底停止，整个治理工程取得了预期的效果。

11.1　地质环境条件

11.1.1　气象水文

滑坡区位于大渡河右岸，属北亚热带干旱河谷气候，降水较少，历年总降水量平均 605.7mm。降水主要集中于夏、秋两季。据统计，每年 6 月至 10 月为雨季，多年平均降水量为 584.1mm，占全年降水量的 96.4%。

11.1.2　地形地貌与地层岩性

滑坡区属于青藏高原东缘的大渡河高山峡谷区。区内峡谷深邃，地形陡峻，相对高差极大。河谷谷坡多在 40° 以上。滑坡后缘为高陡斜坡，在区域地貌上形成有四级缓坡平台。滑坡位于 Ⅱ 级平台前沿，地形相对较平缓，坡度在 10°～20°。滑坡两侧基岩露头已形成陡崖地形。

　　滑坡区地层较为单一，仅分布第四系古滑坡堆积地层和古生界志留系变质岩层。勘察结果表明，古滑坡堆积物成分主要为块碎石夹黏砂土。块石含量约占 50%~60%，碎石含量占 20%~30%，粒径 3~10cm 居多，黏质砂土、角砾土充填块碎石之间。块碎石土结构松散，多见架空现象。志留系变质岩主要分布于滑坡两侧陡崖斜坡区，为茂县群第四岩组（S_{mx}^4）的灰白色石榴石二云片岩和灰黑色黑云母斜长变粒岩夹少量大理岩。岩层倾角普遍较大，倾向 35°，倾角 35°~45°。

11.1.3　地质构造

　　滑坡区所处地质构造部位为青藏滇缅印尼"歹"字形构造，岩层受到的挤压比较强烈。滑坡区位于青藏高原东北部，新构造运动以强烈抬升为主。自上新世以来，青藏高原经历了多次强烈的整体断块隆升，东缘的大渡河强烈下切形成了高差大、坡度陡的地形，为滑坡的发育奠定了有利的地貌条件。根据中国地震动参数区划图（GB 18306—2001），滑坡区抗震设防烈度为Ⅶ度。

11.2　丹巴县城后山滑坡基本特征

11.2.1　滑坡勘察

　　丹巴县城后山滑坡的勘察主要采用了综合工程地质测绘、钻探、物探、探槽、现场与室内试验等综合勘察技术，共完成了 1:500 的地质测绘 0.34km²；钻孔 14 个，其中基岩取芯钻孔 7 个；探槽 4 个；物探剖面 9 条，共 5936.97m；大重度试验 6 组、室内土样试验 1 组、岩样试验 8 组、水样试验 1 组。

11.2.2　滑坡形态特征

　　滑坡体平面上呈圈椅状，前后缘高差 219m。滑坡后缘位于白呷山Ⅱ级平台前缘，前缘直抵坡脚县城建设街，滑坡周界清楚。滑坡前部为人工开挖后所作的 6~28m 高的干砌块石护坡陡坎，坡度 56°~65°。后部为缓斜坡，坡度约 10°，中部平均坡度 31°。滑坡体宽 200~250m，纵长 290m，面积约 0.08km²，平均厚度约 30m，体积约 220×10⁴m³，为一大型堆积层滑坡。

　　根据滑坡体变形发展过程、成因机制及滑移特征，可将滑坡区划分为主滑区（Ⅰ）、左后侧牵引区（Ⅱ）、右后侧牵引区（Ⅲ）三个区域（图 11.1 和图 11.2）。

　　1）Ⅰ区

　　Ⅰ区的典型剖面如图 11.3 所示，其又可分为Ⅰ-1 和Ⅰ-2 两个亚区。事实上，Ⅰ-1 区是首先产生整体向下滑动的区域，为滑坡真正的主滑区。Ⅰ-1 区前缘宽约 200m，后缘宽约 150m，纵长 270m，平面形态呈不规则状长方形，平均滑体厚 30m，体积约 150 万 m³，主滑方向 353°（指向河谷方向）。该区前缘自 2003 年以来便开始出现变形迹象，到 2004

图 11.1　丹巴县城与后山滑坡

年 12 月变形加剧，2005 年 2 月 15 日后表现出明显的加速变形特征。至 2 月 20 日左右，Ⅰ-1 区后缘拉张裂缝、两侧的剪切裂缝已基本贯通和圈闭，前缘沿建设街街面剪出，并整体向前推移，滑坡范围内紧靠坡脚修建的数十幢房屋被推挤损坏（图 11.3 和图 11.4）。从 3 月初开始，由于Ⅰ-1 区整体向前滑动，致使后缘拉张裂缝最大宽度达到 1.5m，下坐 1.5m（图 11.5）。Ⅰ-1 区后缘巨大的拉张裂缝使该区后部坡体处于"临空"状态，因此，变形继续向后部坡体扩展，形成Ⅰ-2 区次级滑体（图 11.1）。

由于Ⅰ区后缘两侧的坡体地形坡度相对较陡，Ⅰ区在不停地向下滑移过程中，其后部左右两侧坡体于 3 月初开始出现滑移迹象，产生大量的裂缝并逐渐贯通，形成Ⅱ区和Ⅲ区。受地形的影响，Ⅱ区和Ⅲ区的滑移方向与Ⅰ区有所差别，都是斜向下并指向Ⅰ区（图 11.1 和图 11.2）。

2）Ⅱ区

Ⅱ区位于Ⅰ区滑坡体后部的左侧斜坡，主要受主滑体滑移牵引形成，后缘及两侧以拉裂缝为边界，前缘与Ⅰ区滑体相连宽约 140m，平面形态呈不规则半圆弧形，面积约 6000m²。滑体主倾方向 20°，地形坡度 20°~30°，根据物探高密度电法解译及应急治理施工的锚索钻孔揭示，该区滑体厚度 15~20m，体积约 15 万 m³。

Ⅱ区变形主要体现在后缘及侧缘拉裂缝、前缘掉块滑塌。在滑坡强烈变形期间，Ⅱ区后缘及侧缘裂缝宽达到了 10~30cm，错距 5~40cm，可见深为 0.30~1.2m。在右侧滑坡后缘圈椅状地形左侧山凹处，发育三条长 10~15m，宽 2~8cm，可见深度 0.05~0.2m 的纵向剪切裂缝，随着 3 条纵向裂缝的发展，似有将Ⅱ区从Ⅰ区完全分离出去的趋势，根据应急抢险工程期间的滑坡变形监测数据显示Ⅱ区变形速率一般在 12~15mm/d，较Ⅰ区整

图 11.2　丹巴县城后山滑坡工程地质平面图与监测点布置图

体变形速率大，且变形速率较不稳定。滑体左侧前缘由于地形高陡（坡度在 50°～80°），并且由块碎石土组成，厚度在 10m 左右，结构松散，在变形过程中常有坍塌、掉块发生，其前部一带横向弧形拉裂缝发育，日位移量一般达 20mm 以上，时常发生小规模的掉块滑塌，其中 2005 年 3 月 9 日和 3 月 14 日发生了两次规模上百方的坡表垮塌，尤其是 3 月 14 日下午 14 时发生的一次，垮塌规模约 600m³，土夹块石飞天而下（图 11.6），所幸通过监测及时发现并成功预警，未造成人员伤亡，但对下部施工和居民生活造成极大影响。在此次垮塌后，垮塌部位出露了一块约 5m 的巨石，给当地人民的生命财产构成了极大的威胁。经爆破分解将此巨石移走后威胁才得以解除。

3）Ⅲ区

Ⅲ区位于滑坡右后侧，地形纵坡 30°~45°，前缘宽约 50m，后缘宽约 85m，纵长约 180m。面积约 0.014km²。滑体平均厚度 25m 左右，总体积 35×10⁴m³。根据监测结果，该区变形相对Ⅰ区和Ⅱ区小，且随着Ⅰ-1 区预应力锚索工程的逐步实施，其变形速率逐渐降低，并趋于稳定。

图 11.3　滑坡前缘外推和鼓胀，前缘房屋损毁

图 11.4　滑坡前缘房屋承重柱被错断

图 11.5　滑坡Ⅰ区后缘拉裂缝宽度和
　　　　　下坐高度达 1.5m

图 11.6　2005 年 3 月 14 日Ⅱ区前缘局部垮塌

11.2.3　滑体和滑带特征

除滑坡后部表层为厚 5.0~6.0m，黄色、灰黄色的碎石土外，其余滑体物质组成主要为块石土。从已有勘查成果来看，滑体空间分布具以下特征：垂向上坡体物质为颗粒较粗的块碎石土，间夹少量黏质砂土；平面上，覆盖层厚度滑坡中前部厚度较厚，一般 20~35m，平均 28m 左右，后部厚度一般 30~45m，平均 35m 左右；从横向上看，两边薄，中间厚。滑坡堆积体结构较松散，多具架空现象，为强透水、弱含水地层。

根据勘察结果，滑坡土体块石含量多达 50%~60%，碎石含量 20%~30%（滑坡体表层特别是后部浅表层以碎石土为主）、角砾、黏质砂土充填。从施工的 7 个钻孔揭露，未见到明显的滑带擦痕及镜面，也未见到地下水异常现象，仅在 ZK4 号孔 17.31 ~ 17.51m、22.39 ~ 22.89m、29.84 ~ 30.04m 及基岩面附近见到黏质砂土等细粒相物质增多。根据现场调查，结合滑坡体变形特征，综合分析滑坡滑动面从前缘至后缘已基本贯通，前缘剪出口位于建设街路面以上 0.5 ~ 3m（图 11.7）。雨季滑坡前缘堡坎处及剪出口地段未见地下水渗出。

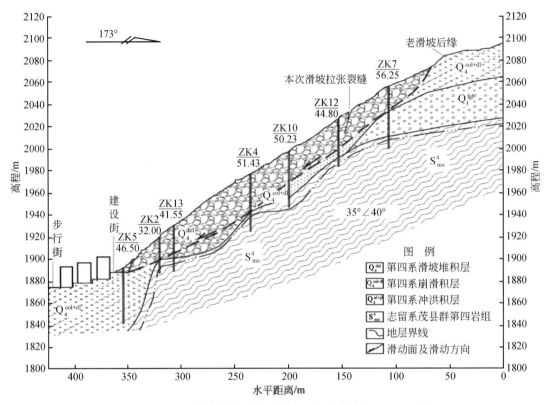

图 11.7　丹巴县城后山滑坡代表性工程地质剖面（2-2′）图

11.3　丹巴县城后山滑坡应急抢险阶段的监测预警和应急处置工程

图 11.1、图 11.2 以及滑坡所出现的明显变形迹象表明，自 2004 年年底和 2005 年年初开始，丹巴县城后山滑坡已表现出非常强烈的变形破坏迹象，如不及时采取强有力的应急处置措施，降低滑坡下滑速度，尽量阻止滑坡的继续下滑，滑坡必然发生。一旦滑坡发生，必将直接掩埋大半个丹巴县城，同时会堵断大渡河河谷，形成滑坡坝和堰塞湖，并造成上游淹没、下游洪涝的次生灾害，情况非常危急。为此，丹巴县城后山滑坡事件引起了中央、四川省以及州、县各级部门和领导的高度重视，并制定了"确保不死人，力争不滑坡"的应急抢险目标。

为了实现"确保不死人"的目标，专业人员通过对滑坡若整体下滑可能直接掩埋的范围以及对周围一定区域的影响，划定了危险区和影响区（图 11.2），并于 2005 年 2 月 28 日紧急撤离了处于危险区全部居民，共计 1188 户 4923 人。同时，制定了完善的防灾预案，对处于影响区的居民发放防灾明白卡，在丹巴县城专门安装了警报装置，进行了包括全城居民和现场抢险施工人员在内的防灾应急演练。告知现场抢险施工人员和处于影响区的居民，一旦发出警报，立即撤离预先划定的安全区。

为了实现"力争不滑坡"的目标，一方面对滑坡实施了全天候监测，随时掌握滑坡的变形状况和动态特征，进行及时的预警预报，确保县城居民和现场应急抢险施工人员的安全；另一方面迅即启动了前缘堆载压脚、中后部预应力锚索加固的应急处置工程。

11.3.1 应急抢险的决策论证

滑坡变形是滑坡地质结构及内、外影响因素的综合反映。对于已经处于强烈变形的滑坡，做好滑坡的监测和预警工作，随时掌握滑坡的动态，做到心中有数，是应急抢险能否取得成功的关键。为此，从 2005 年 1 月 21 日开始，委托专业队伍在滑坡体上逐步布置了共计 46 个专业监测点（图 11.2 中以"J"打头的监测点）和 26 个简易监测点（图 11.2 中以"L"打头的监测点），并派专人对坡体各种变形破坏迹象进行全天候人工巡视（图 11.2）。同时，在主滑体中轴线上从后到前布置了三个深部位移监测孔（图 11.2 和图 11.7 中的 ZK12、ZK10、ZK13）。专业监测是在具体的监测点修建混凝土监测桩，并在监测桩上安设棱镜，然后采用由固定在丹巴县城高楼楼顶的全站仪对各监测点进行全天候监测。简易监测主要采用钢卷尺等手段定期测量裂缝的变化情况。而人工巡视则主要对滑坡区一定范围内的各种变形破坏迹象，尤其是裂缝的扩展、变化情况情形全天候观测。每天及时将裂缝发展状况反映到滑坡平面图上，用于综合分析研究滑坡的发展演化趋势。在综合治理期间，根据需要又在滑坡体的相关部位布置了近 30 个专业监测点，使专业监测点总数达到七十多个。

在应急抢险期间，滑坡监测主要起到了为应急抢险决策提供依据和确保现场人工人员安全两大作用。

在 2005 年 1 月初的应急抢险决策阶段，当时有部分人，尤其是丹巴县部分领导干部对是否有必要进行抢险持怀疑态度，并由此影响了抢险工程的实施进度。丹巴县城后山在 2005 年以前的几年内就已开始出现变形迹象，2004 年年底专业队伍在进行县市地质灾害详查时后山变形引起注意并上报主管部门。主管部门委派专业队伍和专家现场调查后，认为该滑坡已经处于非常危险的状况，应立即实施应急抢险工程。因此，当时就有人提出，丹巴县城后山变形已经持续多年，人民群众的生活都安然无恙，为什么专业队伍和专家一到，就认为其很危险？为了解除疑惑，我们对当时已有的监测资料（2005 年 1 月 22 日至 2 月 22 日）进行了分析研究，发现变形监测结果显示，该滑坡自 2005 年初开始已逐渐进入加速变形阶段的初期，如果不实施应急抢险工程，人为阻止滑坡的下滑速度，该滑坡在不长的时间内就可能发生，情况已非常危急，必须立即实施应急抢险工程。

为了分析论证是否还有足够的时间进行应急抢险，我们在 2005 年 2 月 22 日根据当时已有的监测资料（图 11.8），采用多种滑坡预测预报模型（如 Verhulst 模型、协同预测模型等），对滑坡可能的发生时间进行了分析预测，不同的模型预测的结果显示，在不实施任何应急处置工程的前提下，滑坡发生的可能时间为 3 月 2 日至 3 月 15 日，距离当时的时间还有 10~23 天。当时通过专家组论证，采用前缘堆载压脚可望起到较好的减速效果，估算堆载时间需要一周左右，因此，有较充足的时间实施应急抢险工程，因此，决定立即实施。

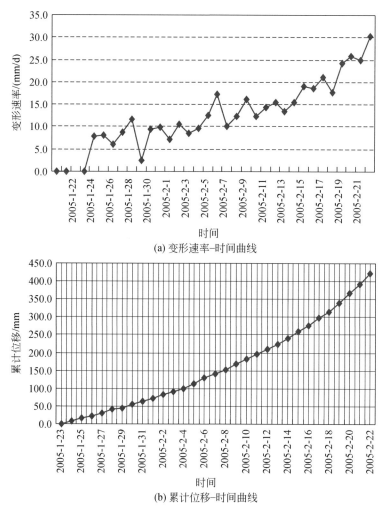

(a) 变形速率–时间曲线

(b) 累计位移–时间曲线

图 11.8　丹巴县城后山滑坡 2005 年初变形–时间曲线

11.3.2　应急抢险阶段的应急处置工程措施

通过系统的分析论证，采用了如下两方面的应急处置工程措施。

（1）前缘堆载压脚。在坡体前缘用沙袋堆载压脚，人为增大剪出口部分的抗滑力，尽可能降低坡体下滑速度，为坡体的预应力锚固工程施工争取时间。堆载工程（图 11.9）自 2005 年 2 月 22 日正式实施。为了加快进度，当时抽调了丹巴县城及周边村社各方面的力量，包括甘孜州武警官兵，全面参与堆载压脚工程。到 2 月底，顺利完成设计任务，总堆载方量约 7170m^3。

（2）坡体中后部锚固。为了主动加固滑坡体，在滑坡Ⅰ区中前部设计和实施了预应力锚索工程，共布置 $A \sim F$ 序 6 排预应力锚索（共 244 根）（图 11.10 和图 11.11）。预应力锚索工程水平向间距为 4m，纵向间距为 6m（斜距），各外锚墩之间用加筋的横梁连接，用以增大锚墩与坡体之间的接触面积，提高基础承载力。锚索孔深一般 40 ~ 50m，锚固段长 8 ~ 10m，锚索由 9 束 $\varPhi$15.24 的钢绞线制成，设计施加预应力 1300kN。由于在巨厚松散堆积体上成孔和护壁困难很大，再加上在正在强烈变形的滑坡体中钻孔施工难度非常大，致使Ⅰ区首根锚索于 3 月 15 日才开始张拉受力，直至 4 月底才完成Ⅰ区锚索施工。

(a) 调集武警官兵参与堆载压脚工程   (b) 实施完毕后的前缘堆载工程

图 11.9   丹巴县城后山滑坡前缘堆载压脚工程

11.3.3   应急抢险阶段的主滑体Ⅰ区监测预警

在丹巴后山滑坡的应急抢险阶段，监测预警在保障施工人员安全和评价应急处置效果方面发挥了非常重要的作用。

（1）通过监测预警，确保施工人员安全。堆载压脚工程施工期间，在滑坡前缘进行堆载施工的现场人员最多往往超过 500 人，同时，在滑坡体的中后部还有上百名预应力锚索施工人员在作业。因此，在应急抢险阶段，尤其是抢险初期，保证现场施工人员的安全显得至关重要。为了随时掌握滑坡的动态，做到心中有数，每天对监测数据（专业监测点每天至少监测两次）进行分析，现场指挥部每天定期召开工作会议，分析研究滑坡的变形特点，安排布置第二天的工作。同时，还根据变形–时间曲线的变化特点和滑坡发生前可能出现的前兆特征，制定了明确的滑坡预警判据。例如，如果出现斜坡变形速率急剧增大；变形–时间曲线快速上升；坡体前缘出现大规模、密集发生的小崩小落等现象等临滑征兆时，将立即发布红色预警信号，紧急撤离现场施工人员和影响区居民等。通过上述的科学监测预警，既让成百上千的现场抢险人员安心施工，又确保了他们的生命安全。

（2）通过地表位移监测，分析评价应急处置效果。在丹巴县城后山滑坡的应急抢险方案制定时，其总体考虑是：首先通过快速和方便易组织实施的前缘堆载工程，降低滑坡的滑动速度，并期望通过前缘的堆载工程在短期内将滑坡从加速变形阶段"拉回"到等速变

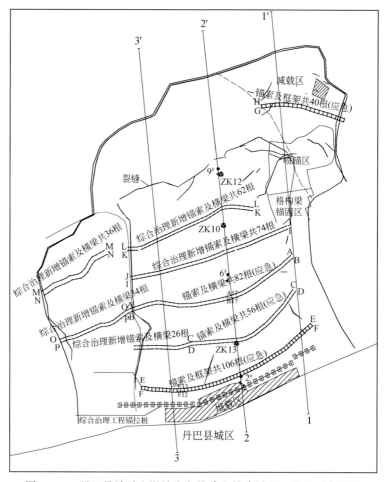

图 11.10　丹巴县城后山滑坡应急抢险和综合治理工程平面布置图

形阶段，甚至是减速变形阶段。在此基础上，通过滑坡体的预应力锚索工程，主动提高滑体的抗滑力，从而到达主动加固滑坡的目的。如果滑坡滑动速度不能得到有效控制，则坡体上的预应力锚索工程也很难成功实施。这一思路在实际的应急抢险过程是否得到了很好的贯彻，必须通过变形监测结果来检验和验证。通过监测，如果发现某种工程措施没有达到预期目标，则应进一步优化和调整应急处置方案。

　　2005 年初滑坡体已进入整体下滑阶段，因此，主滑体 Ⅰ 区内所有的地表变形监测点所显示的变形特征和量级基本都差别不大，在此区内任选一监测点基本都能代表整个滑坡的变形状况。图 11.12 为 Ⅰ 区主滑体 2-2′剖面后部 J9 监测点在应急抢险期间的变形速率-时间曲线。图 11.12 表明，主滑体从 2005 年 2 月初变形已呈加速增长趋势，至 22 日的日变形量达到最大值 30.3mm，但随着 2 月 22 日前缘堆载工程的实施，其变形速率呈现出明显的逐渐减小趋势，表明前缘堆载工程对降低滑坡下滑速率效果非常明显。从图 11.13 J9 监测点累计位移-时间曲线更清楚地表明，如果未实施前缘堆载工程，其累计位移将继续呈不断增长的方式继续发展，并最终导致滑坡的发生。但在实施前缘堆载工程后，其累计位移-时间曲线斜率明显减缓，甚至显示出逐渐收敛的趋势。两条曲线的不同走势清楚地表

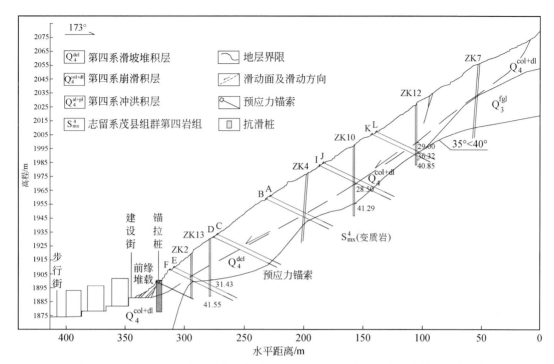

图 11.11　丹巴县城后山滑坡应急抢险、综合治理工程和深部位移监测剖面布置图

明了前缘堆载工程对"减速止滑"起到了非常显著的效果。图 11.12 还表明，3 月 15 日的首根张拉锚索因"势单力薄"，其对阻止滑坡变形并没有起到明显的作用，直至 4 月中旬，原设计 70% 的锚索张拉后，预应力锚索工程才真正发挥了阻止滑坡下滑的作用。由此可以看出，如果缺少前缘堆载压脚工程，丹巴县城后山滑坡的应急抢险基本不可能取得成功。

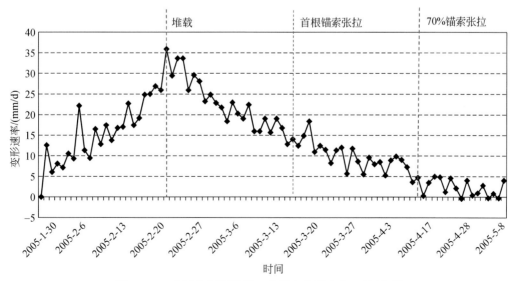

图 11.12　Ⅰ区主剖面后部 J9 监测点变形速率–时间曲线

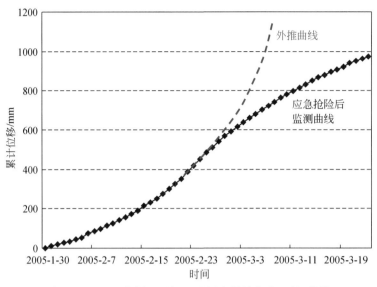

图 11.13　Ⅰ区主剖面后部 J9 监测点累计位移–时间曲线

（3）通过深部位移监测，准确厘定滑动面的位置。丹巴县城后山滑坡下部基岩埋深较大，在滑坡后缘，基岩最大埋深可达 45m。由于在应急勘察阶段并未发现明显的滑带，只能以松散堆积体与基岩的接触界面作为滑动面进行稳定性计算和应急处置方案设计。但在利用基覆界面作为滑面进行坡体稳定性计算时，发现图 11.2 所示三个剖面的稳定性系数相差较大，与滑坡变形宏观表现并不一致。经仔细分析论证，认为造成这一问题的主要原因可能为实际的滑动面并不一定完全沿基覆界面发生。为了验证这一认识，准确确定滑面的位置，并为准确确定预应力锚索长度提供充分的依据，在应急抢险中后期（前期因变形太大不能实施深部位移监测），沿Ⅰ-1（主滑区）主轴线布置了三个深部位移监测孔 ZK12、ZK10、ZK13（图 11.2 和图 11.7）。图 11.14～图 11.16 分别为利用钻孔倾斜仪测得的三个监测孔合位移—孔深曲线。

通过深部位移监测结果，可准确确定实际滑带位置，发现在 ZK10～ZK12 区段，由于基覆界面强烈下凹，滑坡变形过程中实际是在松散体内部沿一个相对光滑和平顺的面滑动，与基覆界面有较大的偏差（图 11.7）。在 ZK4～ZH13 区段，也存在类似的现象。例如，ZK12 部位深部位移监测的实际滑带深度为 29m（图 11.14），而相应部位基覆界面深度为 36.32m，相差 7.32m；ZK10 部位监测的滑带深度为 28.5m（图 11.15），基覆界面深度为 41.29m，相差 12.79m；ZK13 部位滑带呈一带状分布，深度介于 12～25m，而基覆界面的深度为 31.43m（图 11.16）。上述现象从岩土学的角度也很好解释，滑坡的滑动面一般会由坡体中最大剪应变带形成，而大量的数值模拟结果表明，最大剪应变带通常是由一个较为光滑的曲面构成，因此，土质滑坡的滑动面一般不会出现急剧的转折现象。上述监测结果也得到数值模拟结果的验证，见图 11.17。

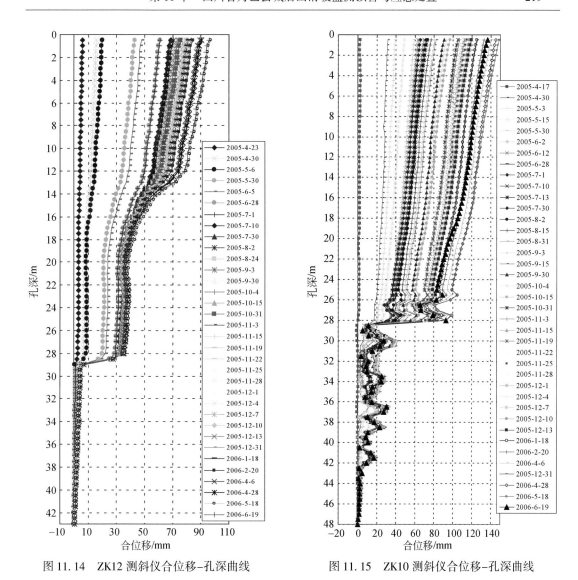

图 11.14　ZK12 测斜仪合位移–孔深曲线　　　图 11.15　ZK10 测斜仪合位移–孔深曲线

11.3.4　应急抢险阶段的Ⅱ区垮塌监测预警

通过滑体前缘堆载工程，使主滑体尤其是Ⅰ-1 区的变形速率从 3~5cm/d 迅速降低到 1cm/d 左右，应急抢险工程取得重大成效，同时为滑体中后部的预应力锚索工程的施工提供了较好的条件。但主滑体Ⅰ-1 区持续的变形使其后缘形成宽度超过 1.5m 的拉裂缝，使紧邻其后缘的Ⅰ-2 区、Ⅱ区和Ⅲ区处于相对"临空"状态，并由此发生明显的变形。尤其是Ⅱ区，由于该部位斜坡坡度相对较陡，其变形尤其显著。监测结果表明，从 2005 年 3 月初开始，Ⅱ区次级滑体变形速度呈急剧增长趋势。如果Ⅱ区次级滑体较大规模的失稳破坏，不仅会直接对主滑体形成剧烈的冲击和瞬间加载，严重影响其稳定性；同时还会对坡体上的锚索施工人员和两侧居民的安全造成严重威胁，因此，对其进行了严密的监控。根

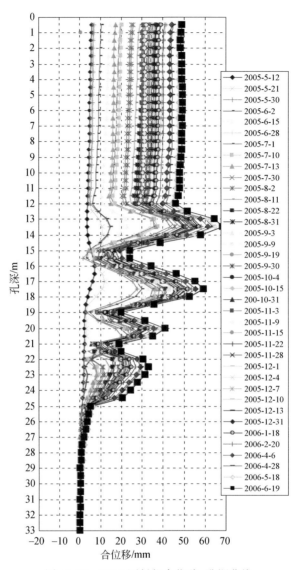

图 11.16　ZK13 测斜仪合位移-孔深曲线

据监测结果，现场应急抢险指挥部于 3 月 13 日将 Ⅱ 区次级滑体的预警级别由二级黄色提升为三级红色，并制定了完善的防灾预案，撤离了现场施工人员和危险区居民。3 月 14 日上午，Ⅱ 区前缘便发生约 600m³ 的局部垮塌。由于分析预警较为成功，在垮塌发生前还专门安排丹巴电视台对垮塌过程进行了现场录像。图 11.18 显示了 Ⅱ 区前缘局部垮塌前后的照片，图 11.19 为垮塌现场录像截屏。尽管垮塌方量不大，但由于垮塌点与丹巴县城的高差超过 200m，顺坡而下的碎块石还是对现场施工机具和丹巴县城靠山房屋造成了严重的损毁（图 11.20）。因在此之前已将危险区相关人员全部撤离，Ⅱ 区垮塌未造成任何人员伤亡。

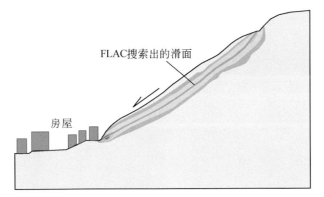

图 11.17　采用 FLAC^{3D}数值模拟手段搜索出的滑动面形态和位置

(a) Ⅱ区垮塌前照片

(b) Ⅱ区垮塌后照片

图 11.18　2005 年 3 月上旬Ⅱ区局部垮塌前后照片

图 11.19　Ⅱ区局部垮塌现场录像　　　　　图 11.20　被Ⅱ区局部垮塌损毁的施工机具

11.4　丹巴县城后山滑坡综合治理工程

应急抢险工程完成后，为了确保丹巴县城人民的长治久安，保证滑坡的长期稳定性，进一步实施了滑坡综合治理工程。

11.4.1　滑坡稳定性评价

1）计算参数及计算工况选取

（1）岩土体物理力学参数。滑体土物理力学参数主要是根据现场勘察钻孔取样进行岩土体室内试验确定的；而滑带土则由于该滑坡物质成分主要为块石土，滑体及滑带物质含水性极差，通过现场的勘探钻孔很难对滑体与滑带作出鉴别，滑带土土样很难取到，因此其物理力学参数，主要参考滑体土的物理力学参数反演获得（表 11.1）。

表 11.1　滑坡岩土体物理力学参数取值表

名称	参数选取	
	C/kPa	Φ/(°)
滑带土	17	27
滑体土及滑床块碎石土	17	30

根据勘察，大重度试验滑体重度平均值为 19.5kN/m³，故天然状态下，取 $\gamma_d = 19.5$kN/m³；在暴雨状态下，取 $\gamma'_d = 20.2$kN/m³。

（2）计算工况与荷载组合。根据滑坡发生的地质背景和形成机制，稳定性计算分以下三种工况。

工况Ⅰ：天然工况，考虑坡体在现阶段的地质条件下不受处界扰动的稳定状况。

工况Ⅱ：暴雨工况，考虑今后滑坡区在遭遇暴雨时地表排水工程失效造成降水下渗使滑体重量增加。

工况Ⅲ：地震工况，即在工况Ⅰ的基础上加上地震荷载的作用，地震烈度七度。

2）滑坡稳定性与推力计算

分别对滑坡三条主剖面 1-1′、2-2′、3-3′（图 11.2 和图 11.10），在工况Ⅰ、工况Ⅱ和工况Ⅲ条件下的稳定性及推力进行计算（表 11.2）。滑坡推力计算中设计安全系数取值为：工况Ⅰ取 1.15；工况Ⅱ取 1.10；工况Ⅲ取 1.05。

表 11.2 丹巴县城后山滑坡稳定性和推力计算结果

计算剖面	稳定性计算			推力计算		
	工况Ⅰ	工况Ⅱ	工况Ⅲ	工况Ⅰ	工况Ⅱ	工况Ⅲ
1-1′剖面	1.016	1.012	0.965	2827.52	1824.64	1782.32
2-2′剖面	1.006	1.004	0.956	3827.81	2660.34	2662.44
3-3′剖面	1.076	1.073	1.017	3467.96	1284.29	1631.49

稳定性和滑坡推力计算结果表明，在天然和暴雨状态下，滑坡处于临界稳定状态（$K = 1.004 \sim 1.076$），在地震作用下坡体将可能失稳破坏（$K = 0.956 \sim 1.017$）。滑坡最大推力为 3827.81kN，整体推力较大。

11.4.2 综合治理工程概述

整个应急抢险工程，于 2005 年 6 月实施完毕。监测资料表明，应急治理工程实施后，滑坡地表变形速率由原来的 2～3cm/d 降低到 1mm/d 左右，但变形并没有完全停止。同时，前缘堆载也可能经久失效。因此，有必要进一步实施综合治理工程，其主要措施为：一是在滑坡前缘布置 32 根预应力锚索抗滑桩，清除原前缘堆载物质；二是在Ⅰ区中后部，从低到高增设 I、J、K、L 四序锚索及横梁，同时将原应急治理工程 C、D 序锚索，向东延伸至Ⅰ区裂缝边缘，Ⅰ区共增加锚索 162 根。在Ⅲ区从高到低，增设 M、N、O、P 四序锚索及横梁（共 70 根），以保证Ⅲ区的长期稳定（图 11.10 和图 11.11）。三是在滑坡体上，布置地表截、排水系统。

1）预应力锚索抗滑桩

考虑到应急治理工程预应力锚索的作用，确定单桩承受的单宽设计推力为 3000kN。预应力锚索抗滑桩截面宽 3m，高 4m，桩长 22～23m，锚固段长 11～12m，间距 6m，共布置 32 根。桩顶部设置两束 9φj15.24、1860MPa 预应力锚索，水平对称地布置在桩轴线两侧，距桩顶以下 1m，水平间距 1.5m，锚固角 25°，锚固段长 8m，锚索在滑坡设计推力的作用下，最终拉力采用锚索与桩的变形谐调条件求解。

2）预应力锚索、横梁

综合治理工程预应力锚索仍采用 9 束 φ15.24，极限抗拉强度为 1860MPa 的钢绞线制成。锚索水平间距为 4m，纵向间距为 6m（斜距），共 232 根，之间用横梁连接。锚固角度为 25°，锚索长 40～52m，锚固段长 8～10m，锚固角度为 15°～26°。锚索设计锚固力为

1450kN。横梁宽 0.5m，高 0.6m，采用 C30 混凝土浇筑。

　　3）地表截、排水沟

　　滑坡区降水量小，根据当地历史降水记录，确定地表排水沟设计降水强度（50 年一遇暴雨）为 40mm/h；校核暴雨强度（100 年一遇暴雨）为 50mm/h。设计截、排水沟沟底宽 0.5m，沟深 0.6m，总长为 692.1m。

11.4.3　综合治理工程 I 区新增锚索布置方案的比选

　　丹巴县城后山滑坡综合治理工程的关键问题是对主滑体新增 I、J、K、L 序锚索的布设位置，存在两种争议。部分专家认为应将新增的锚索布置在 A～F 序锚索之间，目的是对应急治理阶段的锚索进行加密，以更好地发挥群体锚固效果，见图 11.21；另一部分专家则认为应将新增的锚索布置在坡体的中后部，因为中后部的位移一直大于前部，应通过进一步的锚索工程控制坡体中后部的变形和滑坡推力，见图 11.11。

　　是将滑动速度降低而已。应急治理工程实施后，坡体不同部位受应急治理工程的影响程度明显不同，坡体后部受应急治理工程影响较小，其仍沿着原已贯通的滑动面整体下滑，故 ZK12 部位的滑带清晰。坡体前部的变形则一方面受到应急治理工程（尤其是预应力锚索工程）的强行约束和限制，很难再沿原滑动面整体滑动，但同时因受到坡体中后部强大推力的影响，又不得不以整体推挤的方式向前移动，于是便出现了 ZK13 所监测到的一个深部推挤变形带。ZK10 的变形仅受到应急治理工程的一定影响。坡体中下部深部推挤变形带的存在，提示我们应尽量采取工程措施限制坡体中后部的变形，并以此来减少其对中前部的推挤作用。因此，应将综合治理工程的新增 I～L 序锚索布置在坡体中后部（图 11.11）。

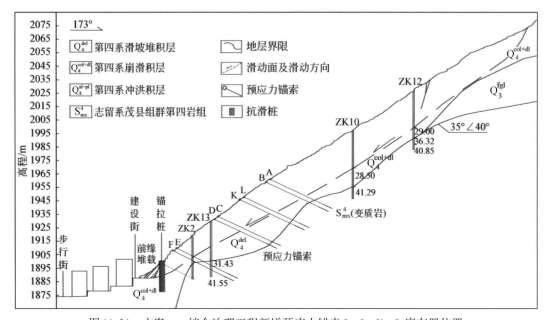

图 11.21　方案一：综合治理工程新增预应力锚索 I、J、K、L 序布置位置

通过 FLAC³ᴰ数值模拟，分析对比两种方案的治理效果。由图 11.22 可见，将新增 I～L 序锚索布置在坡体前部时，3-3′剖面中后部将出现较大范围的塑性区，局部稳定情况将会恶化，从滑体中部剪出的可能性较大。但如将锚索布置在中后部，3-3′剖面的塑性区将大大减小，坡体的整体和局部稳定性均会有所提高（图 11.23）。因此，通过数值模拟分析同样得出应将新增的 I～L 序锚索布置在滑坡中后部的结论。

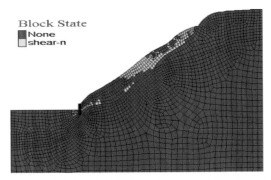

图 11.22　3-3′剖面剪应变塑性区（I～L 锚索布置在坡体前部）

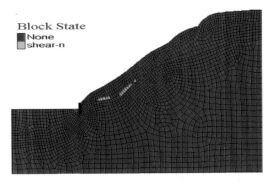

图 11.23　3-3′剖面剪应变塑性区（I～L 锚索布置在坡体中后部）

2006 年 6 月，I～L 序锚索已基本施工完成。2006 年 6 月 18 日的监测资料（图 11.14～图 11.16）表明，自 2006 年 5 月至 2006 年 6 月中旬，ZK12、ZK10 和 ZK13 在滑带处和孔口处的位错总量，均有明显的下降，位错增量和位错速率出现了负值（可能是受锚索张拉影响），说明新增的 I～L 序锚索效果显著。

11.4.4　综合治理工程效果评价

为了分析评价丹巴后山滑坡的综合治理工程效果，坡体上主要变形监测点的专业监测一直到 2010 年 6 月。图 11.24 和图 11.25 分别为主滑体 I 区主剖面前部 J2 监测点的变形速率和累计位移监测结果。监测结果显示，自 2007 年 1 月前缘抗滑桩施工完毕，坡面所有锚索张拉到设计荷载后，坡体的变形速率基本趋近于零，累计位移曲线也已趋于水平，表明滑坡的变形已基本停止，丹巴县城后山滑坡重新恢复到稳定状态，治理工程起到了应有的效果。

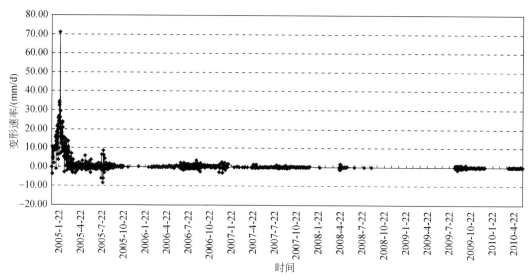

图 11.24　滑坡 I 区主剖面前部 J2 监测点变形速率–时间曲线（2005 年 1 月～2010 年 6 月）

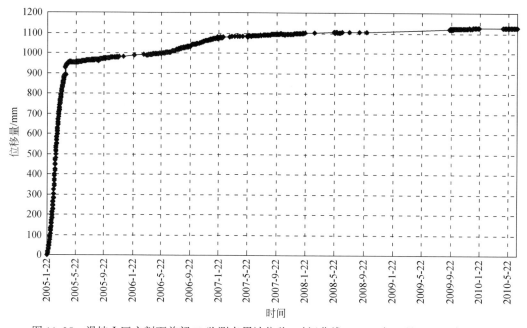

图 11.25　滑坡 I 区主剖面前部 J2 监测点累计位移–时间曲线（2005 年 1 月～2010 年 6 月）

　　致谢　在丹巴县城后山滑坡出现险情后，四川省委、省政府和相关部门高度重视，先后有多个单位和个人参加了丹巴县城后山滑坡应急抢险和治理工程。主要有：四川省国土资源厅（现自然资源厅）宋光齐、徐志文；甘孜藏族自治州国土资源局（现自然资源局）瞿伦伟、罗布等；四川省地质工程勘察院的李廷强、阳光辉、朱平等；四川省地质环境监测总站的郑勇、何龙江、罗鸿等。全国地质灾害领域的多位权威专家也多次到应急抢险现场指导工作和参与治理工程方案论证。本章直接引用了由四川省地质工程勘察院提供的丹巴县城后山滑坡应急勘查和监测成果。

第12章 四川省北川县白什乡滑坡监测预警与应急处置

白什乡滑坡位于四川省绵阳市北川县白什乡老街后山。滑坡体平均长300m，宽260m，厚25m，总体积约200×10⁴m³。由于滑坡体高悬于离河谷底部高差达500~700m的陡坡上，如果大规模下滑，巨大的滑坡能量将会对坡下白什乡老街695人的生命财产安全造成严重威胁，同时，还将堵断其下的白水河，对上游三个村共计1400人的生命财产带来严重的影响。因此，该滑坡自2006年年底由地方政府发现明显变形上报后，随即引起了包括四川省人民政府、国土资源部在内的各级管理部门的高度重视。一方面紧急启动地质灾害防灾预案，对可能受到滑坡直接威胁的白什乡老街695人进行了及时的搬迁避让；另一方面，立即组织专业队伍对滑坡体的变形情况进行全天候的专业监测和预警，并组织专家多次赶赴现场，查看滑坡情况，商讨防灾对策。通过专业队伍对滑坡的现场调查和监测预警，查明了滑坡的基本情况、变形破坏成因机制，准确地掌握了滑坡的变形发展趋势，并对滑坡发生时间作出了较为准确的预测预报。为了防止滑坡后形成堆石坝，堵断白水河，根据专家的建议，相关部门在通过监测预警确保施工人员安全的情况下，花费3个月左右的时间，在滑坡体对岸山体中施工了一条长近700m，断面约4m×5m的应急避险泄水隧洞，并于2007年6月18日贯通。2007年7月26日，相关部门根据监测结果发出滑坡红色警报，28日晚11：30时，滑坡体出现较大规模的滑塌，很快就堵断了白水河，形成了堰塞湖，奔腾的河水从应急避险泄水隧洞中顺畅地排出，未对当地人民的生活造成直接的影响。7月31日主滑体大规模的滑动基本完成。

白什乡滑坡成功的监测预警和采用非直接工程治理手段（非直接治理滑坡体，而是通过泄水隧洞防治滑坡堵江）成功防治重大滑坡灾害的经验，值得今后类似重大滑坡灾害防治时参考和借鉴。

12.1 滑坡地质环境及特征

12.1.1 滑坡地质环境

白什乡滑坡位于四川省北川县白什乡。白什乡位于北川县城西北部，距离北川县城约70km，滑坡区位于白什乡西北部，距离白什乡约800m，地理位置坐标为 X：353595~353705，Y：41005~41160。滑坡区属侵蚀构造高中山地貌，主要出露志留系上中统茂县群（S_{mx}）浅变质千枚岩和板岩，海拔一般在1000~1800m，相对高差约800m。山脊单薄，上陡下缓。河谷开阔处，有小型山间坝子。滑坡体前缘剪出口高程1530m，后缘高程1800m，前缘为一平均坡度为45°的陡坡地带，坡脚河谷高程约1000m，滑坡前缘与河谷高差超过 500 m。

　　滑坡区位于著名的鹿头山暴雨区，雨量充沛，年均降水量 1399.1mm（主要集中在 6～9 月），年最大降水量 2340mm。据 2007 年的观测资料，滑坡区最大 6 小时暴雨量 69.2mm，最大 24 小时暴雨量 119.5mm。滑坡区多年平均气温 15.6℃。

　　滑体下部的白水河，沟谷狭窄，呈"V"字形，谷底最窄处仅 40m，集水面积 70.2km²，河道总长 15.2km，平均比降 91.9‰，调查期间流量约 1.2m³/s。据访问，白水河一般洪期水位可达 2～3m，流量可达 100m³/s 以上。白水河在滑坡区下游约 1km 的白什乡新街汇入青片河。青片河系涪江二级支流，其流域面积为 1472km²，河口多年平均流量 31.9m³/s，年径流量 10.1 亿 m³。

12.1.2　滑坡基本特征

　　白什乡滑坡平面形态呈"三角形"（图12.1）。"三角形"的顶点为位于滑坡区北西侧的滑坡后壁顶点，两腰分别为滑坡的两侧边界，底边为滑坡前缘边界。滑坡后壁最高点高程约 1860m，滑坡后缘高程约 1825m，高差 35m。NE 侧（右侧）边界前缘剪出口高程约 1640m，SW 侧（左侧）边界前缘剪出口高程约 1530m。可见，滑坡前缘剪出口高程为 NE 高，SW 低，滑动面也为 NE 高 SW 低向 SW 方向倾斜的一个斜面。滑坡体前后缘高差约 330m。滑坡体平均长 300m，宽 260m，厚 25m，面积为 8 万 m²，总体积约 200 万 m³。滑

图 12.1　白什乡滑坡遥感图

四川省遥感中心采用 2007 年 1 月 29 日快鸟图像制作

坡体前缘剪出口以下为一平均坡度为 45°的陡坡临空面，坡脚处的白水河河床高程约 1000m，如果坡体整体失稳下滑，其下落高差将达 530～825m，具有强大的势能和摧毁破坏能力。

由于滑坡体变形量级较大（达数十米），在其变形演化过程中，SW 侧前缘剪出口自 2006 年年底开始出现不断向外挤出和产生崩塌落石现象，NE 侧剪出口则因拉裂破碎也出现两处明显的崩塌落石现象，并由此在遥感图上出现三条明显的白色条带（图 12.1）。前缘崩塌掉块后堆积于河床形成扇状和条带状碎块石堆积体。

12.2　白什乡滑坡变形破坏过程及特征

据访问，白什乡滑坡的变形始于 1986 年，当时的主要表现是滑坡区 SW 侧罗家槽沟内出现千枚岩块石。2006 年四川省地质工程勘察院在进行北川县县市地质灾害调查与危险性区划工作时，在罗家槽沟内见到大量的碎块石（图 12.2），未引起足够的重视。由于沟源山高路险，调查人员未能到沟谷源头，所以仅将其当作一般性的泥石流沟。

2006 年 12 月 24 日，一块不到 1m³ 的块石从滑坡 NE 侧前缘剪出口飞奔而下，跃过十余米高的树林，最后砸落在白什乡老街一间民房上，毁坏该民房，幸未造成人员伤亡（图 12.3）。但此次崩落事件引起了当地管理部门的高度重视，迅即委派技术人员赴崩塌落石源头查看，才发现白什乡老街后山山体已出现了非常严重的变形开裂现象。于是，当地政府部门迅速启动防灾预案，立即对白什乡老街的居民进行了搬迁撤离；同时将险情迅速上报上级主管部门。相关部门一方面组织专家多次赴现场商讨防灾对策，并委派专业队伍——四川省地质工程勘察院进行滑坡的监测预警、搬迁避让选址以及防灾工程措施设计。

图 12.2　2006 年 4 月罗家槽沟内碎块石堆积

图 12.3　飞石毁坏房屋

为了全面掌控滑坡的变形破坏情况，相关部门先后在滑坡区布置了如图 12.4 所示的 17 个地表位移监测点，采用全站仪对滑坡体变形情况进行全天候观测。同时布置了 4 个地表裂缝监测点，还定期派人对地表变形宏观迹象进行巡视。根据滑坡区地表变形迹象和变形监测结果，将滑坡区分为 H1、H2 和 H3 三个次级滑动区域。滑坡地表变形专业监测从 2007 年 1 月 10 日正式开始，一直持续到 2007 年 11 月底滑坡发生后，监测周期为每天 1

次。滑坡主体于 2007 年 7 月 28 日下滑堵塞白水河后，H2 和 H3 区部分监测点因滑坡的滑动而报废。

图 12.4　白什乡滑坡地表位移监测点分布及滑坡分区图

12.2.1　滑坡时空变形破坏规律

限于篇幅，仅从 H1、H2、H3 三个次级滑动区域中各选取一个代表性监测点作为重点研究对象，并通过监测曲线来分析滑坡体各部位的变形发展状况。图 12.5 ~ 图 12.10 为三个次级滑动区域代表性监测点的位移速率–时间曲线和累计位移–时间曲线图。其中，H1 选取 8# 监测点为代表；H2 选取 5# 监测点为代表；H3 选取 2# 监测点为代表。

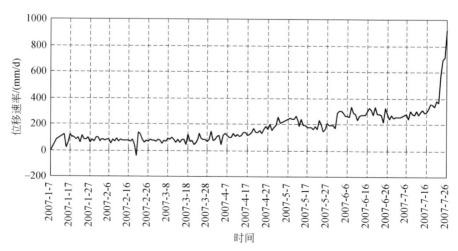

图 12.5　2# 监测点位移速率–时间曲线

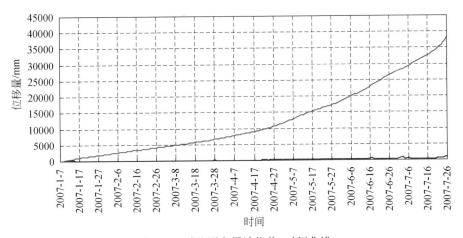

图 12.6　2#监测点累计位移–时间曲线

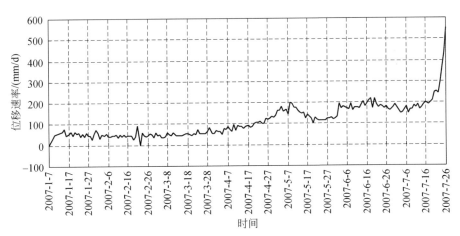

图 12.7　5#监测点位移速率–时间曲线

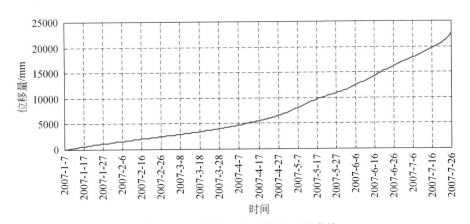

图 12.8　5#监测点累计位移–时间曲线

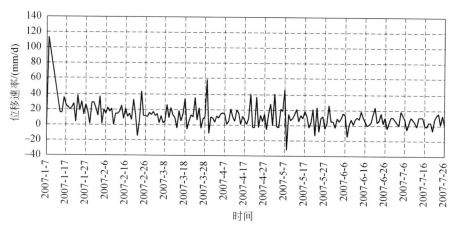

图 12.9　8$^\#$监测点位移速率–时间曲线

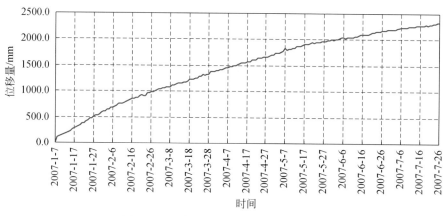

图 12.10　8$^\#$监测点累计位移–时间曲线

通过对监测资料的分析，可以得到以下几点滑坡变形破坏规律。

（1）H2 次级滑动区域中 5$^\#$、6$^\#$ 和 14$^\#$ 三个监测点以及 H3 次级滑动区域中 1$^\#$、2$^\#$、10$^\#$、11$^\#$、13$^\#$ 五个监测点的变形基本表现出同步变形发展趋势。但 H1 中各监测点的变形则显得比较散乱。

（2）从位移–时间曲线看，白什乡滑坡的变形符合通常意义上的滑坡三阶段演化规律，即具体可分为初始变形、等速变形和加速变形三个明显的变形阶段。从图 12.5 ~ 图 12.8 可以看出，H2 和 H3 滑坡区域在 2007 年 4 月下旬（约 4 月 20 日）之前基本处于等速变形阶段，4 月 20 日之后滑坡进入加速变形阶段，7 月 20 日之后位移呈骤然增加趋势，滑坡进入临滑阶段。但是，将 H1 区变形监测曲线与 H2、H3 区相比，可以看出，H1 区的变形发展规律和趋势与 H2、H3 区具有明显的差别，H1 区变形不仅在空间上表现出如前所述的散乱和不同步，在时间上也表现出不随时间增长的变形规律。因此，可以认为，监测期间，H1 还处于稳定状态，而 H2、H3 所在区域则有发生整体失稳的可能。

（3）在滑坡的各个变形阶段，其位移速率有较明显的差异，在等速变形阶段，各监测点变形速率一般在 80 ~ 120mm/d；进入加速变形阶段后，各监测点位移速率一般超过 300mm/d；到 7 月 23 日进入临滑阶段后，监测曲线出现拐点，滑体位移速率猛增，直至 H2、H3 区域整体失稳下滑。而 H1 区域的监测数据显示，该区域主要受 H2、H3 主滑体的牵引作用产生相应的变形，在 7 月 28 日后位移速率陡然减小，最后位移速率基本保持在 7mm/d 左右。

（4）表 12.1 为滑坡各监测点在 7 月 28 日临滑前的变形速率和累计位移监测结果。从表 12.1 可以看出，白什乡滑坡在临滑前其变形速率和位移总量都非常大，其中，H3 区仅监测到的累计位移就达 33 ~ 42m，位移速率也达到 1.6 ~ 2.2m/d；H2 区累计位移也达 24 ~ 31m，位移速率为 1.05 ~ 1.77m/d。而 H1 区各部位的变形差别较大，但总体与 H2、H3 区相比，位移速率和累计位移量级都要小得多，说明其稳定性相对较好。

通过上述分析，可以得出如下主要认识：①白什乡滑坡变形在时间上基本符合斜坡三阶段演化规律，即 2007 年 4 月 20 日之前处于等速变形阶段，4 月 20 日以后逐渐进入加速变形阶段，尤其是到了 7 月 23 日后进入临滑阶段，直至 7 月 28 日发生整体滑动。②白什乡滑坡变形在空间上可分为 H1、H2、H3 三个次级滑动区域。通过监测发现，H2、H3 区基本处于同步变形状态，且变形随时间延伸不断增大，其稳定性呈现出不断恶化的趋势，并逐渐从变形→破坏，量变→质变发展；而 H1 区各监测点变形不同步、散乱，变形量级也相对较小，其稳定性相对较好，短时间内发生整体下滑的可能性较小。为此，可将 H2、H3 合并，统称为主滑体，相应可将 H3 称为次滑体（图 12.4）。

表 12.1　2007 年 7 月 28 日滑坡临滑前各监测点的累计位移和位移速率

H3			H2			H1		
监测点	累计位移/mm	位移速率/（mm/d）	监测点	累计位移/mm	位移速率/（mm/d）	监测点	累计位移/mm	位移速率/（mm/d）
1	39843.0	2203.44	14	25708.6	1766.0	16	监测点中途被毁坏	
2	42379.3	1954.7	5	24756.1	1048.1	15	159.77	3.10
13	监测点中途被毁坏		6	30921.3	1273.23	8	2322.3	-3.5
10	33013.8	1645.74				7	18281.3	155.2
11	33642.8	1843.39				17	1477.9	0.22

12.2.2　滑坡各阶段的宏观变形破坏特征

如上所述，根据位移–时间曲线，可将白什乡滑坡变形发展分为三个阶段：即 2007 年 4 月 20 日之前的等速变形阶段，4 月 20 日至 7 月 23 日的加速变形阶段以及 7 月 23 日至 7 月 31 日的临滑阶段，现进一步阐述上述各阶段滑坡的宏观变形破坏特征。

第一阶段（4 月 20 日以前）：等速变形阶段。自 2006 年 12 月 24 日连续几日产生较大规模崩塌以后，该滑坡处于前缘零星崩落状态。分析认为，崩落物质主要为前缘剪出口部位滑体受后部滑体推压，产生崩落后的物质。在此过程中，后部主滑体受前部阻滑段的阻挡，在变形过程中积蓄能量，主要变形特征为滑体表面出现大量拉张裂缝，在前缘形成大量鼓胀裂缝，并形成倾向上游的叠瓦状滑块，局部滑块向前倾倒。由于罗家槽沟是一个相对较好的临空面，主滑体右侧滑体物质在前部受阻后，开始向罗家槽沟产生滑移崩落（图12.11）。

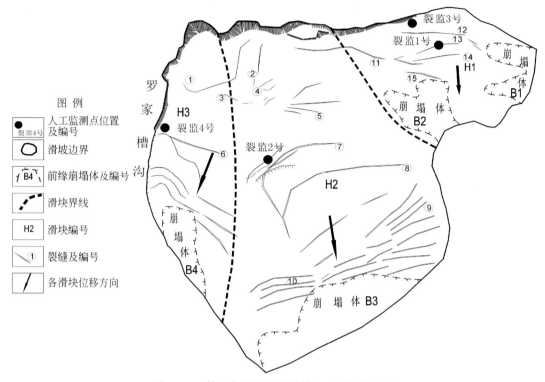

图 12.11　等速变形阶段滑坡体表面裂缝分布图

（1）裂缝分布。裂缝主要分布于滑体后部、中前部及前部。主滑体裂缝倾向多在170°～205°，与主滑体主滑方向基本一致。受罗家槽沟的影响，滑动方向在指向前缘临空面的同时，微倾向白水河上游。次滑体倾向多在170°～190°，倾向于白水河。

（2）错落坎。主滑体后缘错落坎高差32m，坡度约70°（图12.12）。两侧边界也可见明显的错落坎（图12.12），坎面上可见多次擦痕（图12.13）和滑动痕迹（图12.14）。次滑体后缘最大错落高度约6m，弧形向左下收缩尖灭，主滑体与次滑体后缘在该阶段未完全贯通。

（3）剪出口。主滑体前缘剪出挤压带厚度约30m（图12.15），次滑体剪出带厚度约15m。主滑体阻滑段不断随崩落的发生出现新的临空面，但深层大量岩块仍停留在滑体上，仅表层松散，碎石土大量崩落。

第二阶段（4月20日至7月23日）：加速变形阶段。经过等速变形阶段的滑移，滑动面已基本贯通，后缘错落坎连通，滑坡周界已经圈闭，滑坡整体形态已显现。监测数据还显示主滑体位移速率明显高于次滑体，主次滑体有分离的态势。

（1）裂缝分布。主滑体后部裂缝较第一阶段错落量增大；张开宽度增大，局部裂缝前部滑体向前倾倒，局部产生次级崩塌；中部滑体变形强烈，裂缝大量增多。尤其是主滑体中前部裂缝发育强烈，陡坎严重变形，并不断产生次级滑动、崩塌。主滑体与次级滑体接触带剪裂缝增多。主滑体中前部裂缝多倾向罗家槽沟方向（205°），滑移方向发生偏转。

图 12.12　主滑体后缘错落坎高度达数十米

图 12.13　主滑体滑床擦痕非常明显和典型

（2）错落坎。主滑体后缘错落坎高差 43m，坡度约 70°，日错落量逐步增大，可见多次滑动痕迹（图 12.14）。次滑体后缘最大错落高度约 12m，弧形向左下收缩尖灭。主滑体与次滑体后缘在该阶段已完全连通，滑坡总体形态已呈现。

（3）剪出口。主滑体前缘阻滑段自监测以来向后推移约 65m，运移方向为斜向上，但仅为浅表层物质产生崩落，大量深层滑体仍挤压堆积于锁口段，继续保持零星崩落状态。主滑体前缘阻滑段在经过连续多次零星崩落后，在罗家槽沟侧出现明显的临空面，滑移方向开始向罗家槽沟侧偏转（图 12.15）。

图 12.14　主滑体错落坎面可见多次滑动痕迹

图 12.15　主滑体前缘阻滑段即将被突破

第三阶段（7 月 23 日至 7 月 31 日）：7 月 23 日以后，滑坡体位移速率明显加剧，并呈现出突增的趋势。专业监测队伍于 7 月 26 日发出滑坡警报。7 月 28 日晚 11 点 30 分，滑坡出现大规模崩塌，一次性崩落约 4 万 m³。7 月 29 日 1 点 30 分，崩塌下落物质将自滑坡变形以来堆积于罗家槽沟下游紧靠河床部位的数万立方米崩落堆积物冲击垮塌，堵塞白水河，形成长约 150m 的土石坝，河流堰塞成湖。滑坡前缘的阻滑段被解除，为主滑体的进一步下滑提供了滑移空间，至 7 月 31 日，主滑体大规模滑移基本完成，只剩下约 15 万 m³ 的滑坡残留体留置于滑坡后形成的槽状地形中。图 12.16～图 12.20 显示了不同阶段滑坡体的形态及变形特征。

图 12.16　2007 年 1 月 2 日滑坡全貌　　　　　　图 12.17　2007 年 4 月 5 日滑坡全貌

 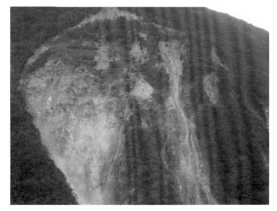

图 12.18　2007 年 7 月 5 日滑坡全貌　　　　　图 12.19　2007 年 7 月 28 日下午滑坡全貌

12.2.3　滑坡堆石坝特征

2007 年 7 月 29 日 1 时 30 分，因崩塌物质强烈冲击之前因断续崩落形成的数万方锥状堆积体，并引发其大范围塌滑，堵塞白水河，形成堰塞湖。因滑坡前避险泄水隧洞久已贯通，河道堵塞后河水顺利地从泄水隧洞中及时排出，白什乡滑坡并未产生多少直接损失。

7 月 31 日主滑体基本崩落完成后，在白水河底形成顺河向宽 350m，最低点高约 20m 的滑坡堆石坝（图 12.21），在白水河左岸罗家槽沟下游形成一高差约 380m，底弧长约 400m 的锥状堆积体，估计堆积方量约 150 万 m³（图 12.22）。堆积体上游段距离避险泄水隧洞进口仅 5m 左右，且有少量的碎块石进入导流槽内。经过近 3 个月来逐步的堆积及倒石堆形态的调整，至 2008 年初，倒石堆斜坡坡面变化不定，在降水之后呈近似直线型，坡度约 35°。在经过底部剥落之后呈上缓下陡状，上部坡度约 32°，下部坡度约 45°，局部

图 12.20　2007 年 7 月 30 日滑坡后全貌

成陡坎状。土石坝体呈中部高，两头低的拱形。

土石坝全由滑坡堆积物组成，其中前缘坝体多由大的块、滚石组成，倒石堆由碎块石组成，碎石含量约 40%，块石含量约 50%，砾石含量约 10%。

图 12.21　滑坡后在沟底形成的堆石坝

图 12.22　滑坡形成的锥状堆积体（从正面看）

12.3　白什乡滑坡预警预报

12.3.1　滑坡变形异常分析

从 2007 年 1 月 7 日至 2007 年 7 月底滑坡发生的整个过程中，通过监测发现滑坡曾出现过三次大的变形异常。

第一次变形异常出现在 4 月 14 日，滑坡主次滑体位移速率突然增大，滑坡变形加剧，监测数据显示其位移速率是此前的 2 倍。分析其原因，是由于 4 月 5 日至 4 月 8 日连续 4 天的降水造成的。

第二次变形异常出现在 5 月 21 日，滑坡前缘出现较大规模的崩塌，但滑坡位移速率未增大，主要在前缘阻滑段形成大量鼓胀裂缝，岩体向前倾倒，中后部裂缝增多，变形量增大，裂缝倾向也开始向罗家槽沟方向偏移，滑体上主要裂缝基本贯通。分析其原因，主要是 5 月 21 日开始连续 3 日的降水，总降水量为 28.4mm，同样是由于降水导致变形异常。

第三次变形异常出现在 7 月 23 日，主滑体位移速率连续出现急剧增大趋势，位移–时间曲线急剧上升，并出现明显的拐点（图 12.5 和图 12.7），预示滑坡已进入临滑阶段，大规模滑动即将发生。相关部门于 7 月 26 日发出滑坡警报，并做好防灾准备。

12.3.2　滑坡变形–时间曲线的切线角特征

为了定量判定白什乡滑坡的变形阶段，确定滑坡的预警级别，采用第 4 章所述的改进切线角的计算方法，对白什乡滑坡变形–时间曲线的切线角特征进行了分析研究。图 12.23 为白什乡滑坡主滑体上 8 个监测点的累计位移–时间监测曲线（即 $S\text{–}t$ 曲线），每个监测点有从 2007 年 1 月 10 日起到滑坡发生的 199 个等间隔监测数据。图 12.24 为这些 $S\text{–}t$ 曲线对应的等量纲变换后的监测曲线（即 $T\text{–}t$ 曲线）。表 12.2 为根据图 12.24 求得的白什乡滑坡滑前下滑前的切线角。

表 12.2　利用白什乡滑坡发生前 10 次变形监测资料求得的切线角

监测点	1	2	3	5	6	10	11	14
下滑前的切线角	80.04	79.11	78.04	76.61	78.43	75.27	78.23	79.09
	79.6	80.55	77.77	77.32	76.94	76.95	80.27	79.27
	80.61	80.95	77.05	79.07	79.06	77.8	80.26	80.95
	82	81.06	78.79	79.28	79.57	77.54	80.81	81.60
	82.52	82.62	78.31	79.01	79.89	80.44	82.49	81.66
	83.48	83.96	82.53	81.05	81.19	81.5	83.7	83.32
	84.67	84.76	83.74	82.64	82.99	82.54	84.52	84.55
	85.45	85.86	83.93	83.76	83.88	84.54	85.84	85.43
	86.49	87.79	85.29	85.09	85.22	86.93	87.8	86.62
	88.28	89.47	89.72	87.41	87.39	89.25	89.51	88.29

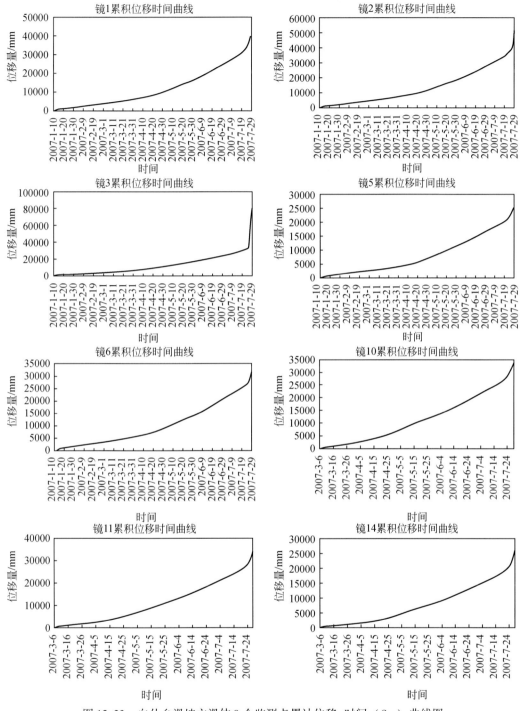

图 12.23 白什乡滑坡主滑体 8 个监测点累计位移-时间（S-t）曲线图

从图 12.24 和表 12.2 可以看出，当斜坡变形进入加速变形阶段后，改进的切线角将明显大于 45°；当滑坡体的切线角超过 80° 后，滑坡变形速度明显加快；当滑坡体的切线角超过 85°，滑坡呈现出明显的临滑征兆；切线角超过 85° 后，变形速率和切线角随时间呈陡然增加趋势，直至下滑时切线角达到约 88°。

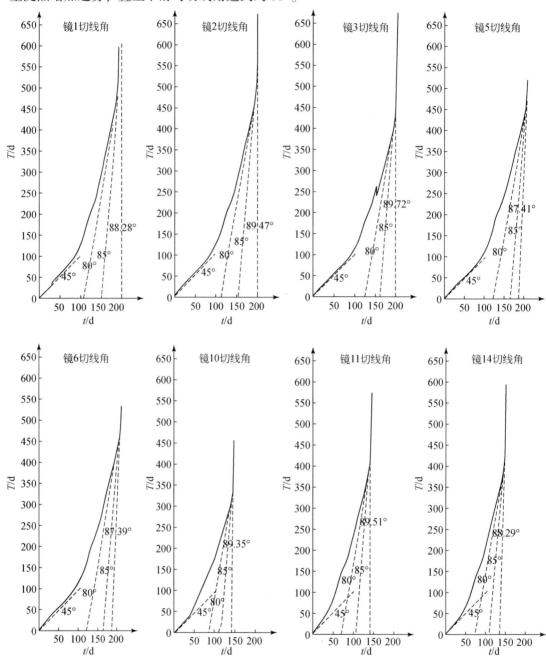

图 12. 24　白什乡滑坡主滑体 8 个监测点 T-t 曲线图

12. 3. 3　滑坡变形-时间曲线的加速度特征

通过持续的监测发现，位于 H3 和 H2 区内的所有监测点在 2007 年 4 月下旬开始逐渐由等速变形阶段进入到加速变形阶段，而位于 H1 区内监测点的变形速率却始终在一定幅度内振荡，没有出现与 H2、H3 区一道进入加速变形阶段的迹象。因此，当时根据监测资料判断，白什乡滑坡的主要滑动范围为 H2 和 H3 区，H1 区将会暂时维持其稳定状态，这一判断为后来的滑坡所证实（图 12.4 和图 12.20）。为此，在滑坡监测预警的后期，主要将关注重点放在了 H2 和 H3 区。而通过对 H2 和 H3 区 8 个监测点的监测数据分析发现，H2 和 H3 区内各监测点的变形速率和累计位移的量级和发展演化趋势基本相似，反映出 H2 和 H3 区整体同步变形的特点。限于篇幅，仅利用位于 H3 区中后部 2# 监测点的监测数据作重点分析。

图 12.25 和图 12.26 分别为白什乡滑坡 2# 监测点累计位移和变形速率与时间的关系曲线。尽管白什乡滑坡自 2006 年年底由当地管理部门发现并上报开始，其变形速率就非常大（每天可达 50~100mm，甚至更大），地表宏观变形破坏迹象也非常明显（图 12.12~图 12.15），但从图 12.25 和图 12.26 可以看出，在 2007 年 3 月底以前，斜坡变形仍处于等速变形阶段。为了更清楚地反映斜坡变形的细微特征，我们人为地去除斜坡进入临滑阶段之后（2007 年 7 月 22 日之后）的监测数据（因其量值与前一阶段相比显得太大，影响整体显示精度），得到图 12.27。从图 12.27 可以看出，2007 年 3 月 26 日前，斜坡的变形速率基本在 80mm/d 上下振荡，显示出明显的等速变形特点。也正基于对此监测数据的分析和斜坡所处演化阶段的准确判断，2007 年 1 月相关部门会同专家才果断地决定在滑坡体对岸山体内立即组织实施泄水隧道，以防止坡体下滑后堵塞河道形成堰塞湖。图 12.27 表明，3 月 26 日以后，坡体变形速率开始逐渐增大，宏观上呈现出明显的加速变形特征，表明斜坡已进入加速变形阶段。

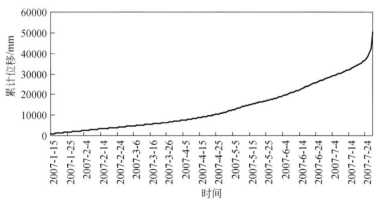

图 12.25　白什乡滑坡 2# 监测点累计位移-时间曲线图

但与累计位移和变形速率相比，斜坡的加速度则表现出完全不同的变化特点。图 12.28 为白什乡滑坡 2# 监测点加速度-时间曲线图。从该图可以看出，在斜坡变形进入临滑阶段（2007 年 7 月 22 日）之前，其加速度值基本在 "0" 附近作上下振荡，即使在其加速变形阶段也如此，而不是像累计位移、变形速率那样，进入加速变形阶段后呈逐渐增长趋势。而一旦进入临滑阶段，加速度则骤然剧增（图 12.28）。换句话说，在斜坡变形演化过程中，其加速度在进入临滑阶段前后呈现出完全不同的特点，具有骤然突变特征，而突变点则为进入临滑阶段的分界点。

为了尽可能反映出加速度变化的细微特征，我们同样采用人为去除加速度量值很大的最后两天（即 7 月 27 日和 28 日）的监测结果得到图 12.29（注意图 12.28 和图 12.29 在 7 月 24 日后时间长度存在差别）。从图 12.29 可更清楚地看出，在 7 月 22 日之前，无论是

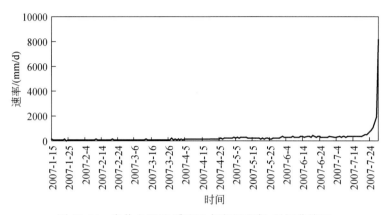

图 12.26　白什乡滑坡 2#监测点变形速率–时间曲线图

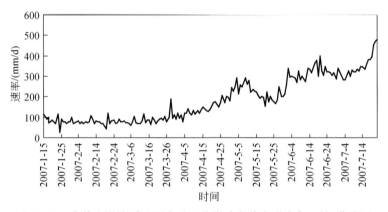

图 12.27　白什乡滑坡 2#监测点进入临滑阶段前变形速率–时间曲线图

等速变形阶段还是加速变形阶段，加速度始终在"0"附近做上下振荡，也就是说加速度一直处于均值约为"0"的状态，而 7 月 22 日之后，也即从 7 月 23 日开始，加速度骤然剧增，在加速度–时间曲线上出现明显的"突跳"现象（图 12.28 和图 12.29）。

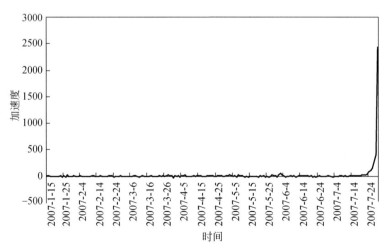

图 12.28　白什乡滑坡 2#监测点时间–加速度曲线图

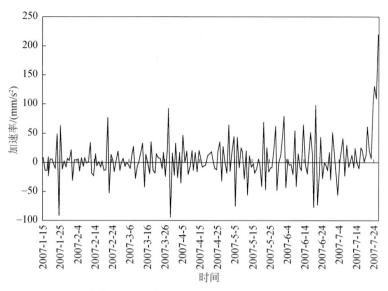

图 12.29　白什乡滑坡 2# 监测点 7 月 26 日前时间–加速度曲线图

更为重要的是，仔细观察图 12.29 可以发现，在斜坡进入临滑阶段之前，加速度虽然具有明显的振荡特性，但在其整个变形过程中振荡幅度总是局限在一定的范围，即存在前述的界限值 δ。对于白什乡滑坡而言，其加速度临滑预警指标 δ 可设定为 100mm/s^2。

在实际的滑坡预警预报过程中，利用加速度临滑预警指标 δ 进行滑坡的临滑预警预报应注意以下几方面的问题。

（1）由于每个滑坡除具有共性特征（如三阶段演化规律）外，还具有明显的个性特征。因此，每个滑坡的加速度临滑预警指标 δ 并不相同，需通过对其加速度曲线特征（尤其加速变形阶段的加速度曲线特征）的分析来具体确定，不存在统一的临滑预警指标 δ。

（2）在确定 δ 的具体值时，并不需要非常精确和唯一，只要能正确识别出加速度出现异常突跳现象即可。例如，白什乡滑坡的临滑预警指标 δ 可设定为 100mm/s^2，也可稍大一些，如 150 或 200mm/s^2。事实上，在白什乡滑坡的实际预警期间，我们给出的临界预警指标 δ 为 200mm/s^2，并于 7 月 24 日发出了临滑预警信息，使该滑坡得到成功的预警预报。因为滑坡真正进入临滑状态后，其加速度值会远远大于该数值。图 12.28 也表明，临滑前白什乡滑坡的实际加速度已达到 2500mm/s^2。

（3）斜坡整体失稳破坏的前提条件是斜坡变形演化必须进入加速变形阶段。因此，在利用加速度临滑预警指标 δ 进行滑坡的临滑预警时，应注意综合分析斜坡的演化阶段，只有当斜坡变形已进入加速变形阶段的中后期，其加速度值又大于设定的 δ 值时才能作临滑预警。

（4）就像股票交易可预先设定预期交易值，满足设定条件后就自动交易一样，在滑坡实现实时自动监测的条件下，利用预先设定的加速度临滑预警指标 δ，不难实现滑坡的临滑自动预警。

12.3.4　滑坡发生时间预报

白什乡滑坡于 7 月 23 日进入临滑阶段后，我们采用了比较适宜于滑坡临滑预报的 Verhulst 模型进行滑坡具体时间预报。预报时选取了变形速率较大的 1#、2#、3#、5#、6#、10#、11#、14#共 8 个监测点 7 月 26 日以前的 10 个监测数据，即 7 月 17 日~7 月 26 日的监测数据（监测周期为每天一次），进行滑坡时间预报，其预报结果如表 12.3 所示。从表 12.3 可以看出，各监测区域实际滑动时间与临滑预报时间之间的误差不到 24 小时，预报结果比较准确。

表 12.3　白什乡滑坡临滑预报结果与实际滑动时间对比表

监测点	1#	2#	3#	5#	6#	10#	11#	14#
预报滑坡时间	2007 年 7 月 29 日 6：24	2007 年 7 月 28 日 16：22	2007 年 7 月 28 日 16：32	2007 年 7 月 29 日 2：38	2007 年 7 月 28 日 22：00	2007 年 7 月 29 日 4：18	2007 年 7 月 29 日 6：52	2007 年 7 月 31 日 1：44
实际滑动时间	2007 年 7 月 28 日 23：30	2007 年 7 月 30 日 1：00	2007 年 7 月 30 日 1：00	2007 年 7 月 29 日 2：00	2007 年 7 月 29 日 2：00	2007 年 7 月 29 日 2：00	2007 年 7 月 30 日 3：00	2007 年 7 月 29 日 1：00

12.4　白什乡滑坡应急处置措施

由于白什乡滑坡体所处位置高陡，交通极为困难，再加上滑坡区变形大、解体剧烈，很难采用工程措施对其进行直接的加固处理。通过专业监测预报，认为白什乡滑坡整体滑动时间大概应在 2007 年的汛期，即 2007 年 6~8 月。同时，通过分析预测，滑坡整体下滑后，必然要堵塞其下的白水河。为了防止滑坡堵塞河道，形成堰塞湖导致淹没灾害，以及滑坡坝溃决后产生的洪涝灾害对下游的白什乡场镇造成严重威胁，根据专家建议，最后在滑坡体对面山体内提前修建一条应急避险泄水隧洞，主动防止滑坡堵河产生次生灾害。

应急避险泄水隧洞平面和纵断面图如图 12.30 和图 12.31 所示。泄水隧洞长近 700m，断面为 4m×5m 的圆拱直墙结构，隧洞轴线坡率为 26‰。隧洞正式施工始于 2007 年 3 月下旬，2007 年 6 月 18 日全线贯通。7 月 29 日凌晨白什乡滑坡产生大规模崩滑堵塞白水河后，在上游段形成堰塞湖。半个小时后，应急避险泄水隧洞开始顺利泄洪（图 12.32），堰塞湖最深处达到 11m，回水长度约 500m，面积约 1900m²，库容量约 2500m³（8 月 10 日最大库容量达 4500m³）。白水河为山间溪流性冲沟，洪流具汇流时间短、冲击力强、突发性强等特点，一次降雨后可在下游形成较大型的洪流作用，并带来大量的泥沙，雨季之后，目前堰塞湖已淤积满大量泥沙，湖高与洞口基本持平，基本无库容。

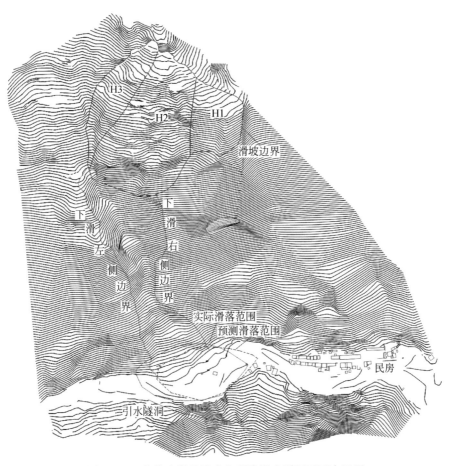

图 12.30 白什乡滑坡及应急避险泄水隧洞平面布置图

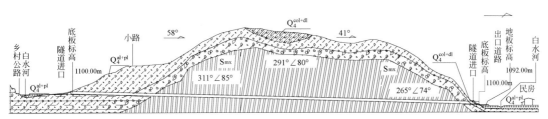

图 12.31 白什乡滑坡应急避险泄水隧洞纵断面图

图 12.32　应急避险泄水隧洞在滑坡堵河后发挥了应有的作用

　　致谢　白什乡滑坡的勘查、测绘、监测预警以及应急避险泄水隧洞的设计等工作主要由四川省地质工程勘察院完成，本书在成书过程中引用了四川省地质工程勘察院的大量资料。

　　参加本滑坡研究工作的还有成都理工大学的曾裕平，四川省地质工程勘察院的李廷强、钱江澎、王承俊、何成江等。

第 13 章　长江三峡工程库区秭归县白水河滑坡预警预报

13.1　概　　况

三峡工程库区秭归县白水河滑坡位于长江南岸（右岸），下距三峡大坝 56km，属秭归县沙镇溪镇白水河村。地理坐标 X：3433805，Y：455980，31°01′34″N，110°32′09″E。地理位置如图 13.1 所示。白水河滑坡是三峡库区二期规划地质灾害专业监测滑坡点，自 2003 年 6 月开始监测，正常观测周期每月 1 次，汛期雨季或出现变形异常时加密监测。2004 年 8 月因滑坡变形明显，滑坡体内 21 户 85 人搬迁，尚有耕地及橘园约 240 亩[①]。滑坡威胁长江航运安全、库岸周边地区居民及沿江公路。

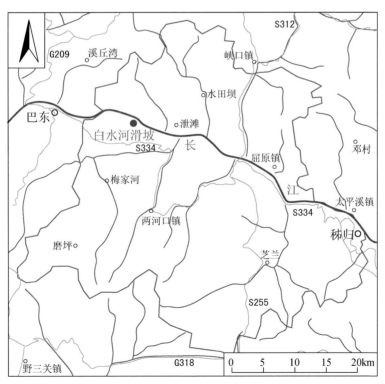

图 13.1　滑坡地理位置

图中红色线条为道路，蓝色线条为水系

---

① 1 亩 ≈ 666.7m²。

13.2 白水河滑坡地质特征

白水河滑坡为一老滑坡，发育于长江右岸斜坡地带，滑坡后缘高程为410m，以基岩和覆盖层分界处为界，前缘高程约70m，已没入库水位以下（库水位在145～175m涨落），东西两侧以基岩山脊为界。滑坡总体地形坡度约30°，其南北纵向长度600m，东西横向宽度700m，滑体平均厚度约30m，总体积$1260×10^4m^3$。见图14.2。2004年7月，由于降水等因素影响，局部复活，复活变形体东侧以黄土包凹槽为界，西侧以滑坡西部山羊沟为界，后缘以高程约250m为界，前缘至长江边（高程135m以下，没入库水下）。复活变形体东西宽450m，南北长350m，面积约$16×10^4m^2$，平均厚约35m，体积约$550×10^4m^3$。参考图13.2～图13.7。

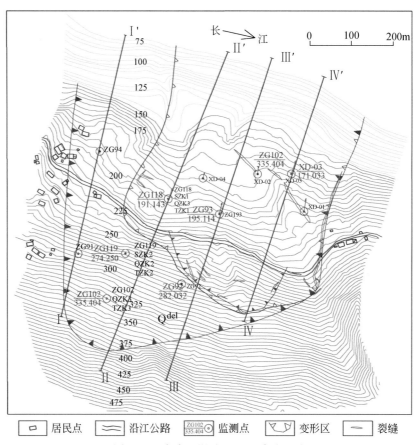

图 13.2 白水河滑坡工程地质平面图

白水河滑坡地处长江宽河谷地段单斜地层顺向坡，南高北低，呈阶梯状向长江展布。大地构造上白水河滑坡处于秭归向斜西翼，出露地层岩性为下侏罗统香溪群中厚层状砂岩夹薄层状泥岩，岩层产状15°∠36°。岩层中断层构造不发育，而节理裂隙发育，主要发育走向为近东西向和近南北向两组陡倾裂隙。

　　滑坡体由第四系残坡积碎石土、滑坡堆积块石土组成，块石块径一般在0.5m以内，碎石粒径一般为2~8cm，碎石土土石比8∶2~6∶4。

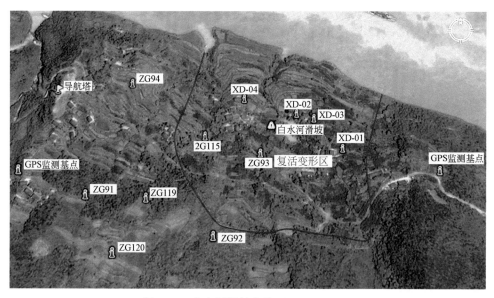

图13.3　白水河滑坡全貌（Google Earth）

图13.4　白水河滑坡远景（复活变形区）

　　据钻探资料，该滑坡存在两个滑带：上滑带为第四系覆盖层与基岩块裂岩接触带，厚0.9~3.13m，以粉质黏土为主，夹少量碎石、深灰色可塑—软塑，含炭质，碎石粒径多为2~8cm，表面有滑动后磨光现象及擦痕，埋深12~25m；下滑带为块裂岩底部与下伏基岩即砂岩滑床接触带，为含炭质粉砂质泥岩，深灰色，岩性软，由薄层含炭质泥岩组成，该段不透水，埋深18.9~34.1m。上滑带滑床为块裂岩体，灰色，结构致密，坚硬，为中厚层泥质粉砂岩，岩心较完整，呈柱状、长柱状，该块裂岩层厚4.2~17.2m。下滑带滑床为深灰色薄至中厚层粉砂岩夹薄层含炭质泥质粉砂岩，结构较致密，坚硬，岩心多呈柱状，顶部薄层状基岩受滑动影响呈泥状、片状。

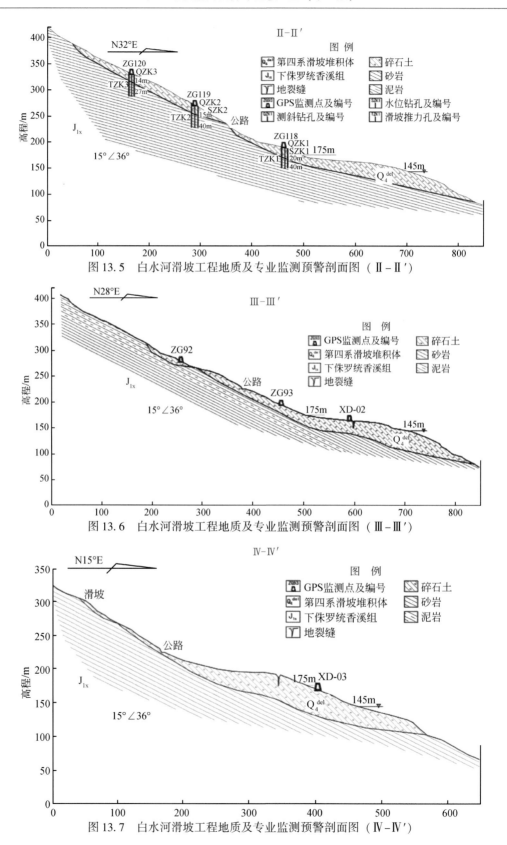

图 13.5　白水河滑坡工程地质及专业监测预警剖面图（Ⅱ–Ⅱ′）

图 13.6　白水河滑坡工程地质及专业监测预警剖面图（Ⅲ–Ⅲ′）

图 13.7　白水河滑坡工程地质及专业监测预警剖面图（Ⅳ–Ⅳ′）

13.3 白水河滑坡变形特征分析

白水河老滑坡历史上发生过多次复活变形迹象。1993 年 8 月 25 日后缘产生明显坍滑，致使 15 户农民搬迁。2003 年 6 月三峡水库 135m 蓄水后，东部滑舌出现长三百余米的横向裂缝，4 户农户房屋拉裂被迫搬迁。因白水河滑坡出现了明显的宏观变形，2004 年 7 月，根据白水河滑坡变形特征确定了复活变形区，划定为滑坡预警区。2005 年 8 月 ~2006 年 8 月位于滑坡高程约 220m 的新建公路内侧边坡多处塌方，滑坡地表多处出现下沉拉裂缝；2007 年 6 月 30 日清晨，复活变形区后缘、公路内侧约 10 万 m³ 滑体坐滑堆积于公路上，复活变形区东侧和后缘边界基本贯通，西侧边界裂缝呈羽状断续展布。具体情况如下（图 13.8 ~ 图 13.11）。

图 13.8 复活变形区原拉裂缝扩大

图 13.9 坍塌的土石体阻塞了公路

图 13.10 右侧边界裂缝沿缝坍塌现象

图 13.11 中后部橘园中横向下沉拉裂缝

据相关调查资料，白水河滑坡复活变形区东侧发育一长大裂缝，裂缝长度约 256m，走向 NE17°，宽 5 ~60cm，下坐错距 4 ~50cm，为拉张裂缝。东侧后缘沿江公路还发育一条长大裂缝，长约 30m，宽 1 ~5cm，下错 1 ~20cm，走向 NE30°，为 2007 年 6 月 26 日新增的变形。

滑坡中部（沙—黄公路上方）约 10 万 m³ 的土体滑移，为 2007 年 6 月 30 日 6 时 50 分 ~7 时 30 分的暴雨所致。该滑移体前缘以公路为界，纵长约 100m，沿公路东西向宽约 220m，后缘宽约 120m，均宽 170m。滑移体前缘厚度约 12m，后缘厚约 2m，均厚 6m，体积约 $10 \times 10^4 \text{m}^3$。

上述两条裂缝与小滑移体的后缘基本贯通，构成了滑坡的东侧及南侧后缘边界，也是滑坡体变形最明显的部位。在滑坡复活变形区西侧未见贯通性裂缝，只发育羽状及阶梯状裂缝，但发育规模一般较小，裂缝长度约 12 ~38m，走向 NW50° ~60°，宽 3 ~30cm，下坐错距 4 ~30cm，以拉张裂缝为主。其他裂缝主要集中发育在滑坡前缘东部地形变化较大处，裂缝长度约 6 ~118m，走向 NW30° ~80°，宽度 3 ~30cm，下坐错距 4 ~150cm 不等，以拉张裂缝为主。

从滑坡裂缝分期配套的特征分析：截至 2007 年 7 月，仅在滑坡区东侧（右侧）边界见到比较贯通的裂缝，滑坡后缘仅能见到断续分布的裂缝带，滑坡西侧（左侧）边界还不明显，仅能在局部地段见到零星裂缝出露。因此，截至 2007 年 7 月上旬，白水河滑坡的裂缝体系还未出露完整，滑坡周界裂缝体系还未圈闭，滑坡整体滑动边界尚未形成。

13.4　白水河滑坡变形监测分析

13.4.1　监测工程布置

白水河滑坡专业监测于 2003 年 6 月开始实施，具体监测点分布见图 13.2 所示。监测指标和内容包括地表绝对位移 GPS 监测、深部位移钻孔测斜监测、地表裂缝相对位移监测、地下水位监测和宏观地质巡查。

（1）地表绝对位移 GPS 监测。滑体外围稳定地段布设 2 个 GPS 基准点，先后在滑体地表布设 11 个 GPS 变形监测点，构成 3 条纵向监测剖面和 GPS 监测网。

（2）深部位移钻孔测斜监测。滑坡中间监测剖面的 3 个 GPS 变形监测点旁各建立一个钻孔测斜监测点，与 GPS 监测点同步监测。复活变形区 1 个测斜孔，位于地表 118#GPS 监测墩旁。

（3）地表裂缝相对位移监测。复活变形区的后缘和侧缘边界，根据滑坡地表裂缝分布的实际情况，共布设地表裂缝相对位移简易监测桩 11 对，采用钢卷尺进行简易量测和记录。

（4）地下水位监测。在滑坡 2#监测剖面的中、下部，2 个 GPS 变形监测点旁各建立一个地下水监测点，其中复活变形区 118#GPS 监测点处一个，与 GPS 监测点同步监测，2004 年 9 月曾改为自动连续测量。

（5）宏观地质巡查监测。包括地表变形（裂缝、隆起、塌陷）特征、地表水、地下水和房屋变形情况，采用常规地质巡查方法。

13.4.2　变形监测分析

1. 地表绝对位移 GPS 监测

自 2003 年以来位于预警区内的监测点 ZG93、ZG118 和新增点 XD-01、XD-02、XD-

03 以及 XD-04 同步变形，从 2007 年 5 月来呈现加速变形的趋势，见图 13.12。

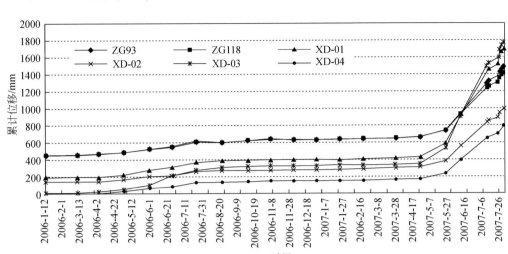

图 13.12　白水河滑坡累计位移–时间监测曲线

自 2003 年 7 月 1 日至 2007 年 7 月 31 日，位于白水河滑坡预警区内中部的 ZG93# 和西侧中部的 ZG118# GPS 监测点累计位移变形 1484.5mm 和 1414.7mm；2005 年 5 月新增的 XD-1、XD-2 点及 2005 年 10 月新增的 XD-3、XD-4 点累计位移变形分别为 1693.2mm、996.4mm、1760.7mm、791.9mm。

白水河滑坡预警区内的 6 个 GPS 监测点，在 2007 年 1 月至 2007 年 4 月期间位移量较小，位移速率为 0 ~ 0.38mm/d，5 ~ 7 月位移速率急剧增大，特别是进入 7 月来，预警区 GPS 监测的水平位移速率急剧加大，为 1.6 ~ 50.85mm/d，其中 7 月 26 日达到最大，位移速率为 26.20 ~ 50.85mm/d，3 个月的时间里水平位移量达 617.2 ~ 1406.1mm。

白水河滑坡预警区外的各监测点测值均在测量误差范围内波动，显示没有明显变形，处于基本稳定状态。

因此，从变形–时间监测曲线上分析，复活变形区已进入加速变形阶段。

2. 深部位移钻孔测斜监测

白水河滑坡复活变形区有一个测斜监测孔，即 QZK1 孔，位于 ZG118# GPS 测点处，该孔于 2003 年 6 月 19 日至 8 月 6 日，于孔深 20.5 ~ 21.5m 段，主要朝北累计位移 60mm；未见深部位移突变点，根据钻孔资料分析，此段为滑体滑动带，见图 13.13（a）。之后该测斜管毁坏，下部失测，以后只能监测其上 20m 的倾斜变化。

从 2004 年 3 月起，截止到 2007 年 6 月主滑方向滑带以上滑体位移累计值 112mm。位移曲线见图 13.13（b）。

从钻孔倾斜监测资料分析，复活变形区沿滑带整体滑移。

3. 滑坡推力监测

白水河滑坡预警区内在 ZG118# GPS 测点处布置一个滑坡推力孔，2007 年 4 月滑坡推

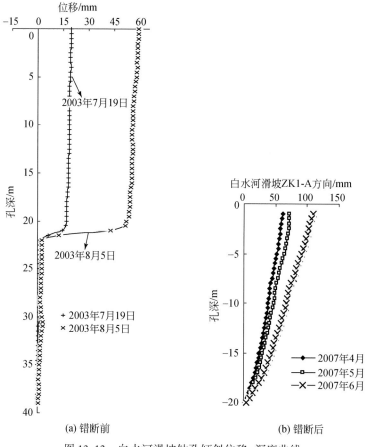

(a) 错断前　　　　　　　　　　　　(b) 错断后

图 13.13　白水河滑坡钻孔倾斜位移–深度曲线

力由 100kPa 下降到最小，为 0kPa，5 月推力值又增大，6～8 月推力值数据变幅不大，在 84～108kPa 范围内波动（图 13.14）。从该图可以看出，该滑坡的推力总体上在 90～100kPa 的范围内波动，没有明显的增长或衰减趋势。

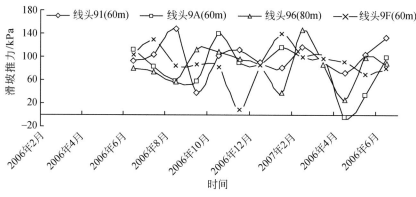

图 13.14　白水河滑坡推力–时间监测曲线

4. 滑坡地下水监测

白水河滑坡区内有 2 个地下水监测孔，即 zg-bs-SZK1 孔和 zg-bs-SZK2 孔，分别位于 ZG118#GPS 测点和 ZG119#GPS 测点处，其中 zg-bs-SZK1 孔位于警戒区。地下水水位变幅较小，一般在 5～8m。见图 13.15。

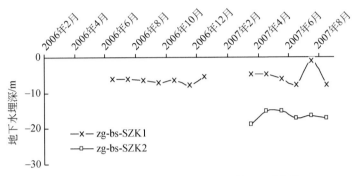

图 13.15　白水河滑坡地下水位–时间监测曲线

5. 地表裂缝相对位移监测

根据白水河滑坡预警区 11 个地表裂缝相对位移监测点分析，从 2007 年 7 月 24 日至 7 月 31 日，相对位移变化量 10～66mm，日平均变形速率为 1.4～9.4mm/d，表现为靠近滑坡东侧中下部边界处变形较大。特别是预警区东侧的监测点 BX08～BX11，位移值较大，说明滑坡东侧的变形较大。

13.4.3　如何预警预报

截至 2007 年 7 月初，通过上述专业监测发现，自 2003 年三峡工程蓄水以来，白水河滑坡出现了明显的变形且呈不断增长的趋势，尤其 2007 年 6 月以来，变形骤然增加（图 13.12），滑坡预警区内的 6 个 GPS 监测点自 2003 年 6 月 8 日至 2007 年 7 月 12 日，最大累计水平位移（XD-03 监测点）从 928.2mm 增长到 1522.2mm，月变形速率接近 600mm，滑坡似乎已进入"临滑"阶段，一旦滑坡失稳入江而未预警将会造成重大财产损失和人员伤亡；但如果贸然发布红色警报，需要封锁航道，造成重大经济损失和不良社会影响。因此，滑坡是否会在短时间内整体滑动失稳，应该对外发布什么级别的灾害警报，应采取什么样的应急处理措施等一系列的问题，"此刻"都需要立即作出回答。

13.5　白水河滑坡灾害预警

为此，2007 年 7 月 13 日，三峡库区地质灾害防治工作领导小组办公室专门针对白水河滑坡的监测预警问题召开了专家会商会议。在会议上，作者根据第 2 章至第 7 章中所提出的滑坡时间和空间演化规律，对白水河滑坡的变形演化阶段进行了仔细分析研究，得到以下几点认识。

13.5.1　滑坡变形空间演化特征

通过现场调查，结合滑坡裂缝分布图（图13.2），截至2007年7月，仅在滑坡区东侧（右侧）边界见到比较贯通的裂缝，滑坡后缘仅能见到断续分布的裂缝带，滑坡西侧（左侧）边界还不明显，仅能在局部地段见到零星裂缝出露。因此，从前述的滑坡裂缝体系分期配套特性来分析，截至2007年7月上旬，白水河滑坡的裂缝体系还未出露完整，滑坡周界裂缝体系还未圈闭，滑坡整体滑动边界还未形成，因此，从滑坡空间演化的角度判断，白水河滑坡还未真正进入加速变形阶段，更不用说临滑阶段。

13.5.2　滑坡变形时间演化规律

但是，如何解释白水河滑坡自2007年6月以来出现的变形突增现象呢？仔细研究白水河滑坡的变形–时间曲线（图13.16）可以发现，其属于典型的"阶跃型"变形曲线，自2003年以来，滑坡在每年5月~10月均有一次明显的变形阶跃，其刚好与每年的汛期降水周期相吻合（图13.17）。

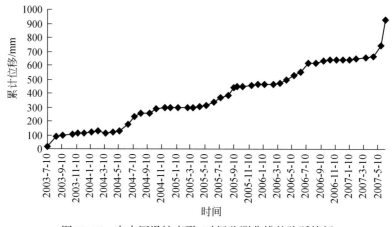

图 13.16　白水河滑坡变形–时间监测曲线的阶跃特征

但为什么在2007年6月以来会出现强度远远超出往年的阶跃呢？分析认为，2007年滑坡体变形除受汛期降水影响外，与往年不同的是，还受到2007年4月以来三峡工程正常水位调度（从156m下调到144m）的影响（图13.18）。通过对滑坡变形曲线阶跃与外界影响因素的相关性分析，认为2007年6月以来的变形突增是受汛期降水和库水位调度双重影响而产生的一次较大的变形阶跃，其并不是作为滑坡进入临滑阶段的征兆。

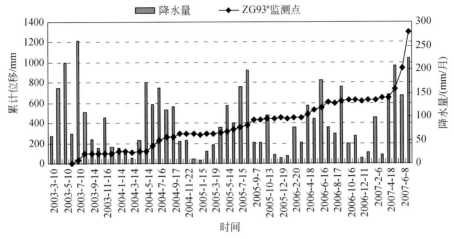

图 13.17　白水河滑坡变形−时间监测曲线与降雨量的对应关系

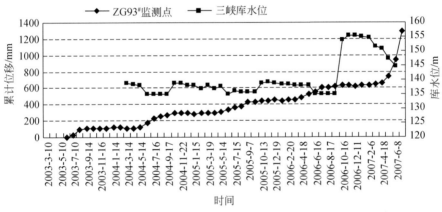

图 13.18　白水河滑坡变形−时间监测曲线与库水位的对应关系

13.5.3　滑坡预警预报

通过上述白水河滑坡的时间、空间变形演化规律及特征的综合分析，在 2007 年 7 月 13 日的专家会商会议上，我们提出：既然滑坡还未真正进入加速变形阶段（更不用说临滑阶段），其变形突增是由强烈的外界因素导致的，因此此刻的白水河滑坡尚未到红色警报级别时，建议定为橙色警戒级，并被采纳发布。

在汛期过后，当这两种影响因素（汛期降水和库水位下降）减弱后，滑坡体的变形监测曲线应该还会逐渐恢复平稳。这一判断得到后续监测资料（图 13.19）的验证。从图 13.19 中可以看出，滑坡预警区内 6 个监测点的监测资料显示，在进入 2007 年 8 月以后，白水河滑坡的变形曲线又逐渐趋于平缓。白水河滑坡危险性逐渐解除，此时将预警级别降为黄色警示级。

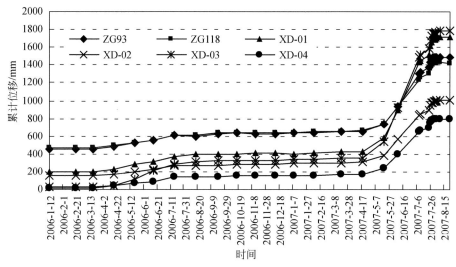

图 13.19　白水河滑坡累计位移–时间监测曲线

13.6　小　　结

准确地判断斜坡的变形演化阶段是实现滑坡预警的基础和前提条件。为了准确地把握斜坡的变形演化阶段，一方面应牢牢地掌握滑坡的时间演化规律，根据变形–时间监测曲线从时间的角度判断滑坡所处的演化阶段，另一方面还要通过对滑坡宏观变形破坏迹象，尤其是地表裂缝的分期配套特性的分析，从空间的角度判断斜坡所处的变形发展阶段。然后，将从两个不同角度得到的结果进行对比分析，将时空演化规律有机结合，从宏观上综合确定斜坡所处的变形演化阶段，并进行预警预报。同时，在预警实践中，应牢记如下几点。

（1）与任何事物的发展演化一样，滑坡在其演化过程中也会经历一个产生（出现变形）、发展（持续变形）、壮大（变形加速）到消亡（整体失稳破坏）的过程。在此过程中，从时间演化的角度来看一般要经历初始变形、等速变形、加速变形三个基本变形阶段。空间上，滑坡的地表裂缝会随着变形的不断增加形成完整配套的裂缝体系。

（2）正确地判断斜坡的变形演化阶段是滑坡准确预警的基础。斜坡变形进入加速变形阶段是斜坡整体失稳（发生滑坡）的前提。在斜坡变形的初始变形和等速变形阶段，无论其变形速率或累计位移量值有多大，宏观变形破坏迹象有多明显，在正常情况下都不会发生整体失稳破坏；反之，一旦进入加速变形阶段，尤其是临滑阶段，如果不采取应急工程措施，坡体的整体下滑将不可避免。把握此规律，对滑坡的应急抢险具有重要的指导意义。

（3）将时间–空间演化规律有机结合、综合分析，是进行滑坡准确预警预报的重要保证。大量的滑坡实例表明，某些滑坡在时间演化和空间演化两方面表现的特征并不完全一致，如果仅从某一方面来判断斜坡的演化阶段和发展趋势可能会得出错误的结论。正确的做法是将斜坡的变形时间发展演化规律与滑坡裂缝的空间分期配套特性有机结合，进行综合分析，总体判断。

（4）进行外界影响因素的相关性分析和宏观变形破坏迹象分析，是处理"阶跃型"变形曲线的有效手段。在实际的滑坡预测预报过程中，很容易根据阶跃型变形-时间曲线做出错误的预测预报，因为曲线的每一个"阶跃"都可能被误认为是斜坡演化已进入临滑阶段。大量的滑坡预报实践表明，减少这种误判的途径主要有两条：第一，通过斜坡变形破坏的空间演化规律判断斜坡所处的演化阶段，如果斜坡还未进入加速变形阶段，再大的阶跃也很难导致滑坡的发生，反之，就应对变形的骤然增长引起高度重视；第二，进行外界影响因素的相关性分析，如果斜坡变形还未真正进入加速变形阶段尤其是临滑阶段，滑坡变形的每一个阶跃又能找到明确的原因（外界影响因素），则变形-时间曲线上的变形骤然增加可能仅仅是变形演化过程中的"阶跃"，其并未进入临滑阶段。

　　致谢　感谢三峡库区地质灾害防治工作指挥部、湖北省岩崩滑坡研究所在相关资料收集等方面给予的帮助与支持！

第14章 金沙江梨园水电站念生垦沟堆积体滑坡预警与应急处置

14.1 概　况

梨园水电站位于云南省丽江市玉龙县（右岸）与迪庆藏族自治州香格里拉县（左岸）交界的金沙江中游河段，见图14.1。梨园水电站是金沙江中游河段"一库八级"开发规划的8个梯级电站的第3个梯级，上游与两家人水电站相衔接，下游为阿海水电站。

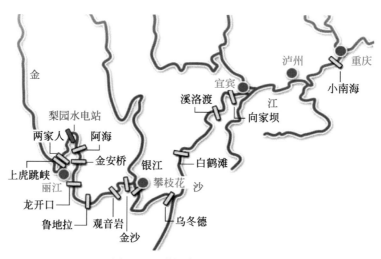

图14.1　梨园水电站地理位置

梨园水电工程以发电为主，兼顾防洪、旅游等。电站装机容量2400MW。电站坝址处的控制流域面积$22\times10^4km^2$，多年平均流量$1430m^3/s$，年径流量$448\times10^8m^3$。工程为一等大型工程，枢纽由混凝土面板堆石坝、右岸溢洪道、左岸泄洪冲沙隧洞、左岸引水系统、地面厂房等组成。面板堆石坝最大坝高155m，坝顶高程1626.00m，水库正常蓄水位1618.00m，水库回水长约58km，相应库容$7.27\times10^8m^3$。施工期的两条导流隧洞布置于坝前右岸，进口明渠则位于念生垦沟堆积体前缘。

念生垦沟堆积体位于坝前右岸宽缓沟谷中，分布高程从江边1500～1800m，从前缘至后缘呈长条形分布，在地形上大致以高程1610m为界构成两级缓坡台地，前缘临江部位相对较陡，上、下游侧为基岩裸露的山脊斜坡地形，勘探揭露堆积物厚度一般30～60m，总体上在上、下游两侧较薄，中间部位相对较厚，总方量约$1700\times10^4m^3$。图14.2为念生垦沟堆积体工程位置，图14.3为念生垦沟堆积体原地貌特征。

图 14.2　念生垦沟堆积体工程位置（坝前右岸，前缘导流明渠）（2007 年 11 月 16 日）

图 14.3　念生垦沟堆积体施工前地貌形态特征（2008 年 1 月 11 日）

　　念生垦沟堆积体属冲积、洪积、坡积、冰碛和崩滑堆积等混合成因的堆积体，下伏玄武岩全风化形成的残积层，主要成分为黏质土砾和黏质土砂夹黏土，饱水易软化，岩土体力学强度低。堆积体与基岩的接触面存在一定的起伏，结合勘探资料和堆积体周围地形地貌特征分析判断，堆积体以下原始地貌形态为一沟谷地形，因此堆积体与基岩底界面在顺河方向总体呈"V"形或"U"形，在前缘江边未见基岩出露，该部位堆积体底界面应与现代河床基本齐平，结合堆积体后缘基岩出露及分布高程推测，横河方向堆积体底界面平均坡度在 10°左右或 10°以下，总体上底界面较为平缓。根据勘探和调查资料，分析得出下伏基岩面似"勺状"，从金沙江边至后缘呈缓—陡—缓的起伏形态，图 14.4 为念生垦沟堆积体基岩面等值线图。

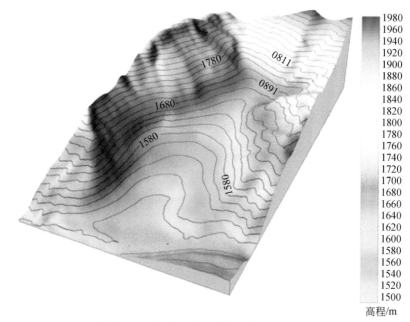

图 14.4　念生垦沟堆积体基岩面等值线图

　　念生垦沟堆积体天然条件下未见明显变形迹象。导流明渠施工期间，即 2008 年随着导流洞进口明渠及进厂公路施工开挖及堆渣，同时遭受连续降水等原因，从 2008 年 9 月份开始堆积体从后缘至前缘陆续出现了不同程度的变形和滑移现象，至 2009 年 3 月下旬，变形突增，监测显示变形速率高达 400mm/d 左右。已呈现出沿着残积层与基岩接触面整体滑移的趋势。对该部位导流洞进口明渠施工、整个工程进度甚至工程安全等产生了重大影响和威胁，一旦滑坡将会造成巨大损失。

14.2　念生垦沟堆积体地质特征及成因

14.2.1　地形地貌

1. 地貌形态

　　研究区区域地貌属滇西纵谷山原区兰坪高山峡谷亚区地貌单元，山体切割强烈，地形陡峻，山脉、水系和山间盆地均受构造控制，以冰蚀、侵蚀和剥蚀地貌为主。总体地势西北高、东南低，大致以小金河-丽江断裂带为界：西北部主要由海拔 4000m 以上的高山组成，山体走向为北北西和北北东，金沙江河谷深切，形成高山峡谷地貌特征；东南部由海拔为 1500~4000m 的高原和中高山组成，高原面按切割深度和地形坡度的不同，可分为丘状高原面和分割山顶面，丘状高原面相对高差为数百米，高原面面积较大，起伏和缓，其上残积物较发育，分割山顶面是由丘状高原面再经切割而成，相邻山顶面海拔高度相差不大，其间被切割很深的河谷或盆地隔开，相对高差在千米以上，从总体上看，高原面西北高，东南低，向东南倾斜，其间有若干个不连续的阶梯。梨园水电站念生垦沟属小金河-丽江断裂西北部的高山峡谷地貌，山顶面海拔 4000～5000m，河流深切呈"V"形。最高峰为玉龙雪山，高程 5596m，最低点为金沙江河谷，高程 1440m 左右，最大高差约 4200m。区内主要为金沙江水系，其西南侧为澜沧江水系，金沙江由南西流入本区，向北至三江口转折向南。依据地貌成因及形态组合，主要有构造侵蚀地貌、侵蚀构造地貌、溶蚀侵蚀构造地貌，以及相对较发育的冰川、冰蚀、冰碛等地貌。

念生垦沟堆积体分布于坝前右岸，从前缘（金沙江边）至后缘呈长"喇叭"形分布，高程为 1500～1700m，地形上大致以高程 1610m 为界构成两级缓坡台地，临江地段即从河边至高程 1540m 左右地形相对较陡，坡度为 20°～45°，这与河流冲刷造成塌岸有关；高程 1540～1610m 为一较宽缓的堆积台地地形，坡度 1°～6°，平均地形坡度小于 4°；高程 1610～1660m 为一斜坡地形，地形坡度约 15°左右；高程 1660m 以上为缓坡或台地地形，地形坡度一般小于 10°。上、下游侧为基岩裸露的山脊斜坡地形。在谷内形成中间高，两边低的地形特征，两侧为冲沟（1#支沟、2#支沟），其中上游侧 1#支沟冲蚀较深，枯季仍有少量流水或渗水。天然状态下堆积体表面植被茂密，经地表流水冲刷作用，除上、下游两侧外，堆积体内有小规模的冲沟发育。念生垦沟堆积体主要由崩、滑、坡积、冲积和洪积等混合堆积而成，长度 1200～1500m，宽度 400～500m，厚度一般 30～60m，体积约 $1700\times10^4\,\mathrm{m}^3$。图 14.5 为念生垦沟堆积体原地形地质图图 14.6 为念生垦沟堆积体工程地质剖面图（2-2'），以及图 14.7 为念生垦沟堆积体施工前地形地貌（2008 年 1 月 11 日）。

另外，原沟中仅居住两户人家，总人数不足 10 人，堆积体变形前有水电一局、武警三支队、勘测营地及 CY 集团营地，总人数超过 200 人。由于变形大，建筑物严重开裂，勘测基地和营地已经废弃。

从 2009 年 1～4 月开挖形成的地貌形态看，宏观上大致以中线公路为界可分为上、下两个区域，上部区域因开挖、堆渣等形成多个平台，前缘相对较陡；下部区域因公路、明渠开挖及堆渣等，地形改变较大，也形成多个平台。图 14.8 为念生垦沟堆积体施工期间地形地貌（2009 年 1 月 8 日），图 14.9 为念生垦沟堆积体施工期间地形地貌（2009 年 4 月 25 日）。

2. 滑面形态

昆明院在前期工程勘测设计阶段针对念生垦沟堆积体开展了相应的地质勘察工作。预可研阶段在堆积体前缘完成钻孔 8 个（总进尺 619.09m，见表 14.1）和相关物探工作，并进行了简易的土工试验（其中渗透性试验 2 组）。可研阶段针对整个堆积体又布置了 12 个钻孔（总进尺 621.03m，见表 14.1），并对堆积体的物质组成取样进行了物理力学试验。

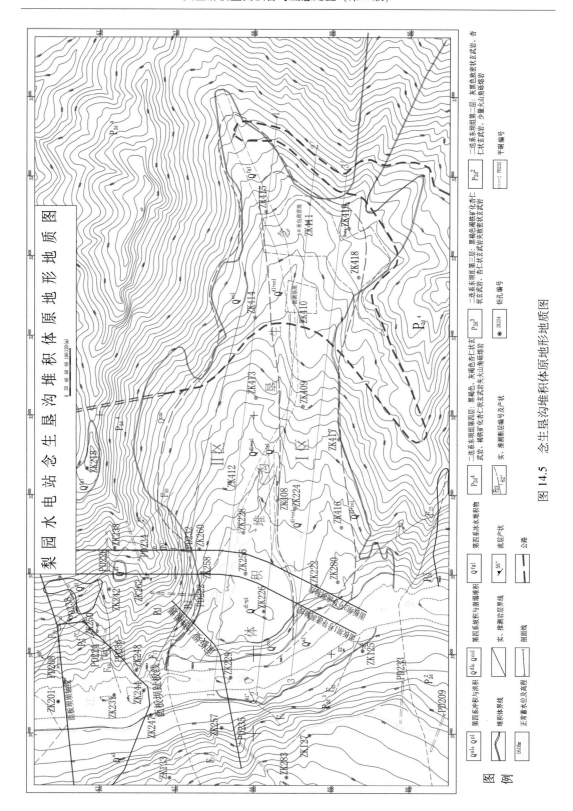

图 14.5　念生垦沟堆积体原地形地质图

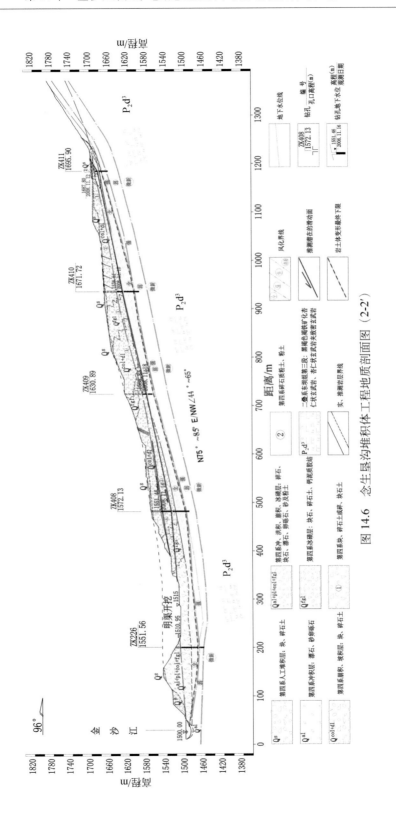

图 14.6　念生垦沟堆积体工程地质剖面图 (2-2')

图 14.7　念生垦沟堆积体施工前地形地貌（2008 年 1 月 11 日）

图 14.8　念生垦沟堆积体施工期间地形地貌（明渠开挖，2009 年 1 月 8 日）

图 14.9　念生垦沟堆积体施工期间地形地貌（削方减载，2009 年 4 月 25 日）

表 14.1　念生垦沟堆积体勘探成果统计表

钻孔编号	位置	孔口高程/m	孔深/m	堆积体厚度/m			底界面高程/m	强风化厚度/m
				堆积物	残积层	总厚度		
ZK222	前缘靠江边	1541.36	78.96	14.13	48.30	62.43	1478.93	9.07
ZK280	前缘偏上游	1538.52	60.23	13.10	20.88	33.98	1504.54	26.25
ZK256	前缘	1548.05	67.48	48.39	6.55	54.94	1493.11	10.19
ZK258	前缘偏下游	1555.99	80.49	18.26	—	18.26	1537.73	—
ZK260	前缘偏下游	1567.15	90.20	25.50	—	25.5	1541.65	8.13
ZK226	前部	1551.56	90.05	62.63	18.00	80.63	1470.93	—
ZK224	中前部	1567.93	80.82	39.93	29.82	69.75	1498.18	1.93
ZK228	中前部	1549.44	71.02	33.80	20.10	53.9	1495.54	17.12
ZK408	中前部	1572.13	80.00	52.04	23.00	75.04	1497.09	—
ZK409	中部	1630.89	61.98	47.85	11.21	59.06	1571.83	1.37
ZK410	中后部	1671.72	75.60	40.12	27.48	67.60	1604.12	—
ZK411	后部偏边界	1695.90	34.58	17.20	5.51	22.71	1673.19	9.57
ZK412	中前部	1585.03	61.30	49.09	9.94	59.03	1526.00	4.86
ZK413	中部偏下游	1608.37	56.90	41.10	15.42	56.52	1551.85	0.38
ZK414	中部偏下游	1672.09	33.00	31.04	—	31.04	1641.05	—
ZK415	后部偏下游	1712.88	28.11	25.15	—	25.15	1687.73	0.96
ZK416	前部偏上游	1558.52	25.80	17.80	>8.0	>25.8	<1532.72	—

续表

钻孔编号	位置	孔口高程/m	孔深/m	堆积体厚度/m			底界面高程/m	强风化厚度/m
				堆积物	残积层	总厚度		
ZK417	中部靠上游	1600.76	46.13	0.80	4.50	5.30	1595.46	20.70
ZK418	后部	1709.86	72.95	47.50	23.78	71.28	1638.58	未揭穿
ZK419	后部靠边界	1722.57	44.68	11.21	9.38	20.59	1701.98	3.48
ZK420	中部平台	1513.50	40.53	25.21	2.56	27.77	1485.73	1.73
ZK421	中部平台	1513.50	23.80	13.00	>10.8	>23.8	>1489.7	未揭到
ZK422	中部平台	1513.00	23.81	3.10	12.50	15.60	1497.40	6.76
ZK423	中部平台	1511.649	33.69	—	3.20	3.20	1508.45	30.19
ZK424	中部平台	1505.725	22.60	—	—	—	—	13.20

根据勘探成果分析，堆积物厚度一般 30~60m，总体上在上、下游两侧较薄，中间部位相对较厚，堆积体与基岩的接触面存在一定的起伏。堆积体底界面以下基岩多为全风化，钻孔揭露岩芯多呈碎、块石土状。结合勘探资料和堆积体周围地形地貌特征分析判断，堆积体以下原始地貌形态为一沟谷地形，因此堆积体与基岩底界面在顺河方向总体呈"V"形或"U"形，在前缘江边未见基岩出露，该部位堆积体底界面应与现代河床基本齐平，结合堆积体后缘基岩出露及分布高程推测，横河方向堆积体底界面平均坡度在10°左右或10°以下，总体上底界面较为平缓。12个勘探孔中，4个孔中分布有黏土或粉土层，厚度较小，连续性差，见表14.2。

表 14.2 念生垦沟堆积体钻孔黏土或粉土厚度统计表

钻孔编号	孔深/m	厚度/m
ZK228	0.8~4.84	4.04
ZK408	18.90~19.00	0.10
ZK411	5.40~9.30	3.90
ZK412	21.43~22.40	0.97

14.2.2 地层岩性

念生垦沟堆积体下伏基岩为二叠系上统东坝组（P_2d）玄武质喷发岩，岩性较复杂，为一套多旋回喷发的玄武岩系，岩性为灰、灰黑及紫灰色的玄武岩、杏仁状玄武岩、火山角砾熔岩、熔结凝灰岩及少量熔渣状玄武岩，夹少量厚度为 3~5mm 的断续分布的凝灰岩条带，杏仁状玄武岩的表部多为褐铁矿化、少量绿泥石化。又可分为如下几层。

二叠系东坝组第二层（P_2d^2）：灰黑色致密状玄武岩、杏仁状玄武岩、少量火山角砾熔岩。

二叠系东坝组第三层（P_2d^3）：黑褐色褐铁矿化杏仁状玄武岩、杏仁状玄武岩夹致密状玄武岩。

二叠系东坝组第四层（P_2d^4）：黑褐色、灰褐色杏仁状玄武岩、褐铁矿化杏仁状玄武岩夹火山角砾熔岩。

堆积体基覆界面为一厚度从几米～三四十米不等的残积层（Q^{el}）：呈灰色、灰黑色碎、块石土状。见图 14.10。

图 14.10　明渠开挖揭露的残积土（局部滑裂面）

堆积体由冲积、洪积、坡积和崩滑堆积、冰水沉积等第四系混合物质组成。

冲积层（Q^{al}）：砂、卵、砾石夹漂石、孤石，分布于堆积体前缘河床部位。

洪积层（Q^{pl}）：碎块石、漂石、卵石夹砂土、粉土，分布于堆积体沟口部位。

崩滑坡积（$Q^{col+dl+del}$）：灰色、浅褐色碎块石、碎石夹粉土、局部夹粉质黏土，堆积体大部分皆由此构成。

冰水堆积（Q^{fgl}）：灰白色的粉质黏土夹碎石，弱胶结，原岩主要为碳酸盐岩和玄武岩；该沉积物长期出露于地表，经风化后而呈黄褐色，呈带状分布于念生垦沟堆积体中部冲沟的中上部位的浅表层。推测为冰川冰融水流动过程所携带的泥砂砾经远距离搬运顺着念生垦沟堆积体中部冲沟而沉积下来的产物，可以称之为一种加积层，位于浅表部，不影响堆积体的整体性质。一组（3 个 5cm×5cm×5cm）简易崩解试验：浸水完全崩解的平均时间 28 分钟。见图 14.11～图 14.13。

图 14.11　剥开堆积物，粉质黏土夹碎块石呈灰白色

图 14.12　砂砾石呈次棱角–次磨圆状（水浸崩解后滤掉细粒土后的砂砾）

图 14.13　出露于中部冲沟附近的堆积物，表层风化为浅黄色

14.2.3　岩土体物理力学特性

念生垦沟堆积体出现变形后，分别在剪切带黏土较集中部位及堆积体残积层土体中取样进行了饱和固结快剪试验，成果如表 14.3 所示。

表 14.3　岩土体物理力学试验成果

试验编号	密度/(g/cm³)	名称	饱和度/%	内摩擦角 φ/(°)	黏聚力 C/kPa
TG08828	2.33	含沙低液限黏土	100	17.9	56.7
TG08829	2.36	含沙低液限黏土	99.6	25	38.3
TG08830	2.3	黏土质砂	100	14.9	63.3
TG08831	1.94	含砂高液限黏土	91.5	13.5	51
TG08832	1.9	低液限黏土	100	14.4	34.3
TG08833		黏土质砂	99.2	21.1	31.3

试验结果反映出堆积体力学强度如作为黏土其值一般，但若视为滑面物质则其值普遍较高，剪切带内摩擦角最小值为 13.5°，最大值达 25.0°，黏聚力介于 31.3 ~ 63.3kPa。

成都理工大学在工作过程中也取了 4 组样品进行了颗分和物理力学试验，其中堆积体样 1 组，残积土样（全风化，取样于前缘明渠剪出口）3 组，成果如下。

（1）粒度分析成果，见表 14.4。

（2）岩土体物理力学试验成果，见表 14.5。

试验分析有如下结果。

（1）堆积体土样粉粒（0.005 ~ 0.075mm）含量较高，占 40% ~ 50%；残积土砂粒

（>0.075mm）含量较高，占90%以上。

（2）饱和情况下，堆积体峰值黏聚力仅13kPa，内摩擦角10.2°；残余黏聚力12kPa，内摩擦角仅为8.3°。饱和情况下，残积土峰值黏聚力仅37~62kPa，内摩擦角27.3°~30.6°；残余黏聚力9~28kPa，内摩擦角25.3°~29.7°。

表14.4　粒度分析成果

土样编号		堆积体01	残积土02	残积土03	残积土04
室内编号		01	02	03	04
含水率/%		11.5	8.8	6.9	7.0
粒度分布百分率/%	20~2mm	25.4	64.8	63.8	55.6
	2~0.5mm	10.9	18.4	19.3	24.9
	0.5~0.25mm	2.8	4.3	4.4	5.2
	0.25~0.075mm	8.7	7.9	8.5	9.6
	<0.075mm	—	4.6	4.0	4.7
	0.075~0.005mm	49.8	—	—	—
	<0.005mm	2.4	—	—	—
	0.005~0.002mm	—	—	—	—
	<0.002mm	—	—	—	—

表14.5　岩土体物理力学试验成果

土样编号		堆积体（01）		残积土（02）	残积土（03）	残积土（04）
室内编号		01		02	03	04
比重 ρ_s/(g/m^3)		2.71		2.91	2.95	2.91
含水率 w/%		11.5	16.5	8.8	6.9	7.0
制样密度 ρ/(g/m^3)		1.83	1.90	2.35	2.40	2.42
干密度 ρ_d/(g/m^3)		1.64	1.63	2.16	2.25	2.26
孔隙比 e		0.651	0.662	0.347	0.314	0.287
饱和度 S_r		47.9	67.6	73.7	64.8	71.1
饱和	饱和密度 ρ/(g/m^3)	2.03	—	2.43	2.46	2.49
	饱和含水率 w/%	23.5	—	11.5	10.6	9.3
	饱和度 S_r	98.2	—	99.8	95.8	97.6
天然快剪	峰值 c/kPa	100	65	82	112	87
	峰值 φ/(°)	29.5	21.7	32.8	33.1	32.4
	残余 c_r/kPa	84	47	16	30	30
	残余 φ_r/(°)	26.8	19.8	28.3	28.2	29.1
饱水快剪	峰值 c/kPa	13	—	56	37	62
	峰值 φ/(°)	10.2	—	30.2	27.3	30.6
	残余 c_r/kPa	12	—	28	17	9
	残余 φ_r/(°)	8.3	—	29.7	25.3	27.8

14.2.4 区域构造

区域构造基本特征总体上以断裂构造为主,褶皱构造处于次要地位。大地构造分区上,工程区域主要属于杨子准地台西部(盐源-丽江台缘)和松潘-甘孜褶皱系南部,西侧与三江褶皱系(唐古拉-兰坪-思茅褶皱系)和冈底斯-念青唐古拉地槽褶皱系相邻。区域及外围主要的构造带是北西向的金沙江-红河断裂带、北东向的小金河-丽江断裂带和北北西-南北向的安宁河-则木河-小江断裂带。金沙江-红河断裂带以西有与其大致平行的澜沧江、怒江断裂带,小金河-丽江断裂带南北两侧有程海-宾川断裂带和中甸-海罗断裂带等,安宁河-则木河-小江断裂带以西则有磨盘山-绿汁江等近南北向断裂带。

从近场区分析,念生垦沟堆积体位于下述三条断裂的围限区域(图14.14)。

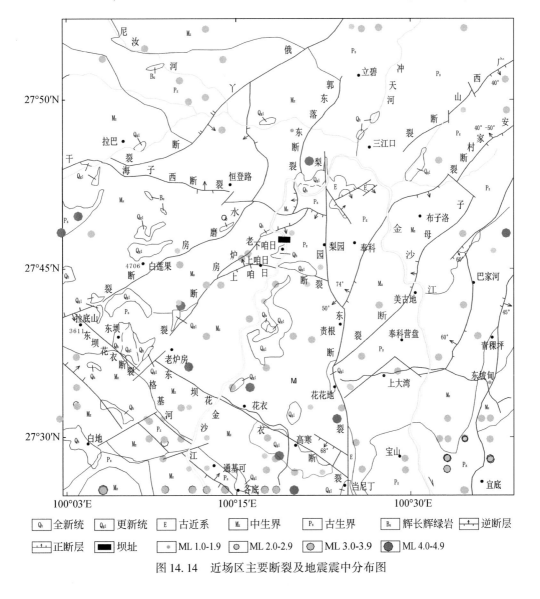

图 14.14 近场区主要断裂及地震震中分布图

1) 老炉房断裂

该断裂为北东走向，长约 27km，南西端起始于东坝盆地南侧的格基河附近，向北东经老炉房、摸樟、姑仙洞、观音崖，终止于干海子西断裂上，全长 27km。断裂总体走向北东，倾向南东，倾角 75°~81°。在摸樟以南，基本上沿格基河的一级支流延伸，沿带发育有老炉房第四纪小盆地。过摸樟之后进入山区，地貌上没有新活动显示。在老炉房附近见由多条断层组成的构造岩带，劈理带宽约 3.5m，坚硬的构造角砾岩可见宽度约 2.5m，还见有厚约 10cm 的挤压片理化带，主断面产状为 N60°E，SE∠78°。中更新世以来断裂没有活动。

2) 上咱日断裂

断裂西起色桶各北与老炉房断裂交汇处，向东经上咱日，穿金沙江、老比地，止于梨园东断裂，全长 12km。断裂为向北凸出的弧形，总体走向近东西，西段走向北东东，东段走向北西西。断裂北盘为上二叠统玄武岩，南盘为中三叠统灰岩。断裂倾向北，倾角 60°~70°，断层岩为劈理角砾岩带，宽 15~18m。具挤压-递冲运动性质，为前第四纪断裂。在上咱日至金沙江两岸，断裂通过处存在基岩陡崖，经野外调查表明，陡崖成因是断裂两侧的岩性差异较大，是由差异性侵蚀所致的，并非断裂活动的结果。

3) 梨园东断裂（长松坪断裂）

该断裂走向近南北，是在近场区内规模较大的断裂，是对地势、地层和构造线方向有一定影响和控制的断裂。北起金沙江左岸的杨拐子，向南经桥墩、窝比希利、格沟，此后走向转为北西到达增药场，再转为南北向，最后止于小金河-丽江断裂带北侧，全长 70km。宏观上，该断裂的西侧地势明显高于东侧；断裂地貌比较清楚，断层谷、断层崖和垭口时有出现。在金沙江北岸断错了二叠系聂耳堂刀组（P_2n）玄武岩和丽江组（E_2l）紫红色砂砾岩，并控制了第四纪小盆地沉积。金沙江以南断裂主要发育在二叠系和三叠系之间；在花花地以南到长松坪之间断错了丽江组地层；沿断裂多处发育第四沉积盆地，如花花地、当尼丁等。增沟药场至花花地盆地北端和当尼丁以南，由东西两条断裂组成，带内夹持着二叠系玄武岩。总体上，梨园东断裂是近场区内延伸较长，对该区总体的构造地貌格局有一定的影响，在地形地貌上有一定反映，并对第四纪沉积分布有一定的控制作用，为早、中更新世有活动的断裂，但有一系列的地质证据和测年数据表明晚更新世以来不活动。

14.2.5　水文地质

梨园水电站库区位于滇西北高原，山川走向多北北西和北北东。区内气候干湿季节分明，年降水量约 900mm，主要集中在 5~10 月。库区地层出露齐全，两岸均有透水岩层和隔水岩层分布，并存在地下水分水岭，地下水补给河水，金沙江为本区最低排泄基准面。根据库区的泉水调查，除大具盆地外，金沙江沿岸分布的岩溶泉水流量小，一般小于 2.0L/s，分布高程均在 1700m 以上，泉水呈悬挂式出露。大具山间盆地岩溶泉水出露集中，部分泉水流量大，最大达 618L/s，分布高程 1680～1830m。根据地下水赋存条件及运动特征和岩土的水理性质、岩性特征，可分为孔隙水、喀斯特水、基岩裂隙水三种。

从区域构造来分析，梨园水电站坝址及念生垦沟堆积区地处区域性的上咱日断裂与老炉房断裂围限的金沙江河段，该围限区主要为二叠系东坝组（P_{2d}）玄武质喷发岩，构造节理裂隙和风化裂隙发育，含水性、透水性、连通性较好，有利于大气降水补给，地下水较丰富。

从地形地貌来分析（图 14.15 为念生垦沟堆积体及周边地下地表水补给图），念生垦沟堆积体与梨园大沟虽有一脊之分，但同时都处于局部区域地下水最低排泄基准面附近，共同接受估计近 10km² 范围内的地表水和地下水源补给。地表汇水面积大，同时又具备上述地下水存储和连通条件，念生垦沟堆积体接受周边基岩裂隙水（特别是金沙江上游侧 4～5km² 区域地下地表水）补给，念生垦沟堆积体松散岩类孔隙水除接受大气降水补给外，还接受周围坡体内基岩裂隙水的补给。念生垦沟三面环山，前缘位于金沙江临空的低凹地带，下游侧有梨园大沟通过，与念生垦沟之间形成的山脊较为单薄，不利于地下水赋存，而后缘及上游侧山体雄厚，地下水相对较丰富。从地形及岸坡结构来看，金沙江为本区最低排泄基准面，且河谷整体上呈横向谷，而念生垦沟主要沿玄武岩流层面发育而成，为纵向谷，其上游侧山坡为顺向坡，岩体主要结构面（流层面）利于后缘及上游侧坡体内较丰富的基岩裂隙水向堆积体排泄，导致堆积体地下水位相对较高，且枯丰期地下水位变幅相对较小。

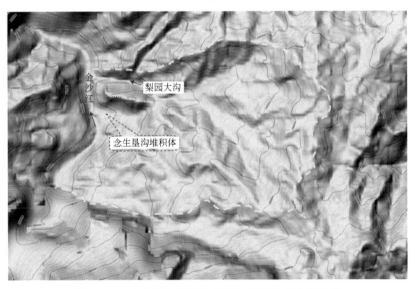

图 14.15　念生垦沟堆积体及周边地下地表水补给图

从堆积体物质组成分析，高程 1560m 以上的堆积体以坡积、崩积为主，由孤块石及碎石土组成，富水性较好；高程 1560m 以下的堆积体以坡积、洪积为主，以黏质土砂及黏质土砾为主，为相对不透水层，松散岩类孔隙水运移受相对不透水层阻隔，因此在 1565m 处出露一泉水点。

2009 年 2 月 28 日 EL.1650m 平台降水井开始施工，至今共完成降水井 28 口，部分降水井水位回升较快；2009 年 3 月 8 日，念生垦沟堆积体3#排水洞0+070 施工过程中出现短时大量涌水，图 14.16 为排水洞涌水汇流；2009 年 4 月 15 日 念生垦沟堆积体2#排水洞0+130 施工时也曾突发涌水。

图 14.16　3#排水洞施工过程中的涌水汇流

据钻孔资料，念生垦沟堆积体后部地下水埋深较浅，如 ZK411，地下水埋深仅 8m 左右。由于堆积体中部较厚，中部地下水埋深 20～30 米不等。据调查，原堆积体前缘可见泉水出露。现阶段导流明渠开挖后，堆积体中、下部可见集中的水流渗出，形成多处积水洼地。见图 14.17。

为了查明堆积体前缘部分土体的渗透性，在预可行性研究阶段进行了两组简易的渗透性试验，两组试验成果反映，一组为黏质土砾，另一组为黏质土砂。其颗粒密度为 2.92g/cm³，592.2kJ/cm³。击实时，最大干密度平均为 1.94g/cm³，最优含水量平均为 14.9%，渗透系数（K_{20}）为 $3.42×10^{-4}$cm/s 及 $4.32×10^{-8}$cm/s。同时黏质土砾主要位于堆积体中后部，黏质土砂主要位于堆积体中前部，差异渗透性导致堆积体地下水分布具有一定的不均匀性，堆积体中后部地下水补给较快，造成地下水位壅高，而堆积体中前部地下水易积水成洼。同时由于构成堆积体的土体的不均一性和渗透的差异性，在部分地段形成上层滞水，这在部分钻孔勘探时发现有此现象。

14.2.6　堆积体成因

工程区域位于新生代强烈活动的青藏高原东缘，断裂构造十分发育，第四纪以来直至全新世活动强烈。强烈的构造运动造就了研究区北北西向横断山系，沟梁相间。金沙江河流深切，河谷整体上呈"V"形，两岸坡度一般 35°～45°；靠近河床多呈"U"形，库岸

图 14.17　堆积体前缘地下水出露形成多处积水洼地

多呈陡崖（壁）地形，坡度 65°～85°。形成山高谷深的地貌景观。两岸冲沟支流发育，长度一般小于 10km。库区主要支流，左岸有各地大沟、哈巴大沟、白水河、各基河、上咱日沟等，右岸有天生桥沟、大具河、兴培当大沟、老比地沟等，均呈大角度汇入金沙江。该区域地貌属滇西纵谷山原区兰坪高山峡谷亚区地貌单元，山体切割强烈，地形陡峻，山脉、水系和山间盆地均受构造控制，以构造侵蚀、冰蚀和剥蚀地貌为主，形成了一系列具有混合成因（冲、洪、崩滑坡、残、冰水堆积）的大型堆积体，如祝拿垦沟堆积体、观音岩堆积体、下咱日堆积体和念生垦沟堆积体，念生垦沟堆积体则属于其中之一，但规模相比较小。

堆积体分布地段早前为一较宽缓的冲沟地形，即念生垦沟，冲沟总体上呈 S70°～80°W 走向，与工程区金沙江两岸发育的冲沟一致。后期由于地表水流的冲刷、侧蚀等携带周围山坡表部的坡积物及全强风化基岩等物质形成洪流，由于冲沟地形较开阔且平缓，并受前缘金沙江的阻挡，致使洪流流速大大减缓，携带的物质在沟口和沟内逐渐堆积，从堆积物前部颗粒偏细而后部碎块石等粗颗粒较多可反映出这类堆积的特点，加之两侧斜坡产生的崩塌堆积物混杂其间，经长期的循环往复和表生改造等形成如今的堆积体形态，堆积体内条带状的冰水堆积物可能为某一地质历史时期冰碛物顺流而下沉积而成。前端"喇叭口"可能与对岸下咱日堆积体的推移使河流凸向右岸有关，金沙江在念生垦沟沟口形成回流，并有大量的细颗粒在沟口部位沉积，在导流洞明渠开挖前端，高程约 1513m 出现大面积河流相粉土及朽木，表明了该部位的沉积环境。

第四纪地壳急剧抬升，河流下切速度加快（区内金沙江河谷下切速率约为 0.5～0.6mm/a），河床物质在堆积体的前缘部位沉积，中后部堆积体则主要为崩塌、滑坡和坡残积等成因物质。从目前金沙江分布形态看，金沙江在堆积体分布地段凸向左岸，受下咱日堆积体影响，金沙江在堆积体分布区流向陡转，不断侵蚀右侧河岸，堆积体前缘受江水冲刷影响，不断坍塌形成较陡的临空面，使得右侧河岸不断后退，致使念生垦沟堆积体前缘临空，根据明渠施工开挖揭露，在堆积体内部发现有多层弧形剪切面分布，且面上具斜向或近水平向擦痕，说明堆积体在形成过程中或形成后前缘部分地段曾发生过滑移变形。后期在浅表生地质作用过程中逐渐演变成为现今的念生垦沟堆积体。综上，念生垦沟堆积体为一综合成因的大型混合堆积体。

14.3　念生垦沟堆积体滑坡预警及应急处置

念生垦沟堆积体滑坡成因复杂，体积大，具有分区变形特征，变形量和速率大，尤其是施工过程存在很大的不确定性，导致整个应急处置过程变得十分复杂，且每个阶段相互穿插，互相补充，最终才将其变形控制。

总的来说，念生垦沟堆积体从出现滑坡险情到实施综合治理工程，共经历了如下几个阶段。

（1）第一阶段。2008年6月初，明渠施工进场；2008年12月，出现大面积变形，且变形加速；开展滑坡预警与应急处置；2009年2月，变形逐渐减缓。

（2）第二阶段。2009年3月，盲目恢复明渠施工；2009年4月初，变形再次启动，变形区范围扩大；开展滑坡预警及应急处置；2009年4月底，变形逐渐减小。

（3）第三阶段。第一期综合治理：2009年4月，开始实施第一期综合治理；2010年3月，第一期治理工程完工。第二期综合治理：2010年2月，明渠开挖施工；2010年3月，变形缓慢抬头；2010年1月，开始实施第二期综合治理；变形趋稳；2010年7月，第二期治理工程完工。第三期综合治理：2011年3月，开始实施第三期综合治理；2011年12月底，第三期治理工程完工；变形控制。

本书中以时间和预警处置过程为序，将其中的关键性问题和研究成果阐述如下。

14.3.1　第一阶段滑坡早期预警及应急处置

1. 变形破坏过程、迹象及分区特征

1）施工前状况

施工前，念生垦沟堆积体除前缘临江部位受河流冲刷、淘蚀有小规模的坍塌外，其余部位无明显变形迹象，地形地貌保持完整，施工前的地貌见图14.18。

2）局部变形至出现强烈变形

（1）2008年5~8月，局部变形。右岸上游中线公路终端部位出现几处边坡鼓裂和路基开裂情况，1#承包商营地出现不均匀沉陷和未贯通小裂缝。

对应的进口明渠开挖进展情况：6月初施工单位进场，主要进行表层剥离等零星开挖；7月份开挖约$70\times10^4\text{m}^3$，明渠部位60%范围切深约27m（EL.1558m→1531m）；8月

图 14.18　念生垦沟堆积体施工前地形地貌（2008 年 1 月 11 日）

份开挖约 $40 \times 10^4 \mathrm{m}^3$，明渠部位最大切深约 45m（EL. 1565m→1520m）；

（2）由于前缘导流明渠开挖、后缘堆渣、同时遭受连续降水等原因，从 2008 年 9 月份开始堆积体出现了不同程度大面积的变形和滑移现象。

对应的进口明渠开挖进展情况：9 月份开挖约 $50 \times 10^4 \mathrm{m}^3$，进水塔部位切深约 49m（EL. 1565m→1516m）；10 月份开挖约 $40 \times 10^4 \mathrm{m}^3$，明渠对应的主滑区部位最大切深约 53m（EL. 1558m→1505m）；11 月份明渠右侧处于停工状态，明渠左侧局部开挖；12 月份，明渠对应的主滑区部位最大切深至 63m（EL. 1558m→1495m，明渠上游段左侧集水坑部位）。

此时地形地貌改变较大，公路在念生垦沟中纵横交错，渣体遍布，开挖回填改变了整个念生垦沟的原始地貌。前缘部位明渠已开挖至 1510m 高程左右，形成一个近南北向的深槽，长约 350m，开口宽约 300m，槽底宽约 90m，最深处与原始地形高差达 35m，导流洞明渠外侧变坡部位开挖边坡已基本形成，最高开挖边坡坡顶高程 1603.5m，高差达 93m，里侧边坡仍在开挖之中；新修公路多处横穿念生垦沟，特别是中线公路与原勘测便道相连处，中线公路从堆积体的一个小山脊中切了一个槽，其下缘高差约 12m，后缘高差达 20m；勘测便道与中线公路连接处右侧，在中线公路开挖时及导流明渠前期开挖中，堆积了大量弃渣，总体积约 $10 \times 10^4 \mathrm{m}^3$，在勘测便道大拐弯下游侧堆积了大约 $15 \times 10^4 \mathrm{m}^3$ 的导流洞洞挖料，前缘堆积高度约 10m，水电一局营地右侧前缘现已堆积出一长约 100m、宽约 50m、前缘高约 12m 的平台，估计方量约 $20 \times 10^4 \mathrm{m}^3$，在交通洞口也堆积了不少的弃渣，以上堆渣形成了多个堆渣平台。同时在堆积体后缘原规划的 1# 承包商营地场地平整工作已完成，形成了高程分别为 1592m、1596m 和 1710m 的 3 个平台，后缘为开挖形成，中、前缘部分为回填形成，最大填方厚度约 15～20m。

施工前念生垦沟中仅居住两户人家，总人数不足 10 人，堆积体变形前有水电一局、武警三支队、勘测营地及 CY 集团营地，总人数超过 200 人。由于变形大，建筑物严重开裂，勘测基地和营地已经废弃。

具体分析如下。

2008 年 8 月中旬首先在 1# 承包商营地后部房屋基础开挖中发现有拉裂缝，9 月初在水电一局营地前缘左侧山坡—中线公路已出现大量横向张裂缝，在勘测营地地面也见有裂缝，并造成墙体开裂。9 月 25 日水电一局拌和楼后边坡发现一条顺山坡大致呈弧形分布的裂缝，10 月中旬裂缝发育至沟顶部（堆积体后缘），进厂公路开挖部位。10 月 11 日在导流明渠右侧开挖坡面上发现剪切裂缝。从发现上述裂缝开始，裂缝的变化较快，至 12 月中旬，1# 承包商营地处裂缝错台达三十多厘米，水电一局营地内最大错台也超过 30cm，公路中也有多处错台现象；水电一局营地前缘左侧山坡—中线公路、勘测营地地面等处裂缝延伸长度、宽度皆有增加之势。

2008 年 10 月 23 日至 31 日加速下滑，主滑区（强烈变形区）水平位移速率最大约 170mm/d。强烈变形区长度 800 ~ 900m，宽度 180 ~ 200m，厚度 30 ~ 60m，体积约 $900 \times 10^4 m^3$。图 14.19 为念生垦沟堆积体施工期间地形地貌（2009 年 1 月 7 日）。

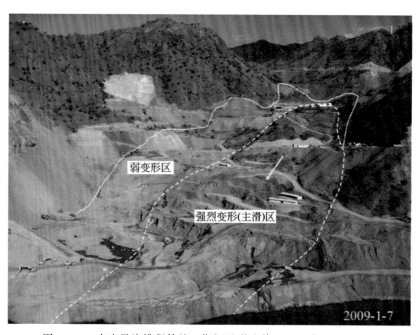

图 14.19　念生垦沟堆积体施工期间地形地貌（2009 年 1 月 7 日）

现场调查分析显示，当时裂缝已基本遍布堆积体，尤以堆积体金沙江上游导流明渠进口段至勘测营地为甚，当时将该区域称为主滑区。堆积体强烈变形（主滑）区裂缝发育分布特征如下。

（1）强烈变形（主滑）区后缘及裂缝。勘测营地附近斜坡裂缝发育密度（1 条/2 ~ 5m，共发育十余条）和程度最高（发育 3 ~ 4 级正向错台与反向错台，错台高达 3 ~ 4m，延伸长度达二百余米，并形成拉陷槽），主滑区后缘裂缝从勘测营地西侧围墙以外（高程 1655m 附近）发育分布至勘测营地东侧围墙以内，见图 14.20。错台与反错台见图 14.21

和图 14.22。

图 14.20　主滑区后缘及裂缝

图 14.21　勘测基地前缘发育的多级下错台阶

图 14.22　勘测基地前缘发育的多级反错台阶

（2）强烈变形（主滑）区侧缘及裂缝。①主滑区南侧裂缝（金沙江上游侧）沿基覆界面发育，从勘测基地至金沙江边，基本贯通（连通率约 75%），最大下错达 1.2m。参考图 14.23。②主滑区北侧裂缝，勘测基地附近沿堆积体中部的冲沟集中发育，堆积体中部发育至中线公路交叉路口处（加油罐以北），前缘发育至导流明渠西侧进口段边坡陡缓交界处；总的来说，主滑区的北侧边界基本上沿着不同成因堆积层分界面发育（下游侧以

图 14.23　主滑区南侧中线公路附近发育长大裂缝

冰水堆积为主，上游侧以冲积、崩积和残积的混合堆积层为主，大致沿冰水堆积物的上游顶面发育），基本贯通（连通率约 60%），最大下错达 0.8m，参考图 14.24。

图 14.24　主滑区北侧边界附近，中线公路边坡局部垮塌

（3）强烈变形（主滑）区前缘及裂缝。①导流明渠进口段内侧边坡平台上集中发育顺坡向裂缝十余条，发育密度 1 条/0.5～1m，延伸长度可达 30～40m，张开度可达 15～20cm。参考图 14.25。②同时在该裂缝集中发育区周边发育多条剪切或挤压滑裂面。参考

图 14.25　导流明渠进口段内侧边坡平台上顺向裂缝集中发育

图 14.26～图 14.30。③在导流洞明渠开挖过程中，以冰水堆积物为界，下游侧至今（开挖高程 1500m）未发现剪出口；其上游明渠进口里侧开挖面上多处发现剪切面，出露范围控制在上游侧及堆积体中部的纵向（顺沟方向）剪切裂缝内，导流洞明渠开挖至高程 1528m 时，高程 1533m 发现剪出口，随着开挖的加深，在高程 1516m、1513m 等处又发现剪出口，从现状分析推断，上游侧最低剪切面应与现代河床基岩面相近。主滑体前缘沿江段已明显挤出，并出现多级下错台坎，时而伴随小崩小塌（图 14.31）。

图 14.26　导流明渠进口段内侧边坡平台上顺向裂缝集中发育

图 14.27　剪切滑裂面（1）

图 14.28　剪切滑裂面（2）

图 14.29　剪切滑裂面（3）和（4）

图 14.30　剪切滑裂面（5）

图 14.31　主滑区前缘已明显挤出，呈多级下错台坎状

　　（4）强烈变形（主滑）区以外的变形破裂迹象。①1#承包商营地台地：高程 1692m 和 1696m 的两个台地在后缘沟心左侧发现一延伸长约 80m，宽度 1～5cm 的裂缝，至目前已产生 30cm 左右的错台，在冲沟部位后挡墙已发生拉裂；场地中部在靠近沟心部位可见羽状裂缝，场地前缘也发现与前缘近平行的裂缝，场地内部挡墙也产生变形裂缝，从裂缝位置分析，主要位于冲沟沟心及左侧形成的台地部位。②1#承包商营地的下游侧后缘高程 1700m 以上的斜坡可见多条横向拉张裂缝。③堆积体下游侧斜坡带，沿表部覆盖层发育两处局部滑塌（图 14.32）。④受主滑区（强烈变形区）影响，堆积体下游侧前缘也已出现变形，但变形相对较弱。变形迹象主要表现如下：一方面，导流明渠内侧边坡顶部可见多条横向裂缝；另一方面，明渠底部开始出现隆胀现象（图 14.33）。

图 14.32　堆积体后缘裂缝分布情况（虚线仅代表裂缝体系及延伸方向）

图 14.33　主滑区以外，堆积体下游侧导流明渠顶底变形状况

3）变形分区

　　纵观梨园水电站念生垦沟堆积体的变形发展过程，根据变形及裂缝发展的时空特征，念生垦沟堆积体滑坡经历了变形出现到强烈变形区显现这一过程（从 2008 年 6 月到 2009

年 1 月），见图 14.34。

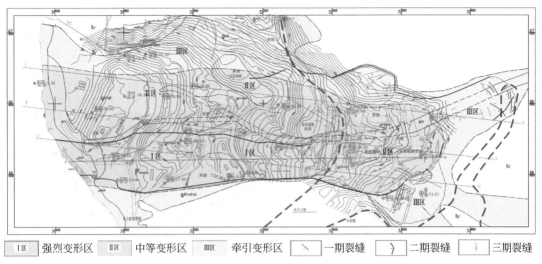

| 1区 强烈变形区 | 2区 中等变形区 | 3区 牵引变形区 | ＼ 一期裂缝 | ＞ 二期裂缝 | ￫ 三期裂缝 |

图 14.34　念生垦沟堆积体变形分区（截至 2009 年 1 月）

施工前念生垦沟堆积体无明显变形迹象。

2008 年 8 月中旬首先在 1# 承包商营地后部房屋基础开挖中发现有拉裂缝。

2008 年 9 月初在水电一局营地前缘左侧山坡—中线公路已出现大量横向张裂缝，在勘测营地地面也见有裂缝，并造成墙体开裂。9 月 25 日水电一局拌和楼后边坡发现一条顺山坡大致呈弧形分布的裂缝。

2008 年 10 月中旬裂缝发育至沟顶部（堆积体后缘）进厂公路开挖部位。10 月 11 日在导流明渠右侧开挖坡面上发现剪切裂缝。从发现上述裂缝开始，裂缝的变化较快，至 12 月中旬，1# 承包商营地处裂缝错台达三十多厘米，水电一局营地内最大错台也超过 30cm，公路中也有多处错台现象；水电一局营地前缘左侧山坡—中线公路、勘测营地地面等处裂缝延伸长度、宽度皆有增加之势。

2008 年 10 月 23 日至 31 日加速下滑，2008 年 11 月 13 日至 12 月 5 日强烈变形区水平位移速率持续增加（55mm/d→120mm/d）；2008 年 12 月 6 日至 2009 年 1 月 5 日加速下滑（120mm/d→440mm/d）。

对应的进口明渠开挖进展情况如下。

2008 年 6 月初施工单位进场，主要进行表层剥离等零星开挖。

7 月份开挖约 $70 \times 10^4 m^3$，明渠部位 60% 范围切深约 27m（EL.1558m→1531m）。

8 月份开挖约 $40 \times 10^4 m^3$，明渠部位最大切深约 45m（EL.1565m→1520m）。

9 月份开挖约 $50 \times 10^4 m^3$，进水塔部位切深约 49m（EL.1565m→1516m）。

10 月份开挖约 $40 \times 10^4 m^3$，明渠对应的主滑区部位最大切深约 53m（EL.1558m→1505m）。

11 月份明渠右侧处于停工状态，明渠左侧局部开挖。

12 月份，明渠对应的主滑区部位最大切深至 63m（EL.1558m→1495m，明渠上游段左侧集水坑部位）。

2. 变形-时间监测曲线分析

第一期变形监测分为如下几部分（或几个阶段）：2008 年 10 月中旬在念生垦沟内布置了 21 个简易表面变形观测点；11 月上旬以后由中水集团贵阳院埋设了 16 个表面变形观测点；11 月下旬以后由中水集团贵阳院在沟内四个钻孔中安置了测斜仪及渗压仪。2009 年 1 月 12 日，梨园水电站计量测量中心按照设计布置了临时监测点，继续监测。第一期监测点布置，见图 14.35。

简易表面监测分两个区域：中线公路以上的上部缓坡区域，共布置了 14 个表观监测点，由水电一局负责监测，从 2008 年 10 月 17 日开始监测，变形监测成果至 10 月 28 号；中线公路以下区域共布置了 7 个表面变形观测点，由武警江南公司负责监测，仅有 10 月 28 日、29 日及 11 月 4 日、5 日的监测成果。从 11 月 8 日以后由贵阳院在沟内埋置了 16 个观测桩进行观测。11 月 22 日至今，贵阳院在沟内钻孔中安置的测斜仪及渗压仪也有了成果，但测斜成果只能是参考，因测斜仪是安在钻孔套管内，岩（土）体位移较大，套管无法取出或取出套管后孔就没有了。

（1）简易变形观测分析如下。2008 年 11 月 6 日以前，合位移最大达 16.6cm，一般为 5~10cm，最小的在 1~5cm；根据变化速率，平均变化速率最大达 6~7cm/d，其余各点一般在 2cm/d 左右；从竖直方向变化看，总体变化幅度不大，多小于 3cm；从位移变化方向看，主要方向为北西-北西西或南西，总体与念生垦沟的展布方向近一致。

（2）贵阳院的地表变形监测成果分析得出：监测点 TP-06、TP-08、TP-09、TP-11、TP-19 位移变化较大。水平位移量（向金沙江边）：TP-06 为 7698mm、TP-08 为 10604.6mm、TP-09 为 12544.6mm、TP-11 为 12307.2mm、TP-19 为 12282.8mm；竖向位移量（高程下降）：TP-06 为 6255mm、TP-08 为 4499mm、TP-09 为 3250mm、TP-11 为 2810.9mm、TP-19 为 2202.0mm；监测点 TP-06、TP-08、TP-09、TP-11、TP-19 平均位移变化速率达 87.93~123.36mm/d；从位移变化方向看，位移量较大主要位移方向为北西-北西西或南西-南西西，即向金沙江边位移，总体与念生垦沟的展布方向近一致；从观测时间上看，11 月底之前呈等速变形，12 月初变形速率逐渐增大，进入加速变形，与导流明渠坡脚开挖和地下水下降有关。

监测点 TP-01、TP-03、TP-05、TP-10、TP-18 位移量在 372.7~3209.3mm，监测点 TP-02、TP-04、TP-07、TP-12、TP-17、TP-20 六个点位移量相对较小，在 15mm 以内，见图 14.36~图 14.38。

（3）贵阳院测斜成果分析如下。念生垦沟内 11 月 21 日完成了 4 个测斜孔（ZK408、ZK409、ZK410、ZK411）中测斜管的安装，并于 22 日测取初值。由于孔内位移较大，测斜管外套管并未能取出。因各测斜孔孔内变形较为复杂，前期在观测过程中测斜仪探头多次被卡在孔内不能取出其探头，后经取出后探头被损坏，现项目部重新购置新的测斜仪，刚投入观测。现有成果为 12 月 1 日以前的数据，其成果为：①ZK408 测斜孔孔深 80.0m，下管 72m，因孔内变形较大，测斜仪探头只能观测到孔深 68.5m 以上，其结果为顺沟方向最大累计位移为 1mm，横沟方向最大累计位移为 3.7mm。②ZK409 测斜孔孔深 61.98m，下管 40m，因孔内变形较大，测斜仪探头只能观测到孔深 8m 以上，两个方向变化量较小，

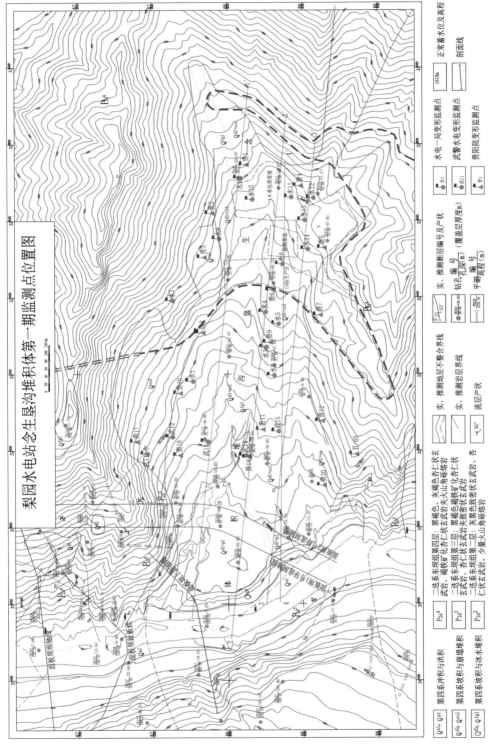

图14.35 梨园水电站念生垦沟堆积体第一期监测点位应示意图

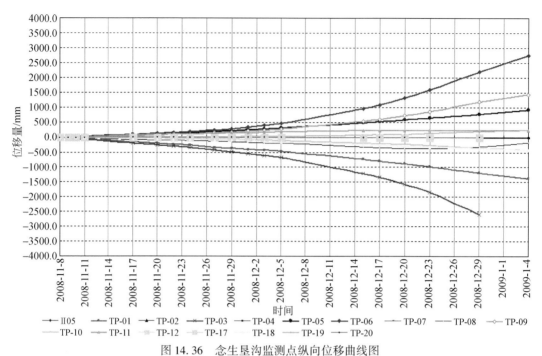

图 14.36　念生垦沟监测点纵向位移曲线图

坐标纵向位移量 X 增加为正（向金沙江下游侧位移为正）、减小为负，单位为 mm

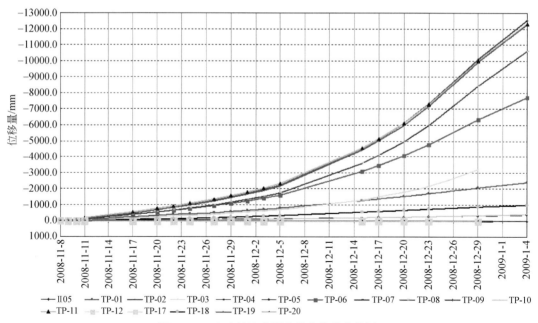

图 14.37　念生垦沟监测点横向位移曲线图

坐标横向位移量 Y 增加为正、减小为负（向金沙江边位移），单位为 mm

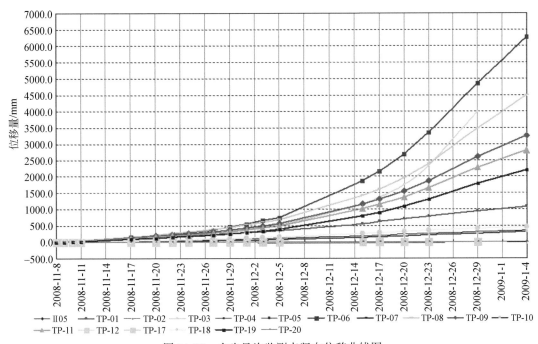

图 14.38　念生垦沟监测点竖向位移曲线图

竖向位移量竖直向下（高程下降）为正、向上（高程上升）为负，单位为 mm

各孔深段累计位移均≤0.28mm。③ZK410 测斜孔孔深 75.60m，下管 52m，因孔内变形较大，测斜仪探头只能观测到孔深 49.5m 以上，其结果为顺沟方向最大累计位移为 1mm，横沟方向最大累计位移 1.4mm。④ZK411 测斜孔孔深 34.58m，下管 32m，因孔内变形较大，测斜仪探头只能观测到孔深 15.5m 处，两个方向变化量较小，各个孔深段累计位移量均≤0.3mm。

　　（4）贵阳院渗压成果分析如下。贵阳院渗压分析成果：监测期间，HW-01、HW-02水位孔水位均有所下降，其中 $1^{\#}$ 水位孔（$3^{\#}$ 测斜孔底），水位下降 0.43m；$2^{\#}$ 水位孔（$4^{\#}$ 测斜孔底），水位下降 2.74m（表 14.6），详细变化过程线见图 14.39 和图 14.40。

表 14.6　念生垦沟堆积体水位监测成果表

仪器编号	埋设高程/m	监测时段	水位高程/m	变化量/m	备注
HW-01	1592.54	2008-11-19	1592.48	-0.43	ZK408 附近
		2008-12-17	1592.05		
HW-02	1547.76	2008-11-19	1547.76	-2.74	ZK409 附近

3. 念生垦沟堆积体滑坡早期预警

1）变形时间演化规律

岩土体的流（蠕）变试验结果表明，在恒定荷载（如重力）的持续作用下，变形随

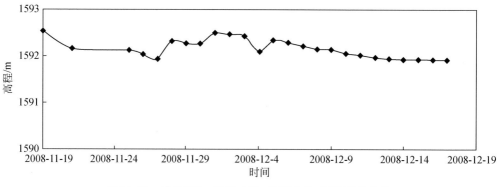

图 14.39　1#水位孔（HW-01）地下水位–时间变化曲线

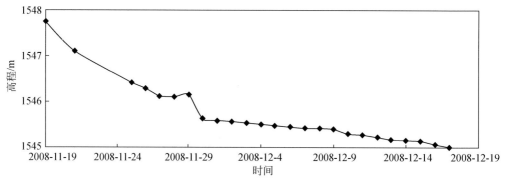

图 14.40　2#水位孔（HW-02）地下水位–时间变化曲线

时间不断增长，并表现出如图 14.41 所示的三阶段演化的特征。大量滑坡实例的监测数据表明：在重力作用下，斜坡岩土体的变形演化曲线具有与岩土体蠕变曲线相类似的三阶段演化特征。

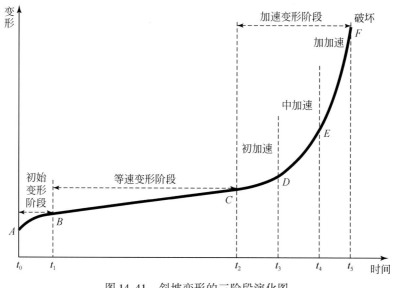

图 14.41　斜坡变形的三阶段演化图

第Ⅰ阶段（AB 段）：初始变形阶段。坡体变形初期，变形从"无"到"有"，坡体中出现明显的裂缝，变形曲线最初表现出相对较大的斜率，随着时间的延续，变形逐渐趋于正常状态，曲线斜率有所减缓，表现出减速变形的特征。因此该阶段常被称为初始变形阶段或减速变形阶段。

第Ⅱ阶段（BC 段）：等速变形阶段。坡体变形一旦启动，在重力作用下，便基本上以等速发展的趋势继续变形。此阶段变形虽因不时受到外界因素的干扰和影响，变形曲线可能会有所波动，但总体趋势为一倾斜直线，平均应变速率基本保持不变，又称匀速变形阶段。

第Ⅲ阶段（CF 段）：加速变形阶段。当坡体变形持续到一定时间后，变形速率就会逐渐增加，并随着时间的延续，变形速率增幅不断扩大，直至坡体整体失稳破坏之前，变形曲线近于陡立，切线角接近90°，这一阶段被称为加速变形阶段。斜坡的加速变形阶段对于滑坡的预测预报具有非常重要的意义。加速变形阶段可细分为三个阶段：变形加速初始阶段（初加速，CD），变形加速中期阶段（中加速，DE）和变形加速突增阶段（加加速，EF）。斜坡演化一旦进入加加速变形阶段，预示滑坡即将发生，应及时进行预警，并做好相关准备工作。

从念生垦沟堆积体的变形–时间监测曲线来分析（图 14.42），并将 2008 年 11 月 8 日以前的监测结果叠加（即考虑初始变形），综合分析判断如下。

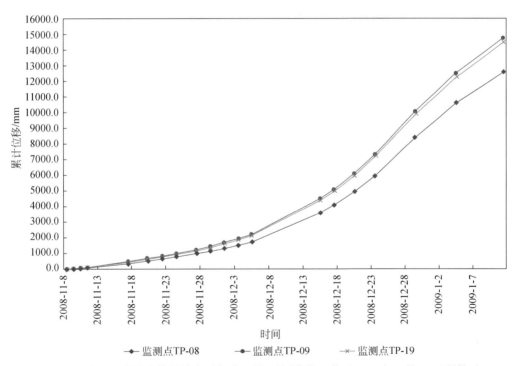

图 14.42　念生垦沟堆积体累计水平位移–时间监测曲线（截至 2009 年 1 月 15 日预警时）

（1）2008 年 8 月中旬首先在 1# 承包商营地后部房屋基础开挖中发现有拉裂缝，9 月初在水电一局营地前缘左侧山坡—中线公路已出现大量横向张裂缝，在勘测营地地面也见有裂缝，并造成墙体开裂。2008 年 11 月底以前，监测曲线呈一倾斜的直线，且最大变形速率在 100mm/d 以下，处于等速变形阶段。

（2）2008 年 12 月初曲线走高上翘，变形加速。根据第一篇所阐述的理论进行分析判断：从点位上来分析，主滑区进入加速变形阶段。其中，2008 年 11 月底至 2008 年 12 月 15 日，主滑区处于加速变形初始阶段（初加速阶段），最大变形速率不大于 200mm/d；2008 年 12 月 15 日至 2009 年 1 月中旬，主滑区进入加速变形中期阶段（中加速阶段），变形速率在 200~400mm/d，2009 年 1 月 11 日变形速率达 400mm/d。此时，念生垦沟堆积体滑坡处于加速变形中期阶段。

2）变形空间演化特征

斜坡岩土体承受应力，就会在体积、形状或宏观连续性等方面发生某种变化。宏观连续性无显著变化者称为变形（deformation）；否则称为破坏（failure）。根据我国工程实践，可将斜坡变形破坏过程划分为三个阶段：斜坡变形阶段、斜坡破坏阶段以及破坏后的继续运动阶段。斜坡变形是指在滑坡孕育过程中，在整体失稳之前所产生裂缝、鼓胀、沉陷等宏观连续性还未遭受破坏的现象。斜坡破坏是指在斜坡岩土体中形成贯通性破坏面，并产生整体或分散性的运动，即通常所说的滑坡、崩塌、泥石流等突发性运动。破坏后的继续运动是指滑坡滑动后，未受到空间的约束，仍继续运动。

梨园念生垦沟堆积体起初并不存在明显的滑移面，受外界因素（如明渠开挖、降水等）的影响，堆积体在发展过程中，沿受最大剪应力控制的潜在滑移面（基覆界面）开始发生变形破坏。坡体的变形破坏实际为一自坡面向坡内逐渐递减的剪切蠕变带的变形破坏，伴随着剪切蠕变带的贯穿，滑移面逐渐开始形成，并趋于整体同步变形的过程。斜坡在整体失稳破坏之前，一般要经历一个较长的变形发展演化过程，由松散物质构成的土质斜坡，如念生垦沟堆积体更是如此。

梨园念生垦沟堆积体总体来说属于推移式滑坡（局部，特别是周边伴随牵引性质），对于推移式滑坡，在变形演化阶段，一般在地表会出现如图 14.43 所示的系统配套的变形迹象。调查分析显示念生垦沟堆积体变形裂缝的发展过程如下。

（1）2008 年 8 月中旬首先在 1# 承包商营地后部房屋基础开挖中发现有拉裂缝，9 月初在水电一局营地前缘左侧山坡—中线公路已出现大量横向张裂缝，在勘测营地地面也见有裂缝，并造成墙体开裂。9 月 25 日水电一局拌和楼后边坡发现一条顺山坡大致呈弧形分布的裂缝，10 月中旬裂缝发育至沟顶部（堆积体后缘）进厂公路开挖部位。10 月 11 日在导流明渠右侧开挖坡面上发现剪切裂缝。

（2）从发现上述裂缝开始，裂缝的变化较快，至 2008 年 12 月中旬，1# 承包商营地处裂缝错台达三十多厘米，水电一局营地内最大错台也超过 30cm，公路中也有多处错台现象；水电一局营地前缘左侧山坡—中线公路、勘测营地地面等处裂缝延伸长度、宽度皆有增加之势。已经呈现强烈变形区（主滑区）：①以勘测营地西侧围墙附近为后缘，勘测营地附近斜坡裂缝发育密度（1 条/2~5m，共发育十余条）和程度最高（发育 3~4 级正向错台与反向错台，错台高达 3~4m，延伸长度达二百余米，并形成拉陷槽）。后缘裂缝已贯通。②以南侧裂缝（金沙江上游侧）为上游侧缘，其沿基覆界面发育，最大下错达 1.2m，从勘测基地延伸至金沙江边，基本贯通（连通率约 75%）。③以北侧裂缝为下游侧

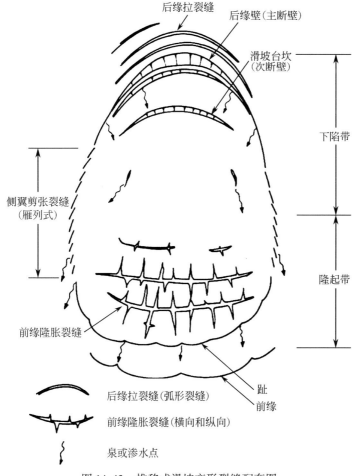

图 14.43 推移式滑坡变形裂缝配套图

缘，其位于勘测基地附近沿堆积体中部的冲沟集中发育，最大下错达 0.8m，堆积体中部发育至中线公路交叉路口处（加油罐以北），前缘发育至导流明渠西侧进口段边坡陡缓交界处，基本贯通（连通率约 60%）。④前缘已出现多级剪出口或挤压滑裂面，且向金沙江已经明显挤出隆起，并时而伴随小崩小塌。

（3）根据滑坡裂缝的分期配套特性分析，念生垦沟堆积体滑坡处于加速变形初期-中期阶段，尚未进入加加速临滑阶段。

3）外界扰动因素及机制分析

现场调查和分析认为，诱发梨园水电站念生垦沟堆积体变形的因素有如下几个方面。

（1）前缘导流明渠开挖、后缘施工弃渣堆载。一方面，明渠开挖主要位于堆积体前缘抗滑段，开挖导致抗滑力下降；另一方面，施工渣料和工程建设的堆载对堆积体的稳定性也产生了一定的影响。影响堆积体稳定性的主要有如下几处：①在堆积体上部缓坡台地的前缘，堆渣高程约 1650m，方量 $15 \times 10^4 \, m^3$ 左右；②在导流明渠进口内侧，堆渣体积 $20 \times 10^4 \sim 30 \times 10^4 \, m^3$；③导流明渠与隧洞进口附近内侧存放的洞渣料，体积约十余万 m^3；④位于堆积体后缘 1# 承包商营地半挖半填台地和水电一局拌合平台处。

其中，念生垦沟堆积体的变形与导流明渠开挖具有较强的相关性。2009 年 1 月以前，随着主滑区（强烈变形区）变形增大，"牵动"堆积体后缘和侧缘局部斜坡，导致沿表部覆盖层出现多处滑塌；同时受主滑区滑动挤压，导流明渠中、下游侧顶部和底部的岩土体发生了隆起变形。

（2）降水和地下水作用。工程建设导致堆积体原有地形地貌发生了较大改变，表部植被基本被破坏，加之未形成系统的排、挡水措施，为雨水和施工、生活等废水的下渗提供了有利条件，同时工程区遭遇了多年不遇的持续降水，降水量大且集中，本身堆积体就处于三面环山的低凹地带，开挖、回填、堆载等形成的平台使得大量的雨水集中下渗，地表水下渗对堆积物的结构、物理力学性质产生了一定程度的恶化作用。目前明渠内侧开挖边坡中、下部可见集中的水流渗出，并形成多处积水洼地。

（3）岩土体结构较松散，渗透性差异大。从堆积物自身物质组成和结构密实度而言，由于堆积物以粉质黏土、粉细砂等细颗粒物质居多，尤其是在堆积体前部，这类物质相比工程区广泛分布的祝拿垦沟堆积体、下咱日堆积体和观音岩堆积体的冰碛砾岩、冲积砂卵砾石，从成因以及结构的密实度、力学强度等方面均相差较大，堆积体岩土体在地下水的作用下，土体易软化，力学强度大为降低。此外，该类物质渗透性弱（两组渗透试验 K 为 3.42×10^{-4} cm/s 及 4.32×10^{-8} cm/s），大量地表水下渗后由于排泄缓慢，一段时间内将在坡体（堆积体）内形成水位壅高，反映出部分地段堆积体表面、开挖明渠边坡有渗水或集中股状流水，以及基坑积水，导致水文地质条件改变，对土体产生恶化作用，使堆积体的稳定条件有所改变。

4）变形演化阶段判别及分级预警

（1）变形演化阶段判别。大量研究和多起重大滑坡灾害（三峡库区和四川地区）监测预警和应急抢险的成功经验和实践总结得出：时间上，斜坡变形一般要经历初始变形、等速变形、加速变形（又可分为加速变形初始阶段，加速变形中期阶段和加速变形骤增阶段）三个阶段；空间上，滑坡的地表裂缝会随着变形的不断增加逐渐形成完整配套的裂缝体系。将梨园念生垦沟堆积体时间-空间演化规律有机结合、综合分析，正确判定滑坡所处的变形演化阶段，是开展念生垦沟堆积体监测预警的基础。

通过现场调查和念生垦沟堆积体变形特征和监测曲线分析认为（2009 年 1 月中旬）：①从监测数据和曲线上分析，如果将 2008 年 11 月 8 日以前的监测结果叠加（即考虑初始变形），综合分析上述裂缝发育分布特征，认为：2008 年 11 月底以前，监测曲线呈一倾斜的直线，且最大变形速率在 10cm/d 以下，处于等速变形阶段；2008 年 12 月初，主滑区进入加速变形阶段；2008 年 12 月 15 日以前，主滑区处于加速变形初始阶段（初加速阶段），最大变形速率不大于 20cm/d；2008 年 12 月 15 日至 2009 年 1 月中旬，主滑区处于加速变形中期阶段（中加速阶段），变形速率在 20～40cm/d，2009 年 1 月 10 日，变形速率在 40cm/d 左右。裂缝分期方面，强烈变形区的边界基本圈闭，其中后缘裂缝已经贯通，南侧裂缝连通率达 75%，北侧裂缝连通率达 60%，前缘已出现多级剪出口或挤压滑裂面，向金沙江已经明显挤出隆起，并时而伴随小崩小塌。②综合判断（据表 14.7）：截至 2009

表 14.7　金沙江梨园水电站念生垦沟堆积体变形演化阶段的综合判定表

变形—时间曲线示意图（变形—时间坐标，曲线示意图）

名称	初始变形阶段	等速变形阶段	加速变形初始阶段	加速变形中期阶段	加速变形突增（临滑）阶段
预警级别　名称	—	注意级	警示级	警戒级	警报级
预警级别　表达形式	—	蓝色	黄色	橙色	红色
对应变形阶段	初始变形阶段及等速变形阶段初期	等速变形阶段中后期	加速变形初始阶段（初加速）	加速变形中期阶段（中加速）	加速变形突增（临滑）阶段（加加速）
变形基本特征	斜坡开始出现轻微的变形，变形速率缓慢增加	斜坡开始出现明显的变形，但平均速率基本保持不变	变形速率开始增加	变形速率持续增长，宏观上显示出整体滑动迹象	变形速率持续快速增长，小崩、小塌不断
变形监测曲线	变形速率切线角 α 由大变小、甚至曲线下弯	变形曲线受外界因素影响可能会有所波动，但切线角 α 近于恒定值，总体趋势近于一微向上微的倾斜直线	变形曲线逐渐呈现增长趋势，切线角 α 由恒定逐渐变陡，但增幅较小，曲线开始上弯	变形曲线持续稳定地增长，切线角 α 明显变陡，曲线明显上弯	变形曲线骤然快速增长，且有不断加剧的趋势，切线角 α 逐渐接近 90°，变形曲线趋于陡立

续表

宏观变形破坏迹象						
	裂缝分期配套	堆积体中后部出现拉张裂缝，断续分布，方向裂缝短小，地表若为松散岩土体，则裂缝可能首先见于滑坡区建构筑物，如房屋墙体、地坪、挡墙等出现开裂、错动和轻微下沉等迹象	地表裂缝逐渐增多，裂缝长度逐渐增大，并逐渐向前扩展，后缘开始出现下座变形，形成多级下错台坎；侧翼剪张裂缝开始产生并逐渐从堆积体中后部向前缘扩展、延伸。裂缝主要分布于堆积体中后部，后缘弧形拉张裂缝已具雏形，堆积体中后部的侧缘出现剪张裂缝	后缘弧形拉张裂缝趋于连接，侧翼张裂缝开始加大加深；裂缝逐渐向坡体中前部扩展延伸；前缘开始出现隆起，如果前缘鼓胀裂缝，产生鼓胀裂缝。还可见剪切错动面	后缘弧形拉张裂缝、侧翼剪张裂缝基本相互连接贯通；后缘弧形张裂缝明显加快；侧翼张裂缝明显加深；前缘隆起及鼓胀明显，出现纵向放射状张裂缝和横向鼓张裂缝。裂缝体系基本向放射状圈闭	裂缝体系完全圈闭；底滑面完全贯通，明渠底部快速加强烈隆起，甚或突然；后缘裂缝快速拉张，裂缝闭合；前缘小塌、小塌不断
	位移矢量	位移矢量方向零乱，量值差别大	位移矢量方向逐渐趋于统一，指向主滑方向，一般是后部量大，中部最小，两侧大	各部位监测点位移矢量方向基本一致，量值差别逐渐缩小	各部位监测点位移矢量方向基本统一，指向主滑方向，位移量值差别逐渐缩小	各部位监测点位移矢量方向和量值均趋于一致
	隆起与沉陷	无明显隆起和沉陷，或偶见沉陷和隆起	后缘局部沉陷前缘局部隆起	后缘沉陷，前缘隆起现象较明显	后缘沉陷，前缘隆起现象比较显著	滑体后部急剧下沉，隆起、隆起开裂；滑坡影响其范围及松动带出现剪出口位置及膨胀和松动带
	崩塌	几乎不发生或很少发生	崩塌偶尔发生	崩塌时有发生	崩塌时有发生，频次基本不变	崩塌常有发生，发生频率增加

续表

预报判据	变形速率	变形速率时大时小，无明显规律性	变形速率呈有规律的波动，但平均和宏观变形速率基本相等	变形速率开始逐渐增加	变形速率出现较快增长趋势	变形速率持续快速增长
	位移矢量角	位移矢量角逐渐减小至0	位移矢量角等值增大	位移矢量角由中等值增大转为非等值增大	位移矢量角非等值增大幅度和速度渐增	位移矢量角突然增大或减小
滑坡对外界影响因素的变形响应	降水	滑坡变形与降水呈正相关关系。每次大的降水对应一次正向波动，但都存在一定的滞后，并且具有可逆性。降水（汛期）过后，滑坡变形又回复到平稳状态，宏观上仍保持固定的变形速率		滑坡的变形对降水事件很敏感，呈非线性相关关系。即使是小的降水量，也会在位移速率—时间曲线上有明显的反映。每年汛期，滑坡位移—时间曲线出现一次阶跃，且存在一定的滞后。一次临界降水可能诱发滑坡		
	库水位变化	滑坡变形与库水位变化存在一定的相关关系，库水位骤升骤降时，滑坡变形有所增加，且位移滞后现象较明显。一般而言，斜坡变形对库水位下降比库水位上升更敏感		滑坡的变形对库水位变动较敏感，且存在一定的滞后，且不可逆。一般而言，库水位上升更敏感。每次水位变动过后，滑坡变形速率都会有所增加。快速降库水位可能诱发滑坡	每次大的库水位变动后，滑坡位移—时间呈线性相关关系。每次大的库水位下降，且不可逆，一般而言，滑坡变形速率都有所增加。快速降库水位可能诱发滑坡	
对策与措施		(1) 开展专业监测； (2) 实施应急处置措施		(1) 加密监测； (2) 制定防灾预案； (3) 划定滑坡危险区和影响区	(1) 发布橙色警报； (2) 启动防灾预案； (3) 进行滑坡涌浪预测； (4) 24小时不间断监测巡视，遇紧急情况随时向指挥中心报告	(1) 发布红色警报； (2) 封锁涌浪预测范围内的水域； (3) 撤离处于危险区和影响区的所有人员和设备

年 1 月中旬预警时，念生垦沟堆积体滑坡处于加速变形中期阶段（中加速阶段），建议发布橙色警戒级预警信号。

（2）念生垦沟堆积体滑坡分级预警模型及判据。根据调查分析，参考有关监测预警方面的研究成果，由于现阶段念生垦沟堆积体整体滑动的基本条件已经具备，因此从变形监测、裂缝分期配套、外界扰动及影响因素三个主要方面，采用层次分析和相互关系矩阵法，建立施工期念生垦沟堆积体的分级监测预警模型和判据。

a. 指标体系构建一级指标：变形监测（N1）、裂缝分期配套（N2）、外界扰动及影响因素（N3）；二级指标：位移速率 v（N11）、切线角（N12）、位移矢量（N13）、后缘裂缝（N21）、侧缘裂缝（N22）、前缘剪出口（N23）、开挖（N31）、降水（N32）、地下水（N33）。将每一个二级指标进行四级刻化（表 14.8）。

表 14.8　念生垦沟堆积体监测预警指标体系

一级指标	二级指标	四级刻化			
		初始或等速变形阶段	加速变形初始阶段	加速变形中期阶段	加速变形突增（临滑）阶段
变形监测（N1）	位移速率 v（N11）	$v \leqslant 10\,\text{mm/d}$	$10 < v \leqslant 100\,\text{mm/d}$	$100 < v \leqslant 300\,\text{mm/d}$	$v > 300\,\text{mm/d}$
	切线角（N12）	变形曲线受外界因素影响可能会有所波动，但切线角 α 近于恒定值，总体趋势为一微向上的倾斜直线	变形曲线逐渐呈现增长趋势，切线角 α 由恒定逐渐变陡，但增幅较小，曲线开始上弯	变形曲线持续稳定地增长，切线角 α 明显变陡，曲线明显上弯	变形曲线骤然快速增长，且有不断加剧的趋势，切线角 α 逐渐接近 $90°$，变形曲线趋于陡立
	位移矢量（N13）	位移矢量方向零乱，量值差别大	位移矢量方向逐渐趋于同一，指向主滑方向，位移量值一般是后部大、前部小、中部大、两侧小	各部位监测点位移矢量方向基本统一，指向主滑方向，位移量值差别逐渐缩小	各部位监测点位移矢量方向和量值均趋于一致
裂缝分期配套（N2）	后缘裂缝（N21）	断续延伸、初具雏形	基本连通、开始加大加深	已经连通、出现下错台坎	迅速拉张甚或闭合
	侧缘裂缝（N22）	侧翼剪张裂缝开始产生并逐渐从后缘向前缘扩展、延伸。裂缝主要分布于坡体中后部	侧翼张扭性裂缝逐渐向坡体中前部扩展延伸	侧翼剪张裂缝基本贯通，延伸明显加快、加深	完全贯通、擦痕明显
	前缘剪出口（N23）	肉眼察觉不到明显变形	前缘开始出现隆起，产生鼓胀裂缝	前缘隆起鼓胀明显，出现纵向放射状张裂缝和横向鼓张裂缝。临空面见剪切错动面	前缘快速隆起、小崩小塌不断。临空面开始剪出

续表

一级指标	二级指标	四级刻化			
		初始或等速变形阶段	加速变形初始阶段	加速变形中期阶段	加速变形突增（临滑）阶段
外界扰动及影响因素（N3）	开挖（N31）	明渠开挖量或深度<设计1/4	明渠开挖量或深度达到设计1/4~1/2	明渠开挖量或深度达到设计1/2~3/4	明渠开挖量或深度>设计3/4
	降水（N32）	一次降水过程累计降水量≤80mm，日降水量≤50mm	80mm<一次降水过程累计降水量≤150mm，50mm<日降水量≤100mm	150mm<一次降水过程累计降水量≤300mm，100mm<日降水量≤200mm	一次降水过程累计降水量>300mm，日降水量>200mm/d
	地下水（N33）	堆积体浸水<1/4	堆积体浸水1/4~1/2	堆积体浸水1/2~3/4	堆积体浸水>3/4

b. 指标权重确定

关系矩阵如下。

二级指标	位移速率v N11	切线角 N12	位移矢量 N13	后缘裂缝 N21	侧缘裂缝 N22	前缘剪出口 N23	开挖 N31	降水 N32	地下水 N33
位移速率v N11	位移速率v N11	3	3	2	2	2	0	0	0
切线角 N12	4	切线角 N12	4	2	2	2	0	0	0
位移矢量 N13	2	2	位移矢量 N13	2	2	2	0	0	0
后缘裂缝 N21	2	2	2	后缘裂缝 N21	2	2	0	0	0
侧缘裂缝 N22	3	3	3	2	侧缘裂缝 N22	2	0	0	0
前缘剪出口 N23	4	4	4	3	3	前缘剪出口 N23	0	0	0
开挖 N31	4	4	4	4	4	4	开挖 N31	1	1
降水 N32	3	3	3	3	3	3	1	降水 N32	4
地下水 N33	3	3	3	3	3	3	0	0	地下水 N33

采用相互关系矩阵确定权重：K（N11，N12，N13，N21，N22，N23，N31，N32，N33）=（12.85，13.19，12.50，10.76，11.81，13.19，9.38，8.33，7.99）

c. 预警模型

为了现场评判的方便，总分归100分。根据权重采用半定量专家取值法，对不同级别下的评价指标给出贡献值，并给出分值区间，根据调查进行单一指标贡献评分，然后总评分。依据预警准则或判据进行快速判别（表14.9）。

表14.9　施工期间念生垦沟堆积体分级监测预警模型

一级指标	二级指标	权重	四级刻化分值区间表								评分
			初始或等速变形阶段	分值	加速变形初始阶段	分值	加速变形中期阶段	分值	加速变形突增（临滑）阶段	分值	
变形监测（N1）	位移速率 v（N11）	12.85	$v \leqslant 10\text{mm/d}$	$0 \sim 4$	$10 < v \leqslant 100\text{mm/d}$	$4 \sim 8$	$100 < v \leqslant 300\text{mm/d}$	$8 \sim 12$	$v > 300\text{mm/d}$	$12 \sim 16$	S_{N11}
	切线角（N12）	13.19	变形曲线受外界因素影响可能会有所波动，但切线角 α 近于恒定值，总体趋势为一微向上的倾斜直线	$0 \sim 4$	变形曲线逐渐呈现增长趋势，切线角 α 由恒定逐渐变陡，但增幅较小，曲线开始上弯	$4 \sim 8$	变形曲线持续稳定地增长，切线角 α 明显变陡，曲线明显上弯	$8 \sim 12$	变形曲线骤然快速增长，且有不断加剧的趋势，切线角 α 逐渐接近90°，变形曲线趋于陡立	$12 \sim 16$	S_{N12}
	位移矢量（N13）	12.50	位移矢量方向零乱，量值差别大	$0 \sim 4$	位移矢量方向逐渐趋于同一，指向主滑方向，位移量值一般是后部大前部小、中部大、两侧小	$4 \sim 8$	各部位监测点位移矢量方向基本统一，指向主滑方向，位移量值差别逐渐缩小	$8 \sim 12$	各部位监测点位移矢量方向和量值均趋于一致	$12 \sim 16$	S_{N13}
裂缝分期配套（N2）	后缘裂缝（N21）	10.76	断续延伸、初具雏形	$0 \sim 3$	基本连通、开始加大加深	$3 \sim 6$	已经连通、出现下错台坎	$6 \sim 9$	迅速拉张甚或闭合	$9 \sim 12$	S_{N21}
	侧缘裂缝（N22）	11.81	侧翼剪张裂缝开始产生并逐渐从后缘向前缘扩展、延伸。裂缝主要分布于坡体中后部	$0 \sim 3$	侧翼张扭性裂缝逐渐向坡体中前部扩展延伸	$3 \sim 6$	侧翼剪张裂缝基本贯通，延伸明显加快、加深	$6 \sim 9$	完全贯通、擦痕明显	$9 \sim 12$	S_{N22}
	前缘剪出口（N23）	13.19	肉眼察觉不到明显变形	$0 \sim 4$	前缘开始出现隆起，产生鼓胀裂缝	$4 \sim 8$	前缘隆起鼓胀明显，出现纵向放射状张裂缝和横向鼓胀裂缝。临空面见剪切错动面	$8 \sim 12$	前缘快速隆起、小崩小塌不断。临空面开始剪出	$12 \sim 16$	S_{N23}

续表

一级指标	二级指标	权重	四级刻化分值区间表								评分
			初始或等速变形阶段	分值	加速变形初始阶段	分值	加速变形中期阶段	分值	加速变形突增（临滑）阶段	分值	
外界扰动及影响因素（N3）	开挖（N31）	9.38	明渠开挖量或深度<设计1/4	0~3	明渠开挖量或深度达到设计1/4~1/2	3~6	明渠开挖量或深度达到设计1/2~3/4	6~9	明渠开挖量或深度>设计3/4	9~12	S_{N31}
	降水（N32）	8.33	一次降水过程累计降水量≤80mm，日降水量≤50mm	0~3	80mm<一次降水过程累计降水量≤150mm，50mm<日降水量≤100mm	3~6	150mm<一次降水过程累计降水量≤300mm，100<日降水量≤200mm	6~9	一次降水过程累计降水量>300mm，日降水量>200mm/d	9~12	S_{N32}
	地下水（N33）	7.99	堆积体浸水<1/4	0~2	堆积体浸水1/4~1/2	2~4	堆积体浸水1/2~3/4	4~6	堆积体浸水>3/4	6~8	S_{N33}

d. 预警准则或判据

$$S = S_{N11} + S_{N12} + S_{N13} + S_{N21} + S_{N22} + S_{N23} + S_{N31} + S_{N32} + S_{N33}$$

预警判据见表 14.10。

表 14.10　预警判据表

评判值 S	≤50	50~75	75~90	>90
级别	注意级	警示级	警戒级	警报级
预警信号	蓝色	黄色	橙色	红色

该评判标准与发生概率相对应：

$S \le 50$，失稳概率$\le 50\%$；

$50 < S \le 75$，失稳概率$50\% \sim 75\%$；

$75 < S \le 90$，失稳概率$75\% \sim 90\%$；

$S > 90$，失稳概率$> 90\%$。

e. 念生垦沟堆积体滑坡监测预警

$$S = S_{N11} + S_{N12} + S_{N13} + S_{N21} + S_{N22} + S_{N23} + S_{N31} + S_{N32} + S_{N33} = 14 + 9 + 9 + 12 + 7 + 12 + 6 + 3 + 4 = 76$$

2009 年 1 月中旬预警：$S = 76$，处于 75~90，失稳概率为 76%，发布橙色警戒级警报。

监测预警是一个动态过程，随着时间、外界条件和影响因素的变化，堆积体可能出现不同的变形响应，因此应不间断专业监测和巡查，发现问题及时预警，如险情降低，予以解除。

4. 念生垦沟堆积体滑坡应急处置

从滑坡应急处置时机来分析，该时刻是出现险情后的较佳处理时机，即滑坡处于加速变形阶段的初加速-中加速阶段。根据念生垦沟堆积体滑坡的地形地貌和施工条件，以及缓解外界扰动和影响因素的角度，在该阶段我们有如下建议。

（1）尽快采取和加大力度削方减载和排水的应急处置措施。待位移速率减缓，立即组织实施抗滑支挡、锚固和系统排水工程。

（2）但是，堆积体的变形具有很强的时空性，在一定阶段和条件下，堆积体变形虽然较缓或甚至暂时稳定，并不能代表其已经稳定甚至安全了。随着条件的改变，如导流明渠继续开挖、降水（雨季即将来临）等，堆积体变形可能再次启动。并建议待抗滑支挡与锚固工程等逐步实施生效后，才能有序恢复明渠施工开挖。

应急处置（1）项建议被采纳。

2009 年 1 月 2 日初步启动念生垦沟中部存土场卸载（位于 1 局临时营地下）；2009 年 1 月 19 日启动念生垦沟下部存土场卸载（位于右岸上游中线公路 K1+270 ~ 1+150 下）；2009 年 1 月 28 日启动念生垦沟堆积体上部、下部卸载。已大规模卸载 $150×10^4 ~ 200×10^4$ m^3，同时前缘局部小范围压脚。

实施削方减载应急处置措施，效果明显，强烈变形区位移速率随卸载明显迅速减小 [2009 年 1 月 15 日的 400mm/d ~ 2009 年 1 月 22 日的 110mm/d → 60mm/d ~ 2009 年 2 月 11 日的 20mm/d → 10mm/d 以下 → 1 ~ 5mm/d 波动（2009 年 3 月 5 日，5mm/d 左右）]。如图 14.44 所示。加之进入枯水季节，降水量减少，滑坡体由加速变形再次过渡至低速蠕滑等速变形，现阶段平均位移速率 1 ~ 3mm/d。解除橙色警戒级预警，降为蓝色注意级。已经具备实施抗滑支挡和锚固工程的基本条件，应及时着手组织实施应急治理工程。

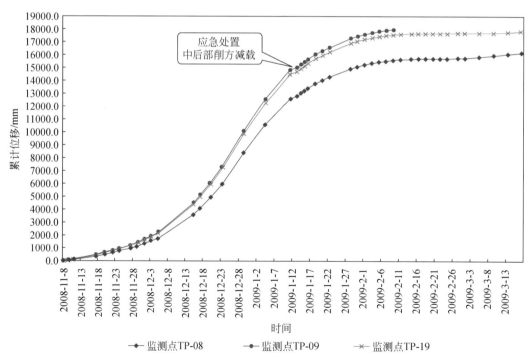

图 14.44　实施应急处置后滑坡累计水平位移－时间监测曲线

14.3.2　第二阶段滑坡灾害预警及应急处置

2009 年 3 月中旬，应急治理工程还未见成效，在明渠下游段部位贸然局部恢复施工，主要开挖明渠底板和围堰基础部位；至 3 月底，明渠对应的主滑区部位最大切深至 69m（EL. 1558m→1489.6m，明渠中部底板齿槽和混凝土围堰部位）；至 4 月 14 日，1#新进水塔部位最大切深至 68m（EL. 1558m→1490m）。

2009 年 3 月下旬，伴随导流明渠的进一步贸然开挖，念生垦沟堆积体滑坡再次启动加速，且变形范围扩大，由仅上游侧强烈变形演变为整体变形，滑坡险情加剧，见图 14.45。

图 14.45　念生垦沟堆积体滑坡再次启动加速为整体变形（2009 年 4 月 15 日）

1. 变形扩展及分区变化特征

（1）强烈变形区范围已经明确扩大至下游基覆界面（2#进水塔部位及其右侧边坡滑裂分界明显、明渠左侧原开裂部位继续发展）；原来的弱变形区已经不复存在，整体变形加速，参考图 14.46 和图 14.47。

（2）前缘明渠底部抬升（至 2009 年 4 月 7 日围堰附近总抬升 2.3m），参考图 14.48。

（3）堆积体上游侧边界更加清晰，参考图 14.49。

（4）水平位移速率持续增大（3 月 13 日至 4 月 11 日，每天 0.8mm→8mm→23mm→58mm→110mm →240mm →310mm→380mm，与明渠底部局部恢复开挖关联密切）。

（5）堆积体后缘右耳区域和沟两侧日均位移速率也开始反弹（量级在 10～30mm 变化）。

（6）后缘右耳区域的进厂公路 K0+880～K1+050 区段上边坡出现一处明显开裂，两处已喷砼支护边坡开裂。

图 14.46　念生垦沟堆积体滑坡下游侧边界已经扩大至基覆界面

图 14.47　念生垦沟堆积体滑坡下游侧边界、明渠底板抬升出现反翘

图 14.48 念生垦沟堆积体滑坡前缘、明渠底板隆胀开裂

图 14.49 念生垦沟堆积体滑坡上游侧边界更加清晰

2. 变形-时间监测曲线分析

通过位移-时间监测曲线和位移矢量变化得出（图 14.50 和图 14.51）：从 2009 年 3 月

下旬始，念生垦沟堆积体滑坡变形再次启动加速，水平位移速率持续增大（2009 年 3 月 13 日至 2009 年 4 月 11 日，每天 0.8mm→8mm→23mm→58mm→110mm →240mm →310mm→ 380mm，与明渠底部局部恢复开挖关联密切），平均水平位移速率约 300mm/d，最大达 380mm/d。

3. 念生垦沟堆积体滑坡灾害预警

1）变形时间演化规律

2009 年 3 月下旬，抗滑支挡、锚固工程和排水工程还未见成效。由于导流明渠下游段局部贸然恢复施工开挖，主要开挖明渠底板和围堰基础部位，开挖体积 72000m³ 左右，至 3 月底，明渠对应的主滑区部位最大切深至 69m（EL.1558m→1489.6m，明渠中部底板齿槽和混凝土围堰部位）；至 4 月 14 日，1# 新进水塔部位最大切深至 68m（EL.1558m→ 1490m）。监测资料和现场调查显示：水平位移速率持续增大（3 月 13 日至 4 月 11 日，每天 0.8mm→8mm→23mm→58mm→110mm →240mm →310mm→380mm，与明渠底部局部恢复开挖关联密切）。

从变形时间演化规律上分析，伴随导流明渠的进一步开挖，念生垦沟堆积体变形再次启动，已扩展为整体同步变形，并进入了加速变形阶段，判定为再次步入加速变形中期阶段。

2）变形空间演化特征

2009 年 3 月中下旬，伴随导流明渠的进一步开挖，局部已经开挖至高程 1495m 附近，堆积体由仅上游侧强烈变形演变为整体变形，再次启动加速。强烈变形区下游边界已经明确扩大至下游基覆界面（2# 进水塔部位及其右侧边坡滑裂分界明显、明渠左侧原开裂部位继续发展）；原来的弱变形区已经不复存在，整体变形加速。堆积体上游侧边界更加清晰。前缘明渠底部抬升（至 2009 年 4 月 7 日围堰附近总抬升 2.3m）。

从裂缝的分期配套情况来看，滑坡周界裂缝已基本圈闭，底滑面已经形成，前缘剪出口已经初现端倪，但还未完全形成。可以说念生垦沟堆积体整体滑动的基本条件已经具备。

3）外界扰动因素及机制分析

现场调查和分析认为，诱发梨园水电站念生垦沟堆积体变形再次启动的因素主要为导流明渠下游段局部贸然恢复施工开挖，包括开挖明渠底板和围堰基础部位。

4）变形演化阶段判别及分级预警

（1）变形演化阶段判别。从时空演化综合分析的角度，应用表 14.7 所示的金沙江梨园水电站念生垦沟堆积体滑坡变形演化阶段的综合判定方法，判定 2009 年 4 月中旬，念生垦沟堆积体滑坡变形再次启动加速且已经步入加速变形中期阶段。

（2）念生垦沟堆积体滑坡分级预警。采用所建立预警模型（表 14.9）和预警判据（表 14.10）进行预警。2009 年 4 月中旬预警：$S=86$，处于 75~90，失稳概率为 86%，发

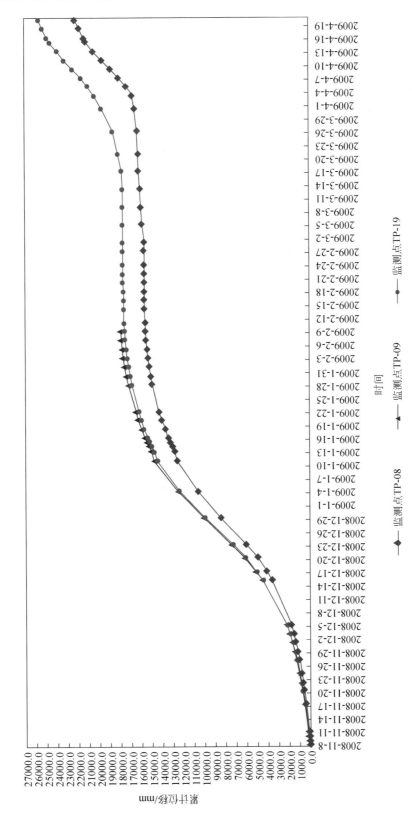

图14.50　念生垦沟堆积体滑坡累计水平位移-时间监测曲线

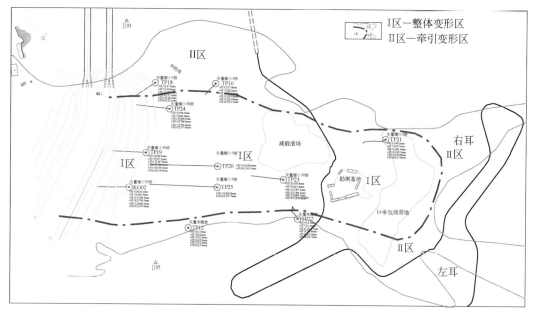

图 14.51　念生垦沟堆积体滑坡第二期监测点位和滑移矢量（2009 年 4 月 5 日～2009 年 4 月 16 日）

布橙色警戒级警报。

$$S = S_{N11} + S_{N12} + S_{N13} + S_{N21} + S_{N22} + S_{N23} + S_{N31} + S_{N32} + S_{N33} = 14 + 9 + 11 + 12 + 10 + 13 + 10 + 3 + 4 = 86$$

亟待采取应急处置措施。

4. 念生垦沟堆积体滑坡应急处置

针对上述情况，成都理工大学与中国水电顾问集团昆明勘测设计研究院联合研究提出以下几点建议。

（1）加强监测预警工作。增补专业监测点，加密监测周期（至少每天 1～2 次），实时分析，发现问题及时预警，同时做好防灾预案。

（2）加大力度实施削方减载。尽快在明渠部位实施回填压脚，其主要目的是在短时间内降低下滑速率，为后续综合治理工程提供条件；同时加快排水工程进度。

（3）待堆积体变形速率减缓至每日毫米级，立即实施综合治理工程，以安全度汛。

其中，卸载和排水工程立即得到了实施和加强。

2009 年 4 月 19 日，经专家咨询，一致同意并立即加强和组织实施了如下主要应急处置措施。

（1）压脚。立即在导流明渠内结合土石围堰施工，用卸载方量全断面回填到 1510m 高程，适当碾压，围堰上游侧填到 1520m 高程。

（2）卸载。按设计继续实施卸载。

（3）抽排水。现有排水井部位应加大抽排水的管理；地下水出水量大的地方可增设排水井，加大抽排水力度；设计增设 5 个水平试验排水孔。

（4）排水洞。加快了 1#、2#、3# 排水洞的开挖进度。

（5）支挡锚固。组织实施抗滑支挡工程。在导流洞明渠进口 1520m 平台公路边右侧和 1600m 平台布置 2.2m 直径机械成孔钢筋混凝土锚拉桩。在 1670 ~ 1680m 平台增设钢管桩或在 1670m 平台及以上部位增设人工挖孔桩。削方减载边坡区域采取格构锚索或锚拉板进行防护。基本止滑后，应抓紧实施上、下两层抗滑桩进行分段综合治理施工。

（6）加强了监测预警工作，业主组织专业队伍实施系统规范的监测。

（7）参建各方制订应急预案并报公司，成立现场应急组织机构并进行演练。

（8）现场施工中必须坚持"预防为主，安全第一"的原则，当进度与安全发生矛盾时，必须服从安全要求，必须杜绝违章操作和挖神仙土的施工方法。

应急处置措施得以全面实施，在卸载、抽排水和排水洞不间断施工的同时，当在导流明渠内结合土石围堰施工，用卸载方量全断面回填到 1510m 高程左右时，监测资料显示（图 14.52）：至 2009 年 4 月 29 日，念生垦沟堆积体变形逐渐趋缓，变形速率已减缓至毫米级，变形再次得到基本控制。为综合治理工程实施提供了时机和基础条件。

14.3.3　第三阶段滑坡综合治理

念生垦沟滑坡属特大型推移式堆积层土质滑坡，坡体结构松散，组分多样，水文地质条件复杂，且在导流明渠施工期已多次发生滑移变形，形变量级大，变形速率高，虽然经过应急处置，滑坡变形已重返初始蠕滑变形阶段，但是根据非线性理论滑坡变形具有不可逆的特性，一旦经历过大的变形，滑坡形成条件、坡体结构和对外界影响因素的响应效应已经突变，处于该阶段状态的滑坡对于外界影响因素的响应呈非线性递增相关关系，其不可能再回到施工前的稳定状态，而微小的扰动即可能引发滑坡变形的再度复活。一旦复活变形，将会严重影响导流洞进口明渠、永久进厂公路的施工和运营安全。因此，必须采取综合治理措施。

针对念生垦沟堆积体滑坡治理相关问题，我们与中国水电顾问集团昆明院联合开展了计算研究，并根据计算分析成果，提出按照分期、分级的思路，采取削方减载、系统排水和抗滑支挡等综合治理工程措施。

1. 第一期综合治理

2009 年 4 月，开始实施第一期综合治理工程（其中，削方减载在 1 月启动）。2010 年 3 月，第一期治理工程完工，图 14.53 和图 14.54。

1）削方减载

通过快速有效减轻下滑段堆积体重量，达到减少下滑力和减缓堆积体变形速率的目的，同时开挖可减薄堆积体厚度，为抗滑支挡与锚固措施的实施创造条件，第一期治理阶段分别实施了以下两次削方减载。

（1）EL.1580 ~ 1690m 堆积体削方减载。2009 年 1 月初，第一阶段应急处置期间，根据堆积体变形滑移情况，对变形较大、裂缝主要分布的中上部进行削方减载。具体高程范围介于 EL.1580 ~ 1690m，并分别于 EL.1580m、EL.1600m、EL.1620m、EL.1650m、EL.1670m 和 EL.1690m 设置施工平台，平台之间开挖坡比为 1 : 2 ~ 1 : 4。该范围减载总体积约 $200 \times 10^4 m^3$。

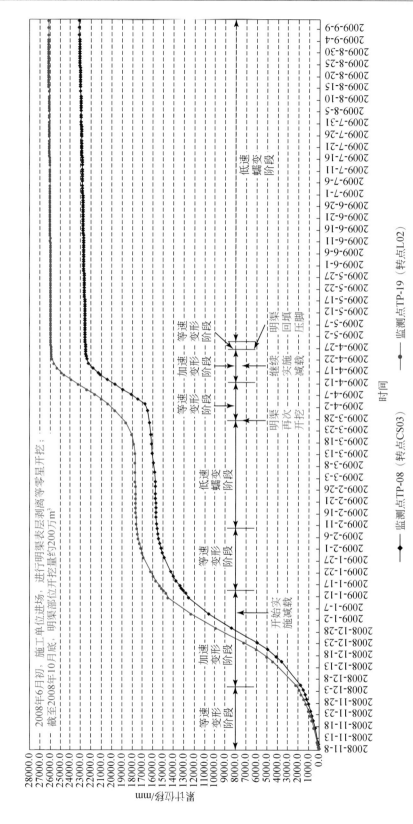

图 14.52　念生垦沟堆积体滑坡累计水平位移-时间监测曲线（监测数据截至2009年9月12日）

图 14.53　念生垦沟堆积体滑坡综合治理主要工程布置及效果图

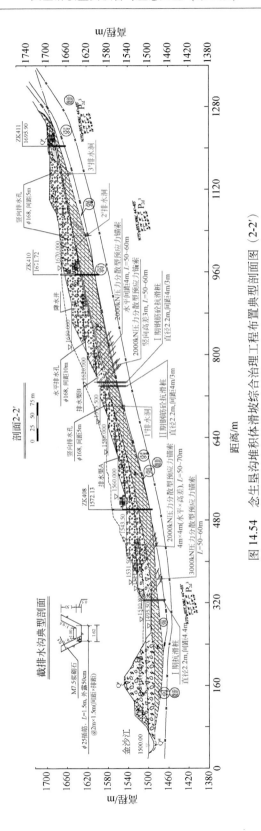

图 14.54 念生垦堆积体滑坡综合治理工程布置典型剖面图（2-2'）

（2）EL. 1543.5～1580.0m 堆积体减载。2009 年 3 月下旬，导流洞进口明渠局部恢复开挖并引起堆积体整体性加速变形滑移，第二阶段应急处置期间，结合明渠回填压脚等应急抢险措施，对堆积体变形较大的中下部 EL. 1543.5～1580m 高程范围进行削坡减载，以进一步减小堆积体下滑力。该区域与导流洞进口明渠边坡相连，EL. 1543.5m 平台正面水平开挖深度约 80～100m，开挖坡比为 1∶1.5～1∶3，减载总方量近 $100×10^4 m^3$。

2）系统排水

念生垦沟堆积体地下水丰富，相关敏感性分析成果表明，堆积体稳定性受地下水位影响显著，因此，第一期综合治理阶段排水为主要措施之一，并形成了如下的地下与地表排水系统。

（1）地下排水系统。地下排水系统由排水洞及其洞身排水孔组成。

分别在堆积体上部 EL. 1780m，中部 EL. 1630m、EL. 1610m 和下部 EL. 1540m 四个不同高程布置了 4 条地下排水洞，断面尺寸有 4m×5m、3.5m×4m、2m×3m，排水洞横穿堆积体下部，底坡 1%。为保证成洞和围岩稳定，排水洞大部分位于堆积体下伏弱风化岩体内。在各层排水主洞内向上设置辐射状系统排水孔，排距 3m，每排 3 个孔，孔径 110mm，内置盲沟管，防止堵孔，孔深按穿过滑移面控制；同时，沿排水洞轴线从地表向下打设 ϕ168mm 孔径排水孔幕，孔深 40～50m，水平间距 5m，明显渗水处加密，排水孔下部与排水洞顶部连通，内置塑料盲沟管。由排水洞内排出的地下水最终通过地表排水沟排入金沙江。

2010 年汛前，各条排水洞均已按设计要求施工完毕，洞内一直有地下水渗出，排水效果明显。

（2）地表排水系统。地表排水系统主要由坡面截排水沟和排水孔组成。

为防止降水时地面汇流渗入堆积体，要沿堆积体外缘设置截水沟，同时在堆积体范围内纵、横向布置地表排水沟，最终将汇水引排入金沙江中。截水沟与排水沟均采用浆砌石梯形断面，断面尺寸 1m×1.5m 或 1.5m×1.5m。此外，沿堆积体各级卸载边坡坡脚部位成排设置 ϕ168mm 大孔径深排水孔，孔深 60m 左右，间距 5～10m，内设塑料盲沟管，将堆积体内部的地下水排出，并通过地表排水沟排入河道。

3）抗滑支挡

根据成因机制分析和稳定性计算成果，要保证念生垦沟堆积体在各种工况下的长期稳定，主要还靠抗滑支挡措施。

由于念生垦沟堆积体较长（EL. 1690m 以下约 1000m），前后缘高差较大（EL. 1690m 以下近 200m），根据计算分析，由于下滑力大，如集中在导流洞进口明渠右侧进行抗滑支挡，治理工程过于集中，施工难度很大。另外，运行期正常蓄水位 EL. 1618.0m 以上尚有约 500m 长、100m 高的堆积体，考虑库水位升降对堆积体稳定的不利影响，仍需在水位变幅处进行抗滑支挡。综合考虑念生垦沟堆积体施工期和运行期的稳定性要求及工程治理难度，抗滑支挡措施分两个部位布置：一是在导流洞进口明渠右侧，高程 EL. 1495.5m～1531.5m 开挖边坡范围；二是在念生垦沟堆积体中部，即水库正常蓄水位附近，即高程

EL. 1600. 0m ~ 1640. 0m。

参考类似工程经验并经综合比较研究，抗滑支挡措施主要采用锚拉抗滑桩和贴坡混凝土锚拉板。因堆积体深厚、地下水丰富，加上堆积体蠕滑变形，人工挖孔桩施工难度大、进度慢，安全风险大，为此选用机械造孔桩和较大的桩径2.2m。为改善抗滑桩内力分布并提高其抗滑力，设计于每根抗滑桩上部设置预应力锚索。同时，根据堆积体下伏基岩性状，桩身及边坡预应力锚索选用无黏结压力分散型，设计吨位2000kN或3000kN。分级支挡如下。

（1）导流洞进口明渠右侧一期抗滑支挡。①抗滑桩。结合明渠开挖体形调整，设计沿明渠右侧布置一排钢筋混凝土抗滑桩，共74根。抗滑桩桩高在30~48m，深入强风化及其以下基岩13~16m。相邻抗滑桩中心间距4.4m，顶部设横向连系梁，梁高3m，梁顶高程EL.1510.8m。抗滑桩临水面用50cm厚钢筋混凝土板保护，平顺水流并可防止水流淘刷桩间土体。每根抗滑桩上部均设置3根3000kN级压力分散型预应力锚索，高程分别为EL.1509m、EL.1506m和EL.1503m，锚索穿过堆积体锚入强风化、部分弱风化基岩，长度50~70m，其中锚固段长度为12.5m。综合考虑桩–锚联合受力和桩前土体的阻滑作用，经计算一期锚拉抗滑桩可提供水平抗滑力约3500~4500kN/m。②锚拉板。为进一步提高阻滑力，并防止堆积体从桩顶滑出，一期治理阶段在明渠右侧EL.1521.5m~1531.5m开挖边坡范围布置锚拉板。锚索采用2000kN级，根据稳定计算成果按水平间距4m，高差4m分三排或两排分区布置。锚索锚固段长10m，深入堆积体下伏基岩，长度50~70m。计算表明，综合考虑锚索钻孔倾角及主滑方向夹角，单根锚索可提供约400kN/m的水平阻滑力。据此推算，主滑区锚拉板可提供约1200kN/m的阻滑力，次滑区锚拉板可提供约800kN/m的阻滑力。

（2）堆积体中部一期抗滑支挡。①抗滑桩。堆积体中部抗滑桩布置于卸载形成的EL.1600m平台上，该平台以下堆积体厚度约15~30m，靠下游侧较厚。设计沿内侧开挖坡脚布置一排锚拉抗滑桩，共41根，顶部设置钢筋混凝土梁协调内力及变形。抗滑桩桩高在26~50m，深入强风化及其以下基岩10~18m。相邻抗滑桩中心间距4m或3m。为改善桩体受力特性并提高阻滑力，每根抗滑桩上部均设置2根2000kN级压力分散型预应力锚索，锚索穿过堆积体锚入强风化及以下基岩，长度50~70m，其中锚固段长度为10m。结构计算成果表明，综合考虑桩–锚联合作用，堆积体中部EL.1600m平台的一期锚拉抗滑桩可提供水平抗滑力约2000~3000kN/m。②锚拉板。同时利用平台上部EL.1600m~1620m和EL.1620m~1640m两级开挖边坡布置锚拉板。按水平间距4m或3m，高差4m成排分区布置5排或10排2000kN级压力分散型锚索，综合考虑锚索间距、钻孔倾角及主滑方向夹角，单根锚索可提供350~460kN/m的阻滑力。

2010年3月，在导流洞进口明渠已基本下挖到位的情况下，随着明渠右侧一期抗滑桩桩身锚索陆续完成张拉，一期治理项目全部实施完成，监测数据表明：堆积体各部位表观点变形速率均小于1mm/d，变形得到基本控制。

2. 第二期综合治理

为进一步提高堆积体的稳定性，根据堆积体的空间变形分布特点，设计于主滑带前缘及中部增加以锚拉抗滑桩及锚拉板为主要项目的二期治理措施。

2010 年 1 月，开始实施第二期综合治理——2010 年 7 月，第二期治理工程完工。见图 14.53 和图 14.54。

1）导流洞进口明渠右侧二期抗滑支挡

（1）抗滑桩。根据现场调查和监测成果，导流洞进口明渠上游端为念生垦沟堆积体的主要剪出口，属主滑区前缘，该部位的开挖切脚对堆积体的整体稳定性影响显著。鉴于此，二期治理阶段在该主滑带范围内增加 32 根抗滑桩，与第一期桩轴线平行布置于其后，并通过桩顶连系梁与一期桩联合受力，前后中心间距 7.6m。二期抗滑桩桩高在 30~48m，深入强风化及其以下基岩 13~16m。同排相邻抗滑桩中心间距 4.4m，顶部设横向连系梁，梁高 3m，梁顶高程 EL.1510.8m。考虑两排抗滑桩的联合受力，经计算，导流洞进口明渠右侧二期抗滑桩实施完成后，约可增加阻滑力 2000~2500kN/m。

（2）锚拉板。同时，利用明渠右侧主滑带范围内 EL.1510.8m~1521.5m 开挖边坡增布锚拉板，按水平间距 4m、高差 4m 分三排布置 2000kN 级锚索，共 97 根。锚索锚固段长 10m，深入堆积体下伏基岩，长度 50~70m。综合考虑锚索钻孔倾角及主滑方向夹角，可增加主滑区阻滑力约 1200kN/m。

2）堆积体中部二期抗滑桩

为进一步增加堆积体主滑槽抗滑力，于堆积体中部 EL.1600m 平台靠下游侧一期抗滑桩前部，与第一期桩平行布置 24 根锚拉抗滑桩，两排桩中心线间距 7.6m，顶部通过设置钢筋混凝土梁协调内力及变形，联合受力。抗滑桩桩高在 34.5~44.5m，底端深入强风化及其以下基岩 10~18m。同排相邻抗滑桩中心间距 4m 或 3m。为提高阻滑力，每根抗滑桩上部均设置 2 根 2000kN 级压力分散型预应力锚索，锚索穿过堆积体锚入强风化、弱风化基岩，长度 50~70m，其中锚固段长度为 10m。综合考虑桩-锚联合作用，二期抗滑桩可为主滑槽提供水平抗滑力约 2000~3000kN/m。

3. 第三期综合治理

2011 年 3 月，开始实施第三期综合治理，2011 年 12 月底，第三期治理工程完工，见图 14.53 和图 14.54。

1）右耳堆积体治理

右耳 EL.1690 以上进厂公路回头弯部位汛期变形增加较为明显，三期治理时根据稳定分析成果，通过增设和加强抗滑支挡措施，提高该部位堆积体的稳定性。

右耳堆积体分布于念生垦沟堆积体后部下游侧 EL.1690~1850m，前后缘高差约 160m，顶部与梨园大沟一山脊之隔；中部为进厂公路回头弯开挖平台，高程在 EL.1760m 上下；EL.1690 前缘横向宽度约 120m；沟心部位堆积体厚度 20~40m，总体积约 160 万 m³。该部位堆积体下部连续分布有强度较低的残积层，下伏强风化玄武岩，堆积体与基岩交界面向后援逐渐翘起、坡度 12°~30°。受 EL.1690m 下部堆积体变形及进厂公路中部开挖影响，右耳堆积体存在沿基岩面的蠕滑变形，2009 年雨季表面变形观测点变形速率大致在 5mm/d 左右，随着一、二期治理措施逐步完成，至 2010 年 6 月汛前变形速率下降至 0.25mm/d 以下，汛期受降水、土体吸水加重、软化等因素作用，堆积体表面变形观测点速率有所增大，最大至 1mm/d 左右，并随雨季结束而逐步趋缓。为保证进厂公路路面稳定及交通安全，根据实际开挖地形，拟于 EL.1690m 和回头弯平台进行两级支挡。

（1）锚拉板。回头弯公路上部堆积体：通过在前缘公路边坡范围内布置锚拉混凝土板进行支护，按高差 4m、间距 4m 布置 6 排 2000kN 级压力分散型锚索，可提供抗滑力约 2400kN/m。

（2）锚拉桩。回头弯公路下部堆积体：2009 年已于 EL.1690m 平台实施 8 根断面尺寸为 3m×5m 的人工挖孔桩，因入岩深度不足，抗滑作用未能充分发挥。三期治理时，于每根已实施的挖孔桩桩身上增设两根 3000kN 级压力分散型锚索，同时在靠江一侧再平行增设一排半埋式人工挖孔桩，断面仍采用 3m×5m，中心距 9m，与已实施的挖孔桩相间布置，入岩深度不小于桩高的三分之一，保证嵌固，桩顶采用连系梁连成一体并设置锚索，达到与已实施的 8 根人工挖孔桩整体受力的目的，初步估算两排人工挖孔桩整体可提供不低于 4000kN/m 的抗滑力。

2）堆积体中部三期抗滑支挡

由于水库蓄水后念生垦沟堆积体中部 EL.1600～1640m 处于库水位变幅、影响区，为防止库水位升降影响岸坡及上部公路路基的稳定，三期治理期间，将已实施的锚拉板和抗滑桩等措施向上、下游侧适当延伸，具体延伸长度及支护布置参数将根据实际地形、地质条件、监测资料及计算分析成果确定，采取了锚拉桩和贴坡混凝土锚拉板。

14.3.4 念生垦沟堆积体滑坡处置成效

1）宏观变形迹象分析

一、二期综合治理工程措施完工后，念生垦沟堆积体已有宏观变形无明显变化迹象；三期综合治理于 2011 年 12 月完工，进一步巩固了前期应急处置和一、二期综合治理工程的成果。

2）专业监测分析（截至 2011 年 9 月）

地表变形监测表明：EL.1690m 施工平台右耳的水平位移速率在 0.17～0.36mm/d；EL.1690m 施工平台左耳水平位移速率低于 0.18mm/d；EL.1645～1670m 平台主滑区外水平位移速率小于 1mm/d；EL.1600m 抗滑桩上的 7 个监测点的水平位移变化速率在 0.25mm/d 以内；EL.1545m 平台各点变化不明显；最敏感部位的导流明渠右侧边坡及导流洞进口右侧各监测点水平位移速率低于 0.08mm/d。

锚索测力计荷载监测表明：右耳进场公路回头弯锚拉板上锚索测力计荷载变化不大，其上部表观点平均滑移速率趋缓，平均速率约为 0.13mm/d。念生垦沟堆积体其他各部位锚索测力计荷载总体变化不大，可能由于受施工及降水量增大的影响，EL.1600～1640m

锚拉板、EL. 1600m 抗滑桩等个别部位锚索测力计荷载变幅稍大；其中，1600m 高程锚拉板个别锚索测力计荷载因受补偿张拉的影响，变化相对明显。

钢筋计监测表明：个别钢筋应力可能由于受蠕滑等因素的影响而变幅稍微明显，钢筋应力变化幅度及速率均不大。

地下水监测表明：念生垦沟堆积体中各高程水位总体变化不大。

总的来说，2011 年第三季度正值主汛期，受降水影响，念生垦沟堆积体多数表观点位移变化略有增大，但总体变化甚小，水平位移速率小于 1mm/d。内观监测成果亦出现相同变化趋势。加之各水位孔所测水位变化也较小。监测成果表明：念生垦沟堆积体滑坡在经过前期应急处置和综合治理后，在 2010 年雨季基本稳定的情况下，2011 年雨季变化进一步减小，一、二、三期综合治理成效显著。

14.4　小　　结

念生垦沟堆积体位于金沙江中游河段梨园水电站坝前右岸宽缓沟谷中，总体积约 1700 $\times 10^4 m^3$，属于特大型堆积体滑坡。2008 年 8 月以来，念生垦沟堆积体从后缘至前缘陆续出现了不同程度的滑移变形迹象；至 2009 年 3 月下旬，已呈现出整体滑移的趋势。对该部位导流洞进口明渠施工、整个工程进度甚至工程安全等产生了重大影响，一旦滑坡将会造成重大损失。通过现场调查、分析论证和研究得出如下结论。

（1）念生垦沟堆积体主要由崩、滑、坡积、冲积和洪积等混合堆积于金沙江右岸一宽缓沟谷而成，长度 1200～1500m，宽度 400～500m，平均厚度 30～40m、最大 60 余米，体积约 1700×$10^4 m^3$。堆积体呈长"喇叭"型，高程 1500～1700m，分布两级台地，高程 1540～1610m 为一宽缓台地，平均坡度 3°～4°；高程 1660m 以上为一缓坡台地，坡度不到 10°。下伏基岩主要为二叠系上统东坝组（$P_2 d$）玄武质喷发岩，岩性较复杂，为一套多旋迴喷发的玄武岩系；下伏基岩面似"勺状"，从金沙江边至后缘呈缓—陡—缓的起伏形态。

（2）念生垦沟堆积体与梨园大沟虽有一脊之分，但同时都处于局部区域地下水最低排泄基准面附近，共同接受估计近 10km² 范围内的地表水和地下水源补给，特别是金沙江上游侧 4～5km² 区域地下地表水。地表汇水面积大，周边基岩节理裂隙发育，含水性和透水性较好，因此地下水较丰富，且位于最低排泄基准面附近，埋藏也较浅。同时由于堆积体组成空间分布的不均匀性，黏质土砾主要位于堆积体中后部，黏质土砂主要位于堆积体中前部，差异渗透性导致堆积体地下水分布具有一定的不均匀性。

（3）堆积体土样粉粒（0.005～0.075mm）含量较高，占 40%～50%；而残积土砂粒（>0.075mm）含量较高，占 90% 以上。饱和情况下，堆积体峰值黏聚力仅 13kPa，内摩擦角 10.2°；残余黏聚力 12kPa，内摩擦角仅为 8.3°。饱和情况下，残积土峰值黏聚力仅 37～62kPa，内摩擦角 27.3°～30.6°；残余黏聚力 9～28kPa，内摩擦角 25.3°～29.7°。

（4）调查分析显示，念生垦沟堆积体各阶段的变形与导流明渠的开挖密切相关，从出现变形至采取应急处置措施并趋于稳定，经历了如下几大过程：①变形出现直到强烈变形区显现（从 2008 年 8 月到 2009 年 2 月）。②削方减载，强烈变形区位移速率随卸载明显迅速减小（2009 年 1 月到 2009 年 3 月 5 日），堆积体变形量在毫米级，变形基本得到控制。③变形发展，扩展为整体同步变形（2009年3月下旬至2009年4月）。④应急处置，回填压脚+卸载+排水，至2009年4月29日，念生垦堆积体变形逐渐趋缓，变形速率已减缓至毫米级，变形再次得到基本控制。

（5）通过分析建立了适宜于念生垦沟堆积体滑坡变形演化阶段的综合判定方法；基于层次分析法和相互关系矩阵法，建立了施工期念生垦沟堆积体滑坡分级监测预警模型和判据；据此开展了念生垦沟堆积体各变形发展演化阶段判定及预警预报。

（6）针对念生垦沟堆积体滑坡各个阶段出现的变形和险情，及时提出了相应的应急处理措施，并被采纳实施，取得了较好的处置效果。所提出的分期、分级、分段的综合治理工程措施得以实施，进一步巩固了应急处置成果，治理工程成效显著。

（7）综上，前述研究提出的大型滑坡监测预警及应急处置的思路、学术思想，以及滑坡预警预报理论、应急处置技术等在梨园水电站念生垦沟堆积体滑坡预警及应急处置工程中得到了充分的体现和应用，为保证梨园水电站的顺利建设和施工安全提供了强有力的技术支撑，取得了巨大的经济和社会效益。

致谢　诚挚感谢中国水电顾问集团昆明勘测设计研究院，特别是张瑞教授级高工、杨再宏教授级高工、王国良教授级高工、王自高副总工程师等，以及梨园水电站建设分公司等单位在现场调研、资料收集等方面给予的大力支持与帮助！

第15章 澜沧江小湾水电站饮水沟堆积体滑坡预警

15.1 概　　况

饮水沟堆积体位于澜沧江小湾水电站左岸坝前，其中下部分布于自饮水沟沟心到 2# 梁山脊一带，其上部分布于龙台路（村）一带的缓坡。分布的高程范围为 EL.1130 ~ 1620m，前后缘高差近 500m，总体积约为 $5 \times 10^6 m^3$（图 15.1）。堆积体物质组成、结构十分复杂。

根据前期勘测研究，在自然条件下，饮水沟堆积体是基本稳定的。但在开挖及运行条件下稳定问题则较为突出。一方面，在对 EL.1245m 以上堆积体已实施的"强开挖"方案中，EL.1380m 以上开挖退坡较浅且坡形较缓，但在 EL.1380m 以下退坡较深且坡形较陡，尤其是在 EL.1245m 高程因布置供料平台，在堆积体上的最大水平退坡深度达 70 余米。可以预见，在后续的拱肩槽开挖中，因其斜切 2# 梁将形成一上宽下窄的"倒楔形岩体"，有可能使堆积体边坡的稳定条件发生进一步的恶化。同时，在运行条件下，堆积体位于 EL.1245m 以下部分，将处于库水位淹没之下，稳定性问题将更为突出。

图 15.1　小湾水电站左岸饮水沟堆积体全景

EL.1245m 以上的边坡，开挖自 2002 年 5 月中旬开始（开口线位于 EL.1640m），至

2004 年 1 月开挖至 EL. 1245m。当边坡开挖至 EL. 1276m 高程上下时（2003 年 12 月），边坡出现明显的变形。此前，伴随着对这部分边坡的"强开挖"，实施的是"弱支护"。即除局部地段实施了少量锚索外，整个边坡采用"菱形网格梁+锚喷"进行护坡。此后的抢险施工中，一方面加快了排水洞的施工进度，另一方面布置并实施了大量的预应力锚索。经过近 4 个月的紧张的抢险施工，到 2004 年 3 月底（4 月初），锚索施工已超过 300 根，边坡变形的发展开始出现减缓迹象。虽然抢险初见成效，并为后续治理实施赢得了时间，但是，堆积体边坡的变形并未稳定，仍在以一定的速率发展，随着当年雨季的临近，边坡滑动失稳的风险依然存在。

因此，从工程安全出发，根据变形监测成果，对饮水沟堆积体边坡开展安全预警判据研究是非常必要的。本书将在简述边坡工程地质条件、变形监测成果的基础上，介绍预警判据的研究成果（监测数据由中水顾问集团昆明院提供）。

15. 2　饮水沟堆积体边坡工程地质条件

15. 2. 1　地形地貌

饮水沟堆积体位于左岸坝前饮水沟。北侧为 0# 山梁，南侧为 2# 山梁。堆积体主要分布于自饮水沟沟心到 2# 梁山脊之间的地带。平面上，堆积体呈似舌形沿沟展布，并略呈上宽下窄的形态，南北方向（顺河向）平均宽度约 190m。前缘高程为 1130m，后缘高程 1620m，前后缘高差约 490m（其中 1220~1590m 为堆积物主体），东西方向（横河向、纵向）长约 700m。面积约 $1.1×10^5m^2$。根据前期地勘资料，结合施工期排水洞揭露看，堆积体平均厚度约为 50~60m，总体积约为 $5×10^6m^3$。

开挖前的原始地形总体较平顺（局部地段有陡坎），平均坡度为 32°~35°。

堆积体边坡自 2002 年 5 月中旬开始施工，截至 2004 年 1 月开挖至 1245m 高程。开挖后坡形总体特征为：剖面上，呈上缓下陡的凸形坡，大体以 EL. 1380m 为界，1380m 以上，平均坡度为 33°，1380m 以下平均坡度一般在 39°~41°，局部达 60°。平面形态为凹形坡，大体以 3-3′剖面为界，以北坡面走向为 N20°~25°W，以南坡面走向为 N5°~20°E。

从开口线 EL. 1640m 开始到 EL. 1245m 供料平台，开挖边坡高度达 395m。开挖退坡深度，EL. 1380m 以上较为均匀，以下则随高程降低，退坡深度逐渐加大，至 EL. 1245m，最大水平退坡深度达 70 余米。

15. 2. 2　堆积体物质组成与结构特征

饮水沟堆积体的物质组成、结构、基覆界面形态十分复杂。根据前期地勘资料、边坡开挖及排水洞揭露，从物质组成上，堆积体包括了以下三种成因类型：一是分布于堆积体底部基覆界面附近的坡洪积层；二是崩坡积；三是倾倒（坠覆堆积）。

坡洪积（接触带土）：接触带土体厚度一般为 0. 15~8.05m，最厚可达 12. 16 m。其物质以坡积层为主，成分主要为砾石、粉砾和沙砾，局部地段分布有洪积层。在空间分布上成层性相对较差，厚度变化较大，在下伏基岩面地形相对较陡处，接触带土体较薄，在下伏基岩面地形低洼处,接触带土体厚度相对较大,甚至有部分洪积物分布。接触带土体细粒物质含量亦有一定的差别,其细粒含量最小为6%,最大可达33%,一般为15%~27%。

崩坡积:主要是褐黄色由块石和孤石(3~5m)夹碎石质砂壤土、砂质粉土(碎石含量20%~40%)或碎石组成,结构较为紧密。主要分布于 EL.1440m 以下的区域,而在 EL.1440m 以上,主要分布于(饮水沟)沟心附近(堆积体上游侧)。块石、孤石、碎石成分为强风化(局部弱风化)黑云花岗片麻岩。从粒度组成上看,具有靠北侧较细、靠南侧较粗;高高程部位较细(块石、孤石呈悬浮状)、底高程部位相对较粗的特点。自高向低(高程),孤石、块、碎石含量变化大体为:EL.1580m 以上,<5%;EL.1560~1580m,5%~15%;EL.1540~1560m,30%~50%;EL.1500~1540m,60%~70%;EL.1500m 以下,一般在20%~40%,局部达到60%。

倾倒(坠覆)堆积:从表观上看,这种堆积结构像是基岩,又像是堆积物。实际上,这种堆积是弯曲倾倒变形(变位)岩体进一步发展演化的结果,属于"变位不大的堆积"或"原地堆积"。它既不同于"有根的"倾倒变形(变位)岩体,也不同于通常意义上的、"混合较充分的"崩(坡)积。应当说,这种堆积结构目前在整个枢纽区的第四系堆积中还不多见,属于一种比较特殊的堆积结构。其显著特征是:虽然内部岩块之间有相对变位、较显著的松动及架空、并填塞少量的碎石质砂壤土(相对于倾倒变形岩体、基岩)现象,但是,原岩结构即成层性保存较好,不同块度(粒度)的物质之间缺乏较充分的混合,软弱结构面的连续性保存较好,在开挖边坡坡面上常常可见延伸较长的小断层、挤压带(面)。

这种堆积之所以能够形成,并在经历漫长的地质历史后能得以就地保存下来而未进一步解体,至少需要具备两个基本条件:一是较平缓的地形,即倾倒变形岩体的前缘发育有坡度不大的缓坡平台;二是倾倒变形岩体中发育有一定的中缓或中陡倾角的结构面。应当说,这两种条件在饮水沟地区都是具备的。进一步分析,这种堆积结构在一定条件下具有相对较好的自稳能力。

根据现场调查分析,这种堆积结构主要分布于饮水沟 EL.1440m 以上的大部分地区(图15.1~图15.3)。此外,在饮水沟 EL.1290~1310m、EL.1245~1250m 高程靠下游侧等局部地段也有分布。

15.2.3　基覆界面及下伏基岩特征

饮水沟堆积体不仅厚度较大,而且下伏基岩面形态也较为复杂。显然,基岩面的形态与岩性、结构、河谷发育以及表生改造作用等因素有关。据地形地貌、地质条件、勘探、物探及开挖揭露情况等资料综合分析,在堆积体分布范围内上部,其下伏基岩面总体为一顺 F_7 断层发育的近"U"型的槽地。在高高程部位(大体高程1460m 以上),该槽地深度可能较浅,北侧与一总体向北、向西方向倾斜的基岩缓坡平台相接。槽地的纵向坡度,在高高程部位相对较平缓(估计平均坡度为15°~20°),以下纵向坡度相对较陡,基岩面平均坡度约25°~30°。

基岩面发育深度列于表15.1中。

表 15.1　饮水沟堆积体 EL.1245m 以上基岩面水平埋深 （单位：m）

高程	2-2′剖面	3-3′剖面	CZ-CZ′剖面	4-4′剖面
EL.1500	180~200**	100~110**	0	0
EL.1460	110**	48	50	0
EL.1420	42~45	62	60	16~20
EL.1380	85	70	50	58
EL.1350	62*~70	55*	47*~65	50*
EL.1310	50*	48*	49*	47*~56

注：标 * 的数值根据昆明院 2004 年 3 月 17 日提供的剖面。标 ** 的数值系推测值

堆积体分布区域下伏基岩及周围地区出露的基岩，主要为 M^{V-1} 层黑云花岗片麻岩夹薄层状、透镜状片岩。该层黑云花岗片麻岩，厚约 400 余米，分布于左岸龙潭干沟至狗崖子沟一带。饮水沟堆积体平面上位于该套岩层的南段。

M^{V-1} 层产状为：近东西向/直立。该套岩层中片岩夹层较为发育。根据现场调查，片岩厚度变化较大。片岩厚度，薄者仅数厘米，厚者达 2~3m，一般为 20~50cm。片岩间距变化也较大，在堆积体南侧基岩边坡中，片岩平均间距较大，一般为 9~14m，最大达 18m；而在饮水沟的北坡（堆积体北侧）中，片岩间距较小，例如，在左岸 0# 梁下游侧高线路内边坡，片岩间距仅为 2m。上述片岩夹层的存在为顺层小断层、挤压面（带）的发育，为边坡的倾倒变形以及进一步的演化奠定了物质基础。

边坡区规模最大、坝区规模最大的断裂为 F_7 断层。属 II 级结构面。它沿近 EW 向饮水沟的沟心展布，即位于饮水沟堆积体上游侧。由于堆积物覆盖，目前在开挖坡面上未见出露。根据前期地勘，F_7 断层产状为 N80°~90°E/NE∠80°~82°，破碎带宽度一般 3.8~5.0m，影响带宽度可达 20~30m。

边坡区小断层、挤压带（面）较为发育。按发育规模，多属 IV 级结构面，少部分为 III 级结构面。它们多沿片岩发育，厚度、间距变化均较大。厚度一般为 20~50cm，薄者仅数厘米，厚者达 2~3m；其间距一般为 9~14m，最大达 18m。

边坡区基岩中节理、裂隙的发育总体具有 "陡强缓弱" 的特点，即 SN 向陡节理或近 EW 向陡节理（层面节理）发育较强，而近 SN 向缓倾（坡外）节理发育较弱。

堆积体（包括坠覆堆积）下伏基岩的卸荷、风化较为强烈。这是饮水沟堆积体边坡区别于其他堆积体边坡的一个重要特征。下伏基岩的卸荷破裂，多系沿近 SN 向陡节理发育而成。从强卸荷底界的发育深度看，以 1460m、1500m、1378m 高程卸荷较强烈，1420m 高程较弱。接近基覆界面的下伏基岩，总体属弱风化，局部属强风化。强风化具有夹层风化的特点。

15.2.4　水文地质条件

前期勘探成果表明，堆积体物质成分主要为块石和碎石，且存在不同程度的架空现象，透水性强。而其底部的接触带大部分土层颗粒相对较细，且较密实，透水性微弱，具有相对隔水层特征，但空间分布不均匀，局部为透水性强的碎石层，所以，该相对隔水层在空间上分布不连续。

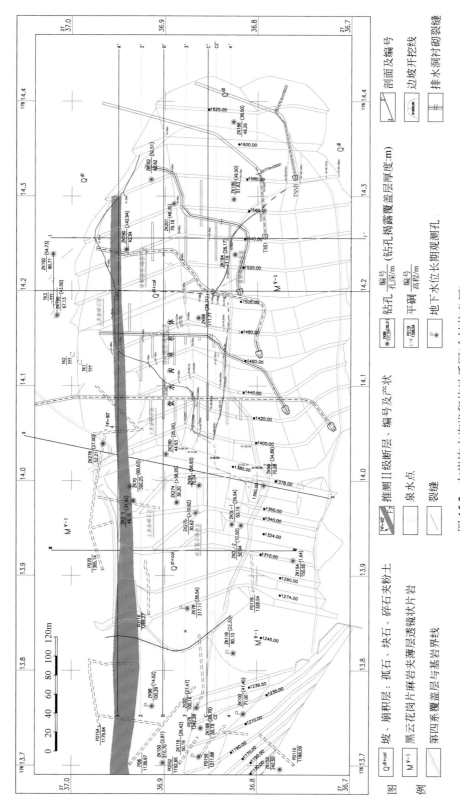

图 15.2　左岸饮水沟堆积体地质图（含结构分区）

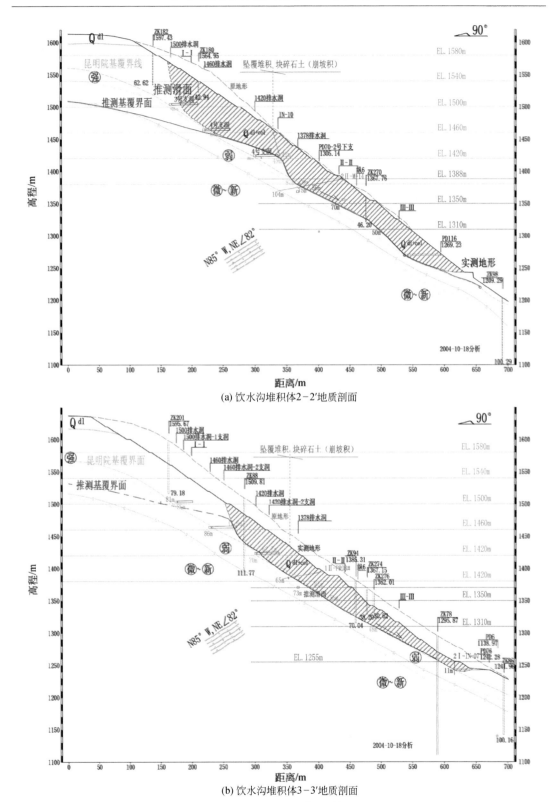

(a) 饮水沟堆积体2-2′地质剖面

(b) 饮水沟堆积体3-3′地质剖面

图 15.3　饮水沟堆积体地质剖面

由于堆积体透水性较强，雨水入渗后堆积体能很快下渗，至接触带附近往往形成非连续的上层滞水，且水层厚度也不均匀。如 PD76#（EL. 1242.8m）中，在基岩面上的土层常年有地下水流出，最枯流量为 2～5L/min，雨季最大流量 10～15L/min。PD116#（EL. 1269m）中，地下水流出量为 1～3L/min。对堆积体部位的 ZK98、ZK116 中揭露的上层滞水，进行了 4～6 年的长期观测。其中，ZK98 中的上层滞水厚度一般为 0.22～4.2m，年变幅为 2.86～3.57m；而 ZK116 中的上层滞水在 1994 年 10 月竣工以后的半个水文年内，水层厚度一般为 0.9～1.9m，年变幅为 1m，从 1996 年开始，地下水位下降至基岩顶面以下，位于基岩面以下 0.08～2.78m。地表调查可见，这些上层滞水未在堆积体前缘部位山坡上出露，大部分汇入现代饮水沟中或补给下伏基岩裂隙水。

在中上部开挖坡面上，偶见渗水点。而在中下部坡面上，渗水点较多，甚至有泉点分布。其中，1265m 高程附近有 3 个泉点，流量稳定，总流量约 12～15L/min。总体上，开挖坡面上的渗水点多分布在堆积体下游侧。目前施工的排水洞主要位于基岩面附近，个别支洞深入到堆积体中。排水洞内局部洞段潮湿，可见滴水和渗水现象。

堆积体下部基岩中的裂隙水水面一般位于基岩面以下 19～58m，但 ZK70 中的基岩裂隙水高于基岩面 2.67m。

15.2.5　地震

根据国家地震局地质研究所复核，坝区地震基本烈度为Ⅷ度，基岩峰值水平加速度为 0.169g（100 年超越概率 10%）。堆积体支护工程设计中，地震系数取 0.042。

15.3　饮水沟堆积体边坡变形监测成果分析

15.3.1　监测布置与分区

饮水沟堆积体自 2003 年 5 月开始，随着施工的进行，陆续布置并实施了部分监测设施（包括表观测量、测斜孔观测、多点位移计观测、测缝计观测、锚索测力计观测）。自 2003 年 11 月 17 日边坡出现明显变形以来，监测设施（点）数量逐渐增多（特别是 2004 年 2 月初以来），至目前（2004 年 4 月 12 日），基本上形成了较完善的监测体系（尤其是表观监测）。其中，表观位移测点近 40 个，测斜孔 10 余个，锚索测力计 30 余支。它们为分析开挖边坡变形失稳模式与稳定性、边坡支护设计优化、安全预警预报等提供了大量的信息。

为叙述方便，根据地形和高程变化，可将堆积体分为以下 7 个区域（图 15.4）：①变形Ⅰ区：1480m 以上上游跌水槽上游侧；②变形Ⅱ区：1480m 以上上游跌水槽下游侧；③变形Ⅲ区：1380～1480m 上游跌水槽上游侧；④变形Ⅳ区：1380～1480m 上游跌水槽下游侧；⑤变形Ⅴ区：1245～1380m 上游跌水槽上游侧；⑥变形Ⅵ区：1245～1380m 上游跌水槽下游侧；⑦变形Ⅶ区：1245m 供料平台，观测表明无明显位移，变形Ⅶ区是稳定的。

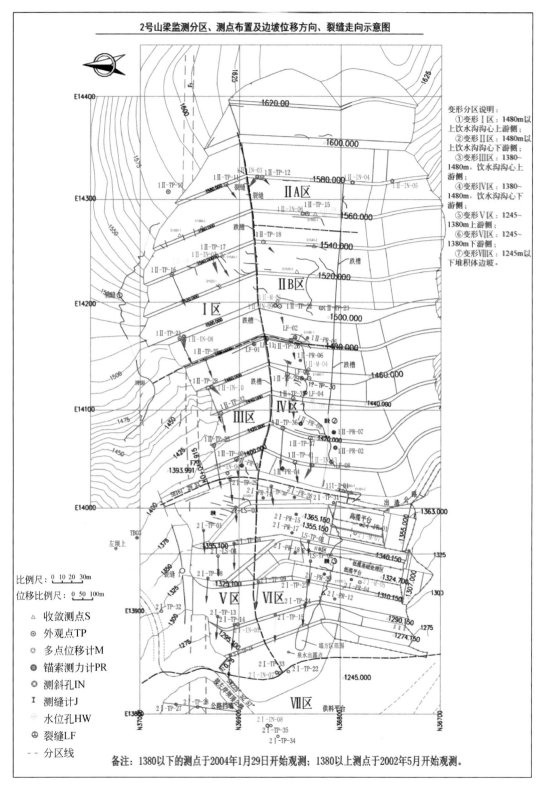

图 15.4　饮水沟堆积体边坡监测布置图

15.3.2　表观监测成果分析

1. 位移总量特征

图 15.5 为饮水沟堆积体各表观测点总位移过程线。

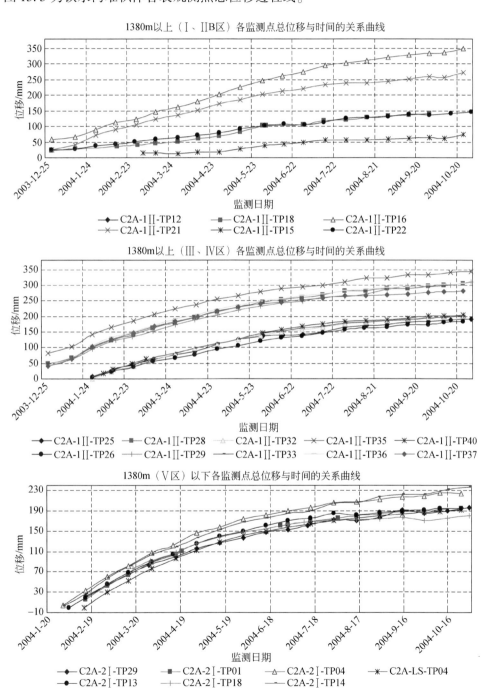

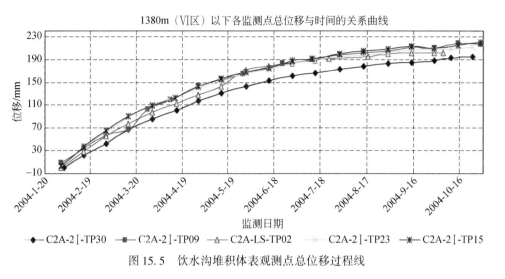

图 15.5　饮水沟堆积体表观测点总位移过程线

截至 2004 年 10 月底，观测到的最大变形点为Ⅰ区 1540m 的 1Ⅱ-TP16，其次是Ⅲ区 1420m 的 1Ⅱ-TP35，位移总量分别为 349mm 和 345mm。考虑到 1380m 以下坡体在 1 月份以前已产生的变形，估计堆积体的最大位移量超过 400mm。

各测点除表现为向临空面的水平位移外，同时存在下沉现象，总体上，水平位移大于垂直位移；在同一纵剖面，除 1Ⅱ-TP16 以外，随高程增加坡体的变形总量减小，说明坡体在总体上具有牵引变形的特点；在同一高程，以跌水槽为界，上游侧的变形大于下游侧，但上下游位移差异值与位移总量相比不是太大，坡体的整体变形特征是明显的（表 15.2）。

表 15.2　不同高程各测点位移总量统计（截至 2004 年 10 月底）

高程/m	上游侧测点位移			下游侧测点位移			测点号	初测时间
	H/mm	V/mm	S/mm	H/mm	V/mm	S/mm		
1580	—	—	—	87	53	102	1Ⅱ-TP12	2003-2-12
1540	—	—	—	119	74	140	1Ⅱ-TP18	2003-3-26
1540	313	153	349	—	—	—	1Ⅱ-TP16	2003-3-26
1500	224	152	271	—	—	—	1Ⅱ-TP21	2003-11-15
1500	—	—	—	133	63	147	1Ⅱ-TP22	2003-6-8
1460	263	157	306	—	—	—	1Ⅱ-TP28	2003-8-27
1460	—	—	—	260	168	309	1Ⅱ-TP29	2003-11-15
1420	292	184	345	—	—	—	1Ⅱ-TP35	2003-8-27
1420	—	—	—	257	163	304	1Ⅱ-TP36	2003-11-15
1380	175	90	196+143	—	—	—	2Ⅰ-TP29	2004-2-2
1380	—	—	—	150	124	195+106	2Ⅰ-TP30	2004-2-2
1355	207	84	223+143	—	—	—	2Ⅰ-TP04	2004-1-30
1295	218	93	237+143	—	—	—	2Ⅰ-TP14	2004-1-30
1295	—	—	—	212	54	219+106	2Ⅰ-TP15	2004-1-30

注：H 为水平位移，V 为垂直位移，S 为合位移；"+"号后的数据为初测时间差异所作的修正

2. 变形性质及空间分布特征

表 15.3 为相同时段部分测点的变形增量统计结果。可以得出以下结论。

EL. 1460m 以上坡体：在横向上的变形差异不大；从纵向看，随高程降低，变形略有增加。横向和纵向变形的差异，与统计时段变形总量比较都是非常小的（占 7% ～ 12%），表明 EL. 1460m 以下坡体变形的整体协调性很好，并兼具牵引性质。可划分为一个区域，即整体滑移区。

EL. 1460m 以上坡体可分为两个部分：一是，EL. 1460m 以上、斜向裂缝带以下的区域，变形量随高程增加有明显增大趋势，具有推移性质；位移矢量方向与倾伏角随时间逐渐变化；坡体内具有明显滑面。这些与 EL. 1460m 以下坡体变形有明显差异。属局部滑移区。二是，EL. 1460m 以上、斜向裂缝带以上的区域，该区变形量总体较小，且坡体内无滑面，属变形影响区。

表 15.3　不同高程各测点同时段位移增量统计（2004 年 2 月初～2004 年 9 月底）

高程/m	上游侧测点位移			下游侧测点位移			测点
	H/mm	V/mm	S/mm	H/mm	V/mm	S/mm	
1580	—	—	—	67	33	73	TP12
1540	—	—	—	96	57	111	TP18
1540	226	94	243	—	—	—	1Ⅱ-TP16
1500	152	110	187	97	27	98	TP21/TP22
1480	156	97	184	169	43	175	TP25/TP26
1460	168	98	195	166	110	199	TP28/TP29
1440	166	106	197	159	111	194	TP32/TP33
1420	172	85	190	161	109	194	TP35/TP36
1400	170	106	200	160	112	195	TP40/TP41
1380	170+8	73+2	185+9	145+8	121+4	189+8	2Ⅰ-TP29/30
1370	169+11	82+5	188+13	—	—	—	2Ⅰ-TP01
1355	204	81	220	—	—	—	2Ⅰ-TP04
1345	169+30	79+13	186+33	—	—	—	LS-TP04
1325	—	—	—	194	50	201	LS-TP02
1325	—	—	—	198	67	209	2Ⅰ-TP09
1300/1310	179+11	69+5	192+12	198	65	208	2Ⅰ-TP13/23
1295	209	74	222	206	34	209	2Ⅰ-TP14/15

注："H""V""S"意义同前；"+"号后的数据为初测时间差异所作的修正

根据上述变形分区对各测点位移矢量方向进行统计，结果见表 15.4。可以得出以下结论。

位移方位角：①EL. 1380m 以下（Ⅴ-Ⅵ区），位移方向非常接近，基本上在 270° ～ 277°，平均值为 273°，位移方位的一致性非常高，这也表明此区坡体变形的整体协调性

好；②EL. 1380 ~ 1480m（Ⅲ-Ⅳ区）：位移方向在 260° ~ 270°，平均为 265°（不包括
1460m 高程上游侧的 TP28 测点）；③EL. 1480m 以上的局部滑移区（含 EL. 1460m 的 TP28
测点），滑动方位角非常一致。在变形初期，位移方位角在 180°~200°，即朝 S 或 S20°W 方
向滑动；随变形发展，位移方向朝 W 发生顺时针扭转，在 2 ~ 3 个月后最后稳定在 243° ~
249°，平均 247°。

位移矢量倾伏角：①EL. 1480m 以下区域：位移矢量倾伏角随高程增加而增大，
EL. 1295m 为 15° ~ 17°；EL. 1300 ~ 1310m 为 20°；EL. 1325 ~ 1380m 为 21 ~ 25°；EL. 1400 ~
1460m 为 32° ~ 36°；②EL. 1480m 以上的局部滑移区：伴随着滑移方向的顺时针扭转，位移
矢量倾伏角由 50°→30°变化。

表 15.4 不同高程各测点位移矢量的方向统计（2003 年 3 月 31 日）

高程/m	上游侧测点位移		下游侧测点位移		备注
	方位角 N/(°)	倾伏角 α/(°)	方位角 N/(°)	倾伏角 α/(°)	
1580	232	10	228	46	TP11/TP12
1540	236	29	224	35	TP17/TP18
1540	246	30	—	—	1Ⅱ-TP16
1500	243	34	259	32	TP21/TP22
1480	249	30	260	21	TP25/TP26
1460	249	31	266	32	TP28/TP29
1440	262	34	269	36	TP32/TP33
1420	260	35	273	32	TP35/TP36
1420	—	—	269	45	1Ⅱ-TP37
1400	—	—	263	35	1Ⅱ-TP41
1380	264	23	265	42	2Ⅰ-TP29/30
1370	267	23	—	—	2Ⅰ-TP01
1355	271	20	—	—	2Ⅰ-TP04
1345	270	25	—	—	LS-TP04
1325	277	24	—	—	LS-TP02
1325	275	21	273	22	2Ⅰ-TP08/TP09
1300/1310	276	20	276	20	2Ⅰ-TP13/TP23
1295	274	17	271	15	2Ⅰ-TP14/TP15

3. 变形阶段与变形速率

总体上，按变形速率变化，饮水沟堆积体的变形过程可划分为五个阶段。以Ⅲ区 TP-
28# 为例，这五个阶段的起讫时间及速率如下：①变形启动阶段（2003 年 11 月 17 日 ~
2004 年 1 月 13 日），速率为 1 ~2mm/d；②变形快速发展阶段（2004 年 1 月 13 日 ~1 月
31 日），速率为 2 ~3mm/d；③均匀蠕滑阶段（1 月 31 日 ~5 月 6 日），速率为 1 ~2mm/d；
④变形趋稳阶段（5 月 6 日 ~7 月下旬），速率为 1 ~ 0. 3mm/d；⑤基本稳定阶段（7 月下
旬以来），速率<0. 3mm/d。

不同高程的坡段，上述各变形阶段的开始时间则存在一定差异，总体上说，随着高程

的增加，具有一定的滞后趋势。具体特征如下。

（1）变形速率的空间变化：随高程增加，同时段的变形速率呈减小的趋势；同一高程，在 1480m 以上，上游侧坡体的变形速率大于下游侧坡体，但 1480m 以下，这种差异不明显。

（2）变形速率的时间变化：2 月份以来，速率逐渐减小，总体呈明显的减速蠕变特征。其中，2004 年 5 月份开始，速率明显减小，EL. 1480m 以下，速率降至<1mm/d；10月份速率进一步降至 0.2～0.3mm/d，已达到基本稳定状态。这说明已实施的抢险锚索正在逐步发挥作用，坡体变形逐渐向稳定方面发展。

EL. 1480m 以下，变形速率的减缓以低高程部位相对明显。亦即上部坡体对下部坡体的变形反应存在时间上的滞后，当下部坡体已经趋向稳定时，上部坡体的变形可能在随后的一段时间内仍在发展。

局部滑移区：速率的变化趋势与 EL. 1480m 以下相似，但是减小的较慢，10 月份速率仍有 0.5mm/d。

15.3.3　测斜孔监测成果分析

饮水沟堆积体内埋设有十多个测斜孔，但目前能明显反映坡体变形特征的测斜孔仅有3 个：1Ⅱ-IN-08（Ⅰ区 1500m 高程，与表观点 1Ⅱ-TP21 邻近）、1Ⅱ-IN-13（Ⅳ区 1400m马道下游侧，与表观点 1Ⅱ-TP41 邻近）及 2Ⅰ-IN-07（Ⅵ区 1257m 高程下游侧，与 2Ⅰ-TP33 邻近）。

1）Ⅰ区 1Ⅱ-IN-08 测斜孔

从位移-孔深曲线看（图 15.6），孔深 25.5m 处有一个明显的位移突变点，具有滑面特征。截至 2004 年 10 月底，孔口合位移在 50mm 左右，明显小于邻近表观点 1Ⅱ-TP21 同时段的水平合位移增量（224mm），可见 25.5m 处的滑面仅为一个次级滑面，结合该测孔恰位于 F_7 断层带内，因此该部位的主滑面应比 45m 深，可能形成一个深槽。从次级滑动的合位移方向看，接近 260°～270°，与邻近表观点观测的位移方位角相差近 20°，但与下方的整体滑移区的位移方向基本一致。

2）Ⅳ区 1Ⅱ-IN-13 测斜孔

1Ⅱ-IN-13 测斜孔位于Ⅳ区 1400m 高程，靠近整体滑移区的下游边界，邻近 1Ⅱ-TP41表观点，测孔所在部位为倾倒坠伏堆积。

从孔深-位移曲线看（图 15.7），滑带位于孔深 32～37.5m（高程为 1362.5～1368m）处，滑带厚 5.5m，其位错量占孔口总位移的 80% 以上，主要集中在 A 向（顺坡向），B向位移很小。从初测到至 2004 年 4 月 11 日，孔口合位移为 68mm，与邻近表观点 1Ⅱ-TP-41 同时段的水平合位移增量（82mm）大体接近，表明该测孔孔底不存在另外的滑移界面。

从滑带位错-时间关系看，位错曲线非常光滑，发展趋势非常明显。从初测到 2004 年4 月 11 日，滑面位错速率介于 0.19～1.11mm/d，平均值为 0.62mm/d。其中，2004 年 2

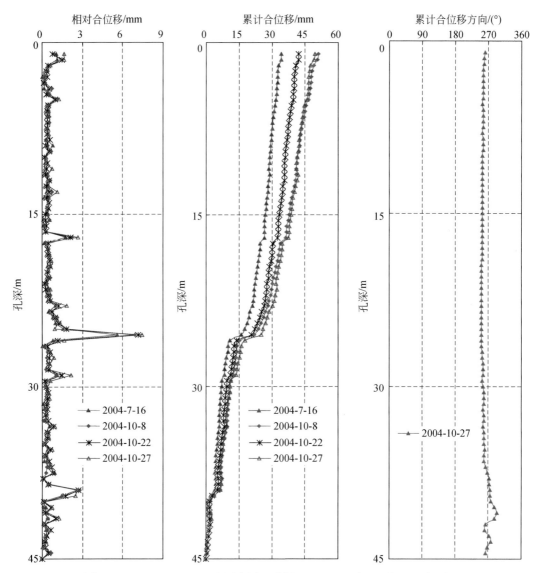

图 15.6　Ⅰ区 1Ⅱ-IN-08 监测成果（孔深 45m，2003 年 10 月 11 日初测）

月份位错速率为 0.62mm/d，3 月份为 0.55mm/d，4 月上旬为 0.39mm/d，位移加速度为 −0.0098mm/d^2（图 15.8）。4 月中旬，我们据此推测该部位坡体进入基本稳定状态的时间是 6 月中旬左右（4 月 12 日后 49～60 天），这一预测与实际情况基本一致。

3）Ⅵ区 2Ⅰ-IN-07 测斜孔

2Ⅰ-IN-07 测斜孔位于Ⅵ区 1257m 高程，靠近整体滑移区的下游边界和前缘，邻近 2Ⅰ-TP33（3 月 31 日初测）、2Ⅰ-TP15 表观点。测孔所在部位为块石孤石堆积。

从位移–孔深关系看（图 15.9），孔深 10～13m（高程为 1244～1247m）处出现明显滑面，滑带厚度 3m。从初测到 4 月 11 日，孔口合位移为 45.8mm，与上方 1295 马道的 2Ⅰ-

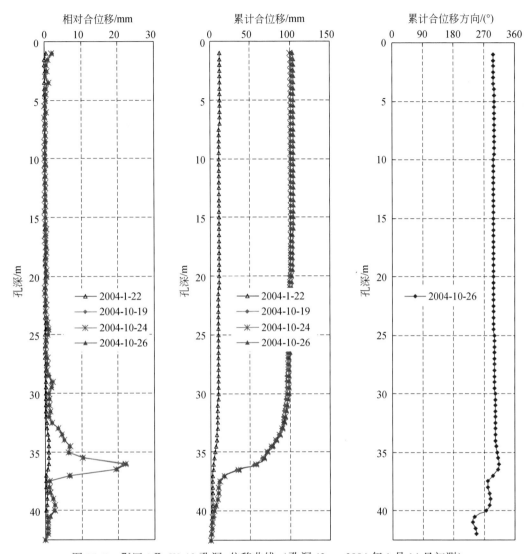

图 15.7　Ⅳ区 1Ⅱ-IN-13 孔深–位移曲线（孔深 42m，2004 年 1 月 14 日初测）

TP15 表观点同时段的水平位移增量（58.2mm）接近，表明孔底以下没有另外的滑移面。结合 1245m 平台上的测斜孔没有滑面显示，说明前缘剪出口可能呈反翘形态。

从滑带位错与时间关系（图 15.10）看，低速均匀蠕滑变形延续到 2004 年 3 月 31 日，从 4 月 1 日起变形速率减缓，位错曲线有明显拐点，速率降低的趋势比上部的 IN-13 更显著。由于变形的启动过程具有牵引特点，变形的抑制过程也是从低高程逐步向高高程扩展。4 月中旬，我们根据 IN-07 的位错资料预测，从 4 月 12 日开始，此部位达到基本稳定所需的时间为 25 ～ 36 天，即 1380m 以下坡体在 5 月中旬前达到基本稳定，这也为坡体后续的实际变形过程所证明。

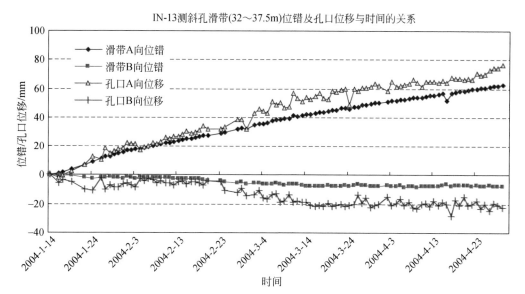

图 15.8　Ⅳ区 1 Ⅱ-IN-13 孔口位移、滑带位错-时间关系（截至 2004 年 4 月底）

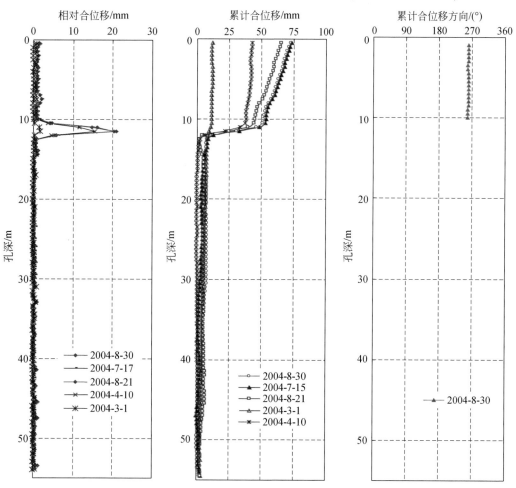

图 15.9　Ⅵ区 2 Ⅰ-IN-07 孔深-位移曲线（孔深 55m，于 2004 年 2 月 28 日初测）

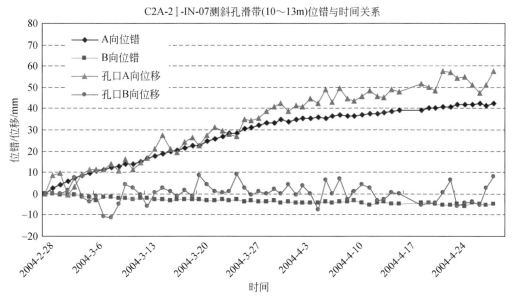

图 15.10 Ⅵ区 2 Ⅰ-IN-07 孔口位移、滑带位错–时间关系（截至 2004 年 4 月底）

15.3.4 多点位移计监测成果分析

目前在堆积体变形范围内，可反映坡体变形的有 2 支多点位移计：一支为位于 1500m 马道上方靠近下游侧的 1Ⅱ-M-01，另一支为位于 1388m 高程靠近上游侧的 2Ⅰ-M-14。现简要分析如下。

1）1Ⅱ-M-01 位移计

位移计 1Ⅱ-M-01 于 2004 年 1 月 10 日初测，图 15.11（a）为 1Ⅱ-M-01 的测点位移及位移速率与时间关系、位移与孔深的关系。可以得出以下结论。

各测点位移随时间持续增加，但变形总量不大，在 9 个月的时间内表面点变形仅 32mm。从位移速率看，2004 年 1 月的速率最大，与下部坡体的快速变形阶段一致；随后变形速率随时间有所减小，与低速蠕滑和趋稳阶段对应。目前，坡体的位移速率小于 0.1mm/d，可认为已进入基本稳定阶段。

从位移与钻孔深度的关系看：坡体以表面点位移最大，随深度增加，位移减小，但 3m 处的位移与表面点非常接近，在 14m 处测点的位移明显减小，25m 处位移甚微，这种变形特征与岩体受开挖影响产生卸荷回弹的变形特征是一致的。在钻孔范围内无明显的滑面出现，可见此部位坡体不属于堆积体整体滑动的范围，其变形是受下部坡体滑动的影响，故将此部位划分为变形影响区是合适的。

M-01 位移计的测值明显小于同部位的表观测点的值，从 2004 年 1 月 4 日到 9 月 30 日，M-01 位移计的表面点变形为 32mm，而表观点 TP-22 的水平位移增量为 106mm，这是由于位移计的观测值为坡体水平位移在钻孔轴线方向的分量，另外，从其他工程资料看，

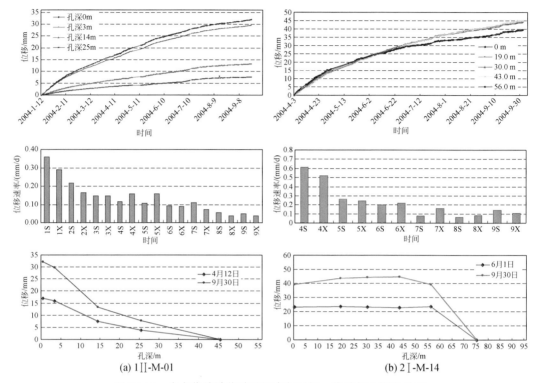

图 15.11　多点位移计位移及速率与时间、位移与孔深的关系

内观值也是通常小于外观值的，因内观一般假定某一深度的测点为不动点，测值为相对值，而外观测值为绝对值。

2）2Ⅰ-M-14 位移计

位移计 2Ⅰ-M-14 从 2004 年 4 月 3 日开始观测。图 15.11（b）为测点位移及位移速率与时间关系、位移与孔深的关系。可以得出以下结论。

各测点位移随时间持续增加，2004 年 4 月速率最大，超过 0.5mm/d，对应于坡体的低速均匀蠕滑阶段；4 月 30 日开始作为转折点，位移速率明显降低，对应坡体的趋稳阶段；目前变形速率很低，小于 0.1mm/d，坡体已处在基本稳定阶段，但变形并未完全停止。

从位移量看，孔口变形已达到 40mm，而 2Ⅰ-TP29 测点在同时段的水平位移增量为 90mm，仍表现为内观值小于外观值。2Ⅰ-M-14 为利用原锚索钻孔，钻孔与水平面有较大的夹角，实际上，位移计监测到的变形仅为坡体变形在钻孔轴线的投影，故此部位的位移计测值小于表观点的测值是正常的。

从位移与孔深关系看，56m 以外的 5 个测点基本同步位移，表明坡体呈整体滑移状态，判断此部位滑面的水平埋深大于 56m，但小于 75m（不动点）。在初期，5 个测点的位移差异不大，后期在锚索作用下，表面点的位移值小于内部点，表明锚索支护使堆积体内部产生了压缩变形。

由于堆积体的流变性和支护发挥作用的"牛皮糖"模式，预计坡体要达到完全稳定（如位移速率小于0.03mm/d）还需要一段时间，但此部位坡体向稳定方向的发展趋势是确定的。

15.3.5 锚索测力计监测成果分析

前述变形减速发展过程是伴随着应急抢险锚索的逐步实施而出现的。分析锚索荷载变化过程及其与变形过程之间的关系，不仅可以了解锚索的加固机理，而且有助于建立在抢险状况下的安全预警指标。

饮水沟堆积体边坡中共安装了30余支锚索测力计。从锚索荷载–时间关系看，大体有三种情况：

一是，随着坡体变形发展，锚索荷载持续地、显著地增长。典型代表如1Ⅱ-PR04、1Ⅱ-PR06、1Ⅱ-PR08、2Ⅰ-PR25锚索测力计，其中1Ⅱ-PR04测力计因荷载过大，已于2004年4月初失效。它们总体处在堆积体的下游侧（Ⅱ、Ⅳ、Ⅵ区），初步分析荷载随坡体变形而增长，与内锚段位于较完整基岩内有关。

二是，锚索安装后的初期，锚索荷载有小幅增长，随后则表现为波动或波动衰减的特征。典型代表如2Ⅰ-PR-26、2Ⅰ-PR17、2Ⅰ-PR14锚索测力计。初步分析，这种特征可能与内锚段基岩较差，注浆体与孔壁之间的"黏滑振荡"有关。

三是，锚索安装后，荷载持续发生衰减。典型代表如位于Ⅴ区2-2剖面附近1388m高程的2Ⅰ-PR13锚索测力计。初步分析，荷载持续衰减可能与内锚段大部分位于堆积体内部有关。

上述代表性锚索测力计的参数列于表15.5中。

表15.5 部分锚索测力计的基本参数

编号	高程	监测分区	张拉时间	锁定荷载/kN	目前荷载/kN	张拉段长/孔深/m	备注
1Ⅱ-PR05	1481	Ⅱ	2004-2-18	617.8	743	31.2/35	初期增加，后期波动
1Ⅱ-PR06	1470	Ⅳ	2004-3-12	926.5	1188	36.9/40	荷载持续增加
1Ⅱ-PR08	1420	Ⅳ	2004-3-8	902.6	1253	36.9/40	荷载持续增加
1Ⅱ-PR04	1396	Ⅳ	2003-11-21	1035.8	1350☆	41.5/46	☆已失效
2Ⅰ-PR26	1375	Ⅵ	2004-3-20	1565.7	1677	69.4/75	初期增加，后期波动
2Ⅰ-PR25	1320	Ⅵ	2004-2-3	615.1	1314	26.3/30	荷载持续增加
2Ⅰ-PR13	1388	Ⅴ	2004-4-4	1638.3	1298	66.9/75	荷载持续松弛
2Ⅰ-PR14	1388	Ⅵ	2004-4-18	1719.2	1694	53.2/60	初期增加，后期松弛
2Ⅰ-PR17	1350	Ⅵ	2004-3-25	1677.9	1680	54.7/60	初期增加，后期波动

进一步分析观测锚索荷载增长过程与变形过程之间的关系发现，第一种情况中的锚索、第二种情况中荷载增长明显的锚索，它们的荷载增量与邻近表观点所显示的位移增量之间存在高度线性相关（图15.12）。通过线性回归，可以得到锚索荷载变化与拉伸量的

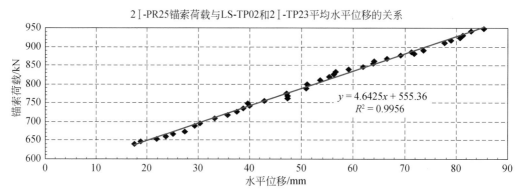

图 15.12　锚索荷载与附近表观点水平位移变化的关系

比值 K_{PU}，它表示锚索钢绞线每产生 1mm 的伸长时锚索荷载的增加值。从理论上讲，当锚索点位移值准确、锚索轴线相同且坡体位移矢量方向一致、钢绞线的材质相同时，则，自由段长度 $L \times K_{PU}$ 值 $\approx$ 常数 C。例如，截至 4 月观测资料统计，有以下结果。

1Ⅱ-PR04：$L = 41.5\text{m}$，$K_{PU} = 2.41\text{kN/mm}$，$C = 100$

2Ⅰ-PR25：$L = 26\text{m}$，$K_{PU} = 4.64\text{kN/mm}$，$C = 120$

1Ⅱ-PR-08：$L = 36.9$，$K_{PU} = 3.70\text{kN/mm}$，$C = 136$

1Ⅱ-PR06：$L = 36.9\text{m}$，$K_{PU} = 2.75\text{kN/mm}$，$C = 101$

可见，C 值在 $100 \sim 136\ \text{kN} \cdot \text{m/mm}$，$C$ 值的差异可能是由统计的表观点与锚索点的位置差异等原因造成的。

15.4　饮水沟堆积体边坡变形阶段的判识与发展趋势预测

滑坡预警预报的前提是认为坡体的变形破坏过程具有阶段性。坡体变形和破坏的阶段不同，预报的类型和目标也会有所差异，选用的相应预报方法也会有所不同。处在不同变形阶段的滑坡，其距离整体破坏的时间也不相同，对尚未处在加速变形阶段的坡体，应预报进入加速阶段起始点的时间，并制定相应的判据；对已进入加速阶段的滑坡，则属于短期预报和临滑预报，目标为坡体整体失稳破坏的时间。对小湾水电站饮水沟堆积体而言，由于坡体已发生了整体变形，尽管在抢险加固后，目前坡体总体上处在基本稳定阶段，但环境条件（特别是强降水）的突然改变很可能使坡体进入加速变形阶段，从而导致坡体失稳。故仍有必要实时跟踪监测数据，对坡体变形阶段进行判别，根据变形阶段确定预报目标和使用方法；应建立一套行之有效的方法确定目前的变形发展阶段，再根据已有的监测资料并结合地质分析的宏观判断，制定下一阶段的预警判据，以保证工程的绝对安全。

15.4.1　变形阶段的判识

准确地判识坡体的变形发展阶段，对于预测是否有足够时间对坡体进行加固和采取什么工程措施，从而做到心中有数是非常必要的。从饮水沟堆积体开始变形以来，我们跟踪监测资料，已多次对其变形阶段进行定性和定量分析，并通报有关单位。判别坡体变形阶段的方法有两类。

1）地质定性判别

将变形观测资料与宏观地质分析结合，并考虑斜坡变形破坏阶段性的一般规律，对饮水沟堆积体的变形阶段进行定性综合判定：在 2004 年 2 月初，我们初步判断坡体处在滑坡发展的初期阶段，尚未进入加速，在外部条件没有大的诱发因素作用的情况下，对其进行抢险加固处理是有时间的。在 3 月中旬，根据锚索应力增加、坡体变形无明显抑制的现象，结合定量判别计算的 A 值，判断坡体处在较均匀的低速蠕滑变形阶段，有些微减速趋势，如果不能在近 3 个月内通过抢险加固使变形得到明显抑制，按当时速率并考虑变形总量限制和锚索失效，预计坡体进入加速变形阶段（不是临滑阶段）的时间在 6 月底~8 月底之间，强调了要在坡体变形未加速前通过加固使其达到初步稳定；3 月下旬我们判断饮水沟堆积体的变形处在正常的低速蠕滑阶段，根据对当时的监测资料分析，认为坡体的变形速率在 1480m 高程以下有明显减缓的趋势，判断坡体变形已开始向趋稳阶段转化；在 4 月中旬雨季来临前，根据对监测成果的分析研究，我们判断坡体处在变形趋稳阶段，在外部条件没有重大变化的条件下，坡体的变形速率会进一步减小，坡体的变形将向基本稳定阶段发展。变形的发展趋势取决于抢险加固锚索与地下水共同从相反的两个方面对坡体的稳定性施加影响，考虑到排水洞的施工会有效地降低地下水的作用，预计坡体变形向减速阶段发展并最终稳定的可能性要大一些。

目前，通过对监测成果的深入研究，认为整体滑移区和高高程的变形影响区处在基本稳定阶段，并将随时间向完全稳定阶段过渡，但上游侧的局部滑移区仍处在变形趋缓阶段而未达到基本稳定，应引起关注。

2）变形阶段的定量判定

观测数据经过滤波处理后，其随机波动性将大大降低，历时曲线变成了一条光滑曲线。当斜坡处于初始变形或等速变形阶段时，变形速度逐渐减小或趋于一常值；当斜坡进入加速变形阶段时，变形速度将逐渐增大。因此，可以根据滤波数据的切线角来判断斜坡所处的变形阶段，即用切线角的线性拟合方程的斜率值 A 进行判断。

若观测数据为等间隔时序：

$$A = \sum_{i=1}^{n} (a_i - \bar{a}) \left(i - \frac{(n+1)}{2} \right) \Big/ \sum_{i=1}^{n} \left(i - \frac{(n+1)}{2} \right)^2 \qquad (15.1)$$

若观测数据为非等间隔时序：

$$A = \sum_{i=1}^{n} (t_i - \bar{t})(a_i - \bar{a}) \Big/ \sum_{i=1}^{n} (t_i - \bar{t})^2 \qquad (15.2)$$

在式（15.1）和式（15.2）中，i（$i = 1, 2, 3, \cdots, n$）为时间序数；t_i 为监测累计时间；$\bar{t}$ 为时间 t_i 的平均值；a_i 为累计位移 $X(i)$ 曲线的切线角；$\bar{a}$ 为切线角 a_i 的平均值。a_i 由下式进行计算：

$$a_i = \arctan \frac{X(i) - X(i-1)}{B(t_i - t_{i-1})} \qquad (15.3)$$

式中，B 为比例尺度，即

$$B = \frac{X(n) - X(1)}{t_n - t_1} \tag{15.4}$$

由此，可作出斜坡变形阶段的判据：

　　$A<0$ 时，斜坡处于初始变形阶段；

　　$A=0$ 时，斜坡处于稳定变形阶段；

　　$A>0$ 时，斜坡处于加速变形阶段。

当然，$A=0$ 的情况是理论的，均匀蠕滑阶段的 A 值可能是零点上下的一个小值（如 ±0.5），当变形加速时，A 值会增大，当变形向减速阶段发展时，A 值会减小。

我们将测斜孔的位错监测成果和部分外观点的成果经回归或滤波处理后，按上述公式分别求 A 值，计算成果已用于对变形阶段的判断；如 2014 年 1 月底的 A 值略大于 0，表明坡体变形速率有增加，3 月中旬的 A 值为 -0.2，表明坡体变形速率稳定但有微小减小，详细的计算结果不再赘述。另外，上述公式中的位移曲线切线角也是边坡失稳预报的一个重要指标。

15.4.2　变形发展趋势预测

2004 年 4 月中旬提交的发展趋势预测：根据对监测成果的分析研究，坡体目前处在变形趋稳阶段，在外部条件没有重大变化的条件下，坡体的变形速率会进一步减小，坡体的变形将进入基本稳定阶段，其速率将低于 0.3mm/d。根据外观监测成果，推测从 4 月 12 日开始计算，1380m 以下坡体达到基本稳定所需的时间为 25~36 天；1380~1480m 的坡体达到基本稳定所需的时间为 49~60 天。即 1380m 以下坡体在 5 月中旬左右可达到基本稳定，1380~1480m 的坡体在 6 月中旬左右可达到基本稳定。1480m 以上靠近上游侧的坡体，可能需要更多时间达到基本稳定。根据倾斜仪的监测成果所作的推测与外观的基本一致，如根据 IN-7 测斜孔的位错速率、加速度所作的推测，Ⅴ~Ⅵ区下部如 1257m 高程可能在 15 天左右，即 4 月底达到基本稳定；根据 IN-7 测斜孔资料所作的推测，Ⅲ~Ⅳ区下部坡体达到基本稳定所需的时间为 41~49 天。

目前，整体滑移区和变形影响区的坡体已达到基本稳定状态，估计还需要 2~3 个月时间才能达到完全稳定的控制标准；局部滑移区的变形发展存在两种可能性。

（1）变形速率进一步减缓，在一段时间后达到基本稳定，然后逐步过渡到完全稳定；

（2）由于某种诱发因素的作用，坡体变形进入加速阶段，最后导致坡体失稳。

15.5　饮水沟堆积体边坡安全预警判据研究

滑坡根据其发育过程表现的特征不同，可分为两种类型：突然失稳型和渐进破坏型。前者指滑坡发生前无明显的宏观变形破坏迹象和前兆异常，滑坡发生的过程非常短促，如强烈地震、水位骤升骤降引发的滑坡，一般岩质滑坡或脆性介质中的滑坡多属此类型。后者的发育过程表现出比较明显的渐进破坏过程（饮水沟堆积体应属于此类），滑坡发生前一般在边坡表面或附近会出现局部破坏，即存在明显的滑坡活动迹象和前兆，包括变形速率变化及反映这种变化的变形曲线特征，地表及地下的各种宏观变形迹象及其他征兆，如岩土体位移、裂缝、后缘岩土体下挫、前缘鼓胀或挤压剪出、小崩小滑以及变形破坏、降水、地下水及泉水动态异常，地声、地热、地光和动物异常等。这些异常现象在临滑前表现直观，易于被人类捕捉，所以用于临滑预报十分有效。

　　由于滑坡具有较强的个性特征，它们各自都具有比较典型的变形迹象和明显的诱发因素，如滑坡裂隙、地下水变化、位移特征和降水情况等，这些预报参数的变化特征和诱发强度是不同的。因此，滑坡预报必须依据具体的滑坡和滑坡的不同滑动变形阶段，从滑坡的多种预测预报参数出发，运用滑坡的综合信息预报判据对滑坡进行一定时间尺度的预测预报。

　　在饮水沟堆积体边坡处在低速均匀蠕滑阶段时（如 2004 年 3～4 月期间），坡体变形发展的趋势可能在外部因素作用下朝两个不同的方向发展：①在抢险锚索及支护、排水洞排水等的共同作用下，坡体变形逐渐趋于稳定。随后的永久支护更增强了坡体的稳定性，使坡体变形完全停止。②在外部不利因素的突然作用下，如遇特大暴雨、地震等，或者支护集中失效，坡体有可能进入加速变形阶段，最后导致坡体失稳。

　　尽管目前坡体变形正朝趋于稳定的方向发展，但不利因素的影响是不确定的，有时是突然的，故还不能完全排除坡体失稳的可能。设定坡体在整体失稳前会有一个加速变形的阶段，我们需要知道进入加速变形前的一些定性和定量的判据，以便根据现场实测资料及时作出判断和决策。在确认进入加速阶段后，采取与之相适应的工程措施，避免和减小工程失事带来的损失。

15.5.1　定量指标的研究

1. 位移总量的控制指标研究

　　由于饮水沟堆积体目前的极限平衡状态主要靠外部荷载—锚索提供的支护力来维持。而锚索发挥作用是有条件的，即不能失效。锚索失效方式大致有三种：①锚索所受张力大于其钢绞线的极限抗拉强度，导致钢绞线拉断；②内锚段失效，当锚索荷载超过锚索与灌浆体的握固力或灌浆体与孔壁的凝聚力时，内锚段产生滑动而失效；③外锚段失效，由于荷载较大，外锚墩的基础发生破坏，导致锚索失效。

　　三种破坏形式都要求锚索荷载达到或超过某一极限荷载，当坡体下滑力大于抗滑力时，坡体以变形的方式进行调整，变形增大时锚索的荷载会增加，当荷载超过某个临界值后，锚索会失效，当失效的锚索较多，支护力明显减小后坡体会进入加速变形阶段，可见由锚索维系极限平衡状态的边坡是由变形总量控制的，亦即锚索在失效前所能承受的最大拉伸量，与锚索目前的荷载水平、可能的破坏方式及其极限荷载的大小、锚索荷载变化与拉伸量的比值 K_{PU} 有很大的关系。对单根锚索，此值应该是可以计算得到的，但边坡进入加速阶段或失稳并不是某根锚索所能控制的，它是全部锚索和支护结构共同作用的。也就是说，单根锚索的失效不会导致坡体稳定性有明显变化，但一定数量的锚索集中逐步失效，则可能导致坡体失稳。故对饮水沟堆积体而言，肯定有一个位移总量的控制，但要准确确定此值则是非常困难的，我们可用目前的观测锚索试尝解决这一问题，并考虑其他类似工程的资料。

在 2004 年 4 月，我们根据锚索测力计 1Ⅱ-PR-04 的破坏荷载 1350kN，对位移总量进行了估算：预测位移总量的参考起始时间为 2004 年 4 月 12 日，假设锚索的极限荷载为 1350kN，剩余荷载/K_{PU} 锚索破坏前还能承受的变形量 U。

按 1Ⅱ-PR-08 锚索计算，$U = 101$mm（PR08 的张拉时间：2004-3-8）

按 1Ⅱ-PR-06 锚索计算，$U = 140$mm（PR06 的张拉时间：2004-3-12）

按 2Ⅰ-PR-25 锚索计算，$U = 63$mm（PR25 的张拉时间：2004-2-3）

根据对锚索观测成果的分析，1Ⅱ-PR-04 锚索的破坏只是一个特例，180t 级的锚索荷载在内锚段深入下伏基岩后，即使由于内锚段的岩石质量较差，其产生"黏滑振荡"时的极限荷载也应在 1650kN 左右，故 2004 年 4 月的位移量估算值是偏于保守的。按 2004 年 10 月下旬的锚索荷载，取极限荷载为 1600kN，估算从 10 月底开始到上述三根锚索破坏时坡体还会发生的位移量为

按 1Ⅱ-PR-08 锚索计算，$U = 94$mm

按 1Ⅱ-PR-06 锚索计算，$U = 145$mm

按 2Ⅰ-PR-25 锚索计算，$U = 62$mm

PR-25 为最早完成的抢险锚索，若坡体能发展到加速阶段，肯定此部分锚索将最早破坏，这部分锚索的破坏不会导致坡体马上进入加速阶段，故应排除此锚索的推测值。另外，若按后期张拉的锚索计算，U 值肯定会较大，也是不合适的。2004 年 4 月我们确定的位移量为：从 2004 年 4 月 12 日开始，坡体在进入加速变形前能承受的位移增量设定在 100~140mm，这个值由于极限荷载选择得太小而偏于保守。

从目前情况看，从 2004 年 10 月底开始计算，坡体在进入加速变形前能承受的位移增量暂时设定在 100~150mm 是合适的，也就是说，饮水沟堆积体边坡在以锚索支护为主要手段的情况下，坡体能承受的最大变形量估计为 500~550mm。

2. 位移速率的控制指标研究

根据前面的判断，坡体变形经历了多个发展阶段，目前基本稳定，在发展过程中以 2004 年 1 月的位移速率最大。坡体进入加速阶段的位移速率在已有变形过程的位移速率数据系列中应属于不稳定点，可由已有数据系列中的统计结果推算进入加速阶段的位移速率判据。由于观测资料有多种随机误差，在统计已有时段的位移速率时应对实测资料进行一定的数据处理（如回归和滤坡），同时在利用位移速率的控制指标时，实测位移速率也应进行回归和滤坡后与指标进行对比。

设定了两种位移速率控制指标的估计方法：

$$V_1 = V_{max} + 2\sigma$$

$$V_2 = \overline{V} + 5\sigma$$

其中，V_{max} 为已有位移速率系列中的最大值；$\overline{V}$ 为已有位移速率系列中的平均值（数据系列主要为 2004 年 4 月前的）；σ 为已有位移速率系列的标准差；V_1、V_2 为位移速率控制指标的估计值，可取两者中较大的值。

我们已经知道，饮水沟堆积体具有牵引变形的特点，即坡体失稳是从下部开始的，在

选择参考点时可选 1380m 以下的测点。另外，内观资料的精度较高，波动性较小，选择内观作为参考点也是必要的，但内观和外观的变形会有差异性，故应分别给出其判据。按以上方法推算了坡体进入加速时的位移速率控制指标：根据外观点 TP35 推算的指标值为 4.2mm/d，根据 TP14 推算的指标值为 4.3mm/d，根据 IN-13 测斜孔推算的指标值为 1.6 ~ 1.82mm/d。

3. 位移加速度的控制指标研究

为防止将另一个速率较大的均速蠕滑阶段判别为加速度变形阶段，应设定位移加速度的控制指标，主要还是利用已有数据系列进行推测和估计。

研究了 TP35 在 2004 年 1 月 13 ~ 31 日的加速过程，其加速度最大值为 $0.16mm/d^2$，平均值为 $0.093mm/d^2$，推测加速度的控制指标为 $0.38mm/d^2$。

4. 位移过程线的切线角

切线角根据式（15.3）计算，当坡体进入加速阶段后，其切线角应大于 70° ~ 75°，在加速阶段后期，切线角应大于 85°。

15.5.2　边坡安全预警的综合判据

对饮水沟边坡的安全预警而言，除上述定量指标外，还应结合地质巡视，根据坡体变形过程中出现的异常表现做出宏观上的判断，将定性与定量判据结合在一起，形成综合预警预报判据，以下为饮水沟堆积体的综合预警判据。

1）裂缝变化情况

在坡体进入加速蠕变阶段后，后缘高高程部位的裂缝会明显发育，原有裂缝会延长、加宽，并产生新的裂缝，后缘裂缝的贯通率应达到 80% 以上。坡面已有裂缝有些进一步张开，另可能有裂缝闭合并不断产生新的裂缝，裂缝的张开速度应大于 5mm/d。

2）隆起与沉陷

观察 1245m 平台是否产生隆起，1380m、1480m 马道是否明显下沉（分块的后缘），下游边界滑体是否有进一步挤出，后缘是否产生明显的下沉现象。

3）局部塌滑

坡体变形加速前，滑坡前缘和上下游边界附近可能产生局部塌滑。

4）变形指标异常

位移总量：从 11 月 1 日起算，水平变形 >100 ~ 150mm，
或位移总量控制在 500 ~ 550mm（目前 1380m 以下按 400mm 考虑），
位移速率：进入加速阶段的起跳判据：>4 ~ 6 mm/d，
临滑判据 >10.0 ~ 15.0 mm/d，

测斜孔滑面位错速率 $>1.6 \sim 3.0$ mm/d，

加速度：初期 $a>0.16 \sim 0.38$ mm/d^2，

位移曲线切线角：进入加速阶段的临滑判据：$>70° \sim 75°$，

临滑判据：$>85°$。

5）降雨异常

大部分滑坡都是在降雨以前发生的，不同区域临界降雨指标不同。对小湾，当出现大暴雨（日降雨量大于50mm）时应撤离现场人员。

6）地下水动态异常

当坡体进入加速变形阶段后，坡体前缘由于地下水活动的变化可能会产生湿地，出现冒砂现象，或者已有泉水点发生干枯或水量明显减少，水色发生浑浊，水温升高等异常现象。坡体内维持较高的地下水位。

7）其他异常现象

当变形出现加速时，坡体滑移过程中会出现地音，在排水洞内可能会明显一些，另外会出现地热现象，如钻孔内冒潮气等。另外，可能会出现动物异常现象。

8）支护变化

坡体进入加速变形阶段后，可能有较多的锚索被拉断，地面上的框架梁发生断裂等现象。应加强巡视工作，随时了解坡面是否有异常现象发生。

第16章 汤屯高速公路汤口互通立交 A 匝道滑坡监测预警与应急处置

铜（陵）—黄（山）高速公路汤（口）—屯（溪）段 A 匝道高边坡位于安徽省黄山市汤口镇香溪河左岸山脊中部，里程桩号 AK3+630～905，是连接高速公路和黄山风景区的关键工程之一，距黄山风景区不到 5km。边坡全长 198m，自然坡度 30°～35°，设计开挖五级，开挖面倾向 110°，坡度 53°，每级高度 8m，坡高近 50m（图 16.1～图 16.3）。边坡出露震旦系休宁组粉砂岩，为层间软弱夹层发育的陡倾顺层边坡，原设计采用长度为 8m 的锚杆和格构进行防护。2004 年 9 月 25 日，开挖至最下一级边坡顶部时，在 AK3+729～832 段边坡后缘产生了分布连续的弧状拉裂缝，裂缝张开宽度最大达 50cm，错台高达 20cm。边坡一旦产生整体失稳，不仅将摧毁底部已施工的桥墩，甚至可能堵塞道遥河，威胁黄山风景区南大门汤口镇的安全。本书在现场调查、变形破坏机制和稳定性分析的基础上，进行滑坡监测预警分析，在此指导下完成了边坡应急治理设计和施工。

图 16.1 汤口 A 匝道高边坡全貌图

图 16.2　汤口 A 匝道高边坡交通位置图

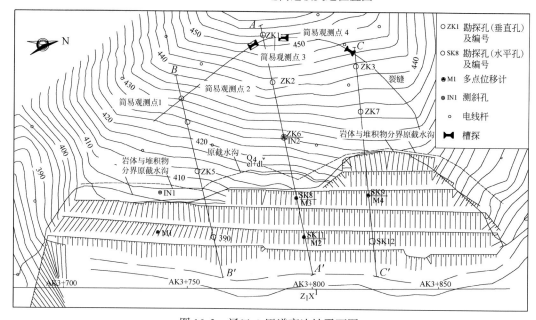

图 16.3　汤口 A 匝道高边坡平面图

16.1　地质环境条件

16.1.1　气象水文

研究区属亚热带季风气候，具有气候温和、湿润、雨量充沛、日照充足、无霜期长、夏热冬冷、四季分明等特点。区内降雨丰富，多年均降雨量 1869.21mm，降雨多集中在 4~7 月，占全年降水量的 58.3%，其中 6、7 月为全年的集中降雨期。连续集中的降雨弱化了潜在滑面的抗滑能力，增加了后缘的静水推力，大大地降低了坡体的稳定性。应急治理过程中，该地区出现数次强降雨，根据监测结果，均引起坡体变形且出现增大趋势。

16.1.2　地形地貌

该边坡属于构造侵蚀中山区，山势陡峭，地形复杂，植被发育。香溪河沿线流过，河谷深切呈"V"字形。开挖边坡的后缘高陡，边坡的两侧有深切的冲沟发育。边坡区除南北走向的逍遥河外，近东西向的冲沟也较发育，边坡两侧为深度 20m 的冲沟，开挖前地表发育 3 条切割 0.5m 左右的浅冲沟，分别位于桩号 AK3+730、AK3+750、AK3+800。

16.1.3　地层岩性

边坡的岩土工程性质均较为简单，覆盖层为第四系全新统残坡积碎石土（Q_4^{el+dl}），下伏基岩为震旦系休宁组（Z_{1x}）粉砂岩，基岩岩层产状为 N10°~20°E/SE∠50°~53°。岩土工程分层特征为：①碎石土：黄褐色，中密，土质不均，结构杂乱，含较多碎石、角砾及植物根系。骨架以粉砂岩、砂岩为主，碎石呈棱角状-次棱角状。②强风化粉砂岩、砂岩：灰绿色-青灰色，岩性硬，破碎，呈碎石碎块状，结构构造已大部分破坏，节理裂隙极发育，其上有红褐色铁锰质氧化薄膜充填。③弱风化粉砂岩、砂岩：青灰色，粉粒结构，中厚层构造，岩性坚硬，较完整，节理裂隙较发育，裂面为铁锰质及石英脉充填，岩芯呈柱状、碎块状，节理发育。

16.1.4　地质构造

研究区地质构造复杂，受区域上 NW—SE 向构造应力影响，NE 向断层发育（图 16.4）。F1 断层位于边坡北西侧 3km K194+350 处，产状 N70°E/SE∠60°，该断层为逆断层，破碎带宽 20m，与路线夹角 60°；F3 断层位于边坡北西侧 2km K199+700 处，产状 N40°E/SE∠70°，该断层为正断层，延伸长度大于 5km，破碎带宽度 10~20m，泥质胶结，与公路轴线夹角 45°；F4：N30°W/近直立，性质不明，延伸长度大于 1km，与汤口连接线近直交。

受构造作用影响，岩体中挤压带（面）及节理发育，以 NW 向陡倾角结构面最为发育。主要发育 5 组节理：①N12°E/SE∠40°；②N48°W/NE∠73°；③N79°W/NE∠72°；④N66°W/NE∠71°；⑤N47°E/NW∠48°，裂隙张开 1~3mm，个别宽度可达 10~50mm，充填有岩屑、黏土等，多张开。由结构面组合形成的块体发生多处沿层面①的表层失稳。

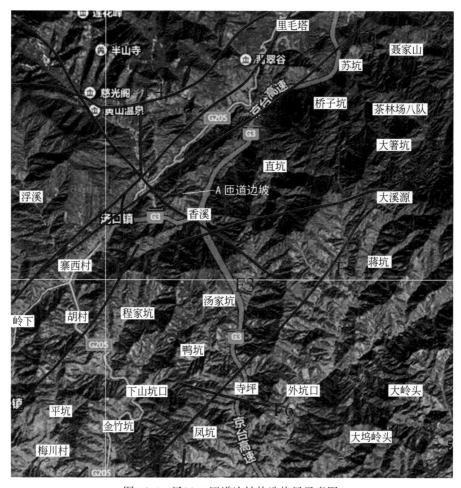

图 16.4　汤口 A 匝道边坡构造格局示意图

16.1.5　水文地质条件

本区地形起伏大，山体陡峻，岩体节理裂隙发育，有利于地表水沿裂隙下渗，同时裂隙也有利于地下水向河流排泄，所以地下水相对较为贫乏。但雨季坡体内部地下水极为发育，钻孔时可见喷水现象。

本地段路线依山傍水，地表水均汇聚逍遥河中。山间沟谷底有常流水，雨季可能有山洪。

16.1.6　地震

根据已有的研究资料，边坡所在区域地震强度小，绝大多数地震震级为 1~3 级，地震频率不高，无破坏性地震，属轻震区。根据《中国地震动参数区划图》（GB 18306—2001），本场地的地震峰值加速度为 $0.05g$。相当于原地震基本烈度 Ⅵ 度。

16.2　A 匝道边坡岩体结构及变形破坏特征

16.2.1　边坡岩体结构特征

该边坡总体上为一顺层边坡，自然边坡地表分布 4～6m 厚的碎石土，下伏震旦系休宁组（Z_{1x}）砂岩，岩层产状为 N20°E/SE∠40°～50°，从成分上可以分为泥质砂岩和石英质粉砂岩，互层分布，层间夹厚 10～30cm 的黄绿色岩屑及次生泥。钻孔揭露泥质粉砂岩呈条带状分布，平均厚度 1m，石英砂岩层厚度 3～5m。

开挖前坡体浅表层处于强风化强卸荷带，受风化卸荷影响，岩体极为破碎，结构面张开充填大量次生泥，泥质砂岩呈全风化，呈砂状结构，岩体松散，极为潮湿（图 16.5）。

图 16.5　A 匝道高边坡屯溪侧浅表层岩体特征

开挖面附近岩体仍处于强风化强卸荷带内，砂岩强风化呈灰白色，砂质泥岩强风化呈灰黄色。开挖面岩体受节理（裂隙密集带）、层间错动带的切割，极为破碎，呈次块状、镶嵌、碎裂结构，开挖边坡岩体结构呈明显的分带性（图 16.6），平面上两侧为较完整岩体，层面与基岩产状一致，呈次块状结构；中部岩体较破碎，呈碎裂结构，地层层面不清，其中，AK3+730～790 段岩体风化强烈，呈黄绿色，结构松散。水平钻孔岩芯分析表明，坡体内部距开挖面 10m 范围内岩体节理裂隙发育，呈碎裂结构，夹大量角砾、岩屑，10～45m 范围内岩体弱风化较完整。

岩体中节理裂隙极为发育，主要发育四组结构面（图 16.7 为优势结构面赤平投影图），分别为：①产状为 N67°W/NE∠74°与开挖面垂直的陡倾节理；②沿层面发育的层间软弱夹层，产状 N20°E/SE∠40°～50°；③产状为 N4°W/SW∠78°与开挖面小角度相交倾向坡内的陡倾节理；④产状为 N19°E/SE∠86°与开挖面平行的陡倾外节理，结构面大多数张开 1～3mm，个别宽度可达 10～50mm，充填有岩屑、黏土、泥等。特别在坡体的表层，由于表生改造的影响，多数层面张开且局部夹泥，工程性状较差，岩体被切割成 15～20cm 的岩块，总体呈碎裂结构，对坡体稳定极为不利。由①和②、②和④组合形成的块体极易发生沿②的崩塌或小规模崩滑。开挖过程中，在降雨作用下该段发生过两次表层失稳。

总体上来看，A 匝道高边坡岩体结构特征表现为以下特点：①开挖前边坡岩体破碎，

图 16.6 A 匝道高边坡岩体结构分区图

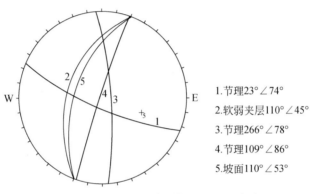

1. 节理23°∠74°
2. 软弱夹层110°∠45°
3. 节理266°∠78°
4. 节理109°∠86°
5. 坡面110°∠53°

图 16.7 优势结构面赤平投影图（上半球）

风化极为强烈，结构面张开充填大量次生泥，中部泥质砂岩全风化呈砂状结构，岩体松散；②开挖边坡两侧岩体完整性明显好于中部，为顺层边坡；③边坡中部 AK3+730～870段岩体极为破碎，且越向下开挖岩体越破碎，岩体破碎程度和风化程度明显高于该地区同类边坡，其中 AK3+730～790 段岩体全风化呈散体结构，AK3+790～870 段岩体由长方体状块石排列组成；④AK3+790 附近第一、二级边坡地层出现明显的上翘现象，而两侧岩层产状均与区域上地层产状一致；⑤水平钻孔表明，边坡内部存在一个明显的松动下限，以外岩体较破碎呈强风化，以内岩体完整呈弱风化。

16.2.2 边坡变形破坏特征

1) 后缘裂缝

2004 年 9 月 26 日下午 17 时左右，AK3+729～832 段坡顶坡口线外沿倾向线路方向发现一弧形裂缝，裂缝宽度约 10～45cm，可见深度 0.8m，后缘母体与滑体形成 15～20cm的陡坎。裂缝距坡口线水平距离约 62m，高差约 45m，裂缝最高位置位于 AK3+785，高程452.50m。弧形裂缝 NE 翼延伸方向为 30°～40°，延伸长度 70m，其 SE 翼裂缝延伸方向为

155°，延伸长度为 75m，均消失于第四系碎石土中。平面上该变形体呈喇叭状，后缘裂缝弧长 145m，变形体宽度近 125m，厚度近 18m，主滑方向与开挖坡面基本近于垂直，方向为 110°～120°。潜在滑坡体宽度 125m，滑体投影面积 20000m²，平均厚度 18m，滑坡体积约 36 万 m³（图 16.8），其后缘裂缝平面图见图 16.9、图 16.10。

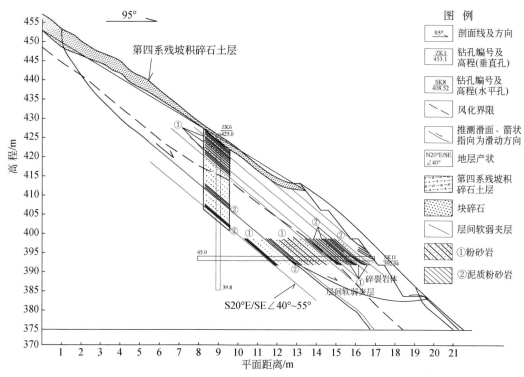

图 16.8　汤口 A 匝道高边坡工程地质剖面图

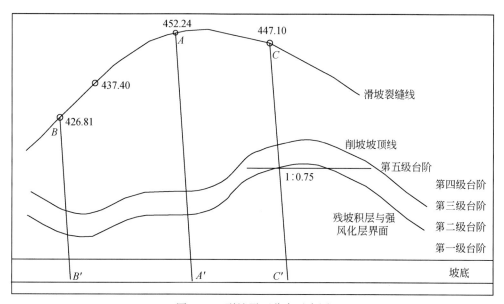

图 16.9　裂缝平面分布示意图

图 16.10　后缘拉裂缝

2）局部变形

由于坡体表面岩体破碎，呈碎裂–散体结构，坡体内部的变形将引起块碎石位置的内部调整，在坡面上表现为松弛松动，因此变形在坡面上表现的并不明显。但局部变形仍较明显，如屯溪侧第三级边坡上部水泥砌面出现拉裂缝（图 16.11）和坡面的水沟均出现了不同程度的拉裂。从探槽揭露的拉裂面贯通性较好，张开 8～15cm，而且贯通进强风化岩体。此外，屯溪侧靠近沟口处挡墙开挖揭露岩体中可见表层岩体沿层面滑动，后缘产生 5～10cm 的拉裂缝（图 16.12）。

图 16.11　A 匝道高边坡第三级水泥面裂缝图

图 16.12　坡口线后部深 5m 的探槽揭露后缘拉裂缝

变质砂岩层面（滑面）张开 3cm，充填次生泥、岩屑，主要发育两组节理 LX1：SN/W∠58°，沿该组节理发育一条软弱夹层；LX2：N70°E/SE∠85°。它们将岩体切割成 20～30cm 的块体，上部块体沿层面下滑，挤压 SN 向的软弱面产生变形，导致后缘形成 10cm 的拉裂缝，但其下部岩体变形并不明显。

3）局部失稳

边坡岩体节理极为发育，节理间充填次生泥、岩屑和碎石，将岩体切割成 15～20cm

的岩块，呈碎裂–散体结构。局部发生多处小规模失稳下滑，如图 16.13、图 16.14 所示。

综上，准确地确定边坡变形边界是进行边坡治理、控制边坡变形的关键。边坡变形的小桩号侧边界为浅冲沟附近的碎裂结构岩体，大桩号侧边界为一条与坡面近直交的陡倾节理密集带，变形底界面为竖直方向上 16m、水平方向上 20m 左右的层间软弱夹层。

图 16.13　A 匝道高边坡第三级坡面失稳

图 16.14　嵌补后的坡面再次失稳

大量现场调查表明，地表呈现的变形边界较为特殊，边坡两侧发育深切沟谷，但变形并不是以冲沟为变形侧边界，边坡的变形主要集中在中部，其小桩号侧边界为一条浅冲沟。边坡的变形主要受控于其结构特征，该边坡为砂泥岩互层组成的顺层边坡，小桩号侧浅冲沟部位出露厚层泥岩，风化强烈，呈碎裂–散体结构；变形体两侧均为强度较高、抗风化能力强的砂岩，所以坡体小桩号侧边界主要为碎裂–散体结构泥岩。变形大桩号侧边界主要由密集发育的与坡面近于直交的节理密集带构成。变形后缘边界为变形形成的拉裂缝，现场探井揭露表明该拉裂面一直向下延伸至弱风化岩体中，且具有上陡下缓的趋势。

16.2.3　边坡变形破坏机制定性分析

从前述的边坡结构特性分析可看出，该边坡为互层状、中倾角顺层边坡。这种结构条件下，边坡岩层容易发生"滑移弯曲"型变形，变形达到一定程度可能整体失稳，形成规模较大的滑坡。

典型的"滑移弯曲"型边坡的变型模式，分为三个阶段，即前缘鼓起、后缘拉裂，在后缘的强大作用力下，边坡下部进一步鼓起，并形成 X 型剪裂隙，最后剪裂隙贯通，边坡整体失稳形成滑坡。

自然状态下边坡的变形机制分析，为边坡变形的第一阶段和第二阶段。

（1）变形的第一阶段：前沿轻微弯曲、后缘小规模拉裂。

随着河流不断下切，形成了高陡层状斜坡，随着坡高的增加，在坡体的下部应力越来越大。由于构造活动的影响，在层面中发育有分布连续的层间软弱带，进一步增加了沿层面方向的压力，在这样的应力条件下，层状的岩体沿软弱面逐渐鼓起，层面的鼓起又增加了后缘岩层对鼓起部位岩体的压力，岩层逐渐弯曲，随着前沿的鼓起，坡体的后缘也逐渐产生规模较小的顺层拉裂。

（2）变形的第二阶段：前沿强烈弯曲、隆起阶段。

该阶段岩层的弯曲变形加剧，同时岩体原有的短小结构面逐渐张开、贯通，逐渐形成了 X 型剪节理，岩体也逐渐碎裂。由于扩容的加剧，坡面逐渐隆起。这种变化相当于减少边坡下部的支撑，为坡体进一步变形提供条件。综合分析边坡的地质条件，该边坡虽发生了较为强烈的弯曲，但没有进入整体失稳阶段。其原因在于岩层的倾角总体上大于自然坡面的倾角，边坡的下部比较宽厚，抵抗变形破坏的能力较强。同时在边坡的鼓起部位下部有厚层状的砂岩存在，限制了坡体整体失稳变形，取而代之的是泥岩或者节理岩体的进一步破碎。这种现象在边坡的开挖过程揭露得很明显。一般而言，随着开挖深度的增加，边坡岩体质量会逐渐变好，但是在该高边坡开挖过程中发现，一级边坡岩体质量较二级差，二级较三级差。产生了这种现象的主要原因是，一级边坡处于边坡弯曲变形的强烈变形部位。

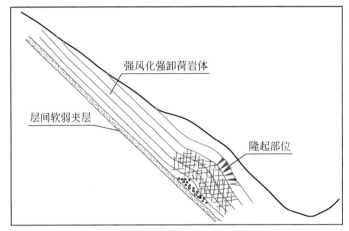

图 16.15　边坡变形破坏过程——自然边坡滑移-弯曲变形

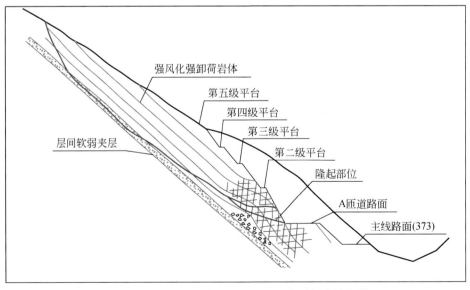

图 16.16　边坡变形破坏过程——开挖引起边坡变形

综上，在自然条件下，边坡虽产生了强烈的弯曲变形，但进入整体失稳的破坏阶段的可能性较小。

工程开挖条件下边坡的变形模式预测为边坡变形的第三阶段。

（3）变形第三阶段：开挖卸荷引起上部坡体沿古滑面复活。

边坡开挖前，已产生滑移-弯曲变形（图 16.15），弯曲最大部位位于开挖边坡第一级附近，开挖面内部一定范围内为碎裂结构岩体。边坡开挖引起坡脚抗力降低，诱发上部滑体沿原变形底界-层间软弱夹层产生顺层滑动，同时坡脚部位碎裂岩体在剪应力作用下产生贯通的塑性区，二者逐渐贯通引起坡体变形，在一定条件下将发生整体失稳（图 16.16）。必须进行应急治理。

16.3　A 匝道边坡监测预警与应急处置

16.3.1　管理和决策

根据汤屯高速公路 A 匝道高边坡的实际特点，在高边坡稳定性评价及治理和优化设计研究过程中，采用了以科研单位为主、业主、设计和施工全面配合的工作模式。

后缘裂缝发现后，建设单位迅即召开了科研、设计、监理、施工等相关单位多方现场协调会，会上成立了由业主、科研、设计、监理和施工五家单位共同组——高边坡应急指挥小组，并确定了应急治理设计与施工的总体原则和各个单位的主要职责，业主负责统一协调管理，由科研单位提出施工方便、技术可行、经济合理的应急治理方案，设计单位的根据科研单位的意见提出设计方案，由监理和施工单位负责应急治理方案的快速实施。

"应急指挥小组"研究决定如下。

（1）为确保该边坡稳定，避免地质灾害发生，暂停边坡开挖。

（2）要求科研和设计单位在 3 日内，完成边坡的应急勘察大纲，要分层次提出勘察要求。

（3）科研单位组织科研人员，快速完成现场调查，并实时分析勘察成果，对该边坡的变形原因、所处发展阶段及存在的主要问题进行了深入研究。

（4）要求科研单位在 20 天内，完成主断面的勘察和调查工作，并提出完整的治理方案，由业主组织专家审查通过后，设计单位进行施工图设计。

（5）要求施工和监理单位在雨季来临前必须完成边坡防治工程的主体工程。

（6）加强坡面监测与巡查，以保证施工安全。

会后，科研项目组立即开展了该边坡应急勘察大纲的编写工作，结合该边坡的工程特点，确定了现场调查、钻探、动态监测和锚索施工过程动态分析相结合的综合勘探思路。由于该边坡为顺倾边坡，而且已开挖边坡坡度较大，同时为了配合坡体内部动态监测的需要，在坡体的主变形带上布设三个水平钻孔和一个竖直钻孔，在三个水平钻孔完成后，立即布设多点位移计进行坡体的位移监测。另外，布置两个辅助剖面，分别布置两个竖直钻孔和三个水平钻孔，在这些钻孔中也布置了相应的监测仪器。伴随勘察工作的进行，对边坡地质条件、变形范围、滑面形态、变形机理、失稳模式等关键技术问题进行深入的研究。

在最初的设计中，原有设计中仅采用全粘结灌浆式锚杆，由于对 Ⅱ 标 7# 坡的稳定性认识不足，仅认为会在坡体表层发生破坏。在坡面巡视中于 2004 年 9 月 26 日发现在 AK3+729~832 段坡顶坡口线外沿倾向线路方向发现一弧形裂缝，裂缝宽度约 10~45cm。在此后经过地质勘察，并不能完全确定坡体变形破坏底界，同时亦不能决定是否应实施其他支护措施，因此对 II 标 7# 坡于 2004 年 11 月实施深部位移监测。通过监测初期数据的分析判定此变形是否为深部滑移，变形体原有的表层支护能否制止深部位移的发展，是否需要对边坡进行更正设计，因此提出了监测工作，为高边坡优化设计提供依据。

汤屯高速公路汤口互通立交 A 匝道边坡观测布置按 II 级监测布置，以边坡的整体稳定性监测为主要目的，内、外观及巡视三种方法结合，从可靠、可行及经济合理出发，确定监测布置。监测剖面的选择：选取桩号 AK3+785 剖面作为主监测剖面，在其两侧各选取一个次要监测断面，桩号为 AK3+740、AK3+830。

详细的实景安装图见图 16.17，平面图 16.3，监测仪器实际安装参数见表 16.1。具体方案如下：监测采用多点位移计和测斜孔相结合形成三个监测剖面：①开口线以外自然斜坡布置两支测斜仪；②开挖边坡布置 4 支多点位移计；③开挖边坡布置锚索测力计 3 台。位移计钻孔深度按 40m 考虑，测斜孔孔深按 35m 考虑。锚索测力计尽可能与位移计观测断面一致，以便监测成果的相互对比。

图 16.17　A 匝道高边坡监测剖面布置实景图

表 16.1　II-7 号坡仪器安装参数

仪器编号	安装位置	桩号	高程	测点深度/m	备注
M207-1	第一级台阶	AK3+740	392.93	5、12、27、40	2005-1-14 观测

续表

仪器编号	安装位置	桩号	高程	测点深度/m	备注
M207-2	第一级台阶	AK3+785	393.68	5、12、27、40	2004-12-16 观测
M207-3	第三级台阶	AK3+785	406.5	5、12、27、40	2005-1-23 观测
M207-4	第三级台阶	AK3+830	406.36	5、12、27、40	2005-1-23 观测
IN207-1	坡中部	AK3+738	407.22	0.5~35	2004-12-18 观测
IN207-2	坡中部	AK3+785	417.17	0.5~35	2004-12-18 观测
AC207-1	二、三级台阶间	AK3+738	402.47	—	2004-4-21 观测
AC207-2	二、三级台阶间	AK3+786	402.47	—	2004-12-19 观测
AC207-3	二、三级台阶间	AK3+830	399.46	—	2004-12-20 观测

16.3.2　边坡加速变形期监测预警及应急措施制定

1. 多点位移计监测成果及预警

1) 多点位移计位移-时间关系曲线分析

图 16.18 和图 16.19 是多点位移计 M207-1 的监测结果，从图中可以看出，自 2005 年 2 月 5 日~2005 年 4 月 21 日，AK3+740 剖面坡体处于变形快速发展阶段，变形从 0 突增到 56.5mm。在降雨前的 2005 年 1 月 14 日~2 月 5 日，孔口处变形量累计 3.434mm。从 5 日起降雨以来，变形量显著增加，变形速率在 8 日达到一个峰值；9 日未降雨，坡体的移动速率也迅速减缓；13 日降雨后变形速率又增大，16 日达到一个新的峰值。可见，坡体的变形受降雨影响显著，一旦降雨，变形速率将迅速增加，只要及时排出地下水，变形速率迅速降低。因此在原支护状态，一旦降雨，该部位坡体变形速率会立即激增，在 2005 年 2 月 7 日发生滑塌时坡体变形速率最高曾达 2.43mm/d，在发生滑塌后的 2 月 15 日达到了 3.504mm/d 的变形速率，此时该部位坡体仅有表层的浆砌块石挡墙，无深部支护。

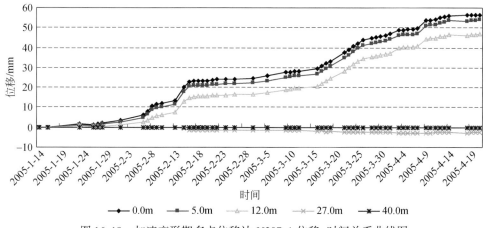

图 16.18　加速变形期多点位移计 M207-1 位移-时间关系曲线图

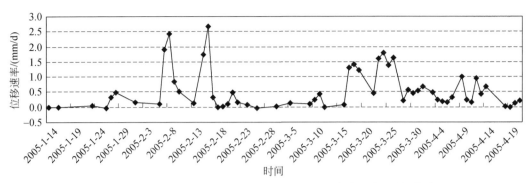

图 16.19　加速变形期多点位移计 M207-1 表面点位移速率–时间曲线图

在 2005 年 2 月 7 日，由于连续 3 天的降雨，M207-1 点变形有明显的加速趋势，M207-1 表观点变形速率达到 1.924mm/d，远高于此前每天变形不超过 0.3mm/d 的变形速率，另外，在坡面巡视时也发现坡面岩块夹泥夹砂的细微脱落，在正常情况下，节理中的夹泥沙即使在降雨强度大的情况下也能较稳定地赋存，然而在坡体快要发生整体滑动前，由于岩块的崩析，夹砂夹泥会在坡面快速、细微、连续的掉落。因此判断 M207-1 所处的 A-A' 剖面可能会发生破坏并及时通知施工单位停止施工，果然，在 2005 年 2 月 7 日晚，Ⅱ标 7# 坡 A-A' 剖面附近发生局部滑塌，由于对边坡破坏的及时预报，Ⅱ标 7# 坡的施工人员和设备未受到任何损失，保障了工程安全。

由于Ⅱ标 7# 坡的变形速率与降雨密切相关，根据对Ⅱ标 7# 坡降雨量的量测与变形速率进行对比，可以设置边坡进行预警的降雨量。在 2005 年 2 月 7 日 A-A 剖面部位附近发生小范围滑塌破坏时，连续降雨超过 3 天，日均降雨已超过 50mm/d。2005 年 3 月 17 日 ~ 2005 年 3 月 26 日由于间隔降雨，各支多点位移计反映出的坡体变形速率每日超过 1mm/d，边坡日均降雨也已超过 50mm/d。根据Ⅱ标 7# 坡变形速率统计与降雨关系，当日均降雨量超过 50mm/d 时，应对Ⅱ标 7# 坡变形进行加密观测并巡视。

图 16.20 为 M207-2 破坏前的多点位移–时间过程关系曲线图，从图中来看，总体上可以将破坏前坡体的位移过程分为三个阶段：第一阶段，从仪器安装到 2005 年 2 月初，坡体变形速率较低，平均变形速率为 0.026mm/d；第二阶段，2 月初 ~ 3 月底。2 月以后随着边坡开挖的逐步实施，边坡的变形逐渐增长，位移速率进入 2 月份就开始陡增，对于 27m 以外的坡体，每次降雨雪及大规模放炮，开挖后变形都会出现陡增现象，位移速率形成明显的峰值变形，累计一共出现了 5 次较大的峰值。其中最大位移速率出现在 3 月 17 日，表面点位移速率达到 2.1mm/d（图 16.21）。由于 2 ~ 3 月是雨雪集中时段，坡体在第二阶段内的位移量是总位移量的主要部分，累计大于 25mm，该阶段内平均位移为 0.5mm/d。在 2 月份，M207-2 附近的锚索开始张拉，使坡体总体位移趋势有所控制，特别是深部 27m 点的位移得到较好的抑制。图 16.20 显示，从 2 月下旬开始到 M207-2 损坏前，27m 测点都一直向坡体内部位移，破坏前的总体位移低于 7mm，但在 2 月中旬后，27m 测点的变形基本停止；第三阶段，3 月底至 4 月下旬。该阶段内，雨雪天气相对减少，并且锚索也开始大规模张拉，位移曲线趋于平缓，平均位移速率也有所下降，为 0.22mm/d。但是坡体的位移仍然在降雨因素影响下，出现过一次位移速率超过 1mm/d 的陡增。

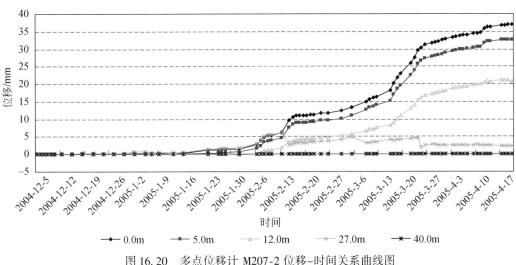

图 16. 20　多点位移计 M207-2 位移–时间关系曲线图

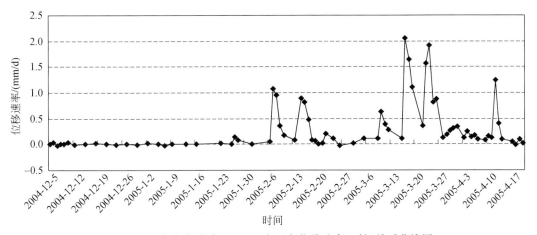

图 16. 21　多点位移计 M207-2 表面点位移速率–时间关系曲线图

从变形总量看，从仪器安装到 4 月中旬的位移量为 37mm，小于同时段 AK3+740 断面的变形，说明靠近上游侧的小桩号部位，坡体变形更加明显。

M207-3 于 2004 年 11 月 28 日安装，位于 406.5m 高程，于 2005 年 12 月 16 日初读数。M207-3 位移计监测数据较为完整，并且处于边坡中轴线部位，对整个边坡的变形趋势具有较好的说明意义。图 16. 22 为 M207-3 位移计各测点位移–时间过程线，从该曲线看，坡体变形从仪器安装到 2005 年 4 月下旬，为边坡变形快速发展阶段，此阶段坡体变形速率较大，平均速率大于 0.3mm/d，最大速率接近 3.0mm/d，时段变形超过 30mm；M207-3 位移计与 M207-2 破坏前的时间段内体现出相同的变形规律，5 月前 27m 以外的坡体位移量较大，27m 处测点位移量小。M207-3 在快速变形阶段，变形速率高于 M207-2 点，累计变形总量近于 M207-2，图 16. 23 中表面点的最大变形速率接近 3mm/d，这说明在快速变形阶段，高高程部位的变形更加明显。

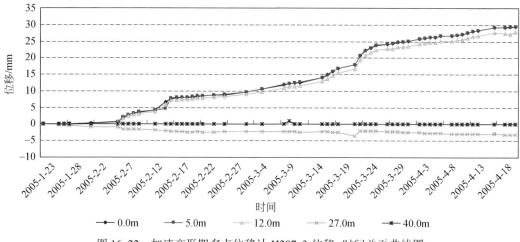

图 16.22　加速变形期多点位移计 M207-3 位移–时间关系曲线图

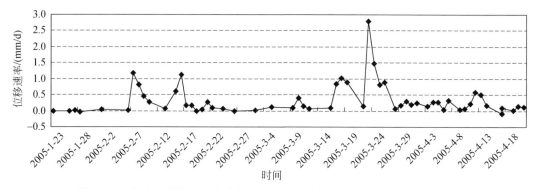

图 16.23　加速变形期多点位移计 M207-3 表面点位移速率–时间关系曲线图

　　M207-4 于 2004 年 12 月 7 日安装，位于 392.9m 高程，2005 年 1 月 14 日初测。从图 16.24 可以看出，从安装到 4 月中旬，27m 以外的坡体都呈缓慢的增加趋势，最大位移量在 10mm 左右。

　　从以上这些结果可以看出，多点位移计 M207-1 揭示 AK3+740 剖面自 2005 年 2～4 月坡体处于变形快速发展阶段，变形从 0 突增到 56.5mm。M207-2、M207-3 揭示 AK3+785 剖面变形总量从仪器安装到 2005 年 4 月中旬为 30～37mm。M207-4 揭示 AK3+830 剖面自安装到 2005 年 4 月中旬变形量为 11mm。在此加速变形发展阶段，3 个剖面的平均变形速率分别为 0.715mm/d、0.401m/d、0.234mm/d，AK3+740 剖面的累计位移总量和快速变形阶段平均位移速率最高。

　　2）多点位移计位移与孔深关系分析

　　由图 16.25 可知，在 0～12m 范围内，M207-1 点的沿孔深方向变形基本上是同步的，可以认为在 0～12m 这段岩体之间不存在变形控制性结构面。在孔深方向 12～27m 变形逐渐减小为 0，甚至出现小于 0 的负位移，在此段岩体之间存在变形的控制性结构面。可以

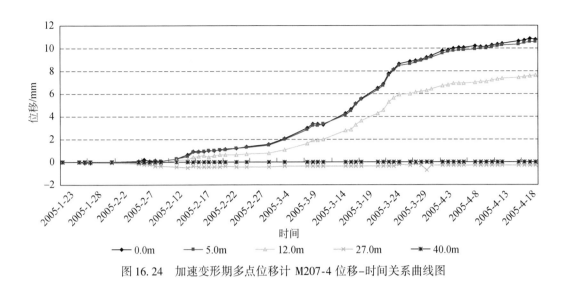

图 16.24　加速变形期多点位移计 M207-4 位移–时间关系曲线图

理解成为，在滑移面以外岩体的变形都是整体性滑移，而在接近滑面附近的岩体由于变形体在滑动过程中的挤压错动而形成了微量的负位移。由于在 27m 处有微量的负位移，可以初步确定滑移面接近 27m。

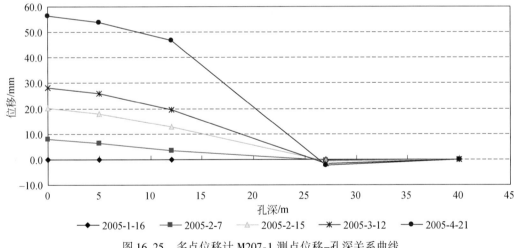

图 16.25　多点位移计 M207-1 测点位移–孔深关系曲线

图 16.26 和图 16.27 分别为 M207-2 和 M207-3 的测点位移–孔深关系曲线图，由图 16.26 可以看出，M207-2 部位的岩体位移是由表及里逐渐降低的，坡体的主要位移产生在 27m 以外。而 M207-3 位移计 12m 以外 3 个测点几乎同步变形，说明坡体的滑移表现出明显的整体特性，而 27m 测点的位移相对微小，滑面位置估计在 27m 附近。M207-3 与 M207-2 破坏前的时间段内体现出相同的变形规律，5 月前 27m 以外的坡体位移量较大，27m 处测点位移量小。不同的是，M207-3 部位 27m 以外的坡体各测点的位移值比较相近（图 16.27），更接近于同步位移。M207-3 的累计变形总量接近于 M207-2，最大测点位移接近 30mm，在快速变形阶段变形速率也高于 M207-2 点，表面点的最大变形速率接近

3mm/d，这说明在快速变形阶段高高程部位的变形更加明显。

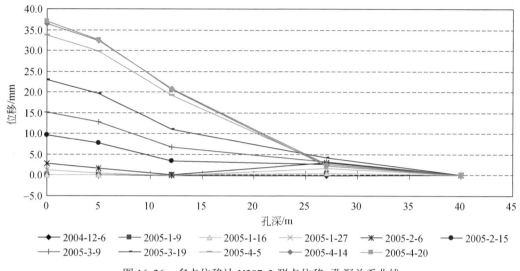

图 16. 26　多点位移计 M207-2 测点位移–孔深关系曲线

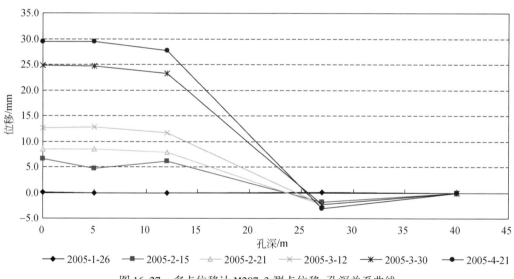

图 16. 27　多点位移计 M207-3 测点位移–孔深关系曲线

从图 16.28 M207-4 的测点位移–孔深关系曲线分析可知，滑带存在于接近 27m 的位置，与其他剖面的变形体深度基本一致，变形体内各深度上的滑移基本保持同步，这也与其他剖面出现的情况一致。

通过各位移计的孔深–位移关系分析来看，变形体的变形深度在多点位移计孔深上都为 27m 左右，由于变形主要受层面控制，可以推断整个变形体上的变形主要受同一组层面影响。在变形体的发展变化过程中，变形的深度也会由于变形体的滑移而有微量的变化。

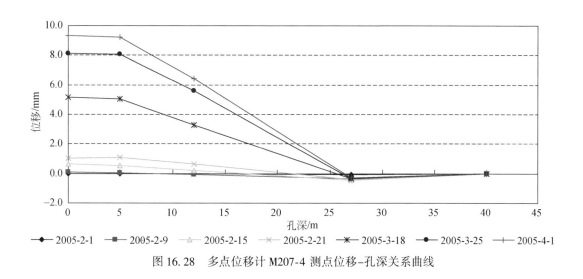

图 16.28　多点位移计 M207-4 测点位移–孔深关系曲线

2. 测斜孔监测成果及预警

1) 滑带深度

IN207-1 布设在 AK3+740 桩号的 415.175m 高程，于 2004 年 12 月 20 日安装，安装的测斜管长度为 35.9m，实际观测深度 35m。该测斜孔于 2004 年 12 月 24 日开始首次观测，截至 2005 年 4 月共观测了 20 次。2005 年 4 月以后，由于坡体变形过大致使无法观测，但测斜仪也探测到坡体明显的滑动界面。在测斜管安装的过程中，使测斜管内的一道滑槽方向与开挖边坡倾向一致时，称这个方向为 A 向，另一道滑槽与边坡走向平行，则称这个方向为 B 向。IN207-1 中 A 向为 105°，B 向为 195°。图 16.29 和图 16.30 为测斜孔 IN207-1A/B 向位移增量与孔深关系，从位移增量与孔深关系看，坡体在孔口下 11.5m 表现出明显的突变点，0.5m 范围内的最大错动可达 30mm。从累计位移—孔深关系（图 16.31 和图 16.32）曲线看，在 A、B 向孔口下 11~12m 段（高程 403~404m）累计位移曲线具有明显的滑动特征，判定为滑带，厚度约 1m。变形主要集中在顺坡的 A 向（A 向最大位移 56mm，B 向最大位移 15mm）。在孔口下 13~16.5m 处靠近滑带的岩体，在滑动过程中受到较强的影响，有一定的扰动变形，影响带厚度约 3.5m。

IN207-2 布设在 AK3+785 桩号的 417m 高程，大体位置在坡轴线中部，与 M207-2、M207-3 属于同一监测剖面，对整个边坡的变形具有较强的说明意义。2004 年 12 月 11 日安装，安装测斜管长度 35.4m，实际观测深度 35m，2004 年 12 月 18 日开始首次观测，到 2005 年 4 月，由于变形较大探头无法下放而停止观测，共观测了 20 次。IN207-2A 向为 108°，B 向为 198°。图 16.33 和图 16.34 为 A、B 向位移增量与孔深关系，图 16.35 和图 16.36 为 A、B 向累计增量与孔深关系，从位移增量–孔深关系看，在 A 方向上，孔下 16.5~17.5m 段位移增量较大（超过 10mm），曲线在此部位有明显的突变，测斜管在该段挠度增量较大，显著区别于其余各段。B 向上同一部位也出现了突增点。这说明孔下 16.5~17.5m 为滑带，滑带的高程为 399.5~400.5m，且在全孔范围内不存在次级滑带。

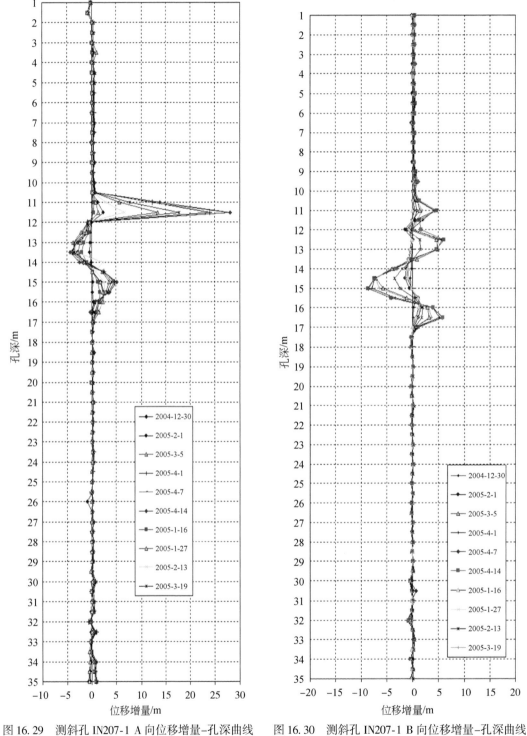

图 16.29　测斜孔 IN207-1 A 向位移增量–孔深曲线　　图 16.30　测斜孔 IN207-1 B 向位移增量–孔深曲线

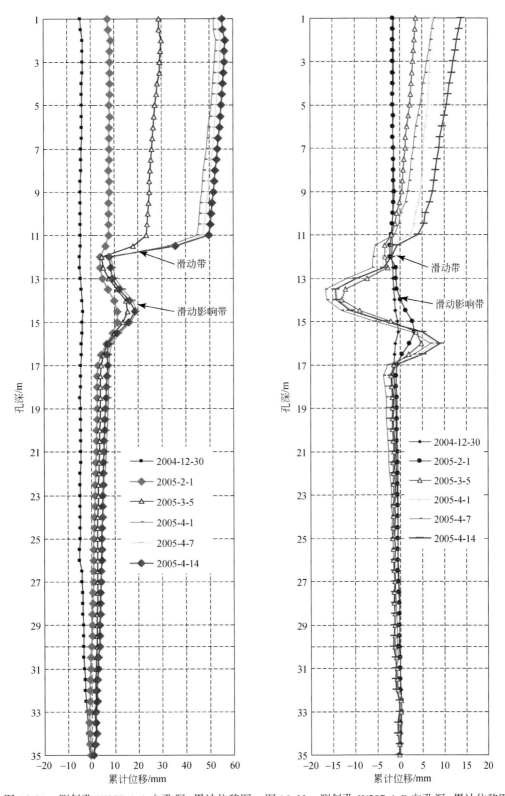

图 16.31 测斜孔 IN207-1 A 向孔深–累计位移图 图 16.32 测斜孔 IN207-1 B 向孔深–累计位移图

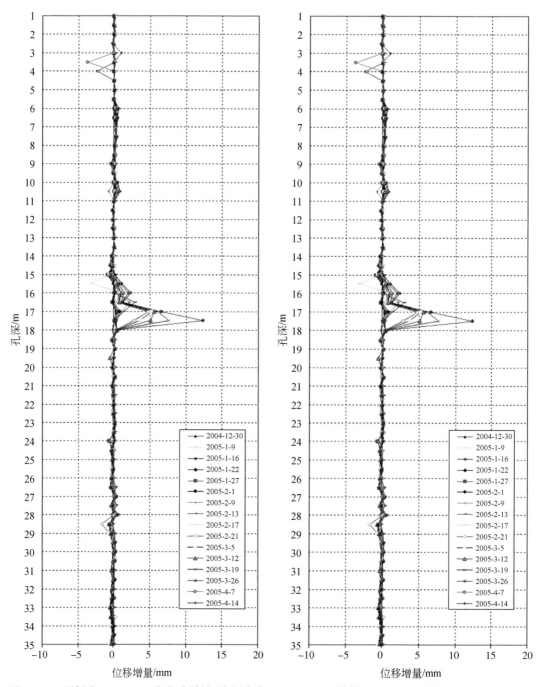

图 16.33　测斜孔 IN207-2 A 向位移增量–孔深曲线　图 16.34　测斜孔 IN207-2 B 向位移增量–孔深曲线

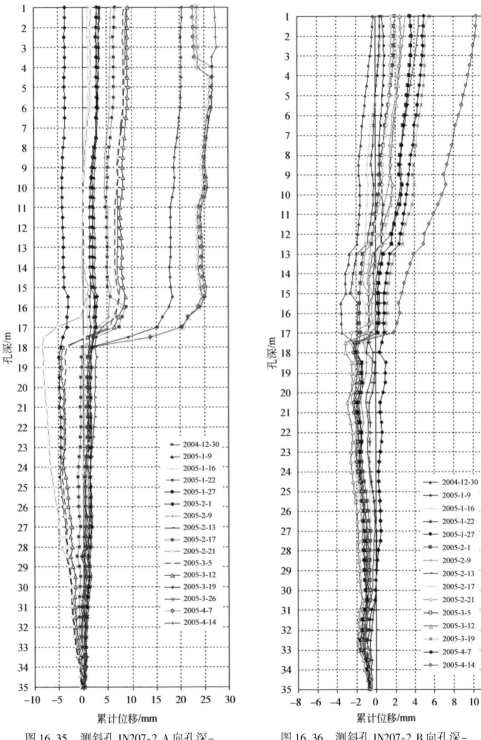

图 16.35　测斜孔 IN207-2 A 向孔深–
累计位移图

图 16.36　测斜孔 IN207-2 B 向孔深–
累计位移图

分析 IN207-1 和 IN207-2 的累计变形与孔深曲线，可看出在滑面以上的坡体变形基本同步，呈整体滑动趋势，可以判断 IN207-1 部位的变形由一组岩体结构面控制，滑移体形成整体同步滑移，且不存在次级滑移面。从测斜孔位移与孔深关系，可以确定本坡体的滑动界面与深度，对认识边坡的变形破坏模式，确定滑动形态与特征很有帮助。

2）滑移方向

从图 16.37 IN207-1 滑带合位移方向—时间过程曲线来看，滑移总体方向 120° 左右，在 2005 年 1 月 17 日～2 月 10 日，滑动方向曾经在 85°～195° 波动，而这段时间边坡变形发展较快。在 2 月 13 日至测斜管剪断的这段时间，滑带的滑移方向基本维持在 108° 左右。由地质资料可知，岩层倾向为 100°～110° 边坡破坏模式为顺岩层面的滑移–拉裂，滑移方向与岩层倾向基本一致的现象也证实了边坡的破坏是顺层面滑移。

从图 16.38 IN207-2 滑带合位移方向分析看，在测斜管安装到 2005 年 2 月 1 日前，滑移方向并不一致，原因可能为滑移尚未整体启动，滑移量微小形成的误差。从 2 月 1 日～4 月 14 日，最后一次测读滑移方向保持在 107° 左右，说明坡体已经形成了整体的滑移，并保持在一定方向上。滑移的方向基本与基岩层面倾向（100°～110°）一致，并与 IN207-1 滑带表现出的滑移方向基本一致。

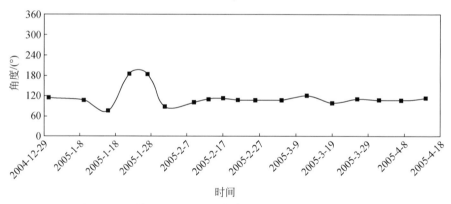

图 16.37　测斜孔 IN207-1 滑带合位移方向–时间过程曲线图

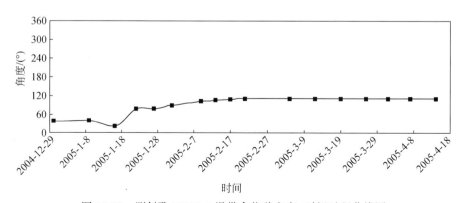

图 16.38　测斜孔 IN207-2 滑带合位移方向–时间过程曲线图

3）滑移总量与滑移速率

图 16.39 为 IN207-1 测斜孔孔口位移及滑带位错与时间关系过程线，图 16.40 为合位移及位错速率与时间的关系。从变形总量看，从 2004 年年底到 2005 年 4 月中旬，坡体变形接近 60mm，滑带位错在 40mm 左右，孔口位移大于滑带位错，两者的变化趋势基本相同，可见滑带以上的滑坡体属于同步位移。这一变形值与位移计 M207-1 在同时段的成果基本相同。

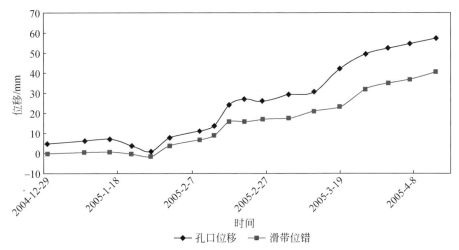

图 16.39　测斜孔 IN207-1 孔口位移及滑带位错与时间的过程曲线图

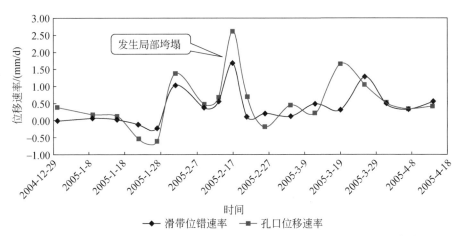

图 16.40　测斜孔 IN207-1 孔口位移速率及滑带位错速率与时间的过程曲线图

从位错速率看，在 2005 年 2 月 7 日 ~ 2 月 18 日与 3 月 26 日 ~ 4 月 1 日有两次快速变形过程。这两次滑带位错速率加快与 M207-1 点出现的两次变形快速发展情况是相同的。2 月，孔口位移速率及滑带的位错速率持续较高，最高 2.61mm/d 和 1.69mm/d 时坡体局部发生了垮塌。垮塌以后，孔口位移速率和滑带位错速率有所下降，但是从坡体局部垮塌以后至 4 月 14 日，孔口平均位移速率仍然达到 0.71mm/d，滑带平均位错速率达到 0.57mm/d。

4 月中旬后，测斜管被坡体滑动剪断，探头无法下放。

对比多点位移计 M207-1 与测斜仪 IN207-1 从 1 月到 4 月的监测数据可以看出，两套仪器监测出坡体的变形趋势相同。这说明了坡体在快速变形阶段，高高程与低高程位移基本同步，具有较好的整体性。

从 IN207-2 位移及速率与时间关系来看，IN207-2 的孔口和滑带的变形趋势基本保持了一致，孔口累计位移总量为 29.2mm，滑带位错总量为 17.8mm。变形过程分为两个阶段（图 16.41）：①自安装到 3 月上旬，孔口和滑带变形都不大，坡体的变形不明显，孔口平均位移速率为 0.11mm/d，滑带平均位错速率为 0.016mm/d。② 3 月 12 日至 4 月中旬：3月 12 日孔口和滑带变形突增，图 16.42 对应着孔口位移速率和滑带位移速率的峰值1.66mm/d、1.59mm/d，此后，孔口和滑带的变形速率开始降低，滑带在测斜孔失效前，位移速率已经明显降低，而孔口位移速率在测斜孔失效前的平均位移速率为 0.74mm/d。此孔的观测位移总量明显小于 A-A' 断面的 IN207-1，也说明小桩号上游侧的变形比下游侧明显，更应引起关注。

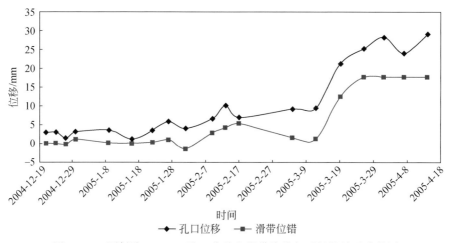

图 16.41　测斜孔 IN207-2 孔口位移和滑带位错与时间的关系曲线图

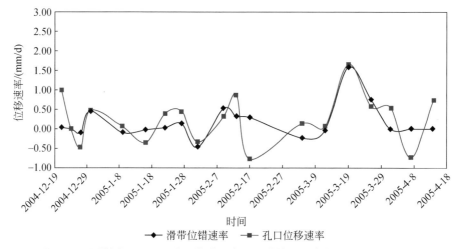

图 16.42　测斜孔 IN207-2 孔口位移速率和滑带位错速率与时间的关系曲线图

在多点位移计 M207-1 中确定出滑带位置在水平方向孔深 27m 左右；在 IN207-1 定出的滑动面在垂直方向孔深 11.5 ~ 12m 的位置；M207-2 中确定滑带位置在水平方向的孔深为 27m，M207-3 中确定为接近 27m；在 IN207-1 定出的滑动面在垂直方向上孔深 16 ~ 17m 的位置；因此，综合几个监测点的数据可以确定出滑面和滑带位置。在地质分析中判定的滑面为层面，且层面平直，因此，将两孔中定出的滑带点位在 A-A′、B-B′ 剖面中由直线段连接，这条直线段就属于地质剖面中控制变形体滑移的软弱层面。

3. 应急措施的制定

边坡开挖后未及时进行有效的支护，在降雨作用下，层间软弱夹层在地下水作用下进一步软化，形成滑动面，坡体中上部岩体沿软弱夹层发生顺层滑动，下部碎裂岩体在强大的推力作用下发生变形，形成潜在剪出口，并在坡体后缘产生拉裂缝。岩体受层面及节理切割局部极为破碎，呈碎裂-散体结构，边坡开挖后未及时支护，在坡度为 53° 的情况下，天然状态下极不稳定，加之降雨使得结构面间的静水推力增大，促使坡体沿层面顺层下滑。如不采取有效措施，将引起整个边坡失稳。

因此，对边坡进行稳定性计算评价，采用成都理工大学地质灾害防治与地质环境保护国家专业实验室自主开发的商业化软件"滑坡稳定性分析与治理计算机辅助设计系统"（SlopeC-AD），计算采用极限平衡法。

计算参数取值以现场携剪为基础，再采用类比、反演等方式进行综合取值，见表 16.2。计算剖面选用 AK3+799 剖面。根据边坡实际状况，考虑三种可能性较大的失稳形式，分别为：AK3+799-1（坡体从已开挖的坡脚剪出），AK3+799-2（坡体从 1 级平台坡脚剪出）和（AK3+799-3）（坡体浅表部局部失稳）三种计算剖面。计算结果见表 16.3。稳定性计算考虑三种工况：工况 Ⅰ 为天然状态；工况 Ⅱ 为暴雨条件；工况 Ⅲ 为暴雨+地震条件。

表 16.2　计算参数综合取值

岩体类型	状态	滑带土强度		滑体容重 $\gamma/(kg/m^3)$
		c/kPa	$\varphi/(°)$	
软弱结构面	天然状态	62.5	28.5	—
	饱和状态	50	26	
碎块石	天然状态	100	30	$2.225×10^3$
	饱和状态	80	28	$2.285×10^3$
崩坡积	天然状态	16	24	$2.05×10^3$
	饱和状态	14	22	$2.1×10^3$

表 16.3　边坡稳定性计算结果

计算剖面	计算方法	工况 I	工况 II	工况 III
AK3+799-1	一般方法	1.165	1.004	0.918
	Bishop 法	1.175	1.011	0.925
	传递系数法	1.193	1.027	0.937
AK3+799-2	一般方法	1.126	0.989	0.906
	Bishop 法	1.134	0.98	0.901
	传递系数法	1.136	1.015	0.929
AK3+799-3	一般方法	0.903	0.813	—
	Bishop 法	0.921	0.824	—
	传递系数法	0.987	0.853	—

从表 16.3 中可以看出，在天然状态下，坡体工况 I 和工况 II 两种滑动模式的稳定性系数达到了 1.1 以上，处于基本稳定状态，在降雨和地震的影响下，坡体的稳定性降低，其值在 1.0 附近，处于极限平衡状态。而剖面 AK3+799-3 主要体现坡体浅表部岩土体的稳定性，计算表明，在天然状态下，其稳定性均在 1.0 以下，其稳定较差。综合分析该边坡的工程地质条件和岩体结构特征可看出，坡体的局部失稳可以影响坡体的整体稳定性，特别是在小桩号方向，局部的失稳相当于在相对抗滑段减载，将导致整体稳定性降低。可见，在降雨条件下，边坡处于极限平衡状态。坡体的稳定性现状不能满足高等级公路要求，必须进行治理。

通过监测初期数据的分析，判定此变形为深部滑移，且变形速率在降雨后会以较大速率提升，变形体原有的表层支护不能制止深部位移的发展，因此需要对原边坡设计进行更正。应急治理措施采用预应力锚索控制坡体变形，在变形得到有效控制后再实施锚拉抗滑桩，要求采用信息化施工，各单位密切跟踪施工状况并及时分析坡体稳定性，如遇险情尽快组织人员及机械撤离。在上述思想的指导下，进行边坡治理工程设计及施工。

应急治理措施如下。

第二级 AK3+714～786 段将原设计锚杆框架变更为锚索框架防护，在 AK3+786～834 段已施工的锚杆框架中心位置设一束锚索，共三排；第三级在 AK3+714～756 段将原锚杆框架防护变更为锚索框架防护，在 AK3+756～864 段已施工的锚杆框架中心位置设一束锚索，其余部分为锚杆框架（图 16.43）。最先支护 AK3+840 剖面，然后是 AK3+785 剖面，最后才是 AK3+740 剖面。

16.3.3　边坡蠕滑变形期监测预警及应急措施初步效果分析

2005 年 4 月下旬至 12 月下旬为坡体的蠕滑变形阶段，此阶段锚索等支护措施对抑制坡体变形发挥了重要作用，坡体变形速率明显降低，但坡体变形仍随时间增加。

1. 多点位移计监测成果分析

AK3+740 剖面在 2005 年 4 月中旬锚索逐步实施后，变形得到了有效的抑制，此时监

图 16.43　汤口 A 匝道高边坡应急治理措施

测出的累计变形量已经达到 56mm。在此后的 7、8 月汛期间曾经出现强降雨，由于锚索在此时已经完全张拉，累计变形增量仅为 5mm，小于第一期快速变形形成的 22mm 以及第二期快速变形形成的 34mm，变形速率最高也仅达到 1.2mm/d，锚索已经起到了抑制坡体变形的能力（图 16.44）。

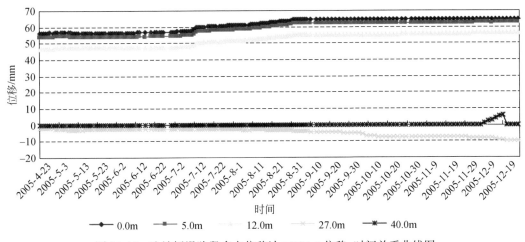

图 16.44　边坡蠕滑阶段多点位移计 M207-1 位移-时间关系曲线图

M207-2 在 2005 年 10 月 17 日重新安装。如图 16.45 所示，在安装初期，坡体的变形规律同 2005 年破坏之前相比发生了一定变化，27m 处的变形点已经与 0m、5m、12m 变形点有相同的变形速率，但是，实际上 27m 以外坡体的累计位移量远大于 27m 处的累计位移量。从图 16.45 上可以反映出坡体的变形速率低，处于低速蠕滑阶段，位移总量不超过 4.5mm，这说明坡体的位移得到了比较好的控制。

从图 16.46 M207-3 位移-时间关系曲线中可以看出，2005 年 4 月下旬至 12 月下旬为坡体的蠕滑变形阶段，此阶段锚索等支护措施对抑制坡体变形发挥了重要作用，坡体变形速率明显降低，平均速率小于 0.10mm/d，最大速率小于 1.0mm/d，但坡体变形仍随时间增加，时段变形量为 23mm。

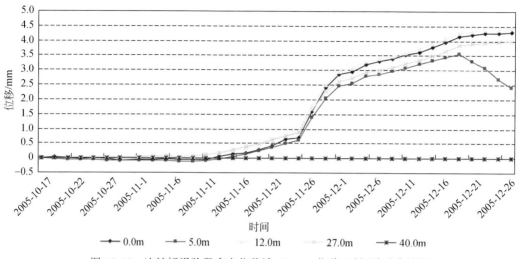

图 16.45　边坡蠕滑阶段多点位移计 M207-2 位移–时间关系曲线图

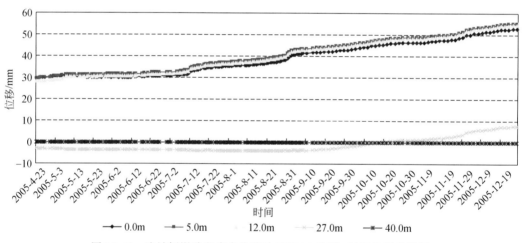

图 16.46　边坡蠕滑阶段多点位移计 M207-3 位移–时间关系曲线图

　　由于 M207-2 与 M207-3 属于同一剖面，变化趋势比较相同，具有一定的相关性，所以从 M207-3 的变形过程可以基本推断出 M207-2 在 2005 年 5～10 月的变形过程。将 M207-2 和 M207-3 在 5 月以后的变形过程同时归纳为：在 2005 年 5～7 月，M207-2 的各测点在锚索的作用下，位移基本得到了控制，变形增量和变形速率明显减小。但在此剖面上，由于滑体深度较大，部分锚索受力后不能马上发挥最大锚固力，另外，此点的计算推力高于设计推力，锚索锚固吨位可能不够。从 7 月中旬开始在外部因素主要是雨水的影响下，滑坡推力增大，滑面抗剪强度降低，27m 外的边坡开始有所增加，降雨量较大时坡体的位移呈阶梯上升。随着雨水逐步渗入坡体内部，增高了坡体内部的应力，并且使岩体的强度降低，使得坡体变形逐渐向坡体深部转移，从 10 月初开始，27m 处的测点和其以外的测点以相同的变化速率向坡体外部缓慢移动。直至 2005 年 12 月底，缓慢的蠕滑变形基本停止，坡体变形趋于稳定。

AK3+830 剖面是最先支护的剖面,在 4 月下旬受到锚索钻孔的影响,从位移–时间曲线可以看出,27m 外坡体位移陡增。受到外部坡体变形的影响,几天之后,27m 测点的位移也出现陡增,这是由于施工对位移计表筒(测头)扰动引起的同步移动,此后各测点的位移基本保持稳定状态。由于 2005 年 4 月 23 日的变形突变是人为因素造成的(图 16.47),为准确把握坡体变形的真实特征,应对相关成果进行修正,修正后的测点位移与时间关系见图 16.48。

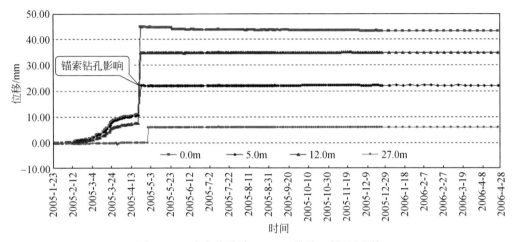

图 16.47 多点位移计 M207-4 位移–时间过程线

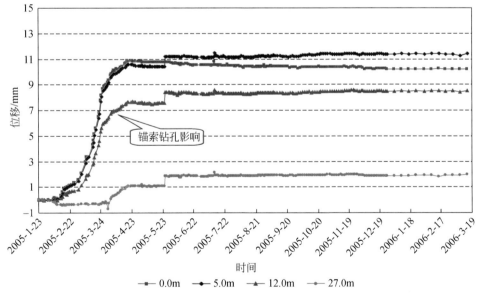

图 16.48 多点位移计 M207-4 位移–时间过程线(修正后)

M207-4 点从开始监测到目前为止,变形趋势与该坡其他部位大体一致,但 M207-4 监测部位作为边坡最早实施锚索张拉的部位,变形远小于其他监测点变形。虽然其深部也存在贯通裂缝,但由于锚索施工早,在 M207-4 所在的 C-C' 剖面深部裂缝并未形成较大的发展，软弱结构面上还存在一定的抗剪能力，深部未形成较大的积水区；这就是 M207-4 坡体部位在变形的累计量和变形速率上明显低于其他坡体部位的根本原因。

2. 锚索测力计监测预警

锚索测力计 AC207-1 于 2005 年 4 月 21 日安装，位于 A-A′剖面，安装高程为 402m。锁定吨位为 822kN，图 16.49 为锚索加载过程预应力随时间的关系图，图 16.50 为锁定后锚索预应力随时间的变化过程。从观测成果看，自 AC207-1 安装后，锚索在初期 4 天内，预应力损失达到 17.3%。在锚索实施张拉时，按照设计吨位的 10% 进行超张拉，其目的是让锚索超张拉部分的预应力抵消由于钢绞线的松弛、内锚固段砂浆的徐变及锚索孔周边岩体的蠕变等原因造成的预应力下降；而预应力的损失超过 17% 这种情况，说明预应力的损失不只是由上述原因造成，还有更重要的原因。在 AC207-1 安装之前由于此部位的坡体于 2005 年 2 月 7 日发生过局部滑塌破坏，破坏后岩体在此部位松散，为了制作锚索框架对该部位坡体还回填部分土石方。当锚索张拉后，由于锚索较大的预应力，松散的表层岩块会形成一定的闭合，锚索预应力也在张拉后不长的一段时间大量的损失，以至超过锚索预应力超张拉的部分，预应力损失达到 17% 以上。在裂缝产生一定闭合后，锚索预应力仍会下降，这时预应力的损失才是锚索预应力的正常损失，是锚索超张拉所弥补的预应力损失。根据监测数据，AC207-1 点锚索预应力损失最大值出现于 2005 年 6 月 30 日，最小锚固力为 624kN，预应力损失达 24%，但大部分发生于张拉后 4 天内。

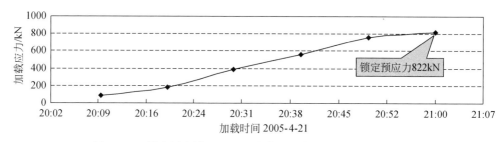

图 16.49　锚索测力计 AC207-1 安装过程加载应力–时间曲线图

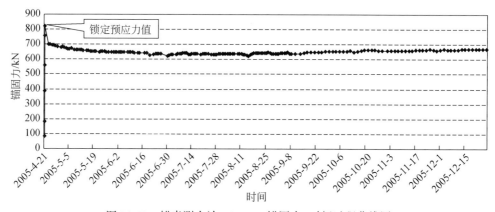

图 16.50　锚索测力计 AC207-1 锚固力–时间过程曲线图

在 2005 年 6 月 30 日后，AC207-1 点的锚固力呈现出逐步增加的趋势，这表明坡体的应力状态仍在调整过程中，坡体变形使锚索受拉；从 2005 年 6 月 30 日到 2005 年 12 月 21 日，锚索受力从 624kN 增加到 672kN，增加了 7.6%。将 M207-1 表观点的变形与之比较，在锚固力上升明显的 8 月以后，同属于一个监测剖面的 M207-1 点的变形却无明显增加，形成这种现象的原因在于，M207-1 布置于边坡的第一级台阶，高程较低，在锚索实施后，变形受到抑制，但 AC207-1 点所处高程更靠近后缘，后缘坡体向前缘形成微量的挤压变形，所以锚固力的上升也是微量的。这个现象也说明，虽然坡体在前缘布置了大量的锚索，但后缘部分仍存在向坡脚方向的微小滑移。

监测成果反映：坡体的变形主要是前缘开挖卸荷引起的，但由于支护力度前缘大于后缘，故坡体的稳定过程也是从前缘开展逐步向后缘传递的，在时间上有一定的滞后效应。目前，锚索荷载基本稳定在 700kN 以下。

AC207-2 位于 402m 高程，于 2005 年 2 月 5 日张拉锚索时安装。图 16.51 为安装过程加载预应力变化图，图 16.52 为锚固力随时间变化的过程线。锚索预应力的变化除可检验锚索支护效果及工作状态外，也能间接地反映坡体的变形与稳定状态。

从图 16.52 中可以看出：从锚索张拉锁定后，锚固力在短期内基本稳定，直到 2005 年 3 月中旬，锚固力维持在 860kN 左右。从 3 月下旬到 4 月初，受到施工开挖爆破的影响，坡体变形表现出明显增加趋势，故锚固力增加到 880kN 左右。从 4 月初到 6 月底是比较稳定的阶段，维持在 880kN 上下。但在多次降雨、水压力的反复作用下，滑坡轴线部位坡体仍继续变形，6 月底出现明显增加趋势，一直到 12 月下旬锚固力增加到 968kN 左右。从锚索测力计的监测成果与多点位移计的监测成果对比来看，锚固力的变化趋势与坡体的变形趋势基本保持一致，这是由于坡体变形时使锚索受拉，锚索受力相应增大，同时坡体变形也需要更高的锚固力来抑制。

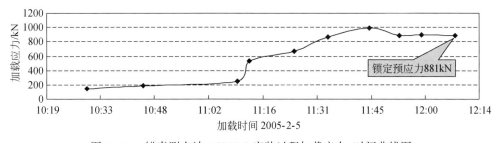

图 16.51　锚索测力计 AC207-2 安装过程加载应力-时间曲线图

AC207-3 于 2005 年 2 月 5 日张拉锚索时安装，图 16.53 为锚索张拉过程的预应力记录。从其安装时的锚索张拉力来看，达到了设计强度，预应力损失较小。但在安装后 2 天内预应力下降了 5.5%，锚固力至 2005 年 7 月 5 日左右损失了 7.5%，但仍基本符合要求。

图 16.54 为 AC207-3 锚索预应力在锁定后的变化过程，从图中可看出预应力的变化可分为两个阶段：2005 年 6 月底前，锚固力呈波动下降；2005 年 7 月以后，锚固力呈波动增加。波动下降的原因主要有三个：锚固力安装后的正常下降是锚固力降低的主要原因；锚固力在下降过程中间断微量增加是由于坡体向外变形形成的锚固力上升；施工过程中的

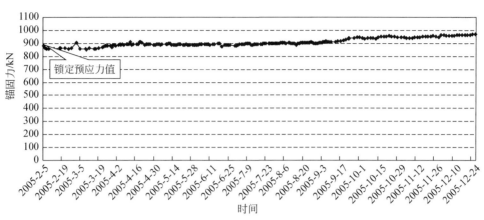

图 16.52 锚索测力计 AC207-2 锚固力–时间过程曲线图

爆破也是锚固力波动的一个因素。

锚固力增加的主要原因是坡体向外变形，但从 M207-4 点的表面测点来看，并未出现较大的变形，这与锚固力上升的趋势不能完全符合。由于 M207-4 点与 AC207-3 点的高程有一定区别，在 M207-4 点与 AC207-3 点间存在小断层，在 AC207-3 点出现的锚固力上升应是变形体内局部块体的变形所致，而不能理解为整个滑体在这个剖面的持续变形。另外，不能排除的原因是，由于支护强度不同，低高程部位坡体变形受到更有力的抑制，而高高程的变形存在一定的滞后反应，这也会使此部位锚索应力增加。

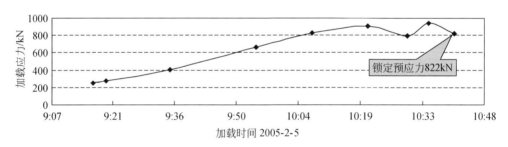

图 16.53 锚索测力计 AC207-3 安装过程加载应力–时间曲线图

3. 应急措施初步效果验证

应急处理措施实施后，边坡稳定性验算结果见表 16.4，可见，仅仅考虑锚索的作用，边坡的稳定性达到了 1.15，达到了临时稳定的要求，可以进行下一步的抗滑桩施工，即在第一级边坡顶部设置 21 根锚拉抗滑桩。由于边坡岩体破碎，坡体内地下水发育，因此采取坡面排水与坡体内部排水相结合的排水措施，要求抗滑桩施工跳槽施工，间隔两个抗滑桩进行开挖，科研及设计单位随时跟踪开挖进程，对岩体结构进行描述，分析抗滑桩深度是否满足设计要求。

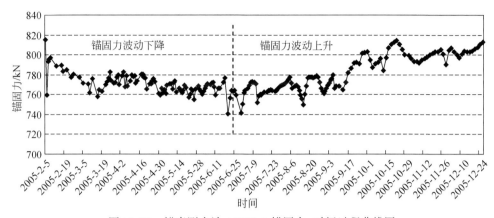

图 16.54 锚索测力计 AC207-3 锚固力–时间过程曲线图

表 16.4 实施锚固后坡体的稳定性验算结果

计算剖面	计算方法	工况 2	工况 3
	一般方法	1.09	0.982
AK3+799-2	Bishop 法	1.113	1.011
	传递系数法	1.145	1.042

16.3.4 边坡稳定阶段监测成果及支护措施效果分析

2005 年 12 月至 2006 年 4 月, 坡体处在基本稳定阶段, 变形无明显发展, 平均位移速率小于 0.01mm/d。此阶段锚索等支护措施对抑制坡体变形已发挥了重要作用, 坡体变形基本不再增加, 渐趋稳定。

1) 多点位移计监测成果分析

从图 16.55 M207-1 位移–时间关系曲线得知, 在锚拉桩施工完成后, 该剖面部位的坡体即使在强降雨的情况下, 变形速率也基本接近 0。锚索与抗滑桩的共同作用已经基本限制了坡体的变形, 变形累计总量在表面测点上为 63mm。

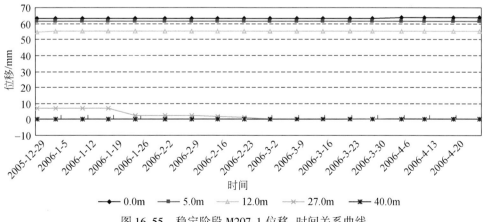

图 16.55 稳定阶段 M207-1 位移–时间关系曲线

从图 16.56 M207-2 位移–时间关系曲线图上可以看出坡体的变形速率低，处于低速蠕滑阶段，这说明了坡体的位移得到了比较好的控制。从仪器安装到 2006 年 3 月底的变形总量不超过 8mm，但 2006 年 4 月 9 日的大雨使得坡体位移明显陡增 15mm 左右，说明了目前的坡体仍存在稳定性容易受到外界因素，特别是强降雨影响的问题。5m 测点的变化比较异常，估计是由于灌浆不密实造成的。

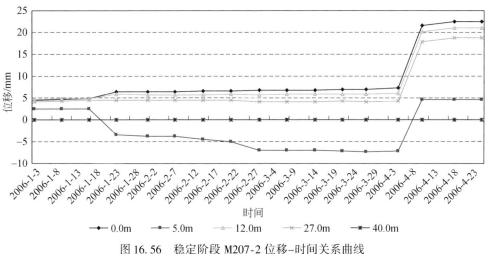

图 16.56　稳定阶段 M207-2 位移–时间关系曲线

图 16.57 M207-3 位移–时间关系曲线显示 2005 年 12 月至 2006 年 4 月，坡体处在基本稳定阶段，变形无明显发展，平均位移速率小于 0.01mm/d，缓慢的蠕滑变形基本停止，坡体变形趋于稳定。

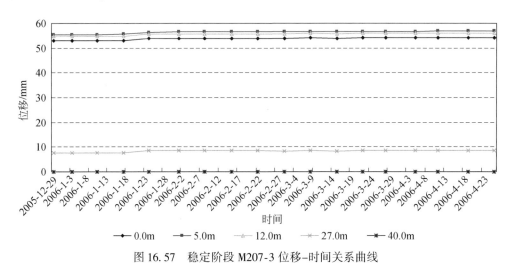

图 16.57　稳定阶段 M207-3 位移–时间关系曲线

2）锚索测力计监测成果分析

图 16.58 ~ 图 16.60 为锚索测力计锚固力–时间过程曲线图。AC207-1 在稳定阶段的监

测成果反映：坡体的变形主要是由前缘开挖卸荷引起的，但由于支护力度前缘大于后缘，故坡体的稳定过程也是从前缘逐步向后缘传递的，在时间上有一定的滞后效应。在该阶段，锚索荷载基本稳定在 700kN 以下。

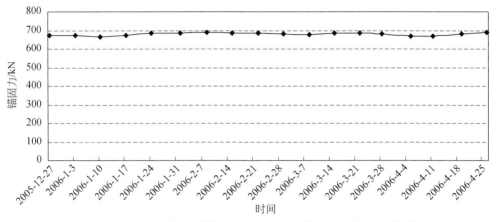

图 16.58　稳定变形阶段锚索测力计 AC207-1 锚固力–时间过程曲线图

AC207-2 在多次强降雨、水压力的反复作用下，滑坡轴线部位坡体仍继续变形，2005 年 6 月底出现明显增加趋势，一直到 2006 年 1 月下旬锚固力增加到 1000kN 左右，锚索受力的增加趋势才得以控制。从锚索测力计的监测成果与多点位移计的监测成果对比来看，锚固力的变化趋势与坡体的变形趋势基本保持一致，这是由于坡体变形时使锚索受拉，锚索受力相应增大，同时坡体变形也需要更高的锚固力来抑制。最终锚固力维持在 1000kN 左右，坡体位移也基本得到控制，但锚索处在超张拉工作状态，超张拉达 25%。

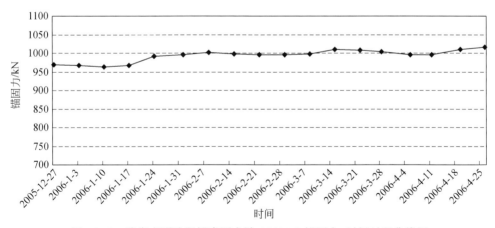

图 16.59　稳定变形阶段锚索测力计 AC207-2 锚固力–时间过程曲线图

在 AC207-3 点出现的锚固力上升应是变形体内局部块体的变形所致，而不能理解为整个滑体在这个剖面的持续变形。另外，不能排除的原因是，由于支护强度不同，低高程部位坡体变形受到更有力的抑制，而高高程的变形存在一定的滞后反应，这也会使此部位锚索应力增加。至 2006 年 4 月底，锚索的超载较小，仅 6% 左右，不影响锚索的正常工作。

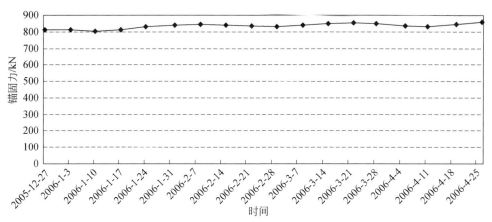

图 16.60　稳定变形阶段锚索测力计 AC207-3 锚固力–时间过程曲线图

16.3.5　监测预警分析总结

Ⅱ标 7#坡的变形主要由开挖卸荷诱发，从后缘出现张拉裂缝，到裂缝的继续发展都与边坡的开挖及爆破施工相关，并且在降雨后雨水入渗条件下，变形不断加剧。在边坡锚索实施张拉后，边坡的变形逐步得到控制，变形速率也逐渐降低，证明锚索支护是有效的，能对边坡变形起到较好的抑制作用。

总体上看，坡体变形可明显划分为 3 个阶段：①仪器安装到 2005 年 4 月下旬，为边坡变形快速发展阶段；②2005 年 4 月下旬至 2005 年 12 月下旬，为坡体的蠕滑变形阶段，此阶段锚索等支护措施对抑制坡体变形发挥了重要作用，坡体变形速率明显降低，但坡体变形仍随时间增加；③2005 年 12 月至今，坡体处在基本稳定阶段，变形无明显发展，平均位移速率小于 0.01mm/d。各阶段变形特征明显，与坡体开挖、强降雨影响及边坡支护过程有良好的对应关系。

通过各位移计的孔深—位移关系分析来看，变形体的变形深度在多点位移计孔深上都为 27m 左右，由于变形主要受层面控制，可以推断，整个变形体上的变形主要受同一组层面影响。在变形体的发展变化过程中，变形的深度也会由于变形体的滑移而有微量的变化。

在多点位移计 M207-1 中确定出滑带位置在水平方向孔深 27m 左右；在 IN207-1 定出的滑动面在垂直方向孔深 11.5 ~ 12m 的位置；M207-2 中确定出滑带位置在水平方向孔深为 27m，M207-3 中确定为接近 27m；在 IN207-1 定出的滑动面在垂直方向上孔深 16 ~ 17m 的位置；因此综合几个监测点的数据可以确定出滑面和滑带位置。在地质分析中判定的滑面为层面，且层面平直，因此将两孔中定出的滑带点位在 A-A'、B-B' 剖面中由线段连接，这条线段就属于地质剖面中控制变形体滑移的软弱层面。

从各剖面不同变形阶段的变形最高值来看（表 16.5），A-A' 剖面（AK3+745）的变形速率明显高于其余两剖面。在锚索张拉施工中，最先支护的是 C-C'（AK3+840）剖面，然后是 B-B'（AK3+785）剖面，最后才是 A-A' 剖面，这也是各剖面在不同阶段变形速率差异的根本原因，另外，A-A' 剖面的岩体较其他剖面更为破碎也是变形差异的一个重要原因。从变形速率平均值来看，在变形快速发展期，A-A' 剖面的平均变形速率仍然为最高，但当设计的锚索完全张拉后，坡体变形进入蠕滑变形阶段，此时 B-B' 剖面的变形平均值最高。B-B' 剖面坡体位于变形体的轴线位置，其所受到的下滑推力最大，这是蠕变阶段平均变形速率最高的主要原因。当抗滑桩施工完成后，坡体变形进入变形稳定阶段，B-B' 剖面坡体的平均变形速率仍然较其他位置坡体高，但相差数量较小，可以认为坡体变形已经稳定。

表 16.5　不同阶段变形速率特征值　　　　　（单位：mm/d）

变形阶段	M207-1（A-A'）		M207-3（B-B'）		M207-4（C-C'）	
	平均值	最高值	平均值	最高值	平均值	最高值
变形快速发展阶段	0.715	3.5	0.401	2.79	0.234	0.95
蠕滑变形阶段	0.043	1.79	0.098	1.26	0.021	0.1
变形稳定阶段	0.007	0.41	0.011	0.28	0.005	0.1

16.4　A 匝道边坡支护优化设计

16.4.1　优化设计方案

根据汤屯高速公路 A 匝道高边坡的实际特点，在高边坡稳定性评价及优化设计研究过程中，我们采用了以科研单位为主、业主、设计和施工全面配合的工作模式。由科研单位紧密结合现场实际条件，遵循"高边坡普查→提出优化设计建议→重点边坡稳定性评价及优化设计"的研究思路，通过"高边坡普查"定性评价全线高边坡稳定性，对高边坡提出设计优化建议。对设计变更大的边坡业主组织专家进行评审，业主根据评审意见，组织优化设计单位进行边坡优化设计，并通过监理单位对高边坡施工进行控制；对变形边坡，由业主组织科研、设计单位沟通意见，确定应急治理方案，再组织监理、施工单位召开边坡应急治理会议，制定详细的边坡治理工程实施方案。这种工作模式保证了科研成果快速地应用到生产实际中，对高边坡的正常施工和安全运营起到了重要作用。

1）支护措施适宜性分析

防治工程以安全可靠、技术可行、经济合理、施工方便、绿色环保为总的原则，尽可能不破坏坡体固有的自然环境平衡，尽量减少对坡体的扰动，避免大挖大填进一步恶化地质环境。

由于整个公路的线型已确定，没有改线的空间。因此，不可能采取防御避让措施。削方减载是提高坡体稳定性的有效方法之一，但边坡后缘山坡高陡，削方将产生更大、更高的边坡。该边坡推力较大、滑体厚度较大，且边坡下即为高速公路路基路面，也没有修筑大面积挡土墙的空间。因此防御避让、削方减载和修筑挡墙对该边坡均不适用。

针对滑坡坡体厚度较大、推力较大、底滑面较陡、边坡稳定性受地下水作用影响显著的特点，可以考虑实施抗滑桩工程。我们提出"锚索抗滑桩+预应力锚索+排水+坡面防护"的设计方案，并作出可行性研究通过专家评审。

在抗滑桩悬臂太长、弯矩过大的情况下，可以采用预应力锚索与抗滑桩相结合的锚拉抗滑桩，以改变桩的受力特征，将之由悬臂梁变为简支梁。该边坡的潜在滑面深度为 16m 左右，潜在滑面以下岩体强度较高，为弱风化基岩，潜在剪出口位于第一级边坡底部，因此，可在第一级边坡顶部布置抗滑桩，但在该处布置抗滑桩可能造成桩悬臂过长、弯矩过大，因此，采用锚拉抗滑桩抵抗滑坡下部推力。

边坡潜在滑面为层间软弱夹层，贯通性较好，倾角较陡。实施抗滑桩工程可以保证第一级边坡的稳定，但坡面附近岩体破碎，呈碎裂结构，岩层在坡面附近抗力较小，可能会在第一级以上边坡产生弯曲隆起变形，形成新的潜在剪出口。因此，必须采用锚固措施锚固组织潜在滑体中上部的变形。如前所述，由于潜在滑面为倾角较陡的层间软弱夹层，深度 16m 左右，根据前述支护类型分析，采用预应力锚索进行加固。

边坡岩体破碎呈碎裂结构，浅表层岩体易产生变形破坏。格构护坡与锚固工程结合，使独立的锚杆或锚索通过框架连接成一个整体，共同抵抗边坡的下滑推力。

地表水是影响坡体稳定的重要因素。结合坡体的水文地质特征，采用坡体内部和外部排水相结合的方式，能有效提高坡体的稳定性。根据微地形地貌特征，采取地表截排水，减少坡面入渗也是简便易行、经济有效的辅助性防治工程措施之一。

2）优化设计方案

原设计采用锚杆框架进行防护，变形产生时，山岔侧第三~五级局部锚杆框架已施工完成，分析认为现有支护设计方案不能满足边坡稳定性要求。

变形破坏机制及稳定性分析表明，滑坡坡体厚度较大、推力较大、底滑面较陡、边坡稳定性受地下水作用影响显著，因此最终通过以"锚拉抗滑桩+预应力锚索+排水+坡面防护"的优化设计方案。设计单位根据优化设计建议进行优化设计，采用锚拉抗滑桩、框架预应力锚索和框架普通砂浆锚杆为主，辅以坡面和坡体内部排水等综合治理措施，如图 16.61~图 16.64 所示，主要为以下几点：①第一级在 AK3+714~834 段，每 6m 设一根长

图 16.61　汤口 A 匝道高边坡支护措施分区示意图

20m 的锚拉抗滑桩共 21 根；②第二级在 AK3+714～786 段，将原设计锚杆框架变更为锚索框架防护，在 AK3+786～834 段已施工的锚杆框架中心位置设一束锚索，共三排；③第三级在 AK3+714～756 段，将原锚杆框架防护变更为锚索框架防护，在 AK3+756～864 段已施工的锚杆框架中心位置设一束锚索，其余部分为锚杆框架；④第四级在已施工的锚杆框架中心位置设一束锚索；⑤第五级采用锚杆框架防护；⑥每级边坡设长度为 20m 的仰斜排水孔。

图 16.62　汤口 A 匝道高边坡支护方案

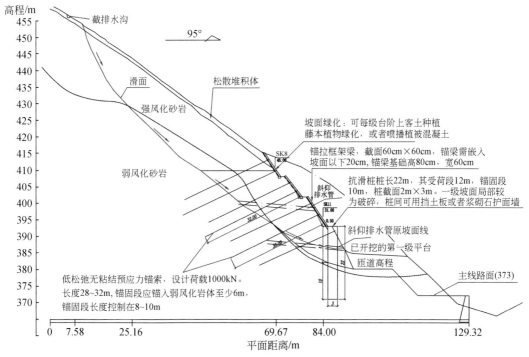

图 16.63　汤口 A 匝道高边坡支护优化方案剖面布置图

图 16.64　汤口 A 匝道高边坡最终支护效果图

16.4.2　支护效果数值模拟分析

按照"锚拉抗滑桩+预应力锚索+排水+坡面局部防护"的变更设计方案，采用基于变形理论的有限差分分析方法，按优化设计方案对支护措施进行效果验证，建立三维有限差分模型，对支护后的坡体变形进行模拟计算，以验证支护效果，其五级全开挖及时支护后的模拟结果见图 16.65 ~ 图 16.69。

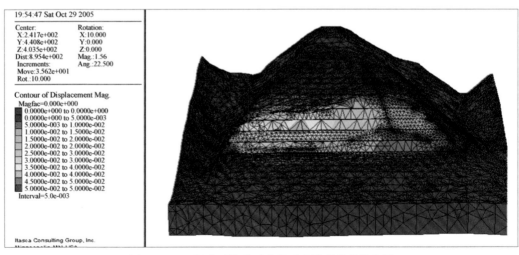

图 16.65　五级全开挖及时支护后边坡总位移分色图

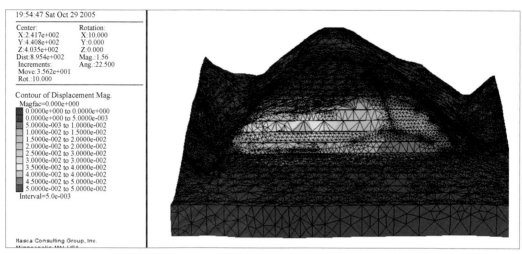

图 16.66　五级全开挖及时支护后边坡 Y 方向位移分色图

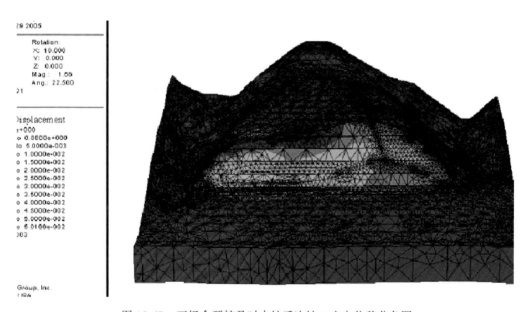

图 16.67　五级全开挖及时支护后边坡 Z 方向位移分色图

从图 16.65～图 16.68 可以看出，边坡开挖支护后变形很有限，总变形一般小于 4.5cm，其中，我们关心的临空方向位移量值均小于 4.5cm；竖向位移主要表现为开挖后坡面和第一级边坡马道向上的卸荷回弹，回弹值一般为 1～2.5cm，对坡体稳定影响不大。图 16.67、图 16.68 显示较未支护状态下，边坡塑性区大为减少，但坡面上软弱夹层出露带塑性破坏仍比较明显，需做好坡面护坡。可见边坡整体稳定得到了有效控制。

因此，"锚拉抗滑桩+预应力锚索+排水+坡面局部防护"的变更设计是有效的，进行支护处理后，边坡的变形得到了有效的控制，能够满足边坡安全的需要。

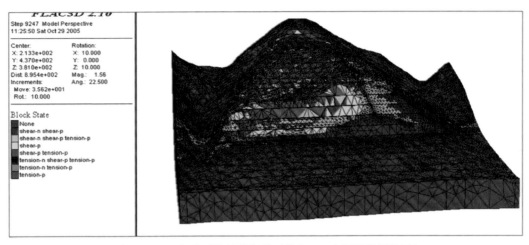

图 16.68　五级全开挖坡体塑性区分布（n 表示当前塑性区）

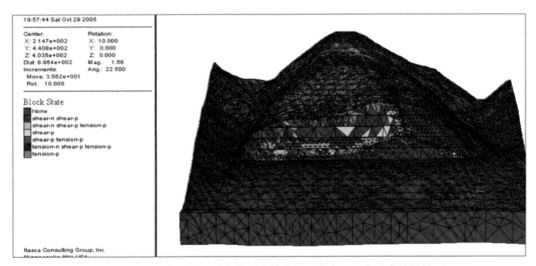

图 16.69　五级全开挖及时支护后边坡塑性区分布（n 表示当前塑性区）

16.4.3　支护效果监测反馈分析

1. 多点位移计监测成果反馈分析

多点位移计用于观测边坡内部各测点沿钻孔轴线方向的位移，提供边坡表面和内部的位移分布，了解边坡的变形大小及变化发展过程，经过连续的长期监测了解边坡的稳定性动态，评价边坡在施工期及运行期的稳定性。边坡支护后，多点位移计对边坡变形监测的成果，可以反映出边坡支护后的稳定性状况。本节通过对多点位移计监测成果的分析，验证边坡支护效果（图 16.70 ~ 图 16.72）。

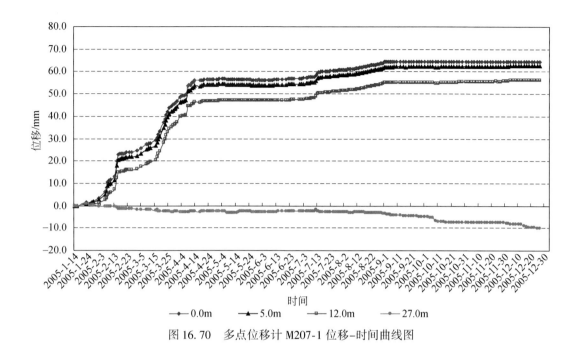

图 16.70　多点位移计 M207-1 位移–时间曲线图

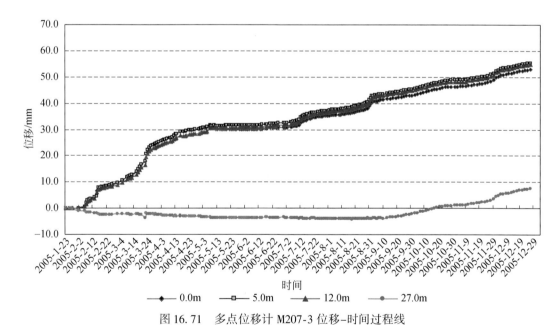

图 16.71　多点位移计 M207-3 位移–时间过程线

　　M207-1、M207-3、M207-4 的监测成果均选取 2005 年 1 月 14 日的测值作为计算基准。由监测成果图知，从仪器安装到 2005 年 4 月下旬，边坡变形快速发展，此间降雨导致坡体变形速率会上升到较高值（最高值接近 4.0mm/d），降雨停止后，变形速率又会很快回落至 0 左右；2005 年 4 月下旬至 2005 年 12 月下旬，坡体变形速率明显降低，锚索完全张拉后，变形得到了有效的抑制，位移曲线趋于平缓，平均位移速率也有所下降，锚拉桩施

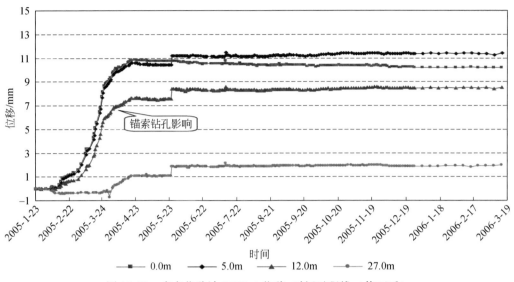

图 16.72　多点位移计 M207-4 位移–时间过程线（修正后）

工完成后，坡体蠕滑变形基本停止；至 2005 年 12 月下旬以后，滑坡趋于稳定，变形速率基本为 0。从各剖面不同时间段的变形最高值来看（表 16.5），当锚拉抗滑桩、预应力锚索等应急治理措施施工完成后，坡体变形基本停止，滑坡处于稳定状态，变形速率基本为 0.01mm/d。因此，边坡在支护措施加固后，支护效果良好，边坡处于稳定状态。

2. 锚索测力计监测成果反馈分析

锚索测力计用以观测锚固荷载，支护荷载的变化可间接反映坡体的稳定性状态，也可评价支护效果等。锚索测力计 AC207-1 于 2005 年 4 月 21 日安装，安装高程为 402m。锁定吨位为 822kN，图 16.73 为锁定后锚索预应力随时间的变化过程。

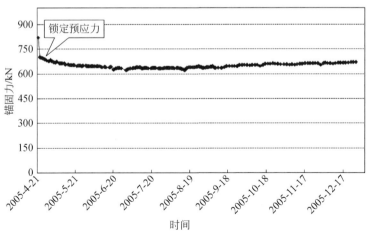

图 16.73　锚索测力计 AC207-1 锚固力–时间过程曲线图

　　从图 16.73 中可知，当锚索张拉后，由于锚索较大的预应力，松散的表层岩块会形成一定的闭合，锚索预应力也在张拉后不长的一段时间大量损失，以至超过锚索预应力超张拉的部分，预应力损失达到17%以上。在裂缝产生一定闭合后，锚索预应力仍会下降，这时预应力的损失才是锚索预应力的正常损失，是锚索超张拉所弥补的预应力损失。在监测过程中锚固力有微量上升，其原因为后缘坡体向前缘形成微量的挤压变形。最终，坡体位移也基本得到控制，锚索荷载基本稳定在 700kN 以下。

　　综合分析，锚索的预应力得到了较好的保持，在强降雨的影响下，局部锚索的应力有所增加，但增加量值不大，坡体排水结束后，预应力又恢复正常。预应力锚索在抑制坡体变形方面发挥了重要作用，支护效果良好。

第17章 四川省茂县新磨村滑坡监测预警与应急处置

17.1 概　　况

2017年6月24日6时许，四川省茂县叠溪镇新磨村新村组后山山体发生高位滑坡（以下简称6·24新磨村滑坡），瞬间摧毁坡脚的新磨村，掩埋64户农房和1500m道路，堵塞河道1000m，导致10人死亡、73人失踪，引起国内外的广泛关注。该滑坡源区所在位置32°4′47″N，103°39′46″E，垮塌区长约200m，宽约300m，平均厚度约70m，体积约4.5×10^{7}m^3。山体沿岩层层面滑出，滑体迅速解体沿斜坡坡面高速运动，沿途铲刮坡面原有松散崩滑堆积物，体积不断增大，运动到坡脚原有扇状老滑坡堆积体后，开始向两侧扩散，直至运动到河谷底部和受到对面山体阻挡才停止运动。最终形成顺滑坡运动方向1600m，顺河长1080m，平均厚度大于10m，体积约为1.3×10^{7}m^{3}的滑坡堆积体，几乎将新磨村全部掩埋（图17.1），造成重大人员伤亡。

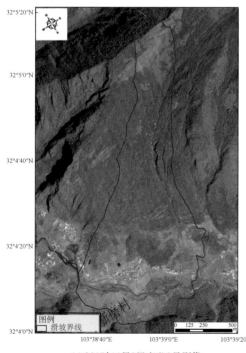

(a) 2017年4月8日高分2号影像

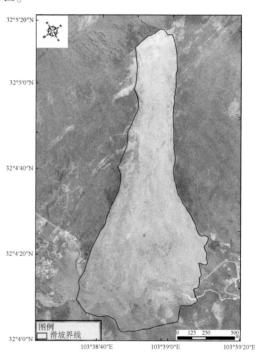

(b) 2017年6月25日无人机航拍影像

图17.1　新磨村滑坡前后影像图

6·24 新磨村滑坡灾害发生后，党中央、国务院作出重要批示，国务院立即启动了一级应急响应，国家和地方各级相关部门也即刻作出应急响应，开展了现场应急救援和抢险救灾工作。地质灾害防治与地质环境保护国家重点实验室在灾害发生 2 小时后，便组织专家和研究团队，携带无人机（Unmanned Aerial Vehicle，UAV）、地基合成孔径雷达（Ground Based Synthetic Aperture Radar，GBSAR）等先进仪器设备，随四川省自然资源厅应急工作组赶赴灾害现场。本书第一作者作为四川省政府现场指挥部成员和四川省国土资源厅现场专家工作组组长，全面参与了灾害成因的调查分析、防范二次灾害发生等工作。同时，室内研究人员迅速开展灾区基础地形、地质资料和历史卫星影像数据的收集分析以及现场测绘、观测数据的分析处理，为现场调查和分析研判提供了支持。

17.2　新磨村滑坡地质特征

17.2.1　地质环境条件

6·24 新磨村滑坡发生在岷江一级支流松坪沟左岸一顺层单薄山脊上，海拔高程 2240 ~ 3460m，垂直高差达 1200m，属构造侵蚀高山地貌和高原型季风气候区，多年平均气温 11.0℃，多年平均降水量 716.5mm，最大日降水量 104.2mm。

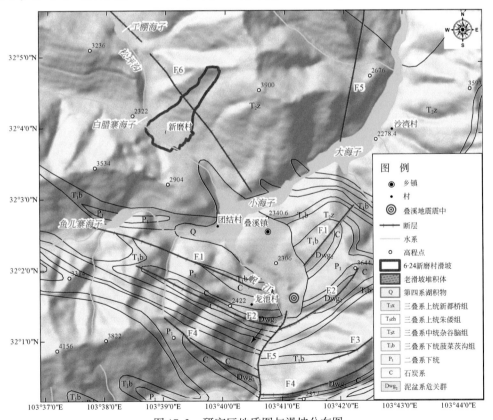

图 17.2　研究区地质图与滑坡分布图

　　滑坡周边区域出露的地层岩性主要有泥盆系的危关群（Dwg₂）、石炭系（C）、二叠系下统（P₁）、三叠系菠茨沟组（T₁b）和杂谷脑组（T₂z）变质砂岩、大理化灰岩、千枚岩等（见图 17.2）。6·24 新磨村滑坡区地层岩性为三叠系中统杂谷脑组（T₂z）变质砂岩夹板岩，岩层产状 N80°W/SW∠47°。山体坡向与岩层倾向基本一致，属于典型的顺向坡。滑源区下方斜坡坡脚为 1933 年叠溪地震触发的老滑坡堆积物。

　　6·24 新磨村滑坡附近区域处在较场弧形构造的弧顶部位，场区主要分布有较场沟断裂（F1）、棺材沟断裂（F2）、茶花沟断裂（F3）、石大关断裂（F4）四条由较场向南依次排列的弧形断裂（图 3），以及通过弧顶近南北向展布的岷江断裂（F5）和斜切弧顶 NW 走向的松平沟断裂（F6）。其中松坪沟断裂正好从此次滑坡区通过，对滑坡的影响较大。该断裂始于墨石寨、向东南经松坪乡、白腊寨至较场的观音崖一带，大致沿松坪沟断续分布。该断裂对松坪沟地质灾害发育具有明显诱发和控制作用。

　　松坪沟地处著名的"南北向地震构造带"中段，历史上强震频发。20 世纪以来，先后经历 1933 年 7.5 级叠溪地震、1976 年 7.6 级平武地震、2008 年 8.0 级 5·12 汶川地震。其中 1933 年叠溪地震的宏观震中就在较场、叠溪镇一带，该区域地震烈度达到 Ⅹ 度，触发了众多大型崩塌、滑坡灾害，灾害体堵塞岷江和松坪沟形成了十余个规模不等、呈串状分布的海子（图 17.2 和图 17.3）。1976 年平武地震和 2008 年汶川地震在该区域地震烈度分别为 Ⅵ 和 Ⅶ 度，未触发大规模地质灾害。

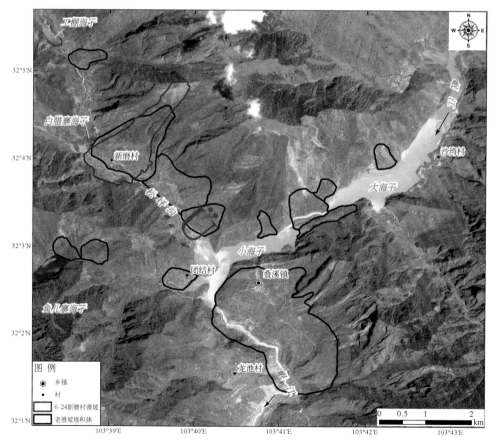

图 17.3　研究区卫星影像图

17.2.2　滑坡特征

通过对滑坡区多源、多期影像数据的处理、配对校准和分析，结合现场调查对新磨村滑坡特征有了清晰的认识。新磨村滑坡山顶滑源区最高点高程 3460m，河床高程 2240m，滑坡高差 1120m，水平滑动距离超过 2500m，是一典型的山区高位远程岩质滑坡—碎屑流灾害（图 17.4）。新磨村滑坡总体上可分为主滑坡区和滑坡影响区两大部分：（1）主滑坡区包括滑源区（Ⅰ）、流通铲刮区（Ⅱ）、堆积区（Ⅲ）。其中，流通铲刮区还可细分为主流通区（Ⅱ-1）、铲刮区（Ⅱ-2）；（2）滑坡影响区主要为受滑坡动力作用影响，产生新的裂缝和变形并存在一定安全隐患的部分，具体包括滑源区西侧欠稳定岩体（Ⅳ）、滑源区东侧欠稳定岩体（Ⅴ）以及滑坡体西侧变形体（Ⅵ）（图 17.5）。其中主滑坡区特征如下。

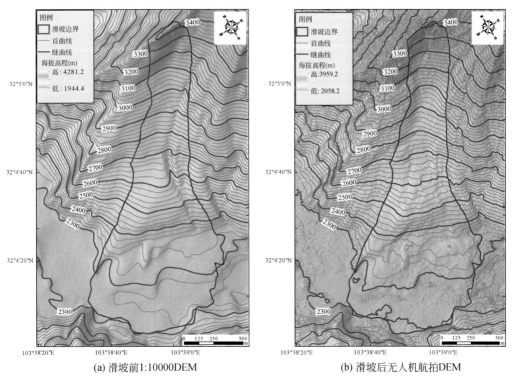

(a) 滑坡前1:10000DEM　　　　　　(b) 滑坡后无人机航拍DEM

图 17.4　滑坡区 DEM 影像

（1）滑源区（Ⅰ）

滑源区位于斜坡山体顶部，顶部高程位于 3364 ~ 3462m，下部剪出口高程大致在 3100m。滑源区滑落块体平均高 260m、宽 370m、厚度 46m，总方量为 $446×10^4 m^3$。滑源区所在斜坡为岩质顺向坡，岩层产状 N80°W/SW∠47°。滑体物质为三叠系中统杂谷脑组砂岩夹板岩，岩体内发育 2 组结构面，其产状分别为 N44°E/SE∠84°（近于垂直层面的陡倾节理）和 N46°E/NW∠47°（斜向坡内）。从岩体结构分析，滑块是以岩层层面作为底滑面、陡倾裂隙作为两侧边界，形成类似于"抽屉"的扁平立方体（图 17.6）。前文已述及，该区域先后经历过多次强烈地震，受地震的震裂松动效应的影响，滑坡体两侧和后缘在 2003 年的高清遥感影像上已能见到明显的拉裂缝，通过高清航拍影像还可清晰看到底滑面上附有钙膜，表明岩层层面曾有地下水活动的痕迹，由此也印证了后缘山顶滑前已沿层面开裂并具有一定的贯通性，滑坡区山体在地震过程中已经受过"内伤"，为雨水入渗和在重力作用下的进一步变形提供了基础。

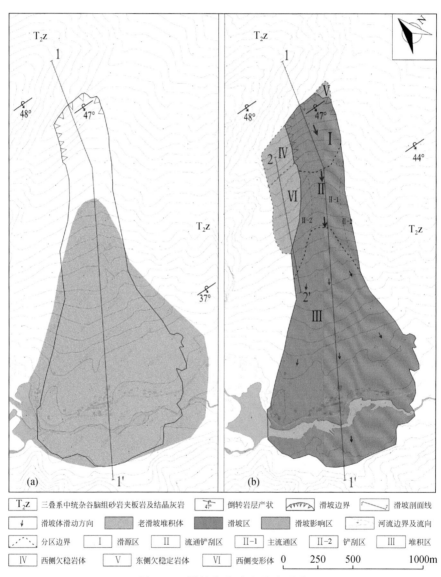

图 17.5　滑坡发生后地质平面图

（2）流通铲刮区（Ⅱ）

流通铲刮区主要分布在高程 3100～2650m。当滑源区滑块突然失稳下滑后，以巨大的动能推挤、铲刮着下部斜坡表面原有松散堆积物。被推挤、铲刮的物质主要包括坡表覆盖

(a)滑源区三维模型影像

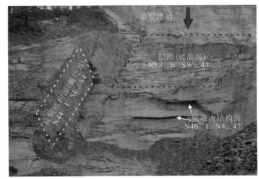
(b)滑源区三岩体结构面

图 17.6　滑源区三维模型影像及照片

层、老崩塌堆积物及少部分基岩。铲刮形成了宽度约 410m、深度 30m、长 700m 的 "U" 型沟槽，被铲刮物质估算方量约 450×10⁴m³。根据流通和铲刮特点又可将其细分为 2 个亚区，即主流通区（Ⅱ-1）和铲刮区（Ⅱ-2），其平面分布如图 10（b）所示，现场照片如图 17.7 所示。

主流通区（Ⅱ-1）位于铲刮形成的 "U" 型沟槽中部，为主滑体在启动后高速运动的主要通道，斜坡表面原有松散物质被铲刮并推挤至斜坡下部堆积，并由此形成一明显的 "U" 型沟槽。滑坡后阶段的部分物质以及滑坡结束后滑源区的局部垮塌物质堆积在主流通区沟道底部，形成二次堆积，估算堆积方量为 70×10⁴m³。从图 17.7 可以看出，主流通区沟内堆积物并不对称，明显具有西侧低、东侧高的堆积特征，主要受地形变化导致运动方向向东侧偏转所致，这一现象类似于泥石流运移过程中的弯道超高。

图 17.7　滑坡滑源区及流通铲刮区分区特征

铲刮区（Ⅱ-2）位于"U"型沟槽主流通区东、西两侧，也可理解为流通区只被铲刮掉而未被二次堆积的区域。该区岩土体被铲刮、侵蚀的特征非常明显，也具有西侧低、东侧高的特点。

（3）堆积区（Ⅲ）

从图17.1可以看出，在滑坡区斜坡坡脚原本就存在一喇叭状老滑坡堆积体。滑坡突然启动和高速下滑通过流通产刮区后，继续高速运动到达原老滑坡堆积体所在区域，巨大的动能迅即将老滑坡堆积体向前推挤滑动和下错，致使原老滑坡堆积体顶部原仅少量出露的基岩光壁大面积出露（图17.7）。同时滑坡碎屑物质沿老堆积体扇型坡面呈流体状高速运动，最终堆积覆盖在老堆积体上，由此再次形成喇叭状的新滑坡堆积区（图17.8）。滑坡堆积区后缘高程2800m，前缘高程2290m，相对高差510m，其顺滑动方向水平长度1600m，最大宽度1080m，堆积面积达$119×10^4 m^2$，平均堆积厚度10m以上，堆积方量约$1230×10^4 m^3$，加上流通区沟道内堆积的$70×10^4 m^3$，6·24新磨村滑坡总堆积物质方量约$1300×10^4 m^3$。

根据现场调查和航拍影像可知，滑体高速运动过程中不断解体破碎，最终以碎屑流呈流态化的方式高速运动并因前缘阻挡和能量的不断耗散最终逐渐停积下来，堵塞松坪沟形成堰塞湖（图17.8）。堆积体中发现的最大岩块长度约40m，体积达$5×10^4 m^3$，质量超过100t。在高速运动过程中，大块石在运动途中不断停积，大粒径块体堆积范围主要从流通区至新磨村范围，而粒径相对较小的块石和碎屑物质呈流体状继续向前运动，直至松坪沟河流对岸。与其他高速远程滑坡–碎屑流一样，本滑坡堆积区岩土体颗粒分布也具有明显的分选特征。

图17.8　滑坡堆积区三维航拍影像

根据滑坡前后的地形、地质资料，结合上述分析，得到了如图17.9所示的滑坡地质剖面图。

17.2.3　滑坡灾害成因分析

分析新磨村滑坡发生的原因，主要包括内在控制性因素和外在诱发因素。

（1）有利于滑坡产生的地形条件

首先，滑坡发育在一高耸、单薄的山脊之上，这种高耸、单薄的山脊对地震波放大效

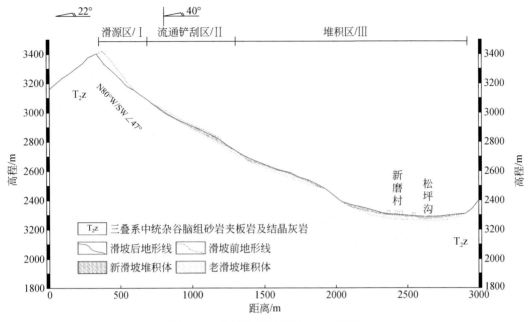

图 17.9　滑坡地质剖面图（1-1′剖面）

应显著，很容易在强震作用下被震裂。其次，滑源区下方即为陡壁，为滑坡的高位剪出提供了良好的临空条件。另外，滑坡运动区为一较顺直斜坡，为滑坡的高速远程运动提供了有利的地形条件。

（2）有利于滑坡产生的地质条件

如前所述，滑坡区地处较场弧形构造的弧顶部位，岷江断裂和松坪沟断裂两条活动断裂的交汇部位，构造运动异常活跃，历史上多次发生地震。滑坡区岩性主要为三叠系杂谷脑组变质砂岩夹板岩，岩性软弱，力学强度低，且多存在软弱结构面，属典型的易滑地层。滑坡区地处松坪沟左岸，左岸为典型的中陡倾角顺向斜坡，属典型的易发生滑坡的坡体结构。活跃的构造部位、易滑的地层岩性和坡体结构，这些地质条件均有利于滑坡发生。

（3）多次地震的震裂损伤

滑坡地处地震高发区，该区历史上经历过多次地震，包括 1933 年叠溪地震、1976 年平武地震以及 2008 年汶川地震，多次地震使山体震裂松动，岩体破碎，裂缝发育，存在"内伤"。如前所述，1933 年叠溪地震是滑源区山体震裂松动，在此次滑坡源区东西侧边界部位易形成明显的拉张裂缝，为滑坡的发生提供了结构基础。在后续两次地震中裂缝可能会进一步发展。后缘裂缝的存在为雨水的入渗，物理化学风化提供了重要的通道，致使其力学强度不断降低。

（4）降雨诱发滑坡的发生

滑坡区不利的地质条件、包括叠溪地震在内的多次地震作用，使滑源区具备了基本的变形破坏条件和基础。长期的重力作用使滑源区岩体进一步产生时效变形，裂缝不断扩展贯通，滑坡变形逐渐形成，最终使滑源区岩体逐渐进入临界失稳状态。2017 年 5 月 1 日至滑坡发生前的滑坡附近叠溪镇和松坪沟两处降水观测站资料（图 17.10）表明，滑坡发生前仅

2 个月的时段内累计降雨量达 200 多毫米，显著大于该地区同期降雨量。尽管滑坡发生前一周的降雨量较小，但 6 月 8 日~15 日经历了一次持续降雨过程，累计降雨量约 80mm，最大日降雨量达到 25mm。持续的降雨最终导致本已处于临界状态的滑块整体失稳破坏。

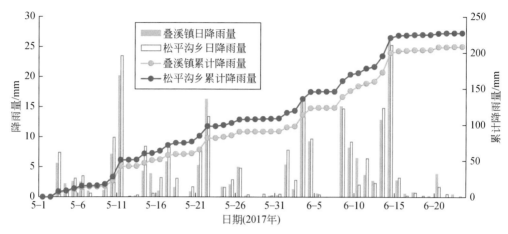

图 17.10　滑前降雨过程曲线图（殷跃平提供）

17.3　新磨村滑坡变形监测分析

17.3.1　滑坡变形历史与失稳过程回溯

（1）滑坡源区岩体变形历史

由于滑坡源区地形陡峭，后缘高程达到 3400m 以上且山顶植被茂密，其前期变形未能被当地百姓和专业调查人员发现和记录。在 2003 年 8 月 18 日 Google Earth 卫星影像上可看到此次滑坡源区陡壁大部分为基岩裸露，滑坡源区可见 3 条沿滑动方向展布的裂缝，其中 1#和 3#裂缝分别对应本次滑坡的右侧和左侧边界，同时在滑坡两侧分别可见两条沿山脊线延伸的裂缝，其中 5#裂缝较为明显，下方可见小规模崩滑体 [图 17.11（a）~（c）]。在 2017 年 4 月 8 日国产高分二号等影像上 [图 17.11（d）]，上述裂缝未见明显扩展延伸，崩滑范围未见显著变化。

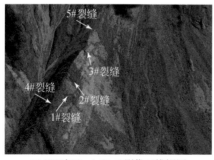

(a) 2003年Goole Earth影像三维视图

(b) 滑后航拍影像三维视图

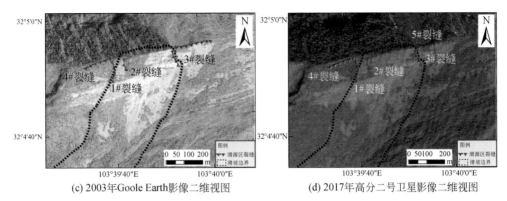

(c) 2003年Goole Earth影像二维视图　　　　　(d) 2017年高分二号卫星影像二维视图

图 17.11　滑源区裂缝

意大利 TRE ALTAMIRA 团队利用 2014 年 10 月 9 日～2017 年 6 月 19 日 45 景 Sentinel-1 雷达卫星影像的进行形变时序差分分析，结果显示该滑坡源区 2014 年以来便存在缓慢形变，最大形变速率为 27mm/a，滑坡的加速变形出现在 2017 年 4 月之后（图 17.12）。

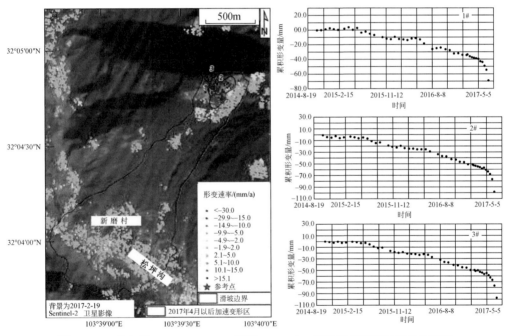

图 17.12　意大利 TRE ALTAMIRA 团队 Sentinel-1 雷达卫星影像时序差分结果

综合多时相历史高分辨率光学和雷达卫星影像分析结果，推测滑坡源区可能在 1933 年叠溪地震中产生了明显的震裂裂缝，由此在 2003 年的高分辨率遥感影像上能看到明显的裂缝。1976 年平武地震和 2008 年汶川地震因其在滑坡区范围地震烈度较低，对滑坡源区山体影响较小，因为在 2017 年 4 月的高分遥感影像未能看到裂缝具有明显扩展延伸的迹象。

17.3.2　滑后西侧变形体应急监测

2017 年 6 月 26 日，现场排查人员通过无人机航拍影像发现滑坡西侧（右侧）2800 ~ 3100m 高程区域存在明显的变形裂缝，现场专家组利用高清航拍三维模型对滑坡区尤其是后缘高位垮塌区的裂缝、变形情况进行了仔细地分析研判，发现和确认在滑坡西侧确实存在一个大型拉裂变形体，对滑坡现场救援及相关人员的安全构成严重威胁。为掌握滑坡区尤其是西侧变形体的变形及发展演化状况，评价其稳定性和危险性，现场指挥部及时委托专业地勘单位对西侧变形体进行了变形监测，但最终因安全因素仅在其前缘安装了 4 个棱镜，监测部位和范围受到限制。为了确保监测成果能全面准确反映现场实际情况，作者所在团队及时利用非接触式地基合成孔径雷达（GBSAR）装置，对滑坡周边几处欠稳定岩土体开展了高精度（亚毫米级）、全天候的大范围扫描监测，获取了滑后相关部位变形的连续监测数据，为现场指挥部和专家工作组分析研判滑坡区各部位的稳定性和危险性，提供了非常重要的支撑。

1. 西侧变形体（Ⅵ）特征

西侧变形体（Ⅵ）平面形态呈倒梯形，上宽 250m、下宽 100m、高 450m、平均厚度 58m，估算方量 455×10⁴m³（图 17.13）。西侧变形体后缘存在一拉陷槽，展布方向与岩层走向一致，延伸长度 250m，水平拉开宽度 43m，垂向下错 20m。在其前部还存在另一条裂缝，延伸长达 540m，拉开宽度近 10m。现场地质调查表明，西侧变形体主要由崩坡积物质构成，变形体内部破碎，其前缘和东侧已临空且时有小规模的垮塌。在现场应急抢险过程中，西侧变形体被认为是整个滑坡区稳定性最差，对下游现场救援人员安全威胁最大的部分，因此得到相关部门和现场专家组的高度重视。分析认为西侧变形体是受主滑体的高速通过流通产刮区时对西侧松散堆积物施加了一种拖拽剪切作用力，由此导致西侧松散堆积物的向下滑动，并使后缘拉开超过 40m。但最终会自行停止滑动，主要是受其前缘阻挡所致。从图 17.14 可以看出，在滑源区前缘剪出口部位，存在一个倾向坡内的巨大光面，

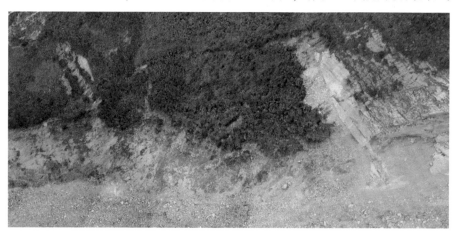

图 17.13　西侧变形体全景（无人机航拍高清三维模型影像）

产状 N46°E/NW∠47°。该内倾光面从滑坡体东侧顶部斜向下通过滑源区前缘、到达西侧变形体前缘，并由此在滑源区前缘形成一明显的槽状负地形（图 17.14），使滑源区和西侧变形前缘呈一定的临空状态，这也是滑源区剪出口在此出露的主要原因。当西侧变形体被主滑体"强行"拖拽被动向下滑动一定距离后，遭遇到该倾向山内岩坎的阻挡，最终停止滑动。西侧变形体的成因机制与发展演化过程可用图 17.15 来示意。

图 17.14 滑坡源区及西侧变形体全景（无人机航拍高清三维模型影像）

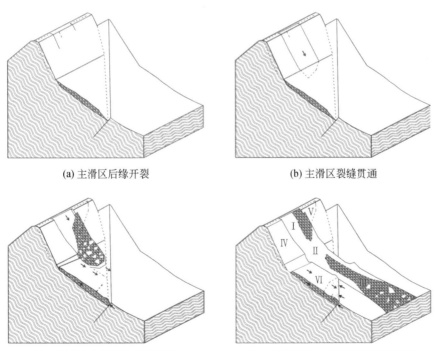

(a) 主滑区后缘开裂   (b) 主滑区裂缝贯通

(c) 主滑区启动并拖拽西侧变形体   (d) 主滑区滑动、西侧变形体受阻停留

图 17.15 西侧变形体成因与发展演化过程示意图

2. 西侧变形体监测分析

为了科学评价滑坡区及周边欠稳定岩土体的稳定性和危险性，防止二次灾害的发生，确保滑坡堆积区现场救援及其他相关人员的安全，在现场全站仪监测受到条件限制的情况下，自 6 月 29 日开始采用 IBIS-L 型地基合成孔径雷达（GBSAR）对滑坡区西侧欠稳定岩体（Ⅳ）和西侧变形体（Ⅵ）开展了全天候连续应急变形监测。雷达波扫描监测范围包括滑源区底滑面（稳定区）和滑坡整个区域，为便于分析，筛选了相关区域 16 个代表性的变形监测点作重点研究，监测点分布如图 17.16 所示。代表性监测点的变形监测曲线如图 17.17 所示。根据监测结果可知：

（1）P27、P28 处于稳定基岩表面，主要用于变形的基准校正和监测误差分析。监测数据显示，稳定基岩面变形基本在 0 值附近的仪器观测误差范围内浮动，表明滑坡壁处于稳定状态，无明显变形产生。但在在晴天（前面三天）的每天 8：00～15：00 段出现周期性波动，分析结果认为这是由电磁波受环境因素（如温度、湿度、气压等）影响造成的，但这种现象在后两天阴天条件下表现不明显。

（2）西侧欠稳定岩体（Ⅳ）：前缘 P11、P12 监测数据显示截至 2017 年 7 月 4 日 16：30，P11 累计向坡内变形达 83mm，P12 向坡外累计变形 18mm，表明该岩块仍处于变形调整阶段，但其稳定性相对较好，在前缘西侧变形体不发生整体失稳破坏的前提下，近期内稳定性相对较好。

图 17.16　西侧变形体裂缝发育位置及监测点分布图

（3）西侧变形体（Ⅵ）：截至 2017 年 7 月 4 日 16：30，东侧中后部的 6 个监测点

（P3、P10、P6、P7、P8、P9）平均累计变形量 92.9mm，其中监测点 P8 变形最大，最大累计变形量达 144.70mm，P8 点平均变形速率 30.2mm/d；前部区域 6 个监测点（P1、P2、P4、P5、P13、P14）平均累计变形量 36.1mm，其中监测点 P5 变形最大，最大累计变形量达 119.40mm，P5 点平均变形速率 24.9mm/d。表明西侧变形体的中后部变形明显大于前部，呈推移式缓慢蠕滑的特点。监测时段内 7 月 4 日有较长时间降雨，监测结果显示，降雨后西侧变形体中后部的变形也明显大于前部。

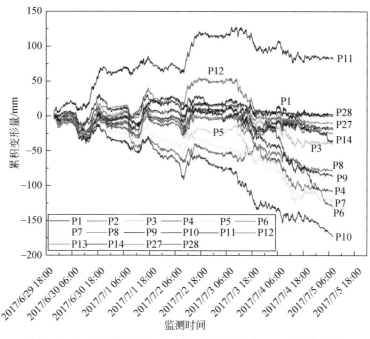

图 17.17　滑坡西侧 GBSAR 代表性监测点的变形—时间曲线图

17.4　小　　结

近年来我国发生的多起灾难性滑坡，如 2013 年 7 月 10 日都江堰市中兴镇三溪村五里坡滑坡，以及 6·24 新磨村滑坡都具有如下共同特点：一是灾害源区都地处高位且植被覆盖严重，具有高度的隐蔽性；二是灾害发生地都遭受过强震的影响，山体震裂松动明显，受过"内伤"，茂县新磨村滑坡和都江堰五里坡滑坡分别在 1933 年叠溪地震和 2008 年汶川地震中地震烈度均超过十度，高精度的遥感和航拍影像都显示相关区域山体震裂松动迹象明显，裂缝发育；三是滑坡发生前变形特征不显著，具有突发性。

灾难性滑坡的上述特点致使仅靠以专业人员地面调查为主的传统地质灾害排查方式已很难提前发现灾害隐患并加以主动防范，这也是目前国际防灾减灾领域所面临的一个难题。我国应该充分总结这些灾难性滑坡灾害的经验教训，并注意开展以下方面的防灾减灾和研究工作。

（1）加强新技术、新手段用于高位滑坡隐患早期识别和提前发现的研究与示范。研究表明，InSAR 对大范围变形区域具有很好的探测识别能力，而 LIDAR（在航测飞机或无人机上放置三维激光扫描仪）以及 UAV（无人机航拍）对震裂松动山体、历史上曾经滑移变形区域等"损伤"具有很好的探测识别能力。应尽快利用 InSAR、LiDAR 和 UAV 等新技术，开展高位和具有隐蔽性的滑坡隐患的早期识别、提前发现技术方法研究应用示范。

（2）集成整合相关资源，开展重点区域地质灾害综合防范、示范工作。地质灾害防治直接涉到自然资源、应急管理、测绘、气象、地震等多个部门，要真正做好地质灾害隐患的早期识别、监测预警与应急处置等工作，必须要多部门资料共享、信息互通，协同攻关。我国应尽快建立防灾减灾专门机构，统筹协调和集成整合信息、人力、装备等资源，建立大数据中心或平台，开展地质灾害防范综合研究与示范应用，推动相关技术和成果的产业化、实用化，全面提升我国地质灾害防治能力和水平。

（3）进一步加强强震区地质灾害长期效应与风险防控研究。国际上多个强震案例表明，处于山区的强烈地震其影响可持续数十上百年，近年来我国发生的多起大型地质灾害事件主要集中于汶川地震灾区，如茂县新磨村滑坡便是 1933 年叠溪地震的后续产物。因此，应加强强震区尤其是近百年来发生过强震的高地震烈度区地质灾害发育演化规律和防范措施的持续跟踪研究。

第18章 金沙江白格滑坡—堰塞堵江应急处置

18.1 概 况

2018 年 10 月 11 日凌晨，西藏自治区江达县波罗乡白格村与四川省白玉县绒盖乡则巴村交界处金沙江西藏岸（右岸）发生大规模高位滑坡（以下简称"10·11"滑坡），阻断金沙江干流，形成堰塞坝，堰塞湖蓄水量约 2.9 亿立方米，其后，10 月 12 日堰塞湖水开始自然下泄，至 13 日全部泄流完成，险情得以解除。2018 年 11 月 3 日，在第一次滑坡的滑源区后缘岩土体再次发生失稳破坏（以下简称"11·03"滑坡），并再次堵塞金沙江，形成的堰塞坝比第一次滑坡堰塞坝最高处还高出近 50 米。至 11 月 12 日，堰塞湖蓄水量达到 5.24 亿立方米。后经人工干预，堰塞体于 11 月 12 日开始泄洪，至 13 日坝体上下游水位贯通，堰塞湖险情解除。这两次滑坡—堰塞堵江事件引发了社会的广泛关注。

金沙江白格滑坡地质灾害发生后，国家各部委、四川和西藏各级人民政府立即启动应急响应，积极开展应急处置工作，"快调查、快监测、快定性、快论证、快决策、快实施"，为避免次生灾害和减轻损失起到了重要作用。地质灾害防治与地质环境保护国家重点实验室在两次滑坡灾害发生后，均迅即组织团队，携带 2 台飞马 F-1000 固定翼无人机赶赴灾害现场，开展现场地质调查和测绘工作，同时在室内不断对历史遥感影像和无人机航拍数据进行及时分析处理，为现场分析研判提供支撑。第二次滑坡发生后，许强教授和冯文凯教授还作为现场专家组成员，指导监测预警工作，确保现场导流槽施工工作的安全和顺利开展。

金沙江白格先后两次的滑坡—堰塞堵江都是短暂堵江事件。滑坡堰塞堵江后，先淹上游（江达县波罗乡、白玉县金沙乡等先后被淹）。堰塞体溃决之后，冲击下游，尤其第二次堵江坝体溃决后，造成金沙江下游四川云南境内多座桥梁被冲毁，丽江等地被淹，造成巨大的经济损失和广泛的社会影响。本文是在上述应急调查研究的基础上，结合历史遥感影像解译、InSAR 和无人机航拍等技术手段，查明了滑坡区斜坡的变形历史和动态演化过程，以及两次滑坡–堰塞堵江的基本特征，简述了第二次滑坡—堰塞体的应急处置以及为保证现场施工安全所开展的"实战性"监测预警工作。

18.2 地质环境条件

白格滑坡发生在金沙江右岸的山脊上，山脊走向约 10°N～15°E，斜坡朝向 80°～100°，河谷呈"V"形谷，海拔高程 3720m～2880m，垂直高差达 840m，属构造侵蚀高山强烈寒冻风化地貌和大陆性季风高原型气候区，多年平均气温 8.0℃，历年平均降水量 626.6mm。

　　滑坡区山体走向与区域构造线方向大体一致，顶部山脊呈猪背脊状，且由南向北高程逐渐变低，山体逐渐变窄。滑坡周边区域出露的地层岩性按昌都-江达地层分区主要有三叠系金古组（T_3jn）灰岩带，元古界雄松群（P_txn^a）片麻岩组，燕山期戈坡超单元（$\eta\gamma_5^{2b}$）和则巴超单元（$\gamma\delta_5^{2a}$）的花岗岩组，还有海西期蛇纹岩带（$\varphi_{\omega4}$）；以及三叠系下逆松多组（T_3x）的碳酸岩盐和碎屑岩段（按义敦-巴塘地层分区）。本次白格滑坡区出露地层岩性主要为元古界雄松群（P_txn^a）片麻岩组和华里西期蛇纹岩带（$\varphi_{\omega4}$），其中片麻岩组产状235°∠40°，发育有（60°~80°）∠（75°~85°）、（100°~115°）∠80°两组结构面；蛇纹岩带发育在斜坡中上部，在斜坡顶部结晶良好，墨绿色，中下部呈碎粉岩状，灰绿-绿白色，绿泥石化。

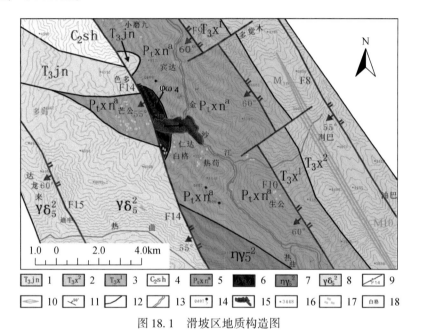

图 18.1　滑坡区地质构造图

1. 三叠系上统金古组：岩屑砂岩、岩屑长石砂岩夹生物碎屑灰岩；2. 三叠系上统下逆松多组上段：细晶灰岩、白云岩夹生物碎屑灰岩；3. 三叠系上统下逆松多组下段：长石岩屑砂岩、粉砂岩 与泥质板岩互层，偶夹灰岩；4. 石炭系上统生帕群：岩屑砂岩、砂质板岩、灰岩、粉砂岩等；5. 奥陶系上统雄松群片麻岩组：含石榴石黑云母斜长片麻岩、角闪石斜长片麻岩；6. 海西期金沙江超镁铁质岩带、蛇纹岩；7. 燕山期戈坡超单元 细粒-中细粒二长花岗；8. 燕山期则巴超单元 木扎细粒-中细粒花岗闪长岩、石英闪长岩；9. 断层及编号；10. 背形；11. 岩层产状；12. 地层界线；13. 河流；14. 泉点位置；15. 滑坡边界；16. 高程点；17. 房屋；18. 地名

　　白格滑坡区地处金沙江构造带上（图18.1），整个构造带呈 NNW 向展布。由于金沙江构造带自古生代以来经历了扩张-闭合-消减-封闭的演化过程，以及后期的逆冲推覆和平移剪切作用，形成由数条断裂和构造块体组成，并经多期变质变形的复杂构造带。场区内主要分布有波罗-木协断裂（F14）、竹英-贡达断裂（F9）、雪青-龙岗断裂（F8）等NW 走向的断裂和沙东-巴巴背形（M10）。其中波罗-木协断裂（F14）刚好从滑坡源区顶

部通过，对滑坡的影响较大。该断裂总体走向 330° 左右，断裂面向西倾斜，倾角 50° ~ 70°。沙东–巴巴背形（M10）轴部呈 NNW 向，向北被断层破坏，向南延出研究区。波罗–木协断裂（F14）和沙东–巴巴背形（M10）位于雄松群复式背形构造的核部，经深层次韧性剪切作用，沿断裂带发育纵向劈理，使片麻岩和蛇纹岩碎裂成角砾岩和碎粉岩，破碎带宽 100 ~ 300m。复杂的构造和破碎的岩体均有利于在山体变坡部位形成滑坡。

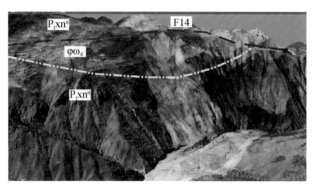

图 18.2　滑坡区出露的地层

波罗–木协断裂（F14）在研究区内基本沿滑坡后壁顶部的乡村道路延伸（图 18.2），道路后部台坎上发育雄松群（P_txn^a）深灰色斜长片麻岩，表面风化后呈土黄色；道路下部的滑坡后壁上出露白绿色碎粉岩状的蛇纹岩，风化严重，呈绿泥石化（图 18.3）。整个蛇纹岩带主要位于滑坡体滑源区部位，高程在 3400 ~ 3700m 之间，而 3400m 高程以下主要出露雄松群（P_txn^a）片麻岩（图 18.3）。

(a) 滑坡顶部的道路旁出露片麻岩体　　　　　　(b) 滑坡后壁出露绿白色碎粉状蛇纹岩

图 18.3　主滑坡区附近出露的岩层露头

18.3　白格滑坡变形历史分析

18.3.1　基于光学卫星影像的历史形变定性分析

为查明金沙江白格滑坡的变形历史，系统收集了滑坡区 1966 年 ~ 2018 年共 15 期历史卫星影像（表 18.1，图 18.4）。通过对比分析发现，早在 1966 年 2 月 8 日美国 KeyHole 卫星影像上已可见滑坡中部有明显拉裂缝和小规模滑塌等变形迹象，但滑坡后缘未见明显下错台坎 [图 18.4（a）]。在 2011 年 3 月 4 日美国 GeoEye-1 卫星影像上，可见到滑坡后缘已形成基本贯通的拉裂面，中部滑塌规模较 1966 年显著增大 [图 18.4（b）]。由此可见，滑坡区岩体的变形过程至少经历了 50 余年。

表 18.1　研究区历史遥感影像

序号	影像拍摄时间	卫星名称	分辨率/m
1	1966 年 2 月 8 日	美国 KeyHole 卫星（KH-4A）	2.7
2	2011 年 3 月 4 日	美国 GeoEye-1 卫星（GE-1）	0.41
3	2014 年 1 月 8 日	国产资源三号卫星（ZY-3）	2.1
4	2014 年 12 月 28 日	国产资源三号卫星（ZY-3）	2.1
5	2015 年 2 月 22 日	美国 GeoEye-1 卫星（GE-1）	0.41
6	2015 年 8 月 10 日	国产高分一号卫星（GF-1）	2.0
7	2015 年 11 月 13 日	国产资源三号卫星（ZY-3）	2.0
8	2016 年 1 月 6 日	国产资源三号卫星（ZY-3）	2.1
9	2016 年 5 月 23 日	国产高分一号卫星（GF-1）	2.0
10	2017 年 1 月 15 日	国产高分二号卫星（GF-2）	0.8
11	2017 年 8 月 5 日	国产高分二号卫星（GF-2）	0.8
12	2017 年 10 月 18 日	国产高分二号卫星（GF-2）	0.8
13	2017 年 12 月 21 日	国产高分二号卫星（GF-2）	0.8
14	2018 年 2 月 28 日	国产高分二号卫星（GF-2）	0.8
15	2018 年 8 月 29 日	美国 Planet 卫星	3.0

滑坡区岩土体出现明显的整体下错现象是从 2011 年开始的。对比 2011 年 3 月 4 日美国 GeoEye-1 卫星影像和 2015 年 11 月 13 日国产资源三号卫星影像，可见滑坡源区在此期间发生了整体下错，后缘拉裂缝已形成明显的错台，中部滑塌变形进一步加剧 [图 18.4（c）]。在 2018 年 2 月 28 日国产高分二号卫星影像上，可见滑源区整体变形进一步加剧，在滑坡中下部已形成明显的剪出口 [图 18.4（e）]。2018 年 8 月 29 日美国 Planet 卫星影像上，可见滑坡源区已非常破碎，已逐步进入临滑状态 [图 18.4（f）]。

18.3.2　基于光学卫星影像的历史形变定量分析

为定量分析白格滑坡滑前形变量，利用 2011 年 3 月 4 日～2018 年 2 月 28 日共计 11 期高精度卫星遥感影像，对每期遥感影像上具有明显标志的道路位移量进行解译（图 18.5）。可以看出，2011 年 3 月 4 日～2018 年 2 月 28 日滑坡体最大下错位移达 47.3m，其中 2017 年 1 月 15 日～2018 年 2 月 28 日滑坡体最大位移达 26.2m。

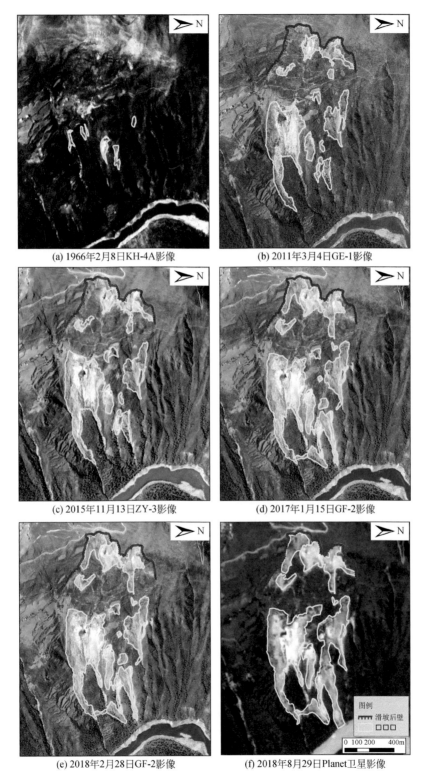

(a) 1966年2月8日KH-4A影像　　　　　　(b) 2011年3月4日GE-1影像

(c) 2015年11月13日ZY-3影像　　　　　　(d) 2017年1月15日GF-2影像

(e) 2018年2月28日GF-2影像　　　　　　(f) 2018年8月29日Planet卫星影像

图 18.4　滑坡源区历史影像图

虚线圆圈指示滑塌区

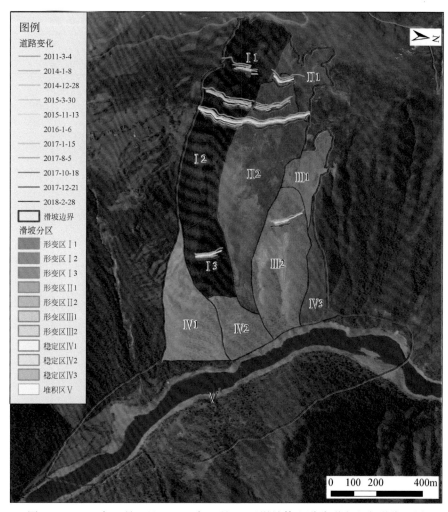

图 18.5　2011 年 3 月 4 日～2018 年 2 月 28 日滑坡体上道路形变和变形分区图

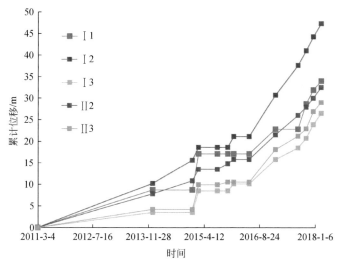

图 18.6　滑坡累计位移图

　　根据滑坡位移解译结果，结合高精度卫星影像地形形态分析，发现白格滑坡变形具有分块分级滑动的特点，从右向左可分为 3 个滑动条带（图 18.5）。Ⅰ1、Ⅱ1、Ⅲ1 分别对应 3 个滑动条带的滑坡后壁区，Ⅰ2、Ⅱ2、Ⅲ2 为 3 个滑动条带的主滑区，其中 Ⅰ2 累计位移量最大，达 47.3m；Ⅱ2 累计位移量次之，为 32.5m，Ⅲ2 累计位移量是三者中最小的，为 29m。Ⅰ3 累计位移量为 26.5m，约为 Ⅰ2 的一半（图 18.6）。Ⅳ1、Ⅳ2、Ⅳ3 区滑坡发生前，未见明显地表位移。由此可以判断出白格滑坡第一次滑动（主滑坡）的剪出口位于河床之上。

18.3.3　基于雷达卫星的历史形变定量分析

　　为进行滑坡形变量的定量分析，收集到 2017 年 7 月 27 日 ~ 2018 年 7 月 23 日 4 景 ALOS-2 雷达卫星数据。由以上分析可知，白格滑坡发生前所在斜坡坡表年平均位移量达 20 余米，已远超常规雷达卫星 InSAR 形变探测范围。故采用像素偏移量追踪技术（pixel-offset tracking）进行滑前形变量的定量分析（图 18.7）。结果表明，滑坡发生前一年（2017 年 7 月 27 日 ~ 2018 年 7 月 23 日），滑源区斜坡最大位移量约为 25m。

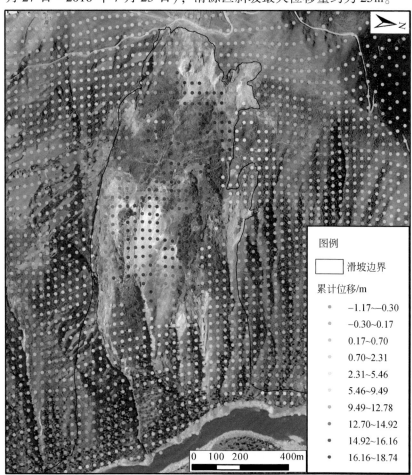

图 18.7　基于像素偏移量追踪技术得到的滑坡区形变分布

（本图由北京东方至远科技股份有限公司提供）

由此可见，白格滑坡区岩土体经历了 50 余年的长期蠕滑变形过程，部分区域地表位移量甚至接近 50m。整个斜坡体逐渐变得支离破碎，至 2018 年 10 月 11 日，滑坡区岩土体整体失稳破坏，堵塞金沙江并形成堰塞湖。

18.4　白格滑坡-堰塞堵江基本特征

白格滑坡位于金沙江右岸（西岸）。2018 年 10 月 11 日和 2018 年 11 月 3 日，滑坡区岩土体两次发生高位滑坡，形成的破碎岩体沿河谷西岸斜坡直冲而下，进入金沙江并继续向东岸运动，受到东岸（左岸）山体阻挡，最终依地势停积，堵塞金沙江并形成滑坡坝和堰塞湖。

两次滑坡发生后，利用无人机航拍获得的影像数据与四川测绘地理信息局测绘技术服务中心提供的滑前 1∶10000 DEM 影像数据，以及 10 月 12 日、11 月 5 日两期无人机影像数据，进行分析计算，获得了滑坡区高分辨率数字地表模型（DSM）、数字正射影像图（DOM）以及三维网格模型（3D-Mesh）。利用多期次影像数据（图 18.8），可对滑坡及堰塞坝动态变化特征进行精细分析。

2018 年 10 月 11 日第一次滑坡，滑源区剪出口高程大致在 3000m 左右，整个滑源区共有约 $2200 \times 10^4 m^3$ 岩土体失稳，堵塞金沙江后形成堰塞坝。12 日 17 点 15 分堰塞湖水漫坝后开始自然泄流，至 13 日基本达到库水的进出平衡，险情得以解除。

2018 年 11 月 3 日第二次滑坡，失稳岩体主要位于第一次滑坡源区后缘陡壁，通过两期无人机航拍影像得到的 DEM 计算，该部位损失岩土体体积约 $370 \times 10^4 m^3$，失稳岩体下滑后推动铲刮下部岩体滑动，使其总方量达到 $850 \times 10^4 m^3$。高速下滑的岩土体首先填满第一次坝体溃决后形成的导流槽，并继续向东侧运动，再次堵塞金沙江，形成堰塞坝。因第二次的堰塞坝比第一次堰塞坝的相应部位还高出近 50m，经充分的评估论证，相关部门决定采取人工开挖导流槽的方式，主动降低坝体高度，降低洪涝灾害风险。

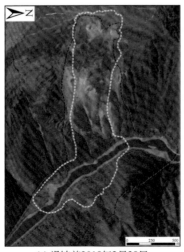
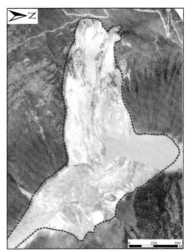

(a) 滑坡前2018年2月28日　　　　(b) 第一次滑坡后
Google Earth影像　　　　2018年10月12日无人机影像

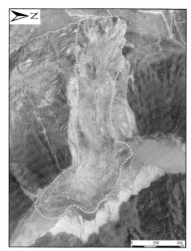

(c) 第二次滑坡后2018年11月5日无人机影像　　(d) 第二次滑坡后的地形图

图 18.8　滑坡前后影像图

图中红色虚线表示第一次滑坡（"10·11"）边界，黄色虚线表示第二次滑坡（"11·03"）边界

　　白格滑坡-堰塞体的典型剖面如图 18.9。第一次滑坡的主体位于 3000 ~ 3600m 高程之间，第二次滑坡的主体位于第一次滑坡壁内侧，失稳后铲刮下部坡体，形成较大规模滑坡。

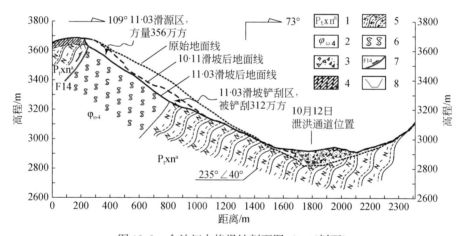

图 18.9　金沙江白格滑坡剖面图（1-1′剖面）

1. 奥陶系上统雄松群片麻岩组；2. 海西期金沙江超镁铁质岩带、蛇纹岩；3. 滑坡堆积体；4. 第四系覆盖层；
5. 角闪斜长片麻岩；6. 蛇纹岩；7 断层及代号；8. 第一次堰塞坝泄洪通道

　　通过对滑坡区多源、多期地形数据的处理、配对校准和分析，结合现场调查对两次滑坡-堰塞堵江事件的基本特征有了清楚的认识，具体详细叙述如下。

18.4.1　第一次滑坡-堰塞堵江事件的特征分析（10 月 11 日）

　　通过滑坡前后 DEM 数据差分处理分析，"10·11"第一滑坡源区失稳破坏岩土体主要位于 3000m ~ 3500m 高程，滑坡后该区域地表向后退缩了至少 90m，并形成槽型地貌（图

18.10）。失稳岩土体堵塞金沙江，形成堰塞坝。

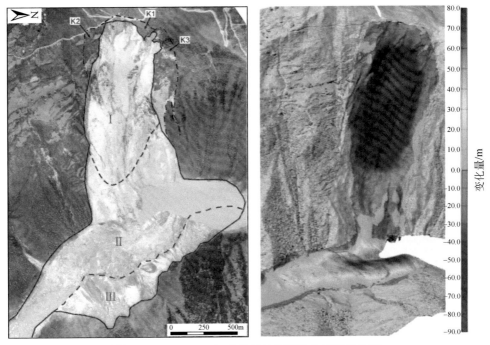

图 18.10　"10·11" 白格滑坡堰塞坝分区图及全貌

　　白格 "10·11" 第一次滑坡总体上可以分为主滑坡区和滑坡影响区两大部分：①主滑坡区又可进一步细分为滑源区（Ⅰ）、流通堆积区（Ⅱ）及涌浪影响区（Ⅲ）；②滑坡影响区是滑坡发生过程中，其后缘和两侧周围岩土体受滑坡动力的拖拽作用形成的、具有明显拉张和剪切错动裂缝的潜在不稳定岩体，包括后部变形体（K1），下游侧变形体（K2）和上游侧变形体（K3）（图 18.10）。

18.4.1.1　主滑坡区特征

（1）滑源区（Ⅰ区）

　　滑坡源区位于脊状山体的中上部，滑坡区顶部高程 3700m，前缘剪出口高程在 3000m 左右。滑源区所在山体斜坡为岩质坡。据现场调查，中上部出露蛇纹岩带，在斜坡顶部结晶良好，墨绿色，下部呈碎粉岩状，灰绿-绿白色，绿泥石化，蛇纹岩带厚度约 300m；中下部为中等风化的片麻岩体，产状 235°∠40°，发育有 60°~80°∠75°~85°、100°~115°∠80° 两组结构面。受两组结构面控制，岩体失稳后，整个滑源区成中间厚、两侧薄的楔形槽状 [图 18.10（a）]。滑源区平均斜长约 790m，宽约 500m。滑源区两侧薄中间厚，中间最大厚度可达 80m，平均厚度约 50m，滑坡前后 DEM 差分计算其总方量约 $1960×10^4 m^3$。

　　滑坡发生后，在 3100~3300m 高程附近形成了一个 20°~25° 左右的缓坡平台，其后滑坡后缘陡壁上垮落的岩体多停积于此。

（2）流通堆积区（Ⅱ区）

　　流通区主要位于高程 3000m 以下的金沙江西岸岸坡上，斜坡基岩主要以相对坚硬的片麻岩为主。滑源区岩体失稳后，以巨大的势能向下运动，沿途铲刮斜坡表面原有的覆盖层，甚至是凸出于坡表的岩体。被铲刮的物质包括坡表原始覆盖层、强风化岩体及少量基岩。强烈的铲刮作用使得流通区斜坡表面退后约20m。流通区宽约720m，高约170m，估算被铲刮岩土体方量约240×10^{4}m^3。加上滑源区失稳的1960×10^{4}m^{3}岩土体，整个主滑区失稳破坏的岩土体方量约2200×10^{4}m^3。

下滑的岩土体在下滑运动过程中以及撞击河床和对岸（左岸）山体后破碎解体，形成碎屑流，抵达金沙江河床后，继续向左岸运动，直至最终停积，堵塞金沙江，形成堰塞坝。堰塞坝沿河谷方向长约1100m，垂直河流方向宽约500m，面积约33×10^{4}m^2，堰塞坝超出原始江面最大高度约85m，平均厚度40m。堰塞堆积体出露水面的方量约为1374×10^{4}m^3，由此推算出被江水掩埋的岩土体不少于830×10^{4}m^3（根据10月12日影像计算）。

由于失稳岩土体在流通区内是一边运动和铲刮底部坡体，一边停积的，无法严格地将运动与停积区分开，加之堆积体方量巨大，堰塞体边缘就位于铲刮范围内，故将流通区和堆积区合并在一起，统称为流通堆积区。

现场调查发现，堆积区靠近滑源区一侧主要停积有大量的白绿色-墨绿色软质蛇纹岩块碎石，蛇纹岩破碎成碎粉状，绿泥石化。其外侧堆积体主要物质组成为黑色-灰黑色片麻岩，片麻岩完全解体，呈块状、角砾状、岩屑。靠近左岸的堆积体表面覆盖有一层橙黄-棕黄色的黏土层，有明显被涌浪冲刷的痕迹。

2018年10月12日17点15分左右，堰塞湖水漫坝后开始自然下泄；18点40分左右，导流槽上下游已全线贯通；13日上午8点蓄水量已减少1.1亿立方米，上午9点30分，水位下降20.3m，并在堰塞体中形成一条上宽约200m、底宽约60m的泄流通道（图18.11）。

图18.11　第一次滑坡—堰塞堵江自然泄洪后形成的导流槽
摄于2018年10月15日

（3）气浪涌浪影响区（Ⅲ区）

巨大方量的滑坡体从高处下滑后快速运动过程中，将极大地压缩前缘空气形成超前气浪，同时，滑体以极快的速度冲入金沙江后，又激起巨大的涌浪，气浪和涌浪在滑体前缘

"带领"着滑体快速"爬"上左岸，在左岸斜坡留下大片的气浪涌浪影响区（图18.12）。现场调查发现，该区域植被和表层浮土已被冲刷殆尽，表层仅分布零星洒落的滑坡体固体物质，表明滑坡主体固体物质并没有到达该区域，仅为超前气浪和涌浪到达和影响区域，该区表层植被呈放射状倒伏，倒伏方向约为70°～120°，上游侧树木倒伏方向逐渐向N～NW侧偏转，而下游侧逐渐向SE～S方向偏转。树木的倒伏方向体现了涌浪冲上金沙江东岸后的运动方向。

图18.12　涌浪影响区三维影像
红色箭头指示堆积区与涌浪影响区边界

涌浪影响区与堆积区之间的具有明显的边界（图18.12）。涌浪影响区的基床是金沙江东岸的基岩边坡，表面残留的少量土层滑坡体散落物质和涌浪泥浆干燥后形成的；而堆积区主要以破碎岩土体为主。受涌浪回流冲刷作用的影响，堆积区与气浪涌浪影响区交界部位存在一条冲沟。

18.4.1.2　滑坡影响区特征

在滑坡发生过程中，受失稳岩体牵引和拖拽作用的影响，在滑源区两侧和后部形成了一系列的变形和潜在不稳定区域，具体可分为：后缘不稳定区（K1），下游侧不稳定区（K2）和上游侧不稳定区（K3）。其位置分布如图18.10所示。

（1）后缘不稳定区（K1）

滑坡发生后，在滑源区后部产生了一系列走向320°～350°左右的张拉裂缝，这些裂缝长度约50m至150m不等，靠外侧裂缝还发生明显下错，下错高度多为30～50cm，部分裂缝张开宽约10～40cm。如图18.13所示，K1区最后缘裂缝的右侧基本沿乡村道路延展，走向约N0°～10°W，左侧裂缝走向偏转向N40°E左右，并与K2区前部临空面相交，裂缝基本呈圈闭状态。整个区域南北向长约340m，东西向最宽处约150m，并形成向前凸出的三角形块体，方量约$356×10^4m^3$，是2018年11月3日第二次滑坡的主滑体。

图 18.13 K1 区裂缝分布情况

图中箭头所指为裂缝带

（2）下游侧不稳定区（K2）

滑源区下游侧（右侧）发育一处不稳定区（K2），其顶部为受主滑体拖拽影响而形成的错台，高差约 2～3m，错台裂缝向 N 侧与滑源区后壁相连。K2 区下游侧为一条走向 105°～110° 的纵向剪切裂缝，延伸长约 350～400m，向斜坡下部延伸至主滑区边界附近尖灭（图 18.14）。K2 区长约 400m，平均宽约 120m，高差约 200m。K2 区的变形迹象多集中在顶部的错台和乡村道路，以及滑源区右侧边界的临空面附近。现场观测结果表明，第一次滑坡发生后，K2 区变形主要表现为后缘整体下坐形成台坎，前缘靠近临空面附近岩土体不断散裂解体并小规模下滑。

图 18.14 K2 区裂缝分布情况

图中箭头所指为裂缝带

（3）上游侧不稳定区（K3）

滑源区上游侧（左侧）不稳定区（K3），其顶部受到主滑体牵引，已经发生了较大面积的变形，变形台坎处出露碎粉状的绿色蛇纹岩，岩体破碎，风化强烈。K3 区的上游侧边界为走向 85° 左右的纵向剪切裂缝带，该裂缝至 3350m 高程附近尖灭（图 18.15）。该高程上部为破碎的蛇纹岩，向下为坚硬的片麻岩。K3 区纵向长约 550m，宽约 160m。

图 18.15　K3 区全貌

图中箭头所指为裂缝带

受 K3 变形体右侧临空地形影响，K3 区上部发育走向 200°～210°左右拉张下错裂缝带，中部发育走向 130°～150°左右的下错裂缝带，下部多次局部垮塌。

结合斜坡地层发育情况，第一次滑坡的滑源区以及 K1、K2 和 K3 等滑坡影响区主要位于蛇纹岩发育的地层中，其中 K1 区位于滑坡壁内侧，外侧边界已全部贯通，且前缘临空很好，其稳定性最差；K2 和 K3 区下部均为相对坚硬的片麻岩，虽在主滑坡发生过程中受主滑体的带动外侧也形成了贯通性较好的剪切错动裂缝，但其受到下部硬岩的支撑，同时临空条件也不如 K1 区，稳定性相对较好。但现场监测结果表明，K1 区在 11 月 3 日发生失稳破坏后，变形还在不断向后缘呈渐进后退式扩展，K2、K3 区也还在持续变形，存在再次较大规模下滑的可能性，应引起高度重视。

18.4.1.3　堵江堰塞体泄流前后动态变化特征

第一次滑坡堰塞堵江后，堰塞湖水位最大上升约 36.4m，最大库容量约 2.9 亿立方

图 18.16　第一次泄洪后无人机正射影像（2018 年 10 月 16 日）

米。据现场水文监测，金沙江堰塞体在 10 月 12 日 17 时 15 分自然溢流，堰塞湖水位开始下降；10 月 13 日上午，堰塞湖右岸拢口已完全冲开，堰塞湖水位大幅降低，平均每小时降幅约 1.71m，最快 1 小时下降 2m，推算堰塞湖最大下泄流量约 10000m³/s。通过比对 10 月 12 日和 10 月 16 日的无人机航拍数据（图 18.16），差分得到堰塞坝体下降最大高度约 50m，下游堆积最大高度约 30m（图 18.17），完全冲开后导流槽宽约 150m，纵向长约 1000m，计算得出导流槽堰塞坝减少体积约 $400 \times 10^4 m^3$，下游河道内堆积约 $315 \times 10^4 m^3$，大约 $85 \times 10^4 m^3$ 土体在此次泄洪中被水流带入下游。

图 18.17　第一次泄洪前后差分模型（2018 年 10 月 12 日~16 日）

18.4.2　第二次滑坡–堰塞堵江事件的特征分析（11 月 3 日）

2018 年 11 月 3 日，白格滑坡滑源区后缘 K1 区再次失稳破坏，失稳岩土体沿第一次滑坡形成的凹槽向下滑动，沿途冲击、铲刮斜坡岩土体，形成碎屑流，填满第一次泄流后形成的导流槽，形成堰塞坝，再次堵断金沙江，并产生比第一次滑坡更大的社会影响。

通过现场调查和无人机航拍影像分析，可将 "11·03" 白格第二次滑坡区分为滑源区（A 区）、流通铲刮区（B 区）和堆积区（C 区）三个部分。受 "11·03" 滑坡的影响，原有的 K1、K2 和 K3 不稳定区均出现了不同规模的变形和垮塌。

18.4.2.1　第二次滑坡主滑区特征

（1）滑源区（A 区）

对比图 18.18 和图 18.10 可以看到，第二次滑坡源区（A 区）主要位于第一次滑坡源区（Ⅰ区）后部，也即 K1 区。根据失稳破坏主次和规模，将滑源区分为 A1 区和 A2 区二个亚区。其中 A1 区基本对应于第一次滑坡后的 K1 不稳定区，为第二次滑坡的主滑体，A2 区位于其右侧，规模较小，是受 A1 区滑动的影响而发生的局部失稳。"10·11" 第一次滑坡发生后，K1 区边界裂缝已经完全贯通，后缘有明显下错，同时因其坡度陡峭，前缘临空条件良好，其稳定性本来就很差。在重力的作用下，其整体进一步小座变形，直至 11 月 3 日失稳破坏，形成第二次滑坡。经过多期 DEM 数据差分计算，第二次滑坡发生后后缘

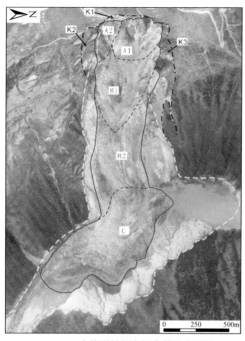 

(a) "11·03"白格滑坡堰塞坝全貌及分区图　　　(b) "11·03"白格滑坡前后地形变化图

图 18.18　　"11·03" 白格第二次滑坡堰塞坝全貌及分区图

陡壁后退了约 60m，A1 区损失岩土体体积约 356×10⁴m³。受 A1 区失稳破坏的影响，A2 区也发生了少量滑塌，滑坡壁向后退了约 10m，A2 区宽约 65m，垂直高差约 190m，失稳岩体体积约 12×10⁴m³。

现场调查表明，A 区岩体失稳后，滑坡后壁岩体呈绿白色，为绿泥石化的蛇纹岩壁。由于蛇纹岩较破碎，在堰塞体导流槽开挖过程中，A 区都不断有小规模滑塌发生。

（2）流通铲刮区（B 区）

滑源区 A 区的岩体失稳后，以极高的速度向下运动，并对其下岩土体产生极大的冲击力和铲刮力。前已述及，因滑坡区主要岩性为碎粉岩状、绿泥石化的蛇纹岩，其强度很低，而斜坡中下部则为强度相对较高的片麻岩，因此，A 区岩体失稳后，高速运动，沿途铲刮破碎的蛇纹岩，到强度较高的片麻岩分布区后铲刮作用被大大削弱，为此在 3100 ~ 3300m 高程形成了一个明显的铲刮区．这一点图 18.18（b）第二次滑坡前后地形变化可以明显反映出来，滑坡区存在两个明显的地形变化为负值的区域，对应于图 18.18（a）中的 A1 区和 B1。A1 区为真正的滑坡源区，B1 区则为主要铲刮区。B1 铲刮区在地形上为明显的 V 字形凹槽，底部明显变平缓（图 18.19）。两期 DEM 差分结果表明，B1 区被铲刮岩土体体积达到 312×10⁴m³。B1 铲刮区的凹槽地形为滑坡区后续小规模垮塌提供了很好的停积场所。在导流槽施工过程中我们据此认为，小规模垮塌对施工安全不会造成太大的影响。B2 区为一般的流通通道，位于凹槽下部的斜坡上，现场可清晰地看到第二次滑坡在第一次滑坡流通通道上留下的运动痕迹。

图 18.19　第二次滑坡流通铲刮区全貌

图中虚线为第二次滑坡边界

经过两期航拍 DEM 差分，除 A 区失稳岩体和 B1 区被铲刮岩土体两个主要碎屑物质来源外，"10·11"滑坡后残留在斜坡上的一些松散岩土体也部分被铲刮参与了本次滑坡，"11·03"滑坡主滑区滑动岩土体的总体积约 $850×10^4 m^3$。

（3）堆积区（C 区）

失稳岩体通过不断铲刮和裹挟沿途的块碎石土体，使得体积不断增大，最后全部涌进金沙江河道，再次堵江。通过多期 DEM 数据比对，第二次滑坡形成的堰塞坝比第一次堰塞坝体还高出约 50m，总体积达 $930×10^4 m^3$。从图 18.18（b）可以看出，堰塞堆积区的最大堆积厚度出现在第一次滑坡的导流槽部位，最大厚度达 80m。

18.4.2.2　第二次滑坡堰塞体泄流前后动态变化特征

通过 2018 年 10 月 12 日与 11 月 5 日两期无人机影像数据差分计算得出，第二次滑坡形成的堰塞坝比主滑坡形成的堰塞坝平均高出 30m，最大高出 50m［图 18.20（c）、（d）］。11 月 5 日，水位高度每小时上涨 0.5m，水位距坝体最低处约 50 米；11 月 7 日，平均每天新增库容量约 6782 万立方米；到 2018 年 11 月 9 日 8 时，距第二次滑坡发生约 134 小时，水位累计升高 48.77m，水位比第一次堰塞体高出 12.3m，此时堰塞湖蓄水量约 3.85 亿 m^3，但距坝顶最低高程还有 24.54m，让堰塞坝自然溢流的风险太大，需要通过人工干预，主动降低堰塞湖水位。

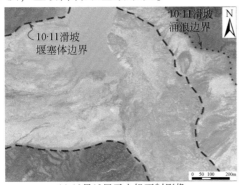

(a) 10月13日无人机正射影像

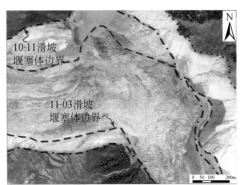

(b) 11月5日无人机正射影像

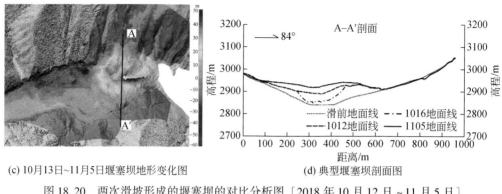

(c) 10月13日~11月5日堰塞坝地形变化图　　　　　(d) 典型堰塞坝剖面图

图18.20　两次滑坡形成的堰塞坝的对比分析图［2018 年 10 月 12 日 ~ 11 月 5 日］

18.5　白格滑坡–堰塞体应急处置及其监测预警

18.5.1　滑坡–堰塞体应急处置与泄流后造成的洪涝灾害

　　为了主动降低堰塞湖溃决风险，最大限度地减少库区淹没和溃决洪水对下游造成的威胁，相关部门决定人工开挖导流槽，降低堰塞水位。相关部门先后组织了 18 台挖掘机、4 台装载机,52 名机械手换班不换机，24 小时轮流施工，在堰塞坝上开挖导流槽。导流槽施工从 11 月 9 日开始，至 11 月 11 日上午，挖掘导流槽长 220m，最大顶宽 42m。通过 11 月 5 日和 11 月 12 日的无人机航拍数据差分计算，导流槽最大开挖深度约 15m，两岸弃渣最大堆积厚度约 6m（图 18.21），开挖土体方量约 $3.2 \times 10^4 \mathrm{m}^3$。

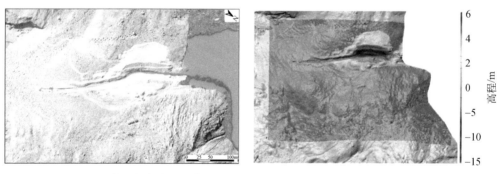

图18.21　导流槽开挖完成后影像和开挖前后地形变化图（2018 年 11 月 5 日 ~ 12 日）

　　11 月 12 日上午，堰塞湖蓄水量约 5.24 亿 m^3，导流槽开始过流，13 日人工导流槽被大幅冲开，堰塞湖水位逐渐下降。通过 11 月 5 日和 11 月 13 日的无人机数据差分计算，导流槽被冲开的体积约 $20 \times 10^4 \mathrm{m}^3$，最大深度达 19m（图 18.22），导流槽被冲走的部分堆积于下游开阔地带以及河道中，堆积体积约 $10 \times 10^4 \mathrm{m}^3$。11 月 14 日导流槽被完全冲开后，堰塞湖水极速冲向下游河道。11 月 14 日凌晨所形成的洪峰经过巴塘县竹巴龙乡时，造成 318 国道金沙江大桥损毁严重，有 7 跨桥面被完全冲毁，使 318 国道中断。其后，洪峰进入云南境内，导致迪庆藏族自治州、丽江市部分道路中断、学校被淹、农田被冲毁；

11 月 15 日之后，金沙江水位基本稳定，险情解除。

图 18.22　第二次泄流后影像和泄流前后地形变化图（2018 年 11 月 5 日～13 日）

18.5.2　滑坡−堰塞体应急处置过程中的监测预警

第二次滑坡发生后，滑坡源区时有小规模垮塌。为保证白格滑坡−堰塞体应急处置中导流槽施工的安全，在滑坡源区潜在不稳定区布设了专业监测设备，现场专家组通过对现场实时传回的监测数据进行不断的分析研判，一旦预判某部位可能发生较大规模垮塌，立即发布预警信息到前线指挥部，指挥部会及时将预警信息传到现场监测预警人员和每一个挖掘机操作人员手中，并按照预案立即组织撤离。通过这种专业监测预警手段，不仅保障泄流工程的顺利实施，同时还通过科学手段有效地保证了施工人员安全。

18.5.2.1　监测仪器设备的布设

第一次滑坡尤其是第二次滑坡发生后，相关部门委托相关单位在滑坡区可能发生失稳破坏的 K1、K2、K3 区，先后安装了 33 套现场监测仪器设备，包括 16 套 GNSS、16 套裂缝计和 1 套雨量计，监测设备安装位置如图 18.23 所示。

18.5.2.2　监测预警系统与预警模型

在白格滑坡堰塞体应急处置过程中，我们将现场监测数据接入近年来地质灾害防治与地质环境保护国家重点实验室开发的"地质灾害实时监测预警系统"中，一方面利用该系统进行计算机实时自动预警，同时现场专家组 24 小时不间断查看现场传回来的实时监测数据，进行人工研判。两者有机结合，确保现场施工安全。"地质灾害实时监测预警系统"能对通过远程无线实时传回的每个监测点数据进行及时的自动分析处理，并根据监测数据自动分析计算每个监测点的变形速率（v）、速率增量（Δv）、切线角（α）等多个预警指标，对滑坡进行实时动态跟踪预警。通过对位移监测数据的实时分析与计算，结合相关模型算法，计算机自动判定滑坡的匀速变形阶段的速率，进而通过改进切线角模型判定滑坡所处的变形阶段，并结合加速度、速率增量等指标，对滑坡的变形阶段进行综合判断。系统通过的变形—时间曲线的实时动态分析，自动划分变形阶段和预警级别，一旦达到某个预警级别尤其是进入加速变形阶段后，系统将通过短信、微信等方式自动发送提示性预警信息到指定的手机。

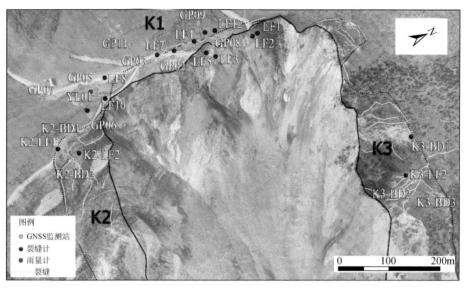

图 18.23　白格滑坡现场监测点布置图

以 4 号裂缝计监测结果为例，对白格滑坡的实时监测预警进行说明。4 号裂缝位于 K1 区后缘的左侧，在应急处置该区也是最为活跃区，多次发生小规模垮塌，对应急处置施工安全构成威胁。图 18.24 为 4 号裂缝计的原始监测数据曲线，该裂缝计从 2018-10-26 22：00 开始采集数据，到 2018-11-11 17：54：29 变形量超过设备量程后设备损坏，变形最大值为 1421.00mm。

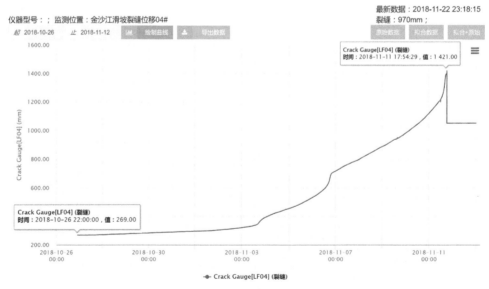

图 18.24　4 号裂缝计实时监测曲线

"地质灾害实时监测预警系统"对 4 号裂缝计的监测数据进行了实时分析处理，获得变形速率（v）、速率增量（Δv）及改进切线角（α）参数，并在预警系统中实时绘制过程预警图（图 18.25）。

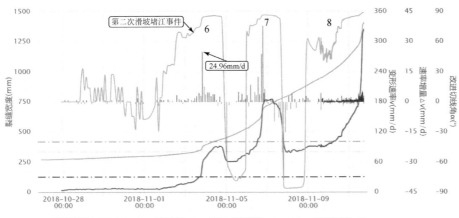

图 18.25　4 号裂缝计实时过程预警曲线

图中，横轴为时间轴，绿色曲线表示累计位移；红色曲线表示变形速率（v）；红色向上的柱状图表示
速率增量 $\Delta v > 0$mm/d，蓝色向下的柱状图表示 $\Delta v \leq 0$mm/d；浅蓝色曲线为改进切线角（α）。下同。

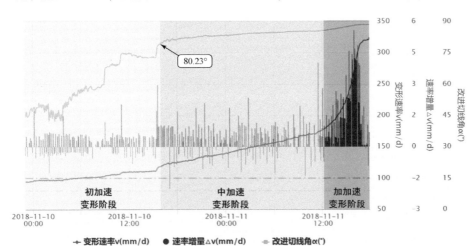

图 18.26　改进切线角模型预警过程

　　图 18.26 为根据 4 号裂缝计的监测结果自动划分其所控制的变形块体的变形破坏阶段
以及预警级别。从图可以看出，随着滑坡变形速率的增加，变形曲线的切线角在不断增
大，11 月 10 日 16：00 时切线角超过 80°，系统发出橙色预警短信。从 11 月 11 日 12：00
开始，速率增量一直为正，变形速率由 178.00mm/d 迅速增大到 333.90mm/d（11 月 11 日
17：54：29），不到 6 个小时的时间，速率增量超过 150mm/d。根据系统自动预警的结果，
现场专家组通过会商研判，在 11 月 11 日 15：50 向前线指挥部发布了预警信息："K1 区
后缘两侧变形进一步加剧，尤其是 K1 区左侧部位变形强烈，有新增的长大裂缝，且局部
裂缝出现下沉反翘现象，表明滑坡后缘 K1 区左右两侧部分坡体均已进入加速变形阶段，
发生垮塌的可能性进一步加大，初估方量约 2 万 ~ 3 万 m³。建议进一步加强现场人工观测，
强化安全措施，做好紧急避让准备。现场根据预警信息迅即组织避让撤离，30 分钟后，白格
滑坡体后缘冒起了白烟，大量岩石滑了下来，由于撤离及时，施工人员成功避险。

第19章 甘肃省永靖县黑方台滑坡监测预警

19.1 概 况

黑方台行政区划上隶属于甘肃省永靖县盐锅峡镇，黄河北岸的Ⅳ阶地上，六盘峡水库库区内，距兰州市45km，距永靖县城20km。黑方台地处黄土高原半干旱地区西部，大陆性气候，属中温带半干旱气候。气候特征表现为：日照充足，降水偏少，蒸发量大，气候干燥，昼夜温差大；春季干旱多风，夏季干燥炎热，秋季凉爽，冬季严寒干燥，季节变化显著。黑方台位于黄河水系之内，南侧有黄河，东侧有湟水河，并在黑方台塬边的沟壑有季节性水流（王家鼎等，1999；张茂省等，2017）（图19.1）。

黑方台面积约13.7km²，冲沟中发育最长的虎狼沟，其将黑方台分为两部分，西边的面积较小为方台，约1.5km²，东边的面积较大为黑台，约9km²，黑方台东西长约7.7km，南北最宽约2.5km，最窄约0.6km（图19.2和图19.3）。塬边坡体为上陡下缓的黄土斜坡，坡面高差为120~160m。自1960年以来，黑方台平均年灌溉量约600×10⁴m³，形成了20~40m饱和层，并且地下水位以0.3m/a左右的速率上升，改变了台塬边坡的水文地质条件，这为滑坡的发生创造了有利的条件（Xu et al.，2014；Peng et al.，2019）。

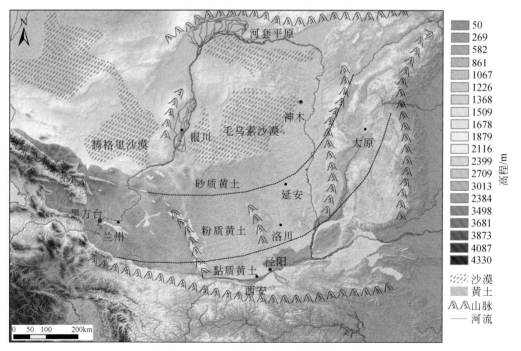

图19.1 黄土高原黄土分布及研究区位置

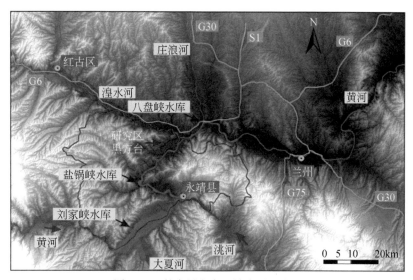

图 19.2　甘肃黑方台区域水系及交通

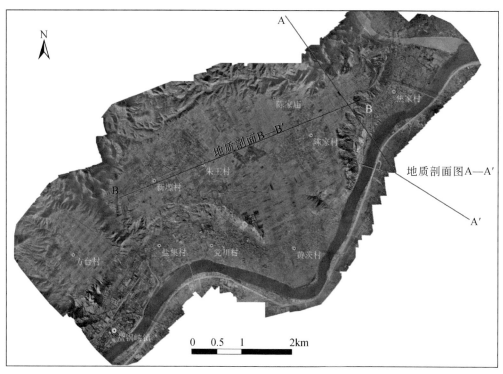

图 19.3　研究区三维影像图及典型剖面位置

19.2 黑方台滑坡地质特征

研究区位于祁连造山带的中祁连和拉脊山-雾宿山褶皱带东段盐锅峡凹陷北部，属于中新生代河口-民和盆地的一部分，无大的区域性断裂构造。区内新构造运动强烈，主要以差异性抬升为主，在黄河北岸的Ⅰ、Ⅱ、Ⅳ级阶地较为发育，Ⅲ级阶地缺失，河流下切作用强烈，下伏白垩系地层强烈倾斜，白垩系地层的产状变化较大主要是由于新构造运动剧烈而造成，受构造运动的影响，白垩系地层中节理裂隙较发育（图19.4）（马建全，2012；Fan et al.，2017）。

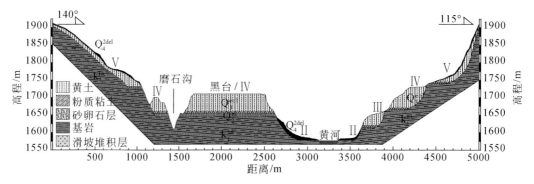

图 19.4　研究区周围区域典型地质结构图

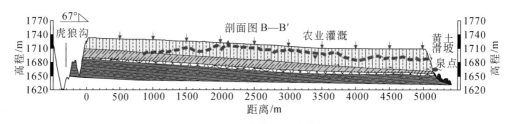

图 19.5　黑台典型地质剖面

黑方台的地层主要为第四系和白垩系，主要的岩性组合特征如（图19.5）中所示。从上到下大体可以分为四层：顶层是马兰黄土（Q_3^{eol}），厚度为30～50m，主要由粉质黄土组成，孔隙率高，润湿时易崩塌。垂直和次垂直裂缝在黄土层中广泛发育，为地下水补给提供管道。第二层是粉质黏土层（上更新统）（Q_2^{al}），从出露的地层来看，从西北至东南方向厚度为3～20m不等，由于其低渗透特性（$K=1.6\times10^{-8}$ m/s），它被认为是不可渗透的层；第三层是厚度为2～10m的砂卵石层（Q_2^{al}），由变质岩、石英砂岩和花岗岩组成；第四地层为砂泥岩互层（下白垩系河口组）（K_1hk），其主地层面的产状135°∠11°，暴露出岩层厚度约60～80m（王志荣等，2004）。沿着露台边缘的基岩斜坡可以看到明显的水位线。同时，在这些基岩表面覆盖了很多滑坡堆积物（Q_4^{2del}），这些堆积物主要是由马兰黄土组成，含有少量的建筑垃圾、粉质黏土和砂卵石。

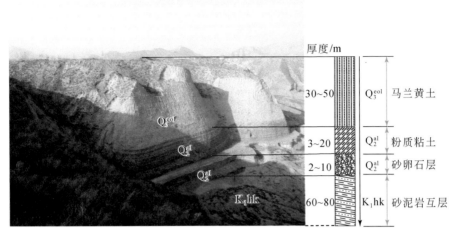

图 19.6　黑方台地层岩性示意图

19.3　黑方台滑坡发育规律

19.3.1　黄土滑坡类型

根据已有黄土土滑坡分类标准和 Hungr 滑坡分类方法（Hungr et al.，2014），将研究区的滑坡分为黄土基岩型、滑移崩塌型、黄土泥流型、静态液化型滑坡四种类型，其中滑移崩塌型和静态液化型具有明显的突发性特征（Peng et al.，2018）。其定义和特征描述如表 19.1 所示：

表 19.1　黄土滑坡基本定义

类型编号	滑坡类型	特征描述
（1）	黄土基岩型	具有较大的体积规模，滑动距离短，后缘内凹程度低，明显地貌错动迹象和堆积体有大量的裂缝和错台
（2）	滑移崩塌型	具有较小体积规模，滑动距离短，堆积体堆于坡脚，体积体呈鲜黄色且干燥，后缘有较小的凹陷，多发生于凸形坡
（3）	黄土泥流型	具有较小体积规模，有人工削方的迹象，坡脚有出水迹象，黄土厚度小，堆积体流通的带状
（4）	静态液化型	具有较大的体积规模，坡脚有出水迹象，滑动距离远，具有圈椅状滑坡后壁，堆积体有细小水沟且呈浅黑色。

根据 2015 年 1 月和 2016 年低空摄影测量解译的黄土滑坡发育的结果及其滑坡发育类型如图 19.7 所示。截止到 2016 年 5 月，研究区共发育 75 处黄土滑坡，方台发育了 7 处滑坡；黑台发育了 68 处滑坡，其中野狐沟发育 7 处滑坡，黑台塬边发育了 61 处滑坡（彭大雷等，2017）。其中各种类型滑坡的数量及百分比如图 19.8 所示。

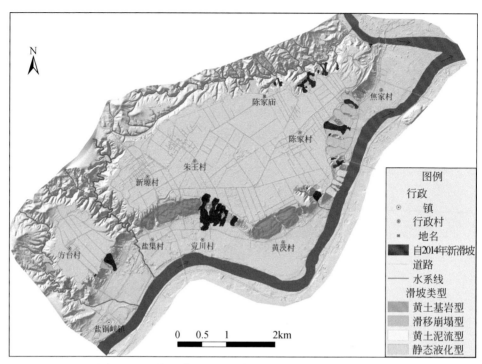

图 19.7　研究区黄土滑坡和自 2014 年新发生滑坡分布图

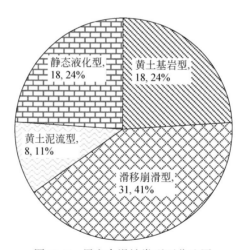

图 19.8　黑方台滑坡类型百分比图

19.3.2　黄土滑坡空间分布规律

　　黑方台黄土滑坡具典型的群体性分布特征，这些滑坡左右镶嵌，彼此相连，从而形成了典型的黄土滑坡群景观，在黑台黄土滑坡空间分布上，以野狐沟和陈家庙为分界线划分为"两区"，A 区主要分布体积相对较大的基岩滑坡为主，一般体积为数十万立方米，最

大达 $6 \times 10^6 m^3$，同时发育较少的黄土内的滑坡；B 区则以黄土层内部滑坡为主，受地下水的影响比较大，体积相对较小，一般为 $1 \times 10^3 m^3$ 到 $1 \times 10^4 m^3$；同时，根据其成灾特点，又可将滑坡细分为七个区段，即新塬段（S1）、党川段（S2）、黄茨段（S3）、焦家崖段（S4）、焦家南段（S5）、焦家北段（S6）和磨石沟段（S7）（图 2.3）。S1、S3 和 S6 以大型黄土基岩型滑坡为主，S2 以滑移崩塌型滑坡为主，S4 以黄土泥流型滑坡为主，S5 和 S6 以静态液化型滑坡为主（图 19.9）（彭大雷等，2017）。

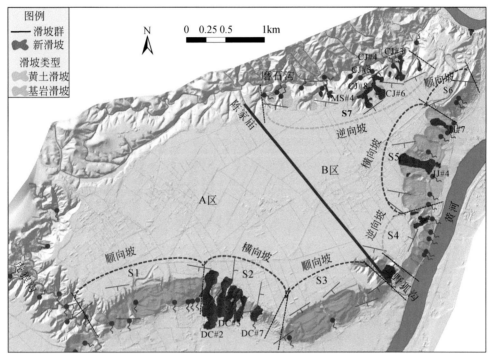

图 19.9　研究区滑坡的发育特征及空间分布规律

19.4　黑方台滑坡变形监测分析

19.4.1　监测方法

为成功预警黑方台突发型黄土滑坡，需要使变形监测方法能有效地捕获这类滑坡相对较完整的变形和破坏过程，同时初步判断潜在的滑坡位置，监测点的合理布置也非常重要。①通过"天-空-地"一体化监测技术甄别出潜在突发型滑坡位置，然后尝试使用木桩、GPS 和传统裂缝计进行监测，传统监测方法的数据采集频率，但无法获得相对完整的累计位移-时间曲线（尤其是加速变形阶段）（亓星，2017）。②针对传统监测技术方法的不足，自主研发可自适应变频采集的裂缝计，其由数据采集装置、供电装置和数据发送装置三大部分组成（图 19.10）。传感器累计位移精度为 ±1mm，位移计量程 2000mm，满足这类滑坡前期变形量程需求；数据采集模块具有自适应变频技术，能在滑坡变形速率小于

1mm/h 的情况下，以低频率、功耗低运行（采集频率为 1 组/h），滑坡变形速率增大到一定值后则自动变为 1 次/s 的高频模式进行数据采集，既避免了长时间高频采集野外供电和数据无法存储的弊端，又能有效获取滑坡的完整变形数据；前端固定点设置在塬边变形区域内，将拉绳传感器前方与耐腐蚀性好的不锈钢钢丝绳相连，并套入 PVC 套管理地处理，使钢丝绳在套管内自由移动，防止人为、家畜和风雨等因素对拉绳产生扰动，从而影响到测量结果（Zhu et al.，2017；亓星等，2019）。

图 19.10　突发型黄土滑坡监测预警流程图

19.4.2　监测工程布置

通过高精度遥感、低空摄影测量和现场调查，发现黑方台地区黄土滑坡主要分布在台塬东侧的焦家区域、陈家区域和台塬南侧的党川区域；近 5 年以来发生的黄土滑坡主要具有突发性的滑移崩塌型和静态液化型滑坡（图 19.11）。布置的科学研究仪器如图 19.11 和图 19.12 所示，以探究黄土重大灾害前兆与突变临滑信息的获取技术手段和方法。其种类和数量如表 19.2 所示。

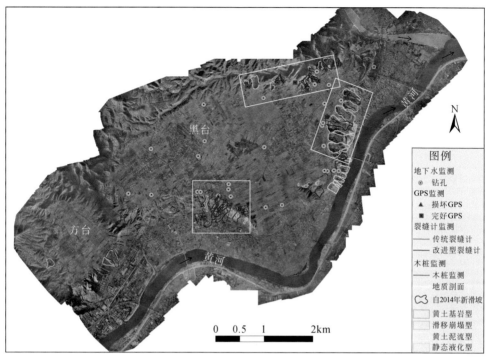

图 19.11   黑方台地区黄土滑坡分布和监测系统布置

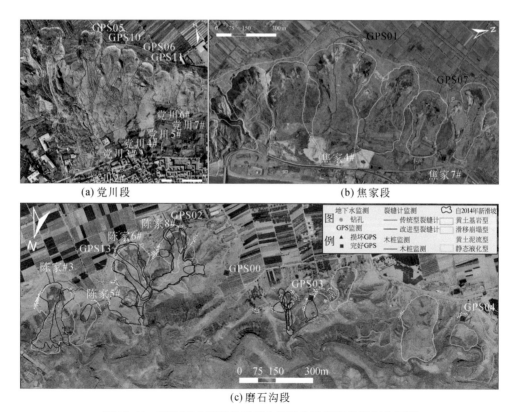

图 19.12   研究区典型突发型黄土滑坡和监测设备详细布置图

表 19.2　黑方台监测设备数量

序号	监测方法和类型	数量
（1）	地下水位监测	10
（2）	人工定期监测	113
（3）	滑坡损坏 GPS	3
（4）	完好 GPS	9
（5）	传统裂缝计监测	20
（6）	改进裂缝计监测	24
（7）	雨量计	2

19.4.3　变形监测分析

　　滑坡监测预警中，采用移动平均法与最小二乘法对原始监测数据进行滤波和拟合处理，结合时间–位移曲线特征，自动选择合适的方法对原始监测数据进行处理。通过采用不同滤波阶数对数据处理的结果表明：处理后的数据预测标准误差 S 大小与滤波阶数 N 的取值呈正线性相关，说明 N 的取值越小越好。综合考虑到自动位移计匀速变形阶段采集频率（24 次/d）、加速变形阶段的采集频率（5 次/s），N 值取值原则和监测预警平台数据处理效率，对自动位移计获取的累计变形位移、变形速率和变形速率增量曲线，按照滤波阶数为 24 进行平滑处理。通过对捕捉到的第一条突发型滑坡陈家 8# 累计位移曲线分析（图 19.13），选取数据处理方式为：

　　（1）在开始变形阶段和匀速变形阶段使用最小二乘法对监测数据进行滤波处理；

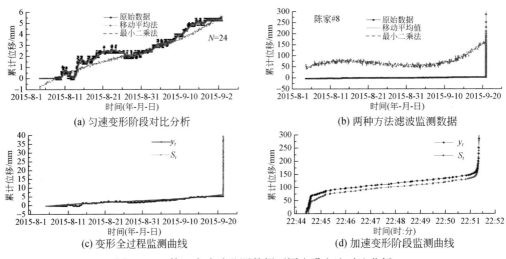

图 19.13　第一次成功监测数据不同去噪方法对比分析

　　（2）在加速变形阶段使用移动平均法对监测数据进行滤波处理。通过图 19.13 可以看出，两种数据处理方法适用范围不同，通过程序自动计算速率增量、识别滑坡所处的变形阶段，进而选择合适的数据处理方法，两种方法相互结合则可以为后续预警模型计算提供更为准确的数据，提高预警精度。其中 y_t 为 t 时刻的累计位移，S_t 为平滑后的 t 时刻累计位移变形曲线。

19.5　黑方台滑坡监测预警

19.5.1　黑方台地区成功预警的滑坡

自黑方台变形速率阈值和变形过程综合预警模型建立以来，已成功对黑方台五处黄土滑坡进行了有效的预警，分别是 2017 年 5 月 13 日的陈家 6#滑坡、2017 年 10 月 1 日党川 4#、5#和 9#滑坡、2019 年 3 月 4 日的陈家 6#滑坡、2019 年 3 月 26 日的党川 6#滑坡、2019 年 4 月 19 日的党川 4#滑坡和 2019 年 10 月 5 日的党川 7#滑坡（图 19.14）。这六次滑坡都是由于提前成功预警，未造成人员伤亡和财产损失，保证了 1000 余人的生命财产安全，取得了非常好的经济效益和社会效益，详细信息如表 19.3 所示。

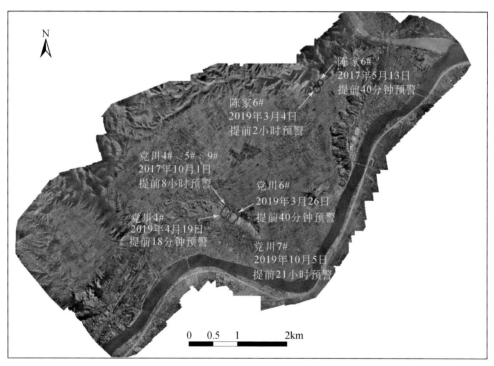

图 19.14　自 2017 年以来 6 次成功预警黑方台黄土滑坡分布图

表 19.3　黑方台成功预警突发型黄土滑坡统计

编号	滑坡编号	发生时间	滑坡类型	滑坡体积/m³	提前发布预警时间
Case 1	CJ6#	2017 年 5 月 13 日	滑移崩塌型	0.06	36 分钟
Case 2	DC4#、DC5#、DC9#	2017 年 10 月 1 日	静态液化型	31.74	9 小时
Case 3	CJ6#	2019 年 3 月 4 日	滑移崩塌型	0.2	2 小时

续表

编号	滑坡编号	发生时间	滑坡类型	滑坡体积/m³	提前发布预警时间
Case 4	DC4#	2019 年 3 月 26 日	静态液化型	2.0	40 分钟
Case 5	DC6#	2019 年 4 月 17 日	滑移崩塌型	0.5	18 分钟
Case 6	DC7#	2019 年 10 月 5 日	滑移崩塌型	2.0	32 小时

19.5.2　典型滑坡成功预警的实现过程

党川 4#滑坡位于黑方台西南侧黄河边（图 19.14 和图 19.15），滑源区长 300m，宽 20m，该滑坡总滑坡体积约 34×10⁴m³。自 2017 年 8 月底开始，滑坡开始产生变形且变形速率逐渐加快。2017 年 10 月 1 日凌晨 5 时许，党川 4#连续产生滑动，滑源区形成了 3 个凹槽。该 LFJ25#裂缝计位于党川 4#后缘，从 2017 年 2 月 28 日开始监测，成功的记录并实时传回党川 4#滑坡的累计–时间数据（图 19.16）。在 20 时 55 分，以短信、微信和电话方式正式向当地镇政府、镇地质灾害应急中心和村干部发出滑坡红色预警信息（图 19.17）。相关部门收到预警信息后，立即启动应急响应，紧急疏散了滑坡危险区 20 余户村民（图 19.18）；9 月 30 日 23 时 41 分变形速率为 99.45mm/d，切线角达到最大值为 88.27°，10 月 1 日凌晨 5 时左右，滑坡发生失稳（图 19.16）。由于提前成功预警，该滑坡未造成人员伤亡和财产损失。

整个变形监测曲线具有明显的初始变形阶段、等速变形阶段和加速变形阶段，如图 19.16 所示。整个成功预警过程分为以下几个阶段，如表 19.4 所示。

表 19.4　党川 4#突发型黄土滑坡成功预警的过程

预警时间	预警判据			预警等级	通知对象
	切线角 α/ (°)	变形速率 v/ (mm/d)	速率增量 Δv/ (mm/d)		
2017-8-26 15：00	64.57	3.36	0.038	注意级	以短信、微信方式将预警信息通知到盐锅峡镇地质灾害应急中心和相关村干部
2017-9-26 21：00	76.92	10.30	0.104	警示级	以短信、微信方式将预警信息通知到盐锅峡镇地质灾害应急中心和相关村干部
2017-9-30 05：00	82.44	20.14	0.349	警戒级	以短信、微信方式将预警信息通知到盐锅峡镇地质灾害应急中心和相关村干部；报告给相关专家和相关的管理人员
2017-9-30 17：50	85.08	30.62	0.462	警报级	研究团队立即组织人员对系统自动预警信息进行了会商研判，认为在短时间下滑的可行性极大
2017-9-30 20：55	87.33	62.07	1.592		以短信、微信和电话方式正式向当地镇政府、镇地质灾害应急中心和村干部发出滑坡红色预警信息

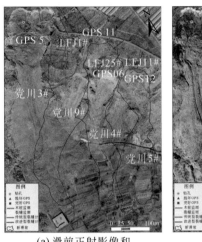

(a) 滑前正射影像和
监测系统布置

(b) 滑后正射影像及
监测仪器损坏情况

(c) 滑坡前后高程变化

图 19.15　滑坡前后正射影像、高程变化和现场监测系统布置（位置见图 19.14）

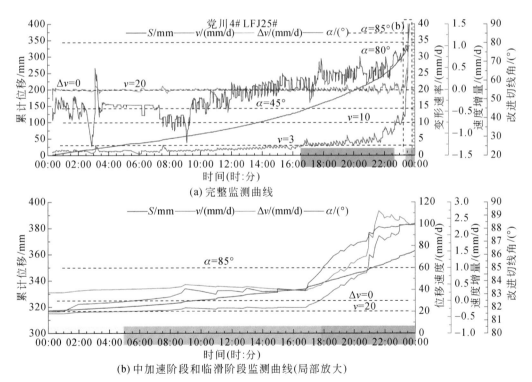

(a) 完整监测曲线

(b) 中加速阶段和临滑阶段监测曲线(局部放大)

图 19.16　党川 4#滑坡累计位移–时间、变形速率、变形速率增量和切线角曲线及预警过程

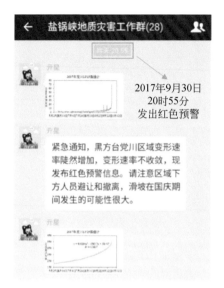

图 19.17 紧急会商后发出的红色预警信息

图 19.18 当地政府发布的滑坡地质灾害预警通告

第 20 章　贵州省兴义市龙井村滑坡监测预警与应急处置

龙井村滑坡位于贵州省黔西南州兴义市西南侧，为顺层岩质滑坡。从历史遥感影像分析显示，2014 年该处发生第一次滑动破坏，留下光滑裸露的基岩面（滑面），并形成了 25m 高的滑坡后壁。2018 年 6 月 27 日，贵州省在进行高位隐蔽性地质灾害隐患专业排查期间，发现了马岭镇龙井村 9 组西侧山体裂缝，延伸长度 30 余米，宽度 0.2 ~ 0.9m。2018 年 12 月 5 日，监测结果显示，斜坡体后缘裂缝出现增大，裂缝宽度增大至 1.0 ~ 3.5m，可测深度 9 ~ 33m，下错高度 0.05 ~ 0.5m，下错方向 56° ~ 87°，走向 138°，延伸长度增长至约 200m。

为确保下方居民生命财产安全和社会稳定，相关部门立即启动应急响应，在该滑坡体上实施了堆置砂袋、机械成孔抗滑桩等应急处置措施，并开展全天候实时专业监测预警。2019 年 2 月 17 日 5 点整，变形速率达 251mm/d，累计位移达 829.2mm，切线角超过 85°，地质灾害实时监测预警系统自动发出红色预警信息，现场紧急撤离疏散相关人员并作清场处理，5 点 53 分滑坡发生，未造成人员伤亡和财产损失。通过科学的监测预警，实现了人员的"零伤亡"，通过科学的应急处置，实现了财产的"零损失"，值得今后类似滑坡的防治工作参考和借鉴。龙井村 9 组滑坡的提前成功预警，引起了国内外的广泛关注，数十家国内外媒体和网站对其进行了报道。

20.1　地质环境条件

20.1.1　气象水文

滑坡区位于兴义市市区内，属中亚热带湿润季风气候。冬季受北部寒潮影响较弱，夏季受东南海洋季风气候影响显著，具有冬无严寒，夏无酷暑的特点。全年平均气温 14 ~ 19℃，1 月平均气温 4.5℃，7 月平均气温 26.8℃，极端最高气温 41.8℃，最低气温 -4.8℃。年平均降雨量 1300 ~ 1600mm，年平均降雨量 1222.5mm，历年来最大日降雨量可达 203mm（2015 年 8 月 27 日），最大暴雨 65mm/h，降雨量集中于每年的 5 ~ 10 月，年平均无霜期 300 天。

20.1.2　地形地貌与地层岩性

黔西南州大部分地区介于南、北盘江两条深切河谷之间，地貌主要为侵蚀地貌和溶蚀地貌。由于南、北盘江是本区地下水和地表水的排泄（侵蚀）基准面，加之碳酸盐岩地区出露面积达 70% 以上，地形起伏大，地貌类型多，过渡性显著，使水文、土壤、植被具有复杂性，内部差异明显。

　　兴义市境内地势西北高、东南低，山峦起伏、河流纵横，喀斯特地貌发育十分好。喀斯特地形地貌占 71.5%，丘陵占 20.5%，平坝占 7.2%，村庄、河流占 0.8%。

　　滑坡区属溶蚀中山地貌区，侵蚀切割强烈。斜坡总体地形上陡下缓，斜坡后缘坡度 50°~70°，潜在滑体坡度约 15°~28°，前缘临空面近直立，临空面下部为裸露的岩层层面，坡度 16°~20°。斜坡类型有顺向坡、斜顺向坡。滑坡区范围内最高点位于滑坡西侧山顶，海拔 1320m，最低点位于兴马大道 1068.82m，相对高差 251.18m。

　　黔西南州在大地构造上扬子准地台的黔西南褶带凹陷主体区域，由于地质历史多旋回的海进海退降运动，沉积了多套自寒武系至三叠系的厚层浅海相碳酸盐岩，并与砂岩、页岩、玄武岩互间为层。兴义市域内中生代与新生地层均有出露，分布有三叠系下统、中统、上统及第四系。根据实地调查结合区域地质资料，区内出露地层从新至老为（图20.1）：第四系（Q）、三叠系中统杨柳井组（T_2y）、关岭组（T_2gl）及嘉陵江组（$T_{1-2}j$）。

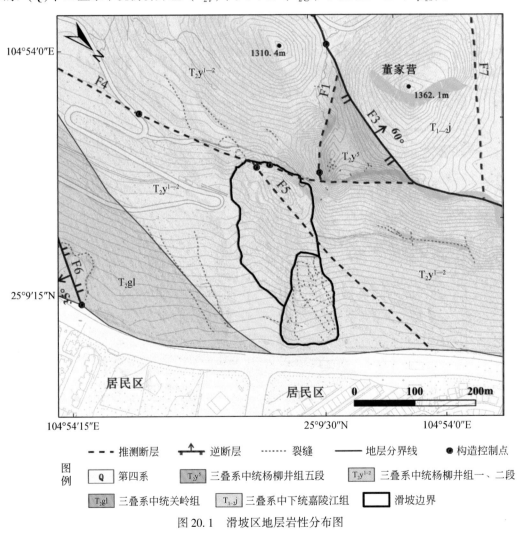

图 20.1　滑坡区地层岩性分布图

20.2　龙井村滑坡基本特征

兴义市马岭镇龙井村 9 组滑坡发生前整体形态呈"舌"形，滑坡后缘以拉裂缝为界，前缘以陡崖临空面为界，横向长约 200m，滑体宽北东侧宽 50~270m，中部宽 5~10m，南西侧宽 20~30m，平均宽度约 220m，滑体厚度约 30m，体积约 132 万 m³，属大型滑坡。

根据变形特征及成因机制，可将滑坡划分为 I、II、III 区（图 20.2）。I 区和 II 区为本次滑坡区，III 区 2014 年滑坡清方后留下的滑床光面。I 区主要沿层面顺层滑动，所以其左侧边界裂缝主要以剪切裂缝为主，在变形后期在后缘也出现明显的拉张裂缝。而 II 区因其前缘为前次滑动留下的陡壁，临空条件很好，再加上其顺坡向长度远小于垂直坡向的宽度，空间上类似薄板，主要以向外倾倒变形为主，兼具顺坡向的滑动变形，并由此导致其后缘裂缝主要以拉张为主（图 20.3），滑坡发生前最大拉张宽度达到 3.5m（图 20.4）。从图 20.2（b）可以看出，因 I 区前缘施工了应急抗滑桩的缘故，受抗滑桩阻挡 I 区并未发生大位移滑动，主要是 II 区发生了滑塌式失稳破坏，并堆积于坡脚的原滑坡留下的光面上。

图 20.2　龙井村滑坡分区图

滑体主要为三叠系中统杨柳井组（T₂y）白云岩、泥质白云岩（见图 20.5）、灰岩，层理面存在泥质薄膜充填（图 20.6），表明地下水较活跃。岩层产状 67°∠24°。受岩石风化及区域构造影响，岩体节理裂隙发育，主要发育有 2 组：第一组产状 40°~60°∠75°~85°，节理面光滑平直，张开 0.5~1.5m，延伸大于 5m，充填岩石碎屑，少量充填；第二组节理走向 61°，近直立，节理面光滑平直，微张无充填或少量泥质充填，延伸长 3~5m。

图 20.3　滑坡后缘裂缝全景

图 20.4　滑坡后缘裂缝局部

图 20.5　泥质白云岩

图 20.6　层面和节理中充填泥质薄膜

　　根据滑前应急桩孔编录资料分析，该滑坡的滑带土是三叠系中统关岭组（T_2gl）泥质白云岩泥化形成，为一层厚约 1.5~2m 泥化夹层（图 20.7 和图 20.8）。泥化夹层为红褐色或灰黄色可塑性黏土，具有较高的黏性。根据该区域地层发育特征及钻孔数据认为滑面为近平面型，平行于岩层面，说明滑坡为顺层滑坡。

图 20.7　滑带土

图 20.8　滑带附近软弱夹层

20.3　龙井村滑坡变形破坏过程

通过滑前多期 Google Earth 影像和滑后无人机影像还原了龙井村滑坡的前期变形过程（图 20.9），主要分为五个阶段。

（1）第一阶段

根据 2014 年 2 月 16 日 Google Earth 影像，该滑坡前缘存在采石开挖活动，采石开挖面积约 2409m²，后缘公路转弯处存在公路开挖及堆载，影响面积约 4462m²，人类工程活动使斜坡稳定性降低。

（2）第二阶段（第一次滑动）

通过 2014 年 11 月 27 日 Google Earth 影像可以看出，在 2014 年 2～11 月期间因斜坡前缘修建兴马大道，对斜坡坡脚进行开挖，发生了第一次顺层滑动破坏，并在其后缘形成垂直高度约 25m 的临空面。滑坡发生后，相关单位对滑体进行了清方处理，清方面积为 31400m²。清方后留下一个光面，表明滑坡为顺层滑动。

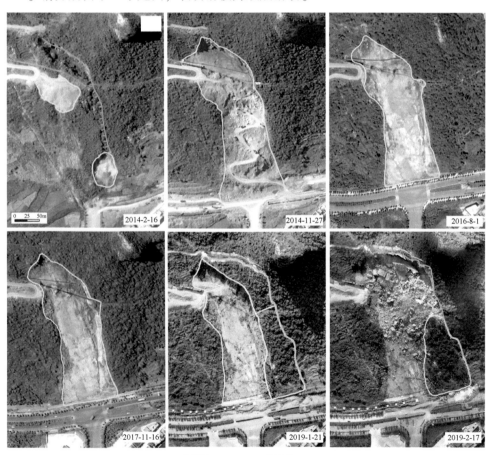

图例 ☐ 不稳定区域 ⌒⌒⌒ 滑坡后壁

图 20.9　滑坡历史变形特征（Google Earth 影像）

（3）第三阶段

根据2016年8月1日和2017年11月16日 Google Earth 影像，清方后露出灰白色滑床光面，其面积分别约为26970m^2、27930m^2，此阶段斜坡未出现明显变形和变化。

（4）第四阶段（第二次小规模垮塌）

据调查访问，2019年1月21日上午9时17分，受降雨影响，滑坡体北西侧发生两处小规模垮塌，方量约20000m^3。

（5）第五阶段（第三次滑动）

2019年2月17日5点53分再次发生较大规模滑坡，滑坡方量约132万 m^3。

20.4　龙井村滑坡监测预警和应急处置

20.4.1　滑坡监测

针对滑坡的变形特征和可能的变形破坏模式，2019年1月27日成都理工大学首先在Ⅱ区后缘拉裂缝上安装布设了6套裂缝计和1套雨量计。因为该滑坡为沿泥化夹层滑动的顺层滑坡，分析认为其失稳破坏应该具有很强的突发性，为此采用的裂缝计（即图20.10中的自适应变频位移计），具有自适应调整采样频率的特点，采样频率会根据滑坡变形的快慢自动调整，变形加速时采样频率会自动加快，以此来获取滑坡变形全过

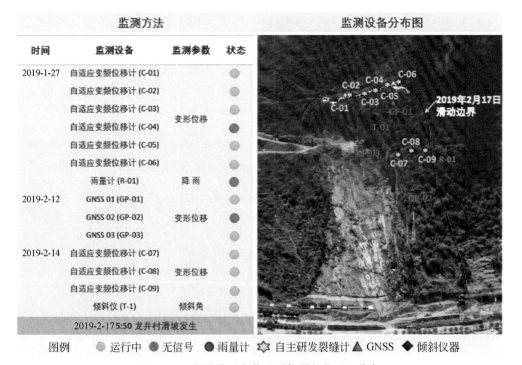

图20.10　滑坡前已安装监测仪器的位置和分布

程的变形–时间曲线，尤其是临滑阶段的变形数据，从而为精准预警提供必要条件。若采用传统的固定采样频率模式，很难获取突发性滑坡的全过程数据，若将固定采样间隔设置过小，比如 10 分钟，很容易导致供电和数据无线传输堵塞等问题。为了掌握滑坡区整体的变形情况，2 月 12 日相关单位在滑坡区安装了 3 套 GNSS，由于观测器绝对位移。2 月 14 日成都理工大学根据专家建议，在 Ⅰ 区后缘裂缝处增设了 3 个裂缝计，同时为了观测 Ⅱ 区岩体的倾倒变形情况，在其前缘陡壁安设了倾斜仪。各监测设备的具体布设位置见图 20.10。

　　自适应变频位移计监测的位移时间数据如图 20.11（a）所示，完整地记录了滑坡变形的全过程，尤其是捕捉了临滑阶段累计位移–时间曲线加速变形上翘的特点。对比图 20.11（b）中 GNSS 监测数据可见，GNSS 由于其固定的低频采样导致临滑阶段部分数据缺失，曲线上翘不显著。同时，成都理工大学自主研发的实时监测预警系统中采用了最小二乘法与移动平均法相结合的方式对原始数据进行了平滑滤波处理，以应对不同监测设备因外界或人为因素导致的数据波动，使变形趋势更加明显。

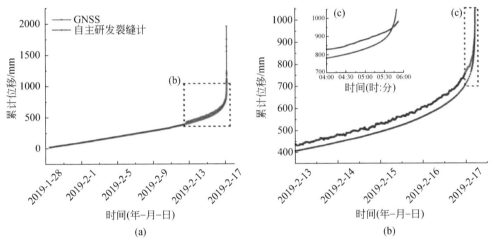

图 20.11　龙井村滑坡位移计和 GNSS 数据不同滤波方法的对比分析（a）位移计与 GNSS 位移时间数据和（b）放大部分 b（放大部分 c 为破坏前几小时的数据差异）

20.4.2　滑坡预警

　　此次龙井村滑坡预警采用了前述的"滑坡实时监测预警系统"（LEWS）进行实时自动预警。如 20.3.1 中讨论，自适应变频位移计比 GNSS 具备更完备齐全的数据和更好的精度，可以较为精确地计算出各时刻的变形曲线的切线角、变形速率及变形速率增量等，图 20.12（a）为位移计（C-05）对应的各项预警参数。图 20.12（b）显示进入加速变形阶段以后，切线角（α）达到橙色和红色预警级别所对应的时间。LEWS 根据监测结果于 2019 年 2 月 17 日凌晨 5 点自动发出滑坡红色预警信息。

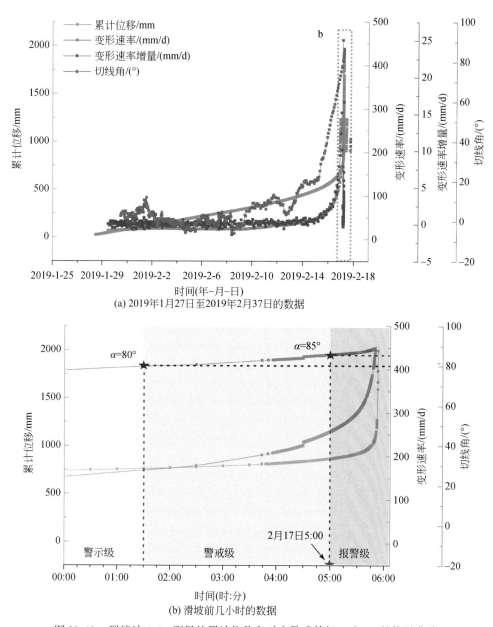

图 20.12　裂缝计 C-05 测得的累计位移和对应警戒等级 α 和 Δv 的推导曲线

20.4.3　滑坡应急处置过程

根据滑坡变形的动态发展，不同阶段发出了不同级别的预警信息并采取了不同的应急处置措施，具体见表 20.1。2018 年 6 月 27 日，在贵州全省高位隐蔽性地质灾害隐患排查过程中，发现滑坡区出现 2 条裂缝，宽 0.2～90cm，延伸约 30m，随即开展了群测群防监测，结果显示斜坡体后缘裂缝不断增大，裂缝宽度增大至 1.0～3.5m。2019 年 1 月 7 日，当地政府启动了应急响应机制。1月8日，在滑坡前缘（主要是Ⅲ前缘）实施抗滑桩+挡土板的应急处置措施，抗滑桩采用机械成孔。1月15日，在Ⅱ区前缘陡壁下堆砌沙袋进行反压，主要目的是阻挡Ⅱ的滑动，同时作为缓冲垫层消耗Ⅱ区岩体失稳破坏后的动能、阻挡岩体运动。同时对Ⅰ区坡体实施锚杆+混凝土支挡，但因变形较大，岩体破碎，实施效果不理想。1月21日，Ⅰ区发生了小规模滑塌，体积约20000m³，为防止Ⅰ区坡体快速滑动威胁前部公路和建筑物，立即在其前缘坡脚兴马大道堆砌梯形沙袋墙长60m，底部宽6m，高度4m，顶部宽2m。1月27日，增设自适应变频位移计等监控设备，监测到滑坡变形速率超过20mm/d时，紧急疏散了附近400多名居民，随后于2月12日又在坡体内增设了GNSS。根据监测结果，专家于2月13日紧急调整应急处置方案，在Ⅰ区前缘左侧紧急施工抗滑桩，企图阻止Ⅰ区坡体整体下滑。2月15日，坡体变形速率加快，系统发出黄色预警（$\alpha>45°$），滑坡开始进入加速变形阶段。根据专家意见，当地政府迅速采取行动，封闭道路入口，防止公众进入危险区域。2月16日，变形曲线切线角不断持续增大。上午10点左右，Ⅱ区与Ⅰ区接触部位出现小规模垮塌，现场工作人员因担心自身安全紧急撤离。但此时Ⅰ区前缘抗滑桩刚完成成孔和下钢筋笼，受荷段未来得及作混凝土浇筑。专家根据对监测数据进行仔细分析研究，确认滑坡还未进入临滑阶段，距离滑坡发生还有一定时间，冒着巨大的风险要求施工人员于17:00左右重新返回现场进行施工，并于23:00前完成了抗滑桩的混凝土浇筑工作，随后紧急撤离现场。2月17日凌晨1:30左右，变形曲线切线角达到80°，系统发出橙色预警信息。2月17日凌晨5:00，切线角值α超过85°，系统自动发出红色预警信息。借助LEWS，预警信息第一时间发送到贵州的应急响应中心，而后通过短信服务（SMS）和智能手机应用程序发送给当地政府和居民。同时，专家们通过电话和微信与现场指挥部负责人沟通交流，要求尽快撤离滑坡危险区内的所有人员，包括现场值班的武警和政府管理人员，并对危险区进行清场处理（图20.13）。

表 20.1　贵州龙井村滑坡应急处置措施时间序列表

时间	应急处置工作
2019 年 1 月 7 日	兴义市人民政府启动应急响应机制。
2019 年 1 月 8 日	在滑坡前缘实施抗滑桩+挡土板应急处置措施。
2019 年 1 月 15 日	在Ⅱ区前缘陡壁坡脚实施堆砌沙袋反压，在Ⅰ区坡体实施锚杆+混凝土支挡工程措施。
2019 年 1 月 21 日	Ⅰ区发生滑塌，方量约2万立方米。
2019 年 1 月 22 日	在Ⅰ区前缘坡脚兴马大道上设置沙袋墙。
2019 年 1 月 27 日	在Ⅱ区后缘裂缝布设自适应变频位移计和雨量计，后缘修建排水沟、裂缝遮挡等。
2019 年 1 月 29 日	根据威胁区的范围，设置警戒线，严禁车辆通行及外来人员入内，疏散附近居民四百余人。
2019 年 2 月 12 日	增设三台 GNSS。
2019 年 2 月 13 日	调整应急处置方案，在Ⅰ区前缘实施抗滑桩工程。
2019 年 2 月 14 日	现场增设三台自适应变频位移计。
2019 年 2 月 15 日	预警系统发出黄色预警信息
	对滑坡危险区进行严格隔离，禁止无关人员进入，继续抢修Ⅰ区前缘抗滑桩。

时间	应急处置工作
2019 年 2 月 16 日	上午 10 点左右，Ⅱ区与Ⅰ区接触部位出现小规模垮塌，根据监测数据分析，施工人员被要求重返现场施工，于 23 点完成抗滑桩混凝土浇筑工作并撤离现场。
2019 年 2 月 17 日 凌晨 1 点左右	凌晨预警系统发出橙色预警信息，C-03 切线角 $\alpha > 80°$
	再次疏散现场应急专家、工作人员及抢险设备等。
2019 年 2 月 17 日 凌晨 5 点整	预警系统发出红色预警信息，预示滑坡即将发生，C-05 切线角 $\alpha > 85°$
	告知相关部门及工作人员做好抢险救灾的准备，通过手机短信向民众发出滑坡预警信息。
2019 年 2 月 17 日 凌晨 5 点 53 分	滑坡发生

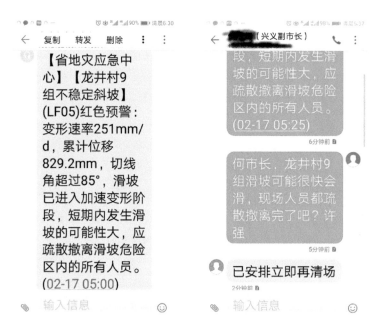

图 20.13　LEWS 发出红色预警信息与现场应急响应

20.4.4　滑坡应急处置工程及效果

从滑坡后实际情况来看，滑前实施的系列应急处置措施对避免人员伤亡，减少财产损失起到了很好的效果。

（1）抗滑桩+挡土板工程

为了防止Ⅱ区坡体和Ⅲ区岩体受Ⅰ区失稳破坏动力作用后整体滑动，在滑坡体前缘设计了 27 根直径为 1.5m、锚固段 4m、间距 4m 的机械成孔圆形抗滑桩（图 20.14 和图 20.15）。开始阶段主要Ⅲ区施工，2 月 13 日将主要力量调整到Ⅰ区前缘，进行抢修施工。从滑坡发生后的实际情况［图 20.2（f）］来看，Ⅰ区前缘的抗滑桩有效地阻止了Ⅰ区的顺层整体滑动,使滑坡主要发生在Ⅱ区,从而使其前缘的兴马大道和建筑物未能受损,为实现财产的"零损失"发挥了至关重要的作用,否则,一旦Ⅰ区整体滑动,后果不堪设想。

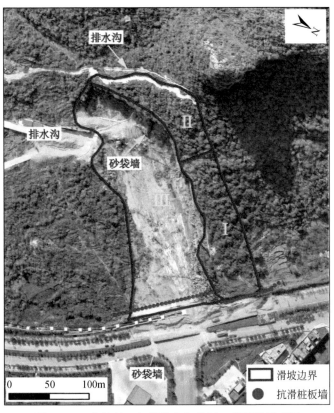

图 20.14　龙井村 9 组滑坡应急处置工程措施示意图

图 20.15　抗滑桩挡板墙工程

(2) 沙袋堆载压脚工程

在Ⅱ区后缘裂缝加剧变形,前缘有剪出滑移迹象后,在Ⅱ区陡壁坡脚处堆砌了沙袋,形成沙袋墙。沙袋墙用麻袋装沙,逐层堆砌。底部宽度 25m,斜长 25m(沿斜坡面往陡崖方向),实际以陡崖高度的 2/3 确定(现场堆砌高度超过 20m,见图 20.16)。滑坡发生后沙袋墙被完全掩埋。

就滑坡发生后的情况来看,现场堆砌的沙袋起到了有效阻挡Ⅱ剪切滑移变形和减缓、阻止Ⅱ区滑塌后作远距离运动的作用，致使Ⅱ区滑坡堆积物主要堆积于Ⅲ区光面，前缘未达到公路，未造成财产损失。

　　为了最大程度的降低Ⅰ区斜坡整体快速滑动后对前缘的兴马达到和建筑物造成损毁，沿兴马大道内侧布置一道走向约为120°，长60m（以斜坡宽度的2/3确定），底部宽6m，高度4m，顶部宽2m，梯形堆砌沙袋墙，如图20.17所示。

图20.16　Ⅱ区陡壁前的沙袋反压工程　　　　　图20.17　Ⅰ区前缘沙袋墙拦挡工程

（3）锚杆与混凝土支挡工程

　　从2014年至今发生了三次大规模垮塌，根据现场条件和滑坡性质分析，对Ⅰ区斜坡岩体采用锚杆+混凝土支挡工程进行加固处理。锚杆（18kg轻型轨道钢）按2m（纵向）×3m（横向）间距布置，钻孔孔径150mm，入岩深度5m，出土高度1m，M30砂浆灌注。锚杆施工后，浇筑高约6m的混凝土，对滑坡侧缘（右侧）进行支挡。由于滑坡变形加剧，在完成锚杆施工后，前缘部分垮塌掩埋锚杆，后续施工未继续进行。

参 考 文 献

陈明东.1987.边坡变形破坏灰色预报的原理与方法.成都:成都地质学院.

成都极星工程科技有限公司,成都理工大学地质灾害与工程安全监测研究中心.2002.成都:四川岷江紫坪铺水利枢纽工程——开挖边坡稳定性监测优化设计建议报告.

成都理工大学.2006.成都:黄山汤屯高速公路边坡工程监测系列报告.

成都理工大学地质灾害防治与地质环境保护国家重点实验室,三峡库区地质灾害防治工作指挥部.2004.三峡库区常见多发型滑坡预报模型建立及预报判据研究.

成都理工学院东方岩土工程勘察公司,地质灾害防治与地质环境保护国家专业实验室.2005.四川省丹巴县建设街后山滑坡综合治理工程施工图设计.

崔希海,付志亮.2006.岩石流变特性及长期强度的试验研究.岩石力学与工程学报,25(5):1021~1024.

地质灾害防治条例,第394号国务院令,2004年3月1日起施行.

二滩水电开发有限责任公司.1999.岩土工程安全监测手册.北京:中国水利水电出版社.

范广勤.1993.岩土工程流变力学.北京:煤炭工业出版社.

冯连昌,郎秀清.1980.滑坡裂缝产生机理的实验研究.兰州大学学报,3(1):120~131.

韩延本,李志安,田静.1996.日月引潮力变化与某些地区地震发生时间的相关研究.地球物理学进展,11(2):114~121.

何满潮.1993.软岩巷道工程概论.徐州:中国矿业大学出版社.

胡新丽.1998.重庆钢铁公司岸坡古滑坡系统形成机制研究.地质科技情报,17(S2):59~63.

湖北省岩崩滑坡研究所.2007.宜昌三峡库区秭归县白水河滑坡近期变形的情况报告.

滑坡防治工程勘查规范(DZ/T 0218—2006).2006.

黄秋香,汪家林,邓建辉.2009.基于多点位移计监测成果的坡体变形特征分析.岩石力学与工程学报,28(S1):2667~2673.

黄秋香,汪家林.2011.某具有软弱夹层的反倾岩坡变形特征探索.土木工程学报,44(5):109~114.

黄润秋,许强.1997a.工程地质广义系统科学分析原理及应用.北京:地质出版社.

黄润秋,许强.1997b.斜坡失稳时间的协同预测模型.山地研究,15(1):7~12.

黄润秋,许强.1999.开挖过程的非线性理论分析.工程地质学报,7(1):9~14.

黄润秋,许强.2008.中国典型灾难性滑坡.北京:科学出版社.

姜乃斌,刘占芳.2011.率相关饱和多孔介质动力响应的数值分析.工程力学,28(9):137~142.

李化敏,李振华,苏承东.2004.大理岩蠕变特性试验研究.岩石力学与工程学报,23(22):3745~3749.

李炼,陈从新,徐宜保,等.1997.露天矿边坡的位移监测与滑坡预报.岩土力学,18(4):69~74.

李良权,徐卫亚,王伟,等.2010.基于流变试验的向家坝砂岩长期强度评价.工程力学,27(11):127~143.

李天斌,陈明东.1990.滑坡预报的几个基本问题.工程地质学报,7(3):200~206.

李天斌,陈明东,王兰生,等.1999.滑坡实时跟踪预报.成都:成都科技大学出版社.

李秀珍,许强,黄润秋,等.2003.滑坡预报判据研究.中国地质灾害与防治学报,14(4):5~11.

刘保国,崔少东.2010.泥岩蠕变损伤试验研究.岩石力学与工程学报,29(10):2127~2133.

刘传孝,张加旺,张美政,等.2009.分级加卸载硬岩短时蠕变特性实验研究.实验力学,24:459~466.

刘传正,张明霞,孟晖.2006.论地质灾害群测群防体系.防灾减灾工程学报,26(2):175~179.

刘沐宇,徐长佑.2000.硬石膏的流变特性及其长期强度的确定.中国矿业,9(2):53~55.

刘雄.1994.岩石流变学概论.北京:地质出版社.

吕贵芳.1994.鸡鸣寺滑坡的形成及监测预报.中国地质灾害与防治学报,5(S):376~383.

马建全.2012.黑方台灌区台缘黄土滑坡稳定性研究.长春:吉林大学博士学位论文.

马金荣，姜振泉，李文平，等.1997. 淮河大堤老应段土体蠕变特性研究及工程应用. 工程地质学报，5（1）：53～58.

梅其岳.2001. 天荒坪开关站滑坡的形成条件和滑动机理. 岩石力学与工程学报，20（1）：25～28.

孟河清.1994. 宝成铁路滑坡与降雨关系探讨. 灾害学，9（1）：58～62.

米海珍，吴紫汪.1993. 冻结细砂剪切蠕变的若干特性. 冰川冻土，15（3）：492～497.

彭大雷，许强，董秀军，等.2017. 无人机低空摄影测量在黄土滑坡调查评估中的应用. 地球科学进展，32（3）：319～330.

亓星.2017. 突发型黄土滑坡监测预警研究. 成都：成都理工大学博士学位论文.

亓星，朱星，修德皓，等.2019. 智能变频位移计在突发型黄土滑坡中的应用——以甘肃黑方台黄土滑坡为例. 水利水电技术，50（05）：190～195.

三峡库区地质灾害防治工作领导小组办公室.2007a. 三峡库区地质灾害防治崩塌滑坡专业监测预警工作职责及相关工作程序的暂行规定.

三峡库区地质灾害防治工作领导小组办公室.2007b. 三峡库区滑坡灾害预警预报手册：56～62.

四川省地质工程勘察院.2005. 成都：四川省丹巴县建设街滑坡灾害勘查报告.

四川省地质工程勘察院.2007. 成都：北川羌族自治县白什老街后山滑坡监测报告.

孙钧.1999. 岩土材料流变及其工程应用. 北京：中国建筑工业出版社.

孙钧.2007. 岩石流变力学及其工程应用研究的若干进展. 岩石力学与工程学报，26（6）：1081～1106.

汤明高，黄润秋，许强，等.2006. 开挖边坡潜在不稳定范围的预测分析. 岩石力学与工程学报，25（6）：1190～1197.

汤明高，许强.2008. 基于层次分析法的三峡水库塌岸危险度评价. 人民长江，39（15）：10～13.

汤明高，许强，杨再宏，等.2011. 成都理工大学地质灾害防治与地质环境保护国家重点实验室，中国水电顾问集团昆明勘测设计研究院. 金沙江中游梨园水电站念生垦沟堆积体三维非线性有限元稳定分析.

汤明高，许强，张瑞，等.2009. 成都理工大学地质灾害防治与地质环境保护国家重点实验室，中国水电顾问集团昆明勘测设计研究院. 金沙江中游梨园水电站念生垦沟堆积体稳定性及滑坡预警与应急处置措施研究.

汪斌，朱杰兵，唐辉明，等.2008. 黄土坡滑坡滑带土的蠕变特性研究. 长江科学院报，25（1）：49～53.

王恭先，王应先，马惠民.2008. 滑坡防治100例. 北京：人民交通出版社.

王贵君，孙文若.1996. 硅藻岩蠕变特性研究. 岩土工程学报，18（6）：55～60.

王家鼎，张倬元.1999. 典型高速黄土滑坡群的系统工程地质研究. 成都：四川科学技术出版社.

王念秦，刘顺华，曾思伟，等.1999. 滑坡宏观迹象综合分析预报方法研究. 甘肃科学学报，11（1）：34～38.

王运生，王士天.1998. 地球自转和日月引潮力与滑坡灾害发育的相关性探讨. 成都理工学院学报，25（1）：48～52.

王志俭.2008. 万州区红层岩土流变特性及近水平地层滑坡成因机理研究. 北京：中国地质大学博士学位论文.

文宝萍.1996. 滑坡预测预报研究现状与发展趋势. 地学前缘，3（1～2）：86～91.

吴定洪，刘雄.1994. 边坡位移的时间序列分析方法研究. 北京：中国岩石力学与工程学会第三次大会论文集，5：412～419.

吴立新，王金庄.1996. 煤岩流变特性及其微观影响特征初探. 岩石力学与工程学报，15：328～332.

吴玮江，王念秦.2006. 甘肃滑坡灾害. 兰州：兰州大学出版社.

夏熙伦，徐平，丁秀丽.1996. 岩石流变特性及高边坡稳定性流变分析. 岩石力学与工程学报，15（4）：312～322.

肖进.2009. 重大滑坡灾害应急处置理论与实践. 成都：成都理工大学博士学位论文.

许强，曾裕平.2009. 具有蠕变特点滑坡的加速度变化特征及临滑预警指标研究. 岩石力学与工程学报，28（6）：1099~1106.

许强，黄润秋，李秀珍.2004. 滑坡时间预测预报研究进展. 地球科学进展，19（3）：478~483.

许强，黄润秋，王来贵.2002. 外界扰动诱发地质灾害的机理分析. 岩石力学与工程学报，21（2）：280~284.

许强，黄学斌，等.2014. 三峡库区滑坡灾害预警预报手册. 北京：地质出版社.

许强，汤明高，徐开祥，等.2008. 滑坡时空演化规律及预警预报研究. 岩石力学与工程学报，27（6）：1104~1112.

许强，曾裕平，钱江澎，等.2009. 一种改进的切线角及对应的滑坡预警判据. 地质通报，28（4）：501~505.

鄢毅.1993. 宝成铁路滑坡与降雨关系探讨. 水文地质工程地质，4：14~16.

阳吉宝.1995. 堆积层滑坡临滑预报的新判据. 工程地质学报，3（2）：70~73.

杨杰.1995. 用加速运动预报高速滑坡和山崩. 水文地质工程地质，（4）：11~12.

杨晓杰，刘剑，吴佳佳，等.2009. 云冈石窟立柱岩体长期强度研究. 岩石力学与工程学报，28：3402~3408.

殷坤龙，吴益平.1998. 三峡库区一个特殊古滑坡的综合研究. 中国地质灾害与防治学报，9（S）：200~206.

尹祥础，尹灿.1991. 非线性系统失稳的前兆与地震预报——响应比理论及其应用. 中国科学，B辑，（5）：512~518.

曾裕平.2009. 重大突发性滑坡灾害预测预报研究. 成都：成都理工大学博士学位论文.

张楚汉，金峰，秦川，等.2011. 细观颗粒元方法与混凝土率相关效应. 学术会议多媒体.

张建勋.1995. 饱和砂性土流变特性的试验与研究. 福州大学学报，23（4）：75~80.

张茂省，朱立峰，胡炜.2017. 灌溉引起的地质环境变化与黄土地质灾害——以甘肃黑方台灌区为例. 北京：科学出版社.

张先伟，王常明.2011. 漳州软土直接剪切蠕变特性及蠕变参数的研究. 四川大学学报，43：71~76.

张学忠，张代钧，郑硕才，等.1999. 攀钢朱矿东山头边坡辉长岩流变特性试验研究. 重庆大学学报（自然科学版），22（5）：99~103.

张永安，李峰.2010. 红层泥岩的剪切蠕变试验研究. 工程勘察，（04）：23~26.

张倬元，王士天，王兰生，等.2009. 工程地质分析原理（第三版）. 北京：地质出版社.

郑大伟，周永宏.1995. 地球自转变化与全球地震活动关系的研究. 地震学报，17（1）：25~30.

中国水电顾问集团昆明勘测设计研究院.2008. 昆明：金沙江中游河段梨园水电站可行性研究阶段：第四篇工程地质报告.

中国水电顾问集团昆明勘测设计研究院.2010. 昆明：金沙江中游河段梨园水电站施工详图阶段：念生垦沟堆积体治理设计成果专题报告.

钟荫乾.1995. 黄蜡石滑坡综合信息预报方法研究. 中国地质灾害与防治学报，6（4）：67~74.

周德培，朱本珍，毛坚强.1995. 流变力学原理及其在岩土工程中的应用. 成都：西南交通大学出版社.

周志斌.2000. 大冶铁矿东采场边坡变形破坏特征及滑坡时间预报. 中国矿业，S2：79~82.

朱定华，陈国兴.2002. 南京红层软岩流变特性试验研究. 南京工业大学学报，24（5）：77~79.

Dong J，Zhang L，Tang M，et al. 2018. Mapping landslide surface displacements with time series SAR interferometry by combining persistent and distributed scatterers：A case study of Jiaju landslide in Danba, China. Remote Sensing of Environment，205：180~198.

Evans S G，De Graff J V. 2002. Catastrophic Landslides：Effects，Occurrence，and Mechanisms，The Geological

Society of America, Reviews in Engineering Geology XV, 2002.

Fan X M, Xu Q, Scaringi G, et al. 2017. A chemo-mechanical insight into the failure mechanism of frequently occurred landslides in the Loess Plateau, Gansu Province, China. Engineering Geology, 228: 337~345.

Fan X M, Xu Q, Zhang Z Y, et al. 2009. The genetic mechanism of a translational landslide. Bulletin of Engineering Geology and Environment, 68: 231~244.

Hungr O, Leroueil S, Picarelli L. 2014. The Varnes classification of landslide types, an update. Landslides, 11 (2): 167~194.

Peng D L, Xu Q, Liu F Z, et al. 2018. Distribution and failure modes of the landslides in Heitai terrace, China. Engineering Geology, 236: 97~110.

Peng D L, Xu Q, Zhang X L, et al. 2019. Hydrological response of loess slopes with reference to widespread landslide events in the Heifangtai terrace, NW China. Journal of Asian Earth Sciences, 171: 259~276.

Saito M. 1965. Forecasting the Time of occurrence of a Slope failure. In: Proceedings of 6th International Conference: 220~227.

Xu L, Dai F C, Tu X B, et al. 2014. Landslides in a loess platform, North-West China. Landslides, 11 (6): 993~1005.

Zhu X, Xu Q, Qi X, et al. 2017. A Self-adaptive Data Acquisition Technique and Its Application in Landslide Monitoring. Switzerland: 71~78.

《新世纪工程地质学丛书》出版说明

人类社会进入 21 世纪已经十多年了。随着国家经济发展战略调整和大规模工程建设的推进，许多前所未有的工程地质与环境问题逐渐凸显出来。我国"西部大开发"战略的实施，对激活西部经济、缩小东西部差异起到了积极的推动作用，而西部大规模能源资源开发、城镇化、交通网络、能源传输线、跨流域调水等基础设施建设也扰动了地质环境的原始平衡，引发了大量工程地质灾害。人们在向沿海要土地、向海洋要资源和国家安全的过程中，不仅大大扩展了发展空间，在海洋资源开发、填海工程、港口建设、海岸带国防建设中，也遭遇到空前的"蓝色挑战"。在资源开采和工程建设向深部延拓的进程中，高地压、高水压、高地温、有害气体引发的灾难性事件频频发生，一再警示着人类：上天难，入地更难！汶川地震、舟曲泥石流、南旱北涝、黄河断流，自然灾害肆虐"地球村"，越来越成为人类社会生存发展的重要威胁。

我国的工程地质工作者在协调工程建设与人类生存环境尖锐矛盾的过程中，进行了积极的理论和实践探索，十多年来积累了丰厚的研究成果。他们闯入工程建设的禁区，把地壳动力学和区域稳定性理论推进到青藏高原及其周边的构造活跃区；他们深化了对地质介质工程特性的研究，对西部黄土、沿海软土和吹填土、有机土等特殊土，以及高地应力环境下岩体的特性和工程行为有了新的认识；他们对国家规模的大型基础设施建设中的工程地质问题开展了系统研究，解决了一批经典理论没有遇到的问题；他们在应对区域性或极端事件引发的大规模地质灾害及其灾后重建中进行了探索性实践，把我国地质灾害防治工作逐步领向有序化、规范化；在工程地质技术创新中，人们敏锐地发现和不断引进相关领域的新成果，以遥感监测技术、地球物理探测技术、数字信息技术等为代表的新技术应用，使工程地质探测、测试、实验、监测、分析与改造技术上了一新台阶。这些新成果的不断涌现，把我国的工程地质学科推向了一个新的水平。

为了总结新时期工程地质学科的新成果，提炼工程地质新理论，推进工程地质新技术、新方法的发展，中国地质学会工程地质专业委员会决定组织出版《新世纪工程地质学丛书》，并成立了丛书规划委员会。丛书将以近十多年来广泛关注的工程地质问题为主线，以重大科研成果为基础，融传统与创新为一体，采用开放自由的方式组织出版。丛书以作者申请和丛书规划委员会推荐相结合的方式选题，由规划委员会审批出版。

我们相信，《新世纪工程地质学丛书》的出版一定会对我国工程地质学科的发展起到积极的推进作用。